51单片机应用开发从入门到精通

华清远见嵌入式培训中心 胡启明 程钢 编著

人 民 邮 电 出 版 社

北 京

图书在版编目（CIP）数据

51单片机应用开发从入门到精通 / 胡启明，程钢编著. -- 北京 ：人民邮电出版社，2012.2
ISBN 978-7-115-26153-3

Ⅰ. ①5… Ⅱ. ①胡… ②程… Ⅲ. ①单片微型计算机 Ⅳ. ①TP368.1

中国版本图书馆CIP数据核字(2011)第166280号

内 容 提 要

本书是一本MCS-51单片机从入门到精通的教程。本书基于一个综合实例介绍了MCS-51单片机的基础知识，包括MCS-51单片机的内部结构、指令系统、C语言以及开发环境等；还介绍了如何在MCS-51单片机的应用系统中使用MCS-51单片机的内部资源和外围器件，这些资源和器件包括I/O引脚、外部中断、定时计数器、串行接口、人机交互通道、数据采集和输出通道、存储器模块、通信模块等。

本书详细讲解了 MCS-51 单片机的基础知识，同时又包括丰富的单片机内部资源和外围模块的应用实例，既可以作为MCS-51单片机的入门教程，也可以作为一本MCS-51单片机应用手册。本书适合于具有初步单片机基础的单片机工程师，以及高等院校电子类专业的学生和单片机爱好者参考阅读。

51 单片机应用开发从入门到精通

◆ 编　　著　华清远见嵌入式培训中心　胡启明　程　钢
　责任编辑　蒋　佳
◆ 人民邮电出版社出版发行　　北京市崇文区夕照寺街 14 号
　邮编　100061　　电子邮件　315@ptpress.com.cn
　网址　http://www.ptpress.com.cn
　北京艺辉印刷有限公司印刷
◆ 开本：787×1092　1/16
　印张：20
　字数：496 千字　　2012 年 2 月第 1 版
　印数：1- 3 500 册　　2012 年 2 月北京第 1 次印刷

ISBN 978-7-115-26153-3

定价：39.00 元

读者服务热线：(010)67132692　印装质量热线：(010)67129223
反盗版热线：(010)67171154
广告经营许可证：京崇工商广字第 0021 号

前言

行业背景

MCS-51 单片机具有体积小、功能强、价格低、使用方法相对简单的特点，在工业控制、数据采集、智能仪表、机电一体化、家用电器等领域有着广泛的应用。其应用可以大大提高生产、生活的自动化水平。近年来，随着嵌入式的应用越来越广泛，MCS-51 单片机的开发也变得更加灵活和高效率，MCS-51 单片机的开发和应用已经成为嵌入式应用领域的一个重大课题。

关于本书

本书从 MCS-51 单片机的基础知识入手，主要介绍了 MCS-51 单片机的内部结构、指令系统、C 语言基础、开发环境以及如何在 MCS-51 单片机的应用系统中使用 MCS-51 单片机的内部资源和外围器件，这些资源和器件包括 I/O 引脚、外部中断、定时计数器、串行接口、人机交互通道、数据采集和输出通道、存储器模块、通信模块。本书共分 3 部分，MCS-51 单片机基础知识、MCS-51 单片机的内部资源使用方法以及 MCS-51 单片机的外围器件应用实例，共 14 章。

MCS-51 单片机基础知识包括第 1 章～第 5 章

第 1 章主要介绍 MCS-51 单片机应用系统的设计基础知识。

第 2 章主要介绍 MCS-51 单片机的内部结构和指令系统。

第 3 章主要介绍 MCS-51 单片机的软件开发环境 Keil μVision2 的使用方法。

第 4 章主要介绍 MCS-51 单片机的硬件开发环境，包括仿真器、编程器等。

第 5 章主要介绍 MCS-51 单片机的 C51 语言使用方法基础。

MCS-51 单片机内部资源的使用方法包括第 6 章

第 6 章主要介绍 MCS-51 单片机的内部资源的使用方法，主要包括 I/O 端口、定时计数器、中断系统以及串行通信模块。

MCS-51 单片机外围器件的应用实例包括第 7 章～第 14 章

第 7 章主要介绍了 MCS-51 单片机的外围器件扩展方法，包括 I^2C 总线的工作原理以及库函数，SPI 总线的工作原理以及库函数，1-wire 总线的工作原理以及库函数等。

第 8 章主要介绍了 MCS-51 单片机的外部电源和复位模块的应用实例，包括 AS1117 DC-DC 芯片、CAT1161 看门狗等。

第 9 章主要介绍了 MCS-51 单片机的信号采集通道的应用实例，包括温度采集芯片、时钟日历芯片、A/D 芯片等。

第 10 章主要介绍了 MCS-51 单片机的人机交互通道模块的应用实例，包括发光二极管、行列键盘、CH452 键盘和数码管扩展芯片、12864 汉字图形液晶等。

第 11 章主要介绍 MCS-51 单片机的输出通道模块的应用实例，包括电平输出模块、驱动模块、D/A 通道等。

第 12 章主要介绍了 MCS-51 单片机的存储器模块的应用实例，包括外部 RAM 扩展、E2PROM

存储器扩展、U盘扩展等。

第13章主要介绍MCS-51单片机的通信模块的应用实例，包括有线通信扩展和无线通信扩展方法等。

第14章是一个大型的51单片机应用系统的综合实例，将前面各个章节的内容都结合起来构建了一个51单片机的应用系统。

本书特色

- 按照由浅入深、循序渐进的原则覆盖MCS-51单片机的结构和指令系统、内部硬件资源、C语言、外围器件的使用和综合应用的开发。
- 包含了大量的实例，每个实例都给出了详尽的代码和运行结果。
- 软硬件结合，在涉及硬件电路的例子中给出了完整的电路原理图。
- 紧密联系实际，详细介绍了在实际应用中常用的器件、芯片。

作者介绍

本书主要由胡启明、程钢编写。同时参与编写、资料整理和代码编写的有严雨、房明浩、梅乐夫、王亮、门店宏、吴洋、石峰、张圣亮、邱文勋、刘鲲、岂兴明、刘变红、周建兴、刘会灯、张高煜、邓志宝、赵红波、刘坤、刘明辉、李鹏、白学明、步士建等人。在此，对以上人员致以诚挚的谢意。

由于时间仓促、程序和图表较多，受学识水平所限，错误之处在所难免，请广大读者给予批评指正。

编　者

2011年11月

目　录

第1章　单片机系统设计基础

1.1　单片机和单片机系统简介

单片机是单片微型计算机的简称，它是一种将运算控制器、存储器、寄存器IO接口以及一些常用的功能模块都集成到一块芯片上的计算机，常常用于工业控制、小型家电等需要嵌入式控制的场合，单片机的常规结构如图1所示。

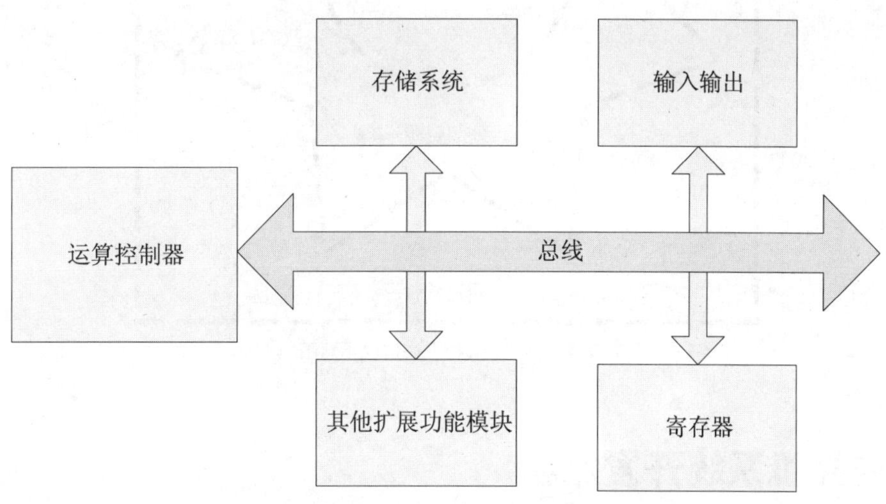

▲图1.1　单片机的常规结构图

1.1.1　单片机的分类

单片机发展到如今，已经有相当多的种类，分类方法也复杂、多样，最常见分类方法有两种：按照数据总线宽度分类以及按照处理器核心分类。

按照数据总线宽度分类是指按照单片机每次能传送的数据宽度来分类的方法，常见的数据总线宽度为4位、8位、16位、32位，也是常说“字宽”。

按照处理器核心分类是指按照单片机的运算控制器核心构造来分类的方法，常见的运算控制器核心构造有Intel的8051系列和96系列，Motorola的68系列，Atmel的AVR系列，PIC系列、MSP430系列，ARM系列。其中，Intel的8051系列单片机是历史最悠久，应用最广泛的单片机系列，发展到今天已经有30多年的历史，该内核被Atmel、飞利浦等公司采用，生产出了一大批内核构造相同但是功能不同的单片机，这些单片机被统称为MCS-51系列单片机。本书将带领读者迈入MCS-51系列单片机的世界，从其内部结构、工作原理到指令系统、编程语言；从MCS-51内部集成资源到外扩资源应用，以一个大的工程实例为背景，一步步地向读者展示如何利用

MCS-51 单片机来实现一个工程。

1.1.2 单片机系统

单片机系统是一个用于实现某种目的以单片机为核心的软件和硬件综合体，其层次如图 1.2 所示。

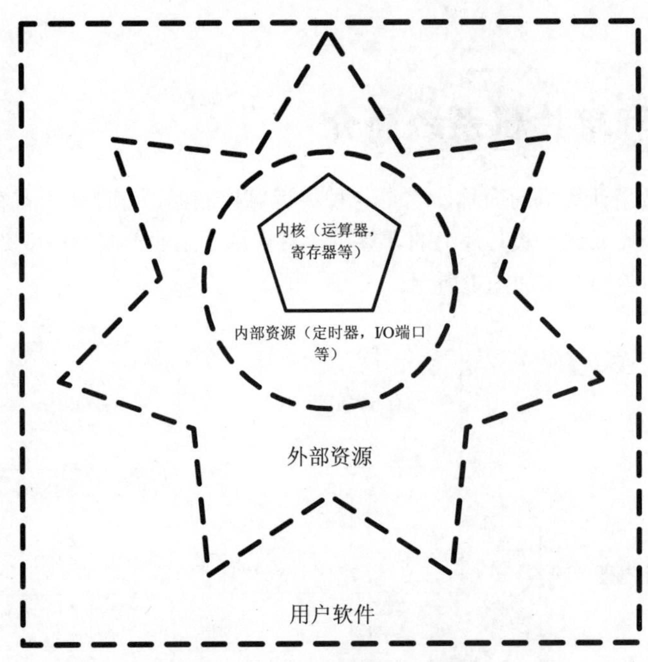

▲图 1.2 单片机系统层次示意图

1.2 单片机系统开发流程

单片机系统的开发过程如图 1.3 所示。

需求分析是单片机系统设计的基础，是最重要的一个环节，设计者需要和用户仔细交流，完整记录下这个单片机系统需要完成的所有工作，从中抽象出系统的需求并且和用户反复回溯后确认。这一步的难度在于如何规范用户的需求，因为用户的需求有可能是随时变更的，设计者既要尽量满足用户的所有需求又要学会拒绝用户的“非合理需求”。

总体设计以及处理器选择，在这一步中设计者要从需求出发对系统进行总体性的规划，并且选择好需要使用的处理器，因为不同的单片机处理器拥有不同的内核结构，即使是相同的内核结构单片机也往往有不同的内部资源，选择不同的单片机处理器，决定了后期开发的难易程度。

软硬件功能划分和模块设计，单片机系统的一些功能既能由软件实现，也可以由硬件实现。前者的优点是降低硬件成本，增加系统运行可靠性，缺点是可能导致软件设计复杂度增加，系统反应时间延长；后者的优点是系统反应速度快，软件设计简单，缺点是硬件成本上升，系统运行可靠性下降。模块设计在划分完软硬件功能之后按照需求和选择好的处理器对系统进行模块化的工作。

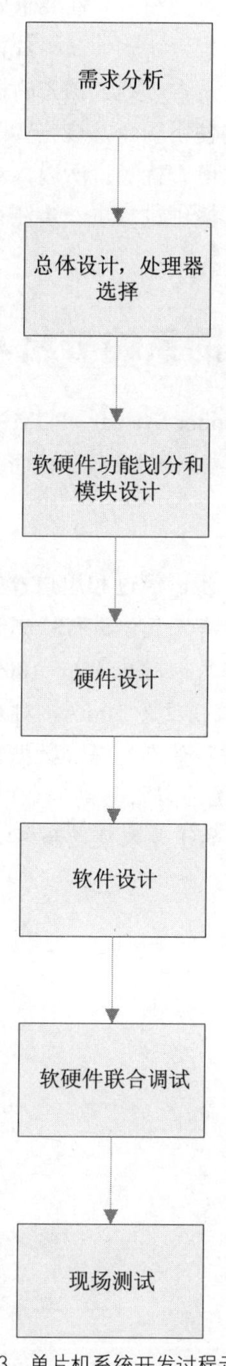

▲图 1.3　单片机系统开发过程示意图

硬件设计是单片机系统设计的基础，包括具体硬件芯片选择、地址和接口规划、电路图设计和制作、元器件焊接等，硬件设计决定了单片机系统设计的成败；如果硬件设计出了问题，就需要重新设计，浪费大量的时间和资金。

软件设计是单片机系统设计的灵魂，单片机系统是在软件控制下工作的，一个良好的软件可以达到很好的效率，规避系统运行中的风险。单片机的软件设计和普通的计算机软件设计有很多共同点，但是也有区别，具体体现在时效性和可靠性要求要高于计算机软件。

软硬件联合调试，这是一个整合过程，让软件在单片机系统上运行起来，控制硬件进行相应的工作，用以测试硬件设计和软件设计是否达到了预先的设计目标。

现场测试，单片机系统有其具体的使用场合，这些实际使用场合和开发环境往往有所差异，比如说供电电压、空气湿度、温度、静电干扰等；所以，当单片机系统完成了软硬件联合调试之后需要将单片机系统放置于实际使用环境中进行进一步测试，以消除由于环境差异带来的不稳定甚至无法正常工作的错误。

1.3 有毒气体监控系统的系统分析与设计

有毒气体监控系统（Poison Gas Monitor System，PGMS）是为某矿山企业设计的一套对有毒气体进行测量和报警的系统，本书将以这套系统为例，给读者揭示 MCS-51 单片机系统的开发过程。

1.3.1 PGMS 的需求分析

需求分析是单片机系统设计的第一步，经过和用户方的详细沟通，PGMS 的需求如下。

- 用户提供一个转换模块用于对有害气体进行检测和清理，该模块的输出是 0～5V 的直流电压，模块阻抗可以视为无限大，对应 0%～100%的有害气体浓度，该模块需要的输入也是 0～5V 的直流电压，电流强度为 10mA，对应排气扇 0%～100%的输出功率。
- 一共有 7 个点的有害气体浓度和该点的温度数据需要同时采集，采集频率为每秒钟 1 次到 10 次可选，这些数据都需要自动汇总到一个中心点上，这 7 个点和中心点的地理示意图如图 1.4 所示，其中最远的 1 号采集点和中心点的距离为 950m。

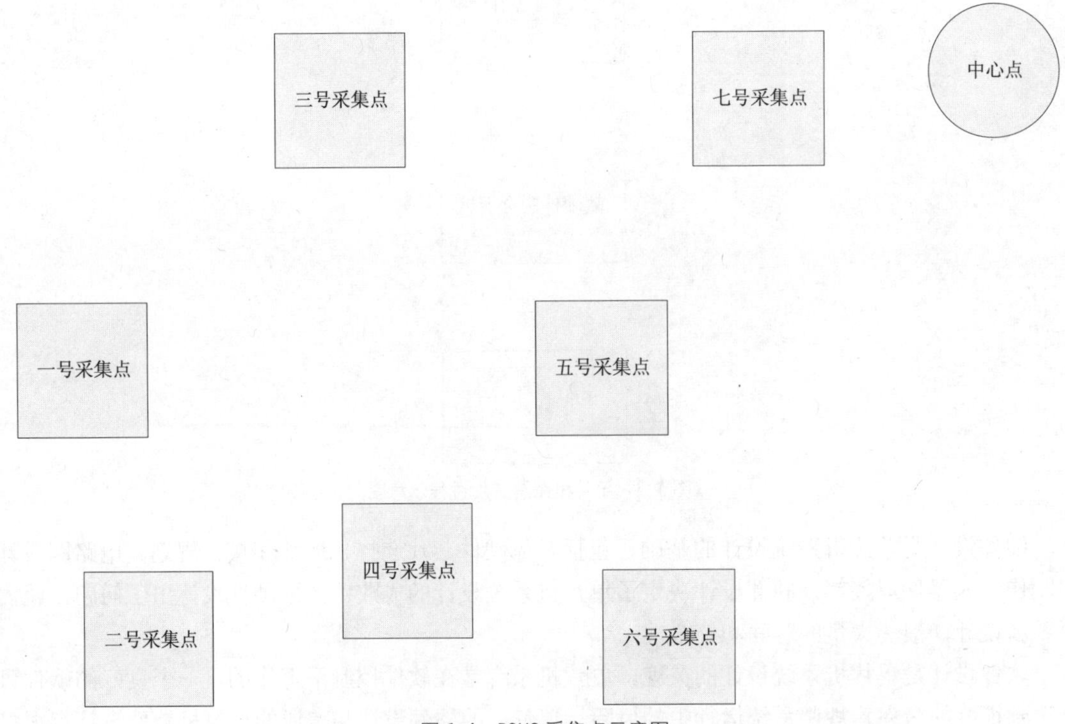

▲图 1.4　PGMS 采集点示意图

- 每个采集点要能显示当前的有害气体浓度和温度，中央点要能显示7个采集点的当前气体浓度和温度以及当前时间。
- 当某个采集点的有害气体浓度超过35%的时候，该采集点需要有提示音报警，中心点也需要有提示音报警。
- 中心点需要能自动实时记录下各个采集点的有害气体浓度和温度数据，最少支持连续240h记录，该数据支持在计算机上查看。
- 系统需要根据每个点的有害气体浓度数据自动调整排气扇的输出功率，使得有害气体能尽快排出。
- 系统能支持手动启动、暂停、停止以及设置参与采集的采集点编号以及采样频率。
- PGMS系统使用220V交流电供电，采集点和中心点都可以提供电源。

1.3.2 PGMS的总体设计以及处理器选择

从需求分析中可以看出，PGMS是一个由7个采集点和1个中心点组成的8个点的系统，每个点都需要独立地完成一些工作，其中7个采集点的工作是类似的，需要在中心点的控制下完成，由此可以得到如图1.5的工作关系。

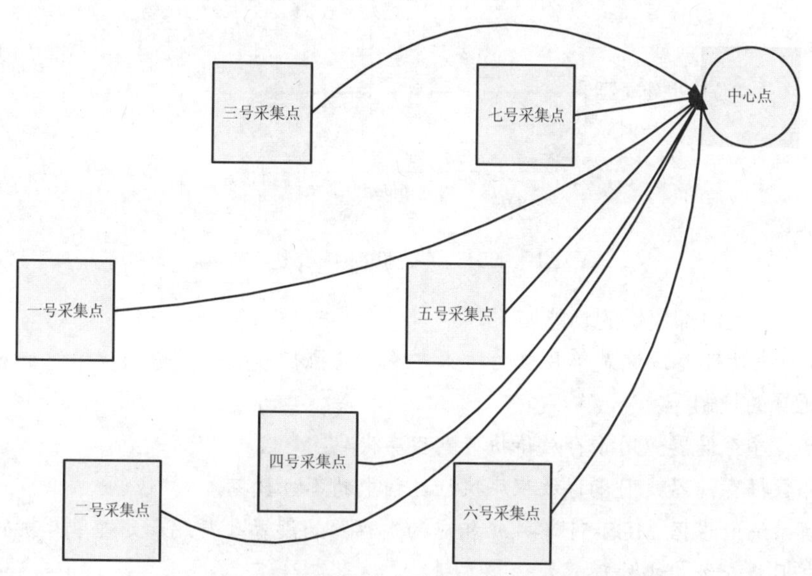

▲图1.5 PGMS采集点和中心点的工作关系

从图1.5可以看到，每个采集点需要一个处理器来完成采集点的工作，而中心点也需一个处理器来完成中心点的工作，综合考虑后选用MCS-51处理器来完成采集点和中心点相应的工作，所以整个PGMS系统中一共有8块MCS-51单片机。

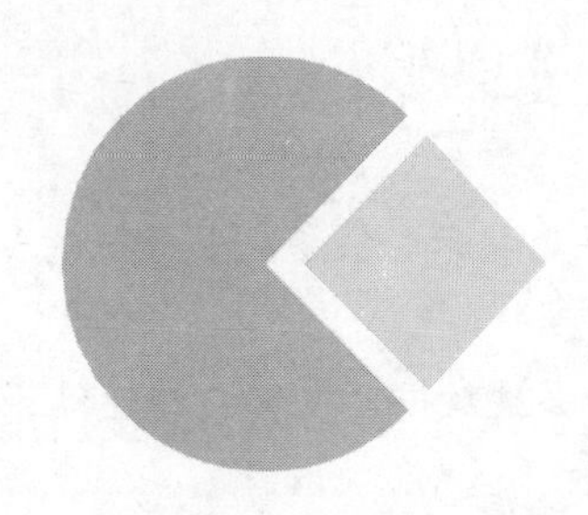

第2章 MCS-51单片机内部结构和指令系统介绍

2.1 MCS-51单片机体系结构

MCS-51单片机系统通常由8位中央处理器、时钟模块、IO端口、内部程序存储器、内部数据存储器、2个16位定时计数器、中断系统和一个串行通信模块组成，如图2.1所示。

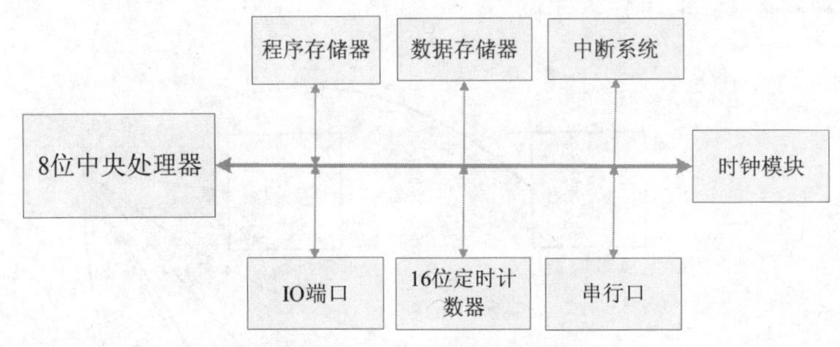

▲图2.1 MCS-51单片机的内部结构示意图

MCS-51单片机内部模块的功能如下。

- 8位中央处理器：这是单片机的核心部件，它执行预先设置好的代码，负责数据的计算和逻辑的控制等。
- 内部程序存储器：用于存放待执行的程序代码。
- 内部数据存储器：用于存放程序执行过程中的各种数据。
- 中断系统：根据MCS-51单片机相应的寄存器的设置来监测和处理单片机的各种中断事件并且提交给中央处理器处理。
- 时钟模块：以外部时钟源为基准，产生单片机各个模块所需要的各个时钟信号。
- 串行通信模块：根据相应的寄存器设置进行串行数据通信。
- 16位定时计数器：根据相应寄存器的设置进行定时或者计数。
- IO端口：作为数据、地址或者控制信号通道，与外围器件进行数据交换。

2.1.1 MCS-51单片机的8位中央处理器

8位中央处理器是单片机的核心模块，由运算逻辑模块和控制逻辑模块组成。运算逻辑模块由算术逻辑运算单元ALU、累加器ACC、寄存器B、暂存寄存器TR、程序计数器PC、程序状态字寄存器PSW、堆栈指针SP、数据指针DPRT以及布尔处理器组成；控制逻辑模块则由指令寄存器、指令译码器和定时控制逻辑电路等组成。

1. 算术逻辑运算器 ALU

算术逻辑运算器 ALU 主要负责对数据进行算术运算操作和逻辑运算操作，具体的运算操作如下。

- 带进位加法。
- 不带进位加法。
- 带借位减法。
- 8 位无符号数乘、除法。
- 自加 1、自减 1 操作。
- 循环左右移位操作。
- 半字节交换。
- 比较和条件转移等操作。

以上的操作都对应专用的指令，将在后面一个小节进行详细介绍。ALU 的操作数一般存放在累加器 ACC 或者暂存寄存器 TR 中，运算结果则可以选择保存在 ACC、通用寄存器或者其他普通存储单元中。而在乘除法运算中，则使用寄存器 B 中存放一个操作数并且在运算结束之后存放 8 位结果数据。

> 操作数是指令的操作对象，运算结果为指令的操作结果，指令则是对操作数进行操作的命令。

2. 累加器 ACC 和寄存器 B

累加器 ACC 是处理器模块中使用最为频繁的寄存器，全部的算术运算操作以及绝大多数的数据传送操作都要使用 ACC。

- 加法和减法：使用 ACC 存放运算结果。
- 乘法：使用 ACC 存放一个操作数，使用寄存器 B 存放另外一个操作数，运算结果则放在 ACC 和寄存器 B 组成的 AB 寄存器对中。
- 除法：使用 ACC 存放被除数，使用寄存器 B 存放除数，计算得到的商数放在 ACC 中，而余数放到寄存器 B 中。

3. 程序状态字寄存器（PSW）

程序状态字寄存器 PSW 用于指示程序运行过程中的系统相关状态，其中 7 位用于存放 ALU 单元运算结果的特征信息，1 位为保留位未使用，程序状态字寄存器的具体含义如表 2.1 所示。

表 2.1　程序状态字

PSW.7	PSW.6	PSW.5	PSW.4	PSW.3	PSW.2	PSW.1	PSW.0
CY	AC	F0	RS1	RS0	OV	保留位	P

程序状态字的内部位定义如下。

- CY：进位、借位标志，在计算过程中如果有进位、借位产生时该位被置 1，否则清 0。
- AC：半进位标志，当参与计算的数据第 3 位向第 4 位有进位或者借位产生时，该位被置

1，否则清 0。

- F0：供用户自由使用的标志位，常常用于控制程序的跳转，需要用户自己控制其置 1 或者清 0。
- RS1、RS0：寄存器组选择位，由用户自行置 1 或者清 0，用于选择使用的工作寄存器区，RS1、RS0 和对应的工作寄存器组如表 2.2 所示。

表 2.2　　RS1、RS0 赋值和对应的工作寄存器组

RS1、RS0	寄存器组（地址单元）
00	寄存器组 0(00H – 07H)
01	寄存器组 1(08H – 0FH)
10	寄存器组 2(10H – 17H)
11	寄存器组 3(18H – 1FH)

- OV：溢出标志位，当带符号数的运算结果超出−128～127 的范围，无符号数运算结果超过 255 或者无符号除法除数为 0 时 OV 被置 1，否则被清 0。
- P：奇偶标志位，用于表示累加器 ACC 中“1”的个数，当该个数为奇数时，P 标志被置 1，否则被清 0。

MCS-51 系列单片机共有 4 个寄存器组，每个寄存器组含有 8 个单字节寄存器，这些寄存器常用于保存程序执行过程中各个变量的值，合理地切换寄存器组使用有利于加快程序代码的执行速度。

4. 布尔处理器

布尔处理器用于 MCS-51 单片机的位操作，在位操作中使用进位标志 CY 作为累加器，可以对位变量进行置位、清除、取反、位逻辑与、位逻辑或、位逻辑异或、数据传送以及相应的判断跳转操作。位操作是 MCS-51 单片机中非常重要的操作，充分体现了嵌入式处理器的特点。

5. 程序计数器 PC

程序计数器 PC 是一个 16 位计数器，用于存放下一条指令在程序存储器中的地址，可寻址范围为 0～64KB。

6. 指令寄存器 IR 和指令译码器

指令寄存器 IR 用于存放 MCS-51 单片机当前正在执行的指令，而指令译码器对 IR 中指令操作码进行分析解释，产生相应的控制逻辑。

7. 数据指针 DPTR

数据指针 DPTR 用于寻址外部数据存储器，寻址范围为 0～64KB。

8. 堆栈指针 SP

堆栈是一种将数据按序排列的数据结构，MCS-51 单片机的堆栈是内存中一段连续的空间，堆栈指针 SP 用来指示堆栈顶部在单片机内部数据存储器中的位置，可以由用户的程序代码修改。

当执行进栈操作时 SP 自动加 1，然后把数据放入堆栈；当执行出栈操作时 SP 自动减 1，然后把数据送出堆栈；当单片机被复位后 SP 初始化为 0x07H。

2.1.2　MCS–51 单片机的存储器

计算机有两种截然不同的体系结构，一种是将程序存储空间和数据存储空间连续存放，共享一套总线的冯·诺依曼结构；另一种是将程序存储空间和数据存储空间分开存放的哈弗结构，MCS-51 系列单片机属于此类结构。MCS-51 的程序存储器和数据存储器有独立的寻址指令、编址空间和相应的控制寄存器。图 2.2 是 MCS-51 系列单片机的存储器组成结构，从中可以看到 MCS-51 单片机的存储器分为片内程序存储器、片外程序存储器、片内数据存储器和片外数据存储器 4 个部分，每个部分都有独立的地址编码。

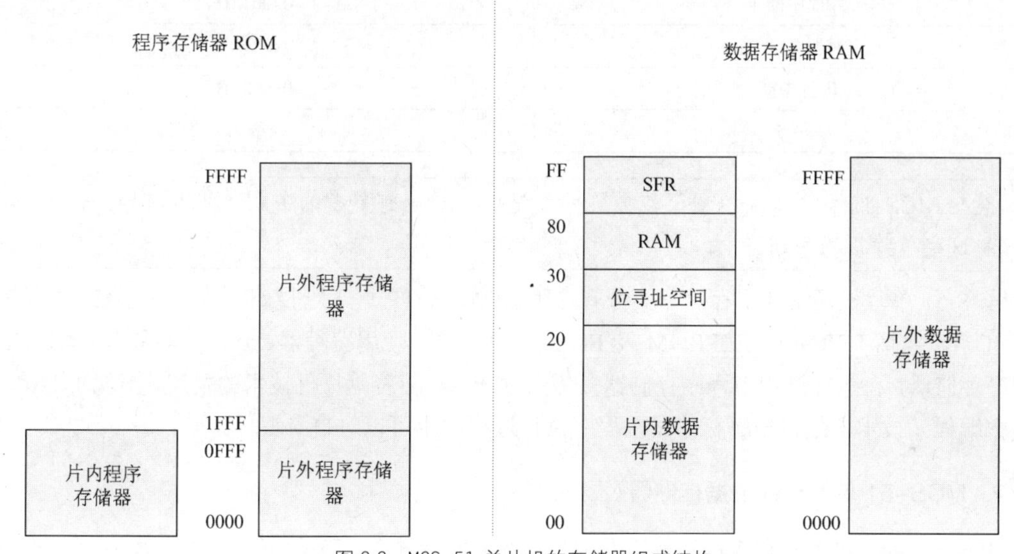

▲图 2.2　MCS–51 单片机的存储器组成结构

> 存储器包含有很多存储单元，为区分不同的存储单元，单片机对每个存储单元都进行了编号，存储单元的编号就称为存储单元的地址，每个存储单元存储的若干位二进制数据成为存储单元的数据。

1. MCS–51 单片机的程序存储器

MCS-51 系列单片机的程序存储器由片内程序存储器和片外程序存储器组成，用于存放待执行的程序代码。因为 PC 程序指针和地址总线是 16 位的，所以片内和片外的程序存储器最大编址总和为 64KB，其中外部程序存储器的低部分编址和内部程序存储器的编址重合，代码只能选择存放到其中一个地方，使用外部引脚 EA 来选择，当该引脚加上高电平时 PC 程序指针起始指向的是内部程序存储器，程序代码从内部程序存储器开始执行；当该引脚加上低电平时 PC 程序指针起始指向的是外部程序存储器，程序代码从外部程序存储器开始执行。

单片机复位之后 PC 程序指针被初始化为 0x000，指向程序代码空间的最低位，程序指针在程序执行过程汇总，自动增加指向下一条待执行的指令，当程序代码大小超过了内部程序存储器时则需要为单片机外扩外部程序存储器，程序代码执行到存放到片内程序存储器的最后一条指令之后自动跳转到外部程序寄存器继续执行。

MCS-51 的内部程序存储器的部分地址用于中断系统，是这些中断服务子程序的程序代码的入口，一般在该位置放置相应的跳转指令，使得 PC 程序指针跳转到相应的程序代码块起始存放地址，如表 2.3 所示。

表 2.3　MCS-51 单片机的中断系统入口地址

特定程序	入口地址
系统复位	0x0000H
外部中断 0	0x0003H
定时器 T0 溢出	0x000BH
外部中断 1	0x0013H
定时器 T1 溢出	0x001BH
串行中断	0x0023H
……	……

某些 MCS-51 系列单片机用于较多的外部资源，对应有更多的中断系统入口地址，具体可以查看这些单片机的手册。

MCS-51 单片机通常使用存储器类型有掩膜 ROM、OTP（一次性编程）ROM、MTP（多次编程）ROM，包括 EPROM、EEPROM 及 FLASH 等。通常使用编程器、ISP 等多种方式将数据写入程序存储器，在执行过程中程序存储器多为只读属性，随着单片机技术的发展，出现了 IAP（在应用中编程）技术，使得程序存储器在程序执行过程中也可以对自身编程。

2. MCS-51 单片机的数据存储器

MCS-51 单片机的数据存储器用于存放代码执行过程中的相关数据，由片内数据存储器和片外数据存储器组成。片内数据存储器又可以划分为数据 RAM 区和 SFR（特殊功能寄存器）区，而数据 RAM 区又可以划分为工作寄存器区、位寻址区、用户区和堆栈区，MCS-51 单片机片内数据 RAM 区如图 2.3 所示，共 256 字节。

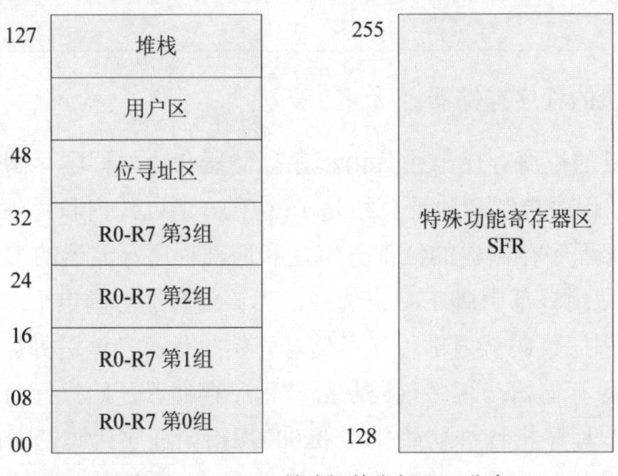

▲图 2.3　MCS-51 单片机的内部 RAM 分布

片内数据存储器最低空间是工作寄存器区，分为 4 组，每组 8 个单字节寄存器，均编码为 R0～R7，共 32 个单元。当前正在使用的组由程序状态字寄存器 PSW 中的 RS0 和 RS1 位决定，由于可以直接使用单字节指令访问，因此放在其中的数据访问速度是最快的。

位寻址区的 16 个字节单元支持位寻址，用户可以使用普通的内存寻址指令对该部分内存单元进行字节寻址，也可以使用位寻址指令对该部分内存单元按照对应的位地址进行位寻址，该地址单元的字节地址和位地址对应如表 2.4 所示，这些位地址空间编址为 00H-7FH 共 128 个地址。

表 2.4　　MCS-51 单片机的位空间地址编码

字 节 地 址	位 地 址							
	7	6	5	4	3	2	1	0
2FH	7FH	7EH	7DH	7CH	7BH	7AH	79H	78H
2EH	77H	76H	75H	74H	73H	72H	71H	70H
2DH	6FH	6EH	6DH	6CH	6BH	6AH	69H	68H
2CH	67H	66H	65H	64H	63H	62H	61H	60H
2BH	5FH	5EH	5DH	5CH	5BH	5AH	59H	58H
2AH	57H	56H	55H	54H	53H	52H	51H	50H
29H	4FH	4EH	4DH	4CH	4BH	4AH	49H	48H
28H	47H	46H	45H	44H	43H	42H	41H	40H
27H	3FH	3EH	3DH	3CH	3BH	3AH	39H	38H
26H	37H	36H	35H	34H	33H	32H	31H	30H
25H	2FH	2EH	2DH	2CH	2BH	2AH	29H	28H
24H	27H	26H	25H	24H	23H	22H	21H	20H
23H	1FH	1EH	1DH	1CH	1BH	1AH	19H	18H
22H	17H	16H	15H	14H	13H	12H	11H	10H
21H	0FH	0EH	0DH	0CH	0BH	0AH	09H	08H
20H	07H	06H	05H	04H	03H	02H	01H	00H

堆栈区是 MCS-51 单片机片内数据存储区中的一片连续空间，理论上来说可以设置在任何位置。执行进栈操作时，SP 指针加 1，然后把数据压入堆栈，在出栈操作时 SP 减 1，然后把数据从堆栈中弹出。堆栈一般用于进入子程序时对相关数据的保存，堆栈区的大小决定了用户区的大小。堆栈区一般不直接寻址，使用堆栈指令对其操作，而用户区则可以使用多种寻址方式访问。

MCS-51 系列单片机有较多的片上资源，例如定时计数器、中断系统等，这些片上资源以及单片机自身的控制寄存器被放到了片内数据存储器的高 128Byte 空间的某些地址，可以通过相应指令进行访问，某些寄存器还可以进行位寻址，常用的特殊功能寄存器列表如表 2.5 所示。

表 2.5　　MCS1 的特殊功能寄存器

寄存器标识符	寄存器名称	寄存器字地址	寄存器内位地址
ACC	累加器	0x80H	0xE0H-0xE7H
B	B 寄存器	0xF0H	0xF0H-0xF7H
PSW	程序状态字	0xD0H	0xD0H-0xD7H

续表

寄存器标识符	寄存器名称	寄存器字地址	寄存器内位地址
SP	堆栈指针	0x81H	—
DPTR	数据指针 DPL、DPH	0x83H，0x82H	—
P0	P0 口	0x80H	0x80H-0x87H
P1	P1 口	0x81H	0x90H-0x91H
P2	P2 口	0xA0H	0xA0H-0xA7H
P3	P3 口	0xB0H	0xB0H-0xB7H
IP	中断优先级控制器	0xB8H	0xB8H-0xBFH
IE	中断允许控制器	0xA8H	0xA8-0xAFH
TOMD	定时计数器方式控制器	0x89H	—
TCON	定时计数器控制器	0x88H	—
TH0	定时计数器 0 高位	0x8CH	—
TL0	定时计数器 0 低位	0x8AH	—
TH1	定时计数器 1 高位	0x8DH	—
TL1	定时计数器 1 低位	0x8BH	—
SCON	串口控制器	0x98H	—
SBUF	串行数据缓冲器	0x99H	—
PCON	电源控制	0x97H	—

在 MCS-51 系列单片机中，有部分单片机的内部数据存储器的高位部分地址和 SFR 寄存器的地址重合，可以使用不同的指令来区分是否访问特殊寄存器区。从列表中可以看到，特殊寄存器区地址并没有完全用完，所以 MCS-51 系列单片机扩展功能模块的相应控制寄存器也被放到这个区，具体可以参考对应的相关手册。

受到 16 位地址总线的限制，MCS-51 单片机的片外数据存储器最大为 64KB，这些地址空间通过寄存器 DPTR 或者是 R0、R1 间接寻址访问。

> MCS-51 单片机的外扩资源，例如 AD 转换器、端口扩展芯片等都被看作是数据存储器，和数据存储器统一变址，占用相应的片外地址空间，也使用片外数据存储器操作指令进行访问。

可以看到，MCS-51 单片机的数据存储器和程序存储器都有 64KB 的寻址空间，两种存储器的地址编码是完全相同的，都是 0x0000-0xFFFF；但是 MCS-51 单片机通过不同的指令来访问和操作这两种存储器，并且使用不同的外部引脚信号来选择程序存储器和数据存储器，所以 MCS-51 的存储器空间不会因为地址的重叠而出现混乱。

2.1.3 MCS–51 单片机的外部引脚

MCS-51 单片机常见的封装形式有双列直插（DIP）封装、带引线的塑料芯片载体（PLCC）封装和贴片封装等。通常的外部引脚 40 根可以分为以下 4 种用途，其中某些引脚使用了引脚复用技术，有第二功能。图 2.4 所示的是 DIP 封装的 MCS-51 单片机引脚图和逻辑符号图。

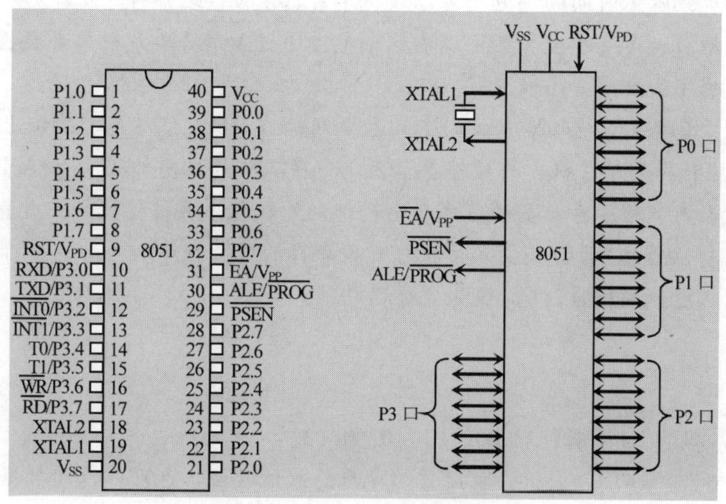

▲图 2.4　MCS-51 单片机的外部引脚

- 电源引脚 2 根。
- 时钟引脚 2 根。
- 控制引脚 4 根。
- IO 引脚 32 根。

1. 电源引脚

电源引脚包括 V_{CC} 和 GND，其中 V_{CC} 是电源正信号输入引脚，GND 是电源地信号引脚。

2. 时钟引脚

时钟引脚是外部时钟信号的输入通道，由 XTAL1 和 XTAL2 组成。

XTAL1 是内部振荡电路反相放大器输入端，当使用外部晶体时该引脚连接晶体的一个引脚，使用外部振荡源时该引脚接地。

XTAL2 是内部振荡电路反相放大器输出端，当使用外部晶体时该引脚连接晶体的一个引脚，当使用外部振荡源时该引脚接外部振荡源输入，此时 XTAL1 接地。

3. 控制引脚

控制引脚一共有 4 根，包括 ALE/PROG、PSEN、RST/V_{PD} 和 EA/V_{PP}，主要用于在特定模式下对单片机内外资源的控制。

- ALE/PROG：地址锁存信号输出引脚，在单片机访问外部数据存储器时，ALE 为高电平时单片机的 P0 端口输出 16 位外部地址的低 8 位。这个信号由单片机时钟信号频率的 1/6 的频率产生，所以也可以用作其他芯片的时钟。在对单片机编程时，该引脚外加编程脉冲。
- PSEN：外部程序存储器读选通引脚，当单片机读外部程序存储器时该引脚为低电平信号，以实现对外部程序存储器的读操作。
- RST/V_{PD}：复位信号/备用电源输入引脚，当单片机有驱动时钟信号时，加在该引脚上两个机器周期以上时间的高电平可以使得单片机复位；此引脚可以外加一个电源，当单片机的电源引脚 V_{CC} 掉电之后可以由这个电源通过 V_{PD} 给单片机内部数据存储器供电，以保证数据不丢失。

- EA/V_{PP}：外部程序寄存器地址允许/编程电压输入引脚，当 EA 引脚加上高电平时，复位后 PC 指针指向单片机内部程序存储器，程序从单片机内部程序存储器开始执行，执行完存放在内部程序存储器的程序后自动转向外部程序存储器执行；当 EA 引脚加上低电平时，复位后 PC 指针指向单片机外部程序存储器，程序从外部程序存储器开始执行；在单片机进行编程时，V_{PP} 被加上编程电压。

4. IO 引脚

MCS-51 单片机的 IO 引脚包括 P0、P1、P2 和 P3。

- P0.0～P0.7：双向 IO 引脚，可以作为地址总线低 8 位，也可以作为数据总线，还可以作为普通 IO 引脚使用（此时可能需要加上拉电阻）。
- P1.0～P1.7：普通双向 IO 引脚。
- P2.0～P2.7：双向 IO 引脚，可以作为地址总线高 8 位，也可以作为普通 IO 引脚使用。
- P3.0～P3.7：普通双向 IO 引脚，并且具有第二功能。
- RXD/P3.0：串行口输入引脚。
- TXD/P3.1：串行口输出引脚。
- INT0/P3.2：外部中断 0 中断输入引脚。
- INT1/P3.3：外部中断 1 中断输入引脚。
- T0/P3.4：定时计数器 0 外部输入引脚。
- T1/P3.5：定时计数器 1 外部输入引脚。
- WR/P3.6：外部数据存储器写选通引脚。
- RD/P3.7：外部数据存储器读选通引脚。

2.1.4 MCS-51 单片机的时钟模块

时钟模块用于产生 MCS-51 单片机工作所需的各个时钟信号，单片机在这些时钟信号的驱动下工作，在工作过程中的各个信号之间的关系称为单片机的时序。

1. MCS-51 单片机的时钟源

MCS-51 的时钟源可以由内部振荡器产生，也可以使用外部时钟源输入产生。前者需要在 XTAL1 和 XTAL2 引脚之间跨接石英晶体（还需要 30pf 左右的微调电容），让石英晶体和内部振荡器之间组成稳定的自激振荡电路，具体频率由晶体决定，微调电容可以对这个大小略微调整；后者将晶振等外部时钟源直接连接到 XTAL2 引脚上为单片机提供时钟信号，具体的频率由晶振决定，如图 2.5 所示。

2. MCS-51 单片机的时序

MCS-51 单片机的时序是指单片机处理器指令译码产生的一系列操作在时间上的先后次序。

MCS-51 单片机的时序按照从小到大的顺序由振荡周期、时钟周期、机器周期、指令周期组成，如图 2.6 所示。

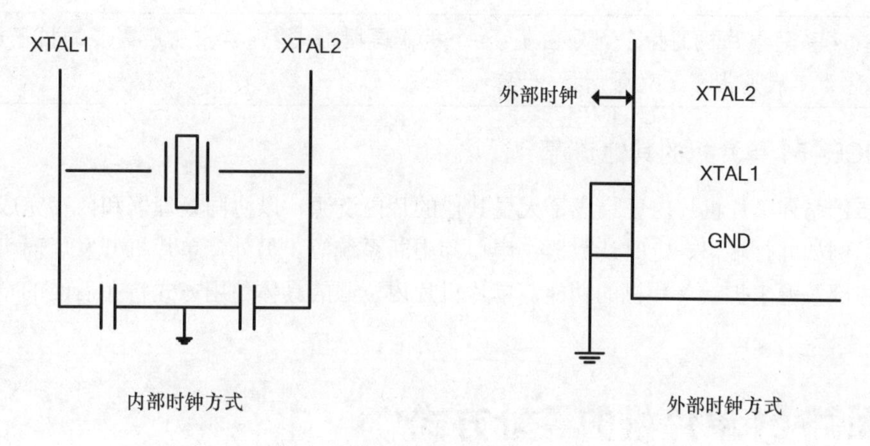

▲图 2.5　MCS-51 单片机的时钟源电路

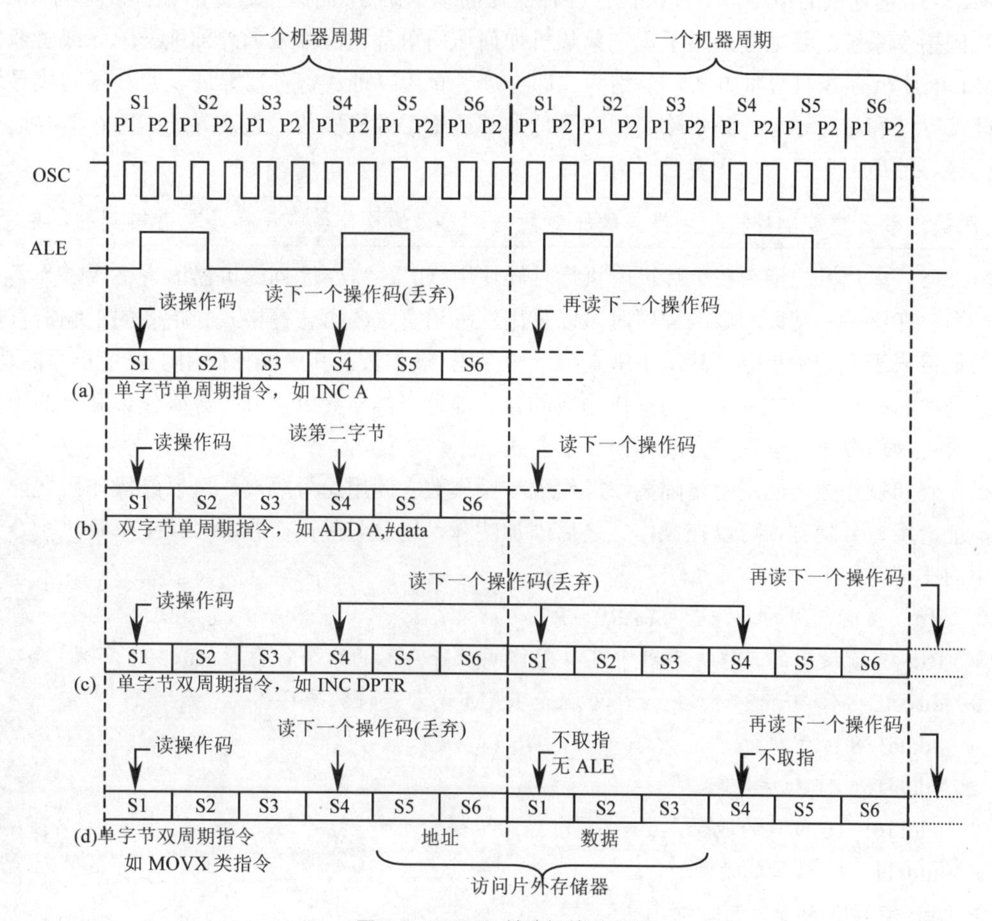

▲图 2.6　MCS-51 单片机的时序图

- 振荡周期是时钟源产生的振荡输出周期。
- 时钟周期由两个被称为时钟周期节拍的振荡周期 P1 和 P2 组成。

- 机器周期由 6 个被称为机器周期状态的时钟周期 S1～S6 组成。
- 指令周期是指单片机完成一条指令所需要的时间。

MCS-51 系列单片机的指令周期由 1～4 个机器周期构成，通常按照所需要的机器周期数将这些指令称为单周期指令、双周期指令等。

2.1.5 MCS-51 单片机的其他资源

MCS-51 系列单片机片内还集成了大量其他的片内资源，以协同处理器和内存完成单片机的控制功能。例如并行端口、定时计数器、串口和中断系统等。另外，单片机开发厂商可以通过增加单片机内部资源来扩展单片机的功能，单片机片内资源的具体使用方式将在后面的章节中进行详细介绍。

2.2 MCS-51 单片机的寻址方式

MCS-51 单片机的指令是单片机执行各种操作的基本命令，而这些命令的集合被称为 MCS-51 单片机的指令系统。寻址方式用于规定单片机如何访问单片机内部或者外部地址单元或者数据。MCS-51 单片机有 6 种寻址方式，分别为立即寻址、直接寻址、寄存器寻址、寄存器间接寻址、变址间接寻址和相对寻址。其中除了相对寻址外都适用于源操作数，直接寻址、寄存器寻址和寄存器间接寻址适用于目的操作数。

源操作数是指被单片机指令操作的原始数据，而目的操作数则是操作之后得到的结果。

MCS-51 单片机的指令在单片机内执行时候使用“0”、“1”序列的机器语言格式，为了方便使用，用户在编写、阅读和修改程序时可以采用汇编语言、C 语言等格式。指令的汇编语言格式使用助记符来表示一条指令，其基本格式为：操作码+操作数。其中操作码用于表示指令的功能，操作数是参与操作的数或者是参与操作的数的存放地址，操作数可以分为源操作数和目的操作数两类，决定操作数所在位置的方式称为寻址方式。

操作码和操作数之间用空格隔离，操作数和操作数之间用逗号隔离。可以在操作码之前添加符号地址，用冒号隔开；可以在操作数之后添加注释，用分号隔离。在 MCS-51 单片机指令系统中常用的助记符如下。

- Rn：当前使用的工作寄存器 R0～R7。
- Ri：当前使用的工作寄存器中可以用作间址寄存器的两个寄存器 R0、R1。
- direct：8 位内部存储器地址，可以是 RAM 或者是特殊寄存器。
- #data：8 位立即数。
- #data16：16 位立即数。
- addr16：16 位目的地址。
- addr11：11 位目的地址。
- rel：8 位偏移量，可以带符号。
- bit：位地址。
- @：间址寄存器前缀，如@Ri。
- /：位操作数前缀，表示对该位操作数进行取反操作。

- (x)：寄存器或存储单元 x 的内容。
- ((x))：以寄存器或存储单元 x 的内容作为地址的存储单元的内容。
- →：数据传送方式。

2.2.1　立即寻址

直接给出操作数的寻址方式被称为立即寻址，操作码后面的内容就是操作数，由于这些操作数立即传送或者赋值，所以被称为立即数。例如将立即数 0x24 送入累加器 A 的汇编代码，见例 2.1。

【例 2.1】 立即寻址示例。

```
MOV  A,#0x24H
```

2.2.2　直接寻址

直接给出操作数所在存储器地址的方式被称为直接寻址，操作数的地址可以是内部数据存储器的用户区、特殊功能寄存器或者位地址空间，例 2.2 是这 3 种情况的汇编代码示例。

【例 2.2】 直接寻址方式。

```
MOV  B,A                    ;将寄存器 B 的数据送入累加器 A
MOV  TMOD,#0x13H            ;将特殊功能寄存器 TMOD 的内容修改为 0x13
MOV  C,0x1FH                ;将内部 RAM 位地址单位 0x1F 的内容送进位标志位 CY
```

> **注意：**第三条语句中使用的是位地址直接寻址，其和内部 RAM 直接寻址的差别在于使用进位标志 CY。

2.2.3　寄存器寻址

寄存器寻址和直接寻址类似，只是将数据存放在寄存器中，然后直接给出寄存器的地址，这些寄存器可以是 R0~R7、A、B、DPTR，其中 A、B 可以联合起来作为一个 16 位的寄存器参与寻址；当使用位操作指令时还可以使用 CY，例 2.3 是使用寄存器寻址方式的实例。

【例 2.3】 寄存器寻址

```
MOV  ACC,R2;将工作组寄存器 R2 中的内容送到累加器 ACC 中
```

2.2.4　寄存器间接寻址

将操作数所在的存储器地址放在一个寄存器中，然后对这个寄存器寻址，这就是寄存器间接寻址，使用寄存器间接寻址方式可以访问内部数据存储器和外部数据存储器。访问内部数据存储器使用 R0 和 R1；访问外部数据存器可以使用 DPTR，使用汇编指令格式时在寄存器前添加符号“@”来和寄存器寻址区分。例 2.4 给出了使用寄存器间接寻址方式的指令。

【例 2.4】 寄存器间接寻址。

```
MOV  A,@R2              ;将 R2 内部数据指向的地址空间的内容送到累加器 ACC
MOV  A,@DPTR            ;将 DPTR 指向的外部存储器地址内的数据送到累加器 ACC
```

例如 R2 中间存放的数据是 0x41H，内部 RAM 地址空间 0x41H 中存放的数据是 0x23H，则第一条指令是将数据 0x23H 送到累加器 A。

2.2.5 变址间接寻址

变址间接寻址是将基址寄存器内部数据加上变址寄存器内部数据的结果作为操作数的存放地址，其中基址寄存器可以是 DPTR 和 PC，而变址寄存器只能是 A，变址间接寻址方式只能用于访问程序寄存器，一般用于查表操作。例 2.5 给出了使用变址间接寻址的指令。

【例 2.5】变址间接寻址

```
MOVC  A,@A+DPTR     ;将基址寄存器DPTR的内容加上A的内容计算得到的程序存储器地址空间中的数据送到累加器A
```

2.2.6 相对寻址

相对寻址方式是以 PC 的内容作为基础地址，加上指令中给定的偏移量，所得到的结果为转移地址，其中偏移量是 8 位带符号数，范围在-128～127 之间，一般用于程序的跳转，只能寻址程序寄存器。

表 2.6 中是常用的寻址方式的寻址空间，寻址空间是指寻址指令能使用的存储器地址范围。

表 2.6　　常用寻址方式的寻址空间

寻 址 方 式	寻 址 空 间
直接寻址	片内数据存储器和特殊功能寄存器
寄存器寻址	工作寄存器 R0～R7，A、AB 和 DPTR
寄存器间接寻址	片内和片外的 64KB 数据存储器
变址寻址	程序存储器
相对寻址	程序存储器
位寻址	位地址空间

2.3 MCS-51 单片机的指令系统

MCS-51 系列单片机的指令系统按照功能可以分为：29 条数据传送指令、24 条算术运算指令、24 条逻辑运算指令、17 条位操作指令和 17 条控制转移类指令；按照指令长度可以分为 49 条单字节指令、45 条双字节指令、17 条三字节指令；按照指令的执行空间可以分为 64 条单周期指令、45 条双周期指令、2 条四周期指令。下面介绍按功能分类的 5 种指令，以及伪指令和汇编程序。

2.3.1 数据传送指令

数据传送类指令是把源操作数传送到目的操作数的指令，执行指令前后源操作数不发生改变，目的操作数被修改为源操作数，数据传送类指令由 MOV、MOVC、MOVX、XCH、XCHD、PUSH 和 POP 共 7 条指令构成。

1. MOV 指令

MOV 指令是将数据存储器或者寄存器中的源操作数内容送入目的操作数的指令，是使用得最频繁的指令之一。MOV 指令的实例如例 2.6 所示。

【例 2.6】MOV 指令实例。

```
MOV  A,R0;寄存器到累加器
MOV  A,#0x20H;立即数到累加器
MOV  A,@R1;寄存器间接寻址到累加器
MOV  @R1,A;寄存器间接寻址到累加器
MOV  A,0x20H;直接寻址到累加器
MOV  0x20H,A;累加器到直接寻址
```

2. MOVC 指令

MOVC 指令和 MOV 指令类似，但是只能用于访问程序存储器，一般用于查表操作使用间址变址寻址。例 2.7 给出 MOVC 指令的实例。

【例 2.7】MOVC 指令。

```
MOVC  A,@A+DPTR
MOVC  A,@A+PC; 将 A 寄存器存放数据所指向地址的数据加上 PC 内数据之后指向的程序寄存器空间数据，送到累
加器 A
```

3. MOVX 指令

MOVX 指令也和 MOV 指令类似，但是用于访问外部数据存储器，可以使用 R0～R7 和 DPTR 间接寻址，使用 R0～R7 间接寻址时仅仅能访问外部数据存储器的低 256B 地址，使用 DPTR 时则可以访问整个外部 64KB 数据存储器。例 2.8 给出了 MOVX 指令实例。

【例 2.8】MOVX 指令。

```
MOVXA,@R1
MOVXA,@DPTR
MOVX  @DPTR,A
MOVX  @R0,A
```

> 单片机系统的程序存储器和数据存储器编址是重合的，通过 MOV、MOVX 和 MOVC 指令来区别访问存储器空间。

4. XCH 指令

XCH 指令用于完成累加器和源操作数之间的数据交换，所有的目的操作数必须是累加器 A，源操作数则可以是寄存器寻址、直接寻址和寄存器间接寻址。例 2.9 给出了 XCH 指令的实例。

【例 2.9】XCH 指令。

```
XCH  A,R2
XCH  A,0x21H
XCH  A,@R2
```

5. XCHD 指令

XCHD 指令是一个半字节交换指令，和 XCH 指令类似，但是交换的只是源操作数和目的操作数的低半字节，它们的高半字节保持不变。例 2.10 给出了 XCHD 指令的实例。

【例 2.10】XCHD 指令。

```
XCHD  A, @Ri
```

6. PUSH 指令

PUSH 用于将操作数压入堆栈，其操作数必须为直接寻址。例 2.11 给出了 PUSH 指令的实例。

【例 2.11】PUSH 指令。

```
PUSH  ACC
```

说明： 可以通过使用特殊功能寄存器的地址直接把特殊功能寄存器的数值压入堆栈，如上例中使用 ACC 把累加器的 A 数据压入堆栈。

7. POP 指令

POP 指令用于把数据从堆栈中弹出到指定的内部数据存储器或者特殊功能寄存器。例 2.12 给出了 POP 指令的实例。

【例 2.12】POP 指令。

```
POP  ACC
```

2.3.2 算术运算指令

算术运算指令用于对源操作数进行加、减、乘、除操作，包括 ADD、ADDC、SUBB、MUL、DIV、INC 和 DEC 共 7 条指令，其操作数都是 8 位，除了 INC 和 DEC 之外的目的操作数都存放到累加器 A（MUL 为 A、B 寄存器）中，这些指令都要影响 PSW 的 CY、AC 和 OV 位。

1. ADD 和 ADDC 指令

ADD 和 ADDC 指令是加法指令，其中 ADD 指令是不带进位的加法运算指令，两个相加的数中目的操作数存放到累加器中，原数据可以采用立即寻址、寄存器寻址、寄存器间接寻址或者直接寻址方式。相加之后产生的进位不在高位体现，但是会修改 CY、AC 和 OV 位。ADDC 指令是带进位的加法运算指令，其和 ADD 的使用方法相同，两者的区别是 ADDC 的进位会在高位体现。例 2.13 给出了 ADD 和 ADDC 指令的实例。

【例 2.13】ADD 和 ADDC 指令。

```
ADD  A,R2;A 内数据加上 R2 内数据，结果存放到 A 中，忽略进位
ADD  A,0x33H;A 内数据加上内存地址 0x33H 数据，结果存放到 A 中，忽略进位
ADDC  A,@R3; A 内数据加上 R3 内数据指向地址空间内数据，结果存放到 A 中，产生进位
ADDC  A,#0x76H;A 内数据加上 0x76H，结果存放到 A 中，产生进位
```

2. SUBB 指令

SUBB 指令是带借位的减法指令，其用法和 ADDC 指令完全类似，也会影响 PSW 的对应标志位。例 2.14 是 SUBB 指令的实例。

【例 2.14】SUBB 指令。

```
SUBB  A,R0
SUBB  A,0x34H
SUBB  A,@R1
SUBB  A,#0x32H
```

3. MUL 和 DIV 指令

MUL 指令是乘法指令，目的操作数为累加器 A，源操作数为寄存器 B，使用寄存器寻址，相乘之后的结果低字节存放到累加器 A 中，高字节存放到寄存器 B 中。执行 MUL 指令之后 CY 一定为零，若高字节为零则 OV 被清除，否则 OV 被置位。

DIV 指令是除法指令，目的操作数为累加器 A，源操作数为寄存器 B，使用寄存器寻址，相除之后商存放在 A 中，余数在 B 中，指令执行之后 CY 和 OV 均被清除，如果除数为 0，其结果是一个随机数，且 OV 被置位。例 2.15 是 MUL 和 DIV 指令的实例。

【例 2.15】MUL 和 DIV 指令。

```
MUL  A,B
DIV  A,B
```

4. INC 和 DEC 指令

INC 指令是自加 1 指令，可以使指定单元内容加 1，加法按照无符号二进制数进行，其执行结果不影响 PSW 中各个标志位，寻址方式可以是直接寻址、寄存器寻址、寄存器间接寻址。DEC 指令和 INC 指令类似，可以使指定单元内容减 1，执行结果不影响相关标志位。例 2.16 是 INC 和 DEC 指令的实例。

【例 2.16】INC 和 DEC 指令。

```
INC  A
INC  R4
INC  0x45H
INC  @R1
INC  DPTR
DEC  A
```

说明： 由于 INC 和 DEC 指令的操作数是无符号二进制数，因此当发生溢出时会重新计数。例如 INC 加到 0xFFH 再次调用 INC 指令得到的结果是 0x00H；当 DEC 加到 0x00H 时再次调用 DEC 指令时结果为 0xFFH。

2.3.3　逻辑操作指令

逻辑类操作指令是对操作数进行逻辑操作的指令，包括 ANL、ORL、XRL、CLR、CPL、RL、RLC、RR、RRC 和 SWAP 一共 10 条指令。

1. ANL 指令

逻辑与指令 ANL 是在所给出的操作数之间进行的以位为单位的与操作指令，将结果存放在目的操作数中，常常用于将字节数据的指定位清零。例 2.17 是 ANL 指令的实例。

【例 2.17】ANL 指令。

```
ANL  A,R1
ANL  A,0x34H
ANL  0x34H,#0x23H
```

说明： 例如，当 A 中间存放的数据为 0xFFH 时，如果 R1 中的数据为 0xAAH，则执行 ANL A, R1 之后 A 中的数据为 0xAAH。

2. ORL 指令

逻辑或指令 OPL 是在所给出的操作数之间进行的以位为单位的逻辑或操作指令，结果存放在目的操作数中，常常用于将字节数据的指定位置位。例 2.18 是 ORL 指令的实例。

【例 2.18】ORL 指令。

```
ORL  A,R1
ORL  A,0x34H
ORL  A,@R0
ORL  A,#0x23H
```

说明：例如，当 A 中间存放的数据为 0xFFH 时，如果 R1 中的数据为 0xAAH，则执行 ORL A, R1 之后 A 中的数据为 0x55H。

3. XRL 指令

逻辑异或指令 XPL 是在所给出的操作数之间进行的以位为单位的逻辑异或操作指令，结果存放在目的操作数中，常常用于将字节数据的指定位取反。例 2.19 是 XRL 指令的实例。

【例 2.19】XRL 指令。

```
XRL  A,R1
XRL  A,0x34H
XRL  A,@R0
```

说明：例如，当 A 中间存放的数据为 0x5CH 时，如果 R1 中的数据为 0x0FH，则执行 XRL A，R1 之后 A 中的数据为 0x53H，其高半字节不变，低半字节取反。

4. CLR 和 CPL 指令

清零指令 CLR 将累加器 A 数据清零，取反指令 CPL 将累加器 A 数据取反，这两条指令只能对累加器 A 使用。例 2.20 是 CLR 和 CPL 指令的实例。

【例 2.20】CLR 和 CPL 指令。

```
CLR  A
CPL  A
```

说明：单片机指令系统没有求补指令，如果需要进行求补操作，可以使用“求补加 1”的方式。

5. 移位指令

MCS-51 系列单片机的移位指令包括循环左移指令 RL、循环右移指令 RR、带进位的循环左移指令 RLC 和带进位的循环右移指令 RRC，这些指令的操作数都必须是累加器 A。例 2.21 给出了这些指令的实例。

【例 2.21】移位指令。

```
RL  A;An→An+1;A7→A0
RLC  A;An→An+1;A7→CY;CY→A0
RR  A;An+1→An;A0→A7
RRC  A;An+1→An;CY→A7;A0→CY
```

说明：可以用移位操作来实现简单的乘除法操作。

6. SWAP 指令

半字节操作指令 SWAP 用于将累加器 A 高半字节数据和低半字节数据交换。例 2.22 给出了 SWAP 指令的实例。

【例 2.22】SWAP 指令。

```
SWAP  A;A3~A0→A7~A4
```

2.3.4　位操作指令

单片机内部数据存储器有 16B 的位寻址区，共 128bit，对该区间的操作指令统称位操作指令，可以分为位传送指令、位变量修改指令、位逻辑运算指令和位控制转移指令。

1. 位传送指令

位传送指令仍然是 MOV 指令，但是其目的操作数和源操作数必须分别是位地址和 CY 标志位，需要注意的是位地址和位地址之间不能直接传送数据，必须利用 CY 作为中间媒介。例 2.23 是位传送指令的实例。

【例 2.23】位传送指令。

```
MOV  C,bit
MOV  bit,C
```

2. 位变量修改指令

位变量修改指令包括清除位指令 CLR 和置位位指令 SETB，这两条指令可以对一个位地址或者进位标志 CY 操作。例 2.24 是这两条指令的使用实例。

【例 2.24】位变量修改指令。

```
CLR  C
CLR  bit
SETB  C
SETB  bit
```

3. 位逻辑运算指令

位变量之间的逻辑运算包括逻辑与运算指令、逻辑或运算指令和逻辑非运算指令，这些指令使用进位标志 C 作为目的操作数，使用一个位地址作为源操作数。例 2.25 给出了位逻辑运算指令的实例。

【例 2.25】位逻辑运算指令。

```
ANL  C,bit
ANL  C,/bit
ORL  C,bit
ORL  C,/bit
CPL  C
CPL  bit
```

说明：位操作指令操作数前的“/”用来表示使用该位的逻辑非作为操作数，但是不影响该位的数据。位操作指令没有异或指令，可以使用其他操作指令代替。

2.3.5 控制转移类指令

控制转移类指令通过修改PC指针内部数据来控制程序走向，这些指令是程序分支设计结构、循环结构和子程序程序结构的基础指令，使用这些指令能够设计出复杂结构的程序。控制转移类指令包括无条件转移指令、条件转移指令、子程序转移指令、位控制转移指令和空操作指令，共17条指令。

1. 无条件转移指令

无条件转移指令包括短转移指令AJMP、长转移指令LJMP、相对转移指令SJMP和散转指令JMP，这些指令不需要任何条件，直接根据操作数修改PC内容，均不影响PSW相关标志位。

短转移指令AJMP直接将PC指针指向原地址空间附近4KB范围的地址，在执行AJMP指令时先将PC值加2，然后将操作数中的11位地址码送到PC指针的低11位，PC指针高5位不发生变化。

长转移指令 LJMP 和 AJMP 类似，其跳转空间可以在程序存储空间的任何位置，操作数为2Byte，执行命令时候将PC值加2，然后将操作数送到PC指针。

相对转移指令SJMP在8位操作数中给出一个相对于当前PC指针值的偏移量，执行指令后的指针值是当前指针值加2再加上偏移量的值，这个偏移量是一个8位有符号数，可以在−128～128之间。

散转指令JMP将当前累加器A中的8位无符号数和数据指针DPTR中的16位数据相加，然后送到PC指针。

例2.26给出了无条件转移指令的使用实例。

【例2.26】无条件转移指令。

```
AJMP  addr11;(PC)+ 2→PC,addr0~add10→(PC)0~10
LJMP  addr16;addr16→PC
SJMP  rel;(PC)+2+rel→PC
JMP  @A + DPTR;(A) + (DPTR)→PC
```

JMP指令常常用于实现查表和多条件跳转指令。例2.27是JMP指令的一个实例。

【例2.27】JMP指令用法。

假设累加器A中存放4条待处理的命令，编号为0~3，程序存储器中利用表结构存放每条命令处理代码的首地址，表结构首地址标号为JPTAB，下面的指令根据累加器中的命令编号调用相应的处理代码。

```
MOV  R0,A
RL    A
ADD  A,R0;将A中的数据乘3
MOV  DPTR,#JPTAB;将表结构首地址标号送到DPTR
JMP   @A+DPTR
JPTAB:
LJMPLOOP0;命令0处理代码入口
LJMPLOOP1
LJMPLOOP2
LJMPLOOP3
```

2. 条件转移指令

条件转移指令根据某些条件决定是否修改 PC 的数值，当条件不满足时，继续执行 PC 下面的指令，当条件满足时候跳转到指定指令起始位置。条件转移指令包括零条件转移指令 JNZ、JN，比较转移指令 CJNE 和减 1 非零转移指令 DJNZ。

零条件转移指令 JNZ 和 JN 使用累加器 A 内的数据作为判断条件。使用 JN 指令时，当 A 中的数据为零时跳转到指定位置；使用 JNZ 指令时，当 A 数据不为零时跳转到指定位置。执行之后的 PC 数为当前 PC 值加 2 之后与操作数之和。JNZ 和 JN 执行过程均不修改 PSW 相应标志位。

比较转移指令 CJNE 带三个操作数，分别为目的操作数、源操作数、偏移量，指令对两个操作数进行比较，根据比较的结果调用偏移量修改 PC 的值，并且修改进位标志 CY，其具体执行方式如下。

- 目的操作数等于源操作数，(PC) + 3→PC。
- 目的操作数大于源操作数，(PC) + 3 + 偏移量→PC、CY 位被清除。
- 目的操作数小于源操作数，(PC) + 3 + 偏移量→PC、CY 位被置位。

减 1 非零转移指令 DJNZ 带两个操作数，目的操作数采用寄存器寻址或直接寻址，源操作数存放偏移量。执行指令时先将目的操作数减 1，存放结果到源地址操作，如果该数据不为 0，则按照偏移量修改 PC 指针；如果该数据为 0，则继续执行下一条指令。例 2.28 给出了条件转移指令的实例。

【例 2.28】条件转移指令。

```
JZ  rel
JNZ  rel
CJNE  A,#0x43H,rel
CJNE  A,0x56H,rel
CJNE  R1,#0x34H,rel
CJNE  @R1,#0x60H,rel
DJNZ  R1,rel
DJNZ  0x23H,rel
```

3. 子程序转移指令

子程序转移指令包括短调用指令 ACALL，长调用指令 LCALL 和返回指令 RET、RETI。这些指令用于从主程序进入和返回子程序，子程序是指具有某种功能的公用程序段。子程序转移指令和普通转移指令的最大区别是在调用前者时必须把当前 PC 数值压入堆栈保存，退出前者时必须从堆栈中将 PC 值恢复。

短调用指令 ACALL 和 AJMP 类似，操作数只有 11 位，只能指向当前 PC 指针附近 4KB 的位置。执行 ACALL 指令时先将 PC 值加 2，然后将 16 位 PC 值压入堆栈，再将操作数的 11 位地址送到 PC 的低 11 位地址，完成跳转操作。

长调用指令 LCALL 和 LJMP 类似，采用 16 位操作数，可以跳转到 64KB 程序存储空间内任何位置。其执行方式和 ACALL 相同，差别是由于该指令是 3Byte 指令，所以 PC 值需要加 3。

返回指令 RET 和 RETI 用于在子程序执行完毕之后从子程序退出，该指令从堆栈恢复调用子程序之前的 PC 值。两者的区别是 RET 用于普通子程序调用退出，而 RETI 用于中断服务子程序调用退出。例 2.29 给出了子程序转移指令的常见实例。

【例 2.29】子程序转移指令。

```
ACALL  addr11;(PC) + 2→PC,(SP) + 1→SP,(SP) + 1→SP,(PC)0~7→(SP),(SP) +1→(SP),(PC)8~15
→(SP),addr0-11→PC0-11
LCALL  addr16; (PC) + 3→PC,(SP) + 1→SP,(SP) + 1→SP,(PC)0~7→(SP),(SP) +1→(SP),(PC)8~15
→(SP),addr16→PC
RET;((SP))→PC8~15,(SP)  1→SP,((SP))→PC0~7,(SP)    1→SP
RETI
```

4. 位控制转移指令

位控制转移指令包括 JC、JNC、JB、JNB、JBC 共 5 条指令，均是条件跳转指令，使用进位标志 CY 或者位地址作为判断地址。例 2.30 给出了这些位控制转移指令的实例。

【例 2.30】位控制转移指令。

```
JC    rel;若(C) = 0,则(PC) + 2→PC,若(C) = 1,则(PC)+2+rel→PC
JNC  rel;若(C) = 1,则(PC) + 2→PC,若(C) = 0,则(PC)+2+rel→PC
JB   bit  rel;若(bit) = 1,则(PC) + 3→PC,若(bit) = 0,则(PC)+3+rel→PC
JNB  bit  rel;若(bit) = 0,则(PC) + 3→PC,若(bit) = 1,则(PC)+3+rel→PC
JBC  bit  rel;若(bit) = 0,则(PC) + 3→PC,若(bit) = 1,则(PC)+3+rel→PC, 0→(bit)
```

> **说明：**rel 是 8 位带符号数，跳转空间在−128～127B。注意 JBC 在跳转之后将 bit 位清零。

5. 空操作指令

空操作指令 NOP 将 PC 值加 1，让程序继续执行，占用一个机器周期，常常用于等待操作，其用法如例 2.31 所示。

【例 2.31】空操作指令。

```
NOP
```

2.3.6 伪指令和汇编程序

1. 伪指令

伪指令不是 MCS-51 系列单片机指令，严格说来其并不是指令，没有具体的执行功能，只是为了编写汇编程序方便由汇编编译器提供的指令。常用的伪指令包括 ORG、DB、DW、EQU 或者“=”、DATA、XDATA、BIT、END 等。

ORG 伪指令用于定义程序或者数据块的起始存放地址，其一般使用的格式是“ORG　16 位地址”，在一个程序中可以多次使用 ORG 定义不同程序段的起始地址，但是这个地址顺序应该是从小到大的。例 2.32 是 ORG 的常见用法实例。

【例 2.32】ORG 伪指令。

```
ORG   0x0000H
AJMP  MAIN
ORG   0x0003H
AJMP  INT0
```

DB 伪指令用于将以系列数据字节存放到从标号开始的连续字节单元中，数据字节使用逗号分离，可以是十六进制数、十进制数或者是字符。例 2.33 为 DB 伪指令的实例。

【例 2.33】 DB 伪指令。

```
DBSEG: DB  0x66H,57,"6","A"
```

说明： 0x66H 是十六进制数，57 是十进制数，“6”和“A”是字符。

DW 伪指令和 DB 类似，将系列数据按照双字节格式存放到从标号开始的连续双字节单元中，低位地址单元存放低位数据字节，高位地址单元存放高位数据字节，每双字节之间使用逗号隔开。例 2.34 为 DW 伪指令的实例。

【例 2.34】 DW 伪指令。

```
TAB1:DW  0x1234H,0x75H
```

EQU 伪指令用于给一个表达式的值或者字符串赋予标号，这个标号可以用作程序地址、数据地址或者立即数。通常的使用格式是“标号 EQU 表达式”，标号必须是没有使用过的，表达式可以是 8 位或者 16 位数据，EQU 可以使用“=”代替。例 2.35 是 EQU 的通常用法实例。

【例 2.35】 EQU 伪指令。

```
COUNTER = 10
SPACE  EQU  0x1245H
```

DATA 伪指令用于给 8 位内部数据存储器地址单元赋予一个标号，这个标号不是唯一的，同一个地址单元可以拥有多个标号。例 2.36 是 DATA 伪指令的实例。

【例 2.36】 DATA 伪指令。

```
ERROR  DATA  0x80H
```

XDATA 伪指令用于给一个 8 位外部数据存储器单元赋予一个标号，其使用方法和 DATA 伪指令相同。

BIT 伪指令用于给可以位寻址的存储器单元起一个名字，使用方法和 DATA 伪指令相同。

END 伪指令用于标志程序的结束，编译器对程序的编译到 END 结束。

2. 汇编程序

MCS-51 单片机汇编程序是使用单片机指令和伪指令编写的程序代码，每条指令由 4 部分组成：标号、指令、操作数和注释，每部分之间使用不同的分隔符隔开。其格式如例 2.37 所示。

【例 2.37】 汇编语言格式。

```
标号:指令  操作数  ;注释
```

说明： 标号和指令之使用“:”和 0～*n* 个空格隔离；指令和操作数用 0～*n* 个空格隔离；操作数和操作数之间使用“,”隔离；注释和操作数使用 0～*n* 个空格加上“;”隔离。

标号是一条指令的符号地址，可以用于对该条指令进行寻址，标号由字母和数字的组合构成，第一个字符必须是字母，标号的长度由汇编编译器决定，不能使用指令、寄存器名称以及伪指令。指令即为前面介绍的指令，如果该指令没有操作数，则操作数空缺。注释是程序的说明部分，使用“;”标示，编译器对其不处理，用于对程序代码的说明，适当的注释有利于程序的开发和阅读。

单片机的汇编程序是为了系统的特定功能编写的，其编写主要包括以下几个步骤。

- 分析系统需求以及系统架构。
- 确定程序算法。
- 编写程序。
- 汇编和调试。

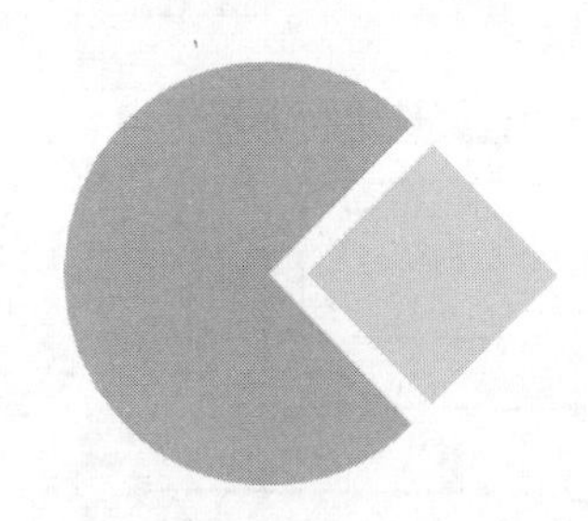

第3章 MCS-51单片机软件开发环境

MCS-51单片机系统是由软件和硬件两部分组成的，本章将介绍MCS1单片机系统的软件开发环境。

MCS-51单片机的软件开发大体可以分为汇编语言和C语言两类，前者有编译效率高的特点，但是程序可读性不强，维护起来比较困难；后者虽然编译效率略差，但是程序可读性高，理解维护简单，并且复用性很强。所以前者一般用于对于时间操作非常敏感的某些模块或者底层函数的编写，而后者则用于大型程序的开发。MCS-51单片机的C语言通常被称为C51语言，其和标准C语言基本相同，但是也有其独有的特点，本书的第5章将详细介绍C51语言。

软件的开发离不开开发环境，开发环境是指在基本硬件和宿主软件的基础上，为支持系统软件和应用软件的工程化开发和维护而使用的一组软件，通常包括文本编辑环境、语言编译器、对应的函数库和帮助文档等。一个良好的软件开发环境需要具有以下的几个特征。

- 良好的文本编辑环境。
- 编译器对浮点变量和浮点运算的支持。
- 编译器编译之后的代码长度。
- 支持较多的库函数。
- 有较为全面的帮助文档。

3.1 Keil μVision 软件简介

目前在MCS-51单片机开发中使用最为广泛的软件开发环境是德国Keil software公司的Keil μVision集成开发环境。该开发环境能运行在Windows操作系统上，集成了Keil C51编译器。μVision IDE集项目管理、编译工具、代码编写工具、代码调试以及完全仿真于一体，提供了一个简单易用的开发平台。

> 编译器是将“高级语言”翻译为“机器语言（低级语言）”的程序。一个现代编译器的主要工作流程：源代码 (source code) → 预处理器 (preprocessor) → 编译器 (compiler) → 汇编程序 (assembler) → 目标代码 (object code) → 链接器(linker) → 可执行程序(executables)

3.2 Keil μVision 软件的使用方法

本小节主要介绍Keil μVision软件的基本使用方法。

μVision的界面窗口如图3.1所示。μVision提供了丰富的工具，常用命令都具有快捷工具栏。除了代码窗口外，软件还具有多种观察窗口，这些窗口使开发者在调试过程中能随时掌握代码所实现的功能。屏幕界面和VC类似，提供菜单命令栏、快捷工具栏、项目管理器窗口、代码窗口、目标文件窗口、存储器窗口、输出窗口、信息窗口和大量的对话框，在μVision 中可以打开多个项目文件进行编辑。

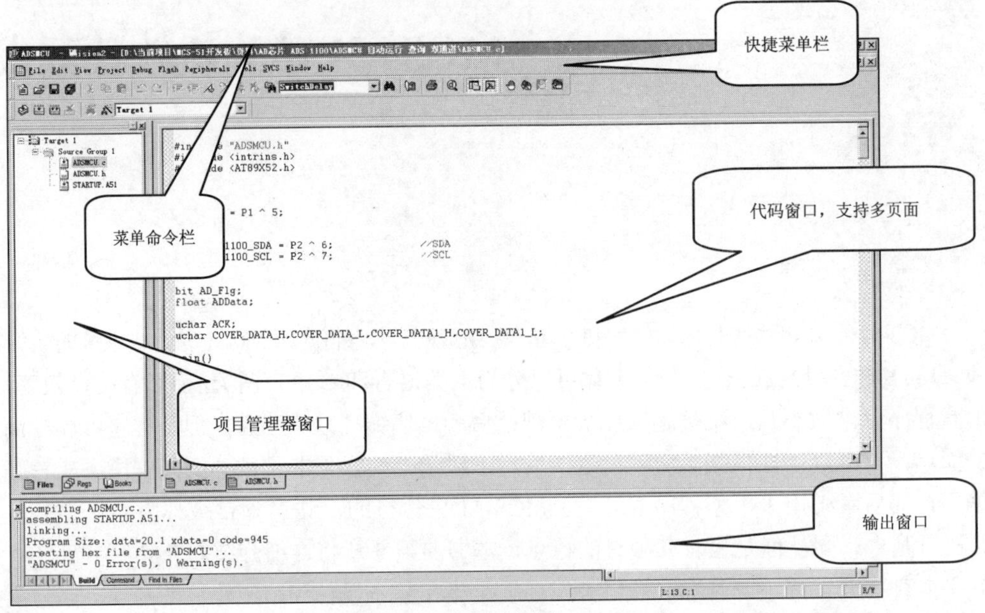

▲图 3.1　μVision 的界面

μVision 的菜单包括 File、Edit、View、Project、Debug、Flash、Peripherals、Tools、SVCS、Window、Help 共 11 个选项，提供了文本操作、项目管理、开发工具配置、仿真等功能，下面将详细介绍这些菜单项。

1. File

File 菜单主要提供文件操作功能，表 3.1 是 File 菜单中各个子项的详细说明。

表 3.1　File 菜单子项说明

File 菜单	快捷菜单图标	快 捷 键	功 能 描 述
New		Ctrl+N	新建一个文本文件（需要通过保存才能成为对应的.h.c 文件）
Open		Ctrl+O	打开一个已存在的文件
Close	—	—	关闭一个当前打开的文件
Save		Ctrl+S	保存当前编辑中的文件
Save as…	—	—	把当前文件另存为一个新的名字
Save all		—	保存当前已打开的所有文件
Device Database	—	—	打开元器件的数据库
Print Setup	—	—	设置打印机
Print		Ctrl+P	打印当前编辑的文件
Print Review	—	—	预览打印效果
1～9＋ 文件名称	—	—	打开最近使用的程序或者文本
Exit	—	—	退出μVision 软件并提示保存文件

2. Edit

Edit 菜单项提供了文本编辑和操作的基本功能，表 3.2 是 Edit 菜单中各个子项的详细说明。

表 3.2　Edit 菜单子项说明

Edit 菜单	快捷菜单图标	快 捷 键	功 能 描 述
Undo		Ctrl+Z	撤销上一次操作
Redo		Ctrl+Shift+Z	恢复上一次操作
Cut		Ctrl+X	剪切选定的内容到剪贴板
Copy		Ctrl+C	复制选定的内容到剪贴板
Paste		Ctrl+V	把剪贴板中的内容粘贴到指定位置
Indent Selected Text		—	把选定的内容向右缩进一个 Tab 键的距离
Unindent Selected Text		—	把选定的内容向左缩进一个 Tab 键的距离
Toggle Bookmark		Ctrl+F2	在光标当前行设定书签标记
Goto Next Bookmark		F2	跳转到下一个书签标记处
Goto Previous Bookmark		Shift+F2	跳转到前一个书签标记处
Clare All Bookmarks		—	清除所有的书签标记
Find		Ctrl+F	在当前编辑的文件中查找特定的内容
Replace	—	Ctrl+H	用当前内容替换特定的内容
Find in Files…		—	在几个文件中查找特定的内容
Goto Matching Brace	—	—	选定括号包含范围里的内容（需要把光标放于某个括号旁边才能使用该功能），该功能常用于函数或者语言模块的配对检查

与 Word 等 Windows 常用编辑软件一样，μVision 也提供了大量的对于文本操作的快捷操作键，如表 3.3 所示。

表 3.3　文本操作快捷键

快 捷 键	功 能 描 述
Home	把光标移动到当前行起始位置
End	把光标移动到当前行结束位置
Ctrl+Home	光标移动到当前文件的开始处
Ctrl+End	光标移动到当前文件的结尾处
Ctrl+Left	光标移动到前一个词的开始处
Ctrl+Right	光标移动到后一个词的开始处
Ctrl+A	选定本文件的全部内容
F3	继续向后搜索下一个
Shift+F3	继续向前搜索下一个
Ctrl+F3	把光标处的词作为搜索关键词

3. View

View 菜单项主要用于提供μVision 界面显示内容的设置，表 3.4 是 View 菜单各个子项的详细说明。

表 3.4　　View 菜单子项说明

View 菜单	快捷菜单图标	快　捷　键	功 能 描 述
Status Bar	—	—	显示或者隐藏状态栏
File Toolbar	—	—	显示或者隐藏文件工具栏
Build Toolbar	—	—	显示或者隐藏编译工具栏
Debug Toolbar	—	—	显示或者隐藏调试工具栏
Project Window		—	显示或者隐藏项目窗口
Output Window		—	显示或者隐藏输出窗口
Source Browser		—	打开源浏览器窗口
Disassembly Window		—	显示或者隐藏反汇编窗口
Watch&Call Stack Window		—	显示或者隐藏观察及调用堆栈窗口
Memory Window		—	显示或者隐藏存储器窗口
Code Coverage Window		—	显示或者隐藏代码覆盖窗口
Performance Analyzer Window		—	显示或者隐藏性能分析窗口
Symbol Window	—	—	显示或者隐藏符号窗口
Serial Window #1		—	显示或者隐藏串行数据窗口 1 号
Serial Window #2		—	显示或者隐藏串行数据窗口 2 号
Toolbox		—	显示或者隐藏工具箱
Periodic Window Update	—	—	程序运行时更新调试窗口
Workbook Mode	—	—	显示工作本模式
Options…	—	—	改变颜色、字体、快捷键以及编辑器的参数

4. Project

Project 菜单项主要提供项目的配置管理以及目标代码的生成管理，表 3.5 是 Project 菜单各个子项的详细说明。

表 3.5　　Project 菜单子项说明

Project 菜单	快捷菜单图标	快　捷　键	功 能 描 述
New Project…	—	—	建立一个新的项目
Import μVision1 Project…	—	—	转换一个μVision1 的项目
Open Project…	—	—	打开一个项目
Close Project…	—	—	关闭当前项目
File Extensions, Books and Environment	—	—	设置各种文件类型的扩展名，在项目窗口中添加书籍，以及设置工作目录环境
Targets, Groups, Files	—	—	管理项目中的目标、文件组以及文件
Select Device For Target	—	—	从设备数据库中选出一款 CPU 作为目标 CPU
Remove Item	—	—	从设备数据库中删除一个文件组或者文件
Options for Target	—	—	更改目标、文件组或者文件的工具选项

续表

Project 菜单	快捷菜单图标	快　捷　键	功　能　描　述
Build Target		F7	解释已更改的内容并且编译成应用程序
Rebuild All Target Files		—	重新解释所有的源文件并且编译成应用程序
Translate…		—	解释当前文件
Stop Build		—	停止当前的解释编译工作
1～9＋ 项目名	—	—	打开最近使用过的 9 个项目

5. Debug

Debug 菜单项主要提供在软件和硬件仿真环境下的调试，表 3.6 是 Debug 菜单各个子项的详细说明。

表 3.6　　Project 菜单子项说明

Debug 菜单	快捷菜单图标	快　捷　键	功　能　描　述
Start/Stop Debug Secssion		Ctrl+F5	开始或者结束调试模式
Go		F5	运行到下一个有效断点
Step		F11	单步运行程序，包括子程序的内容
Step Over		F10	单步运行程序，遇到子程序则单步跳过
Step Out of Current Function		Ctrl+F11	单步运行程序时，跳出当前所进入的子程序，进入该子程序的下一条语句
Run to Cursor Line		Ctrl+F10	程序运行至光标行
Stop Running		ESC	停止程序的执行
Breakpoints…	—	—	打开断点对话框
Insert/Remove Breakpoint		—	在当前行设定或者去除断点
Enable/Disable Breakpoint		—	使当前行的断点有效或者无效
Disable All Breakpoints		—	设定程序中所有的断点无效
Kill All Breakpoints		—	去除程序中的所有断点
Show Next Statement		—	显示下一个可以执行的语句
Enable/Disable Trace Recording		—	打开或关闭语句执行跟踪记录功能
View Trace Records		—	查看已经执行过的语句
Memory Map…	—	—	打开内存对话框
Performance Analyzer…	—	—	打开性能分析的设置对话框
Inline Assembly…	—	—	停止当前编译的进程
Function Editor(Open Ini File)…	—	—	编辑调试程序和调试用 Ini 文件

6. Flash

Flash 菜单项用于管理 Flash 文件操作，表 3.7 是 Flash 菜单各个子项的详细说明。

表 3.7　　Flash 菜单子项说明

Flash 菜单	功 能 描 述
Download	下载程序到 Flash 存储器中
Erase	擦除 Flash 存储器中的内容

7. Peripherals

Peripherals 菜单项用于在仿真系统中控制芯片的复位和对外围芯片的状态检查，表 3.8 是 Peripherals 菜单各个子项的详细说明。

表 3.8　　Peripherals 菜单项介绍

Peripherals 菜单	快捷菜单图标	快 捷 键	功 能 描 述
Reset CPU	RST	—	设置 CPU 到初始状态
Interrupt、I/O.Ports、Serial，Timer、A/D Converter、D/A Converter、I2C Controller、CAN Controller、Watchdog	—	—	均用于打开片上外设的对话框，这些对话框的类型由 CPU 的类型决定；因此，选择不同的 CPU，这部分菜单会有所不同

8. Tools

Tools 菜单项用于和第三方软件联合调试，表 3.9 是 Tools 菜单各个子项的详细说明。

表 3.9　　Tools 菜单项介绍

Tools 菜单	功 能 描 述
Setup PC.Lint…	从 Gimpel 软件中配置 PC.Lint
Lint	在当前编辑的文件中使用 PC.Lint
Lint All C Source Files	在项目所包含的 C 文件中使用 PC.Lint
Setup Easy.Case…	设置 Easy.Case
Start/Stop Easy.Case	开始或者结束 Easy.Case
Show File(Line)	用 Easy.Case 在当前位置打开文件
Customize Tools Menu…	在工具菜单中加入用户程序

9. SVCS

SVCS 菜单项里的 Configure Version Control 项用于项目的版本管理，其具体用法可以参考项目版本管理的相关资料。

10. Window

Window 菜单项用于提供窗口的视图管理，表 3.10 是 Window 菜单各个子项的详细说明。

表 3.10　　Window 菜单项介绍

Window 菜单	快捷菜单图标	快 捷 键	功 能 描 述
Cascade		—	使窗口交叠
Title Horizontally		—	横向平铺窗口

续表

Window 菜单	快捷菜单图标	快 捷 键	功 能 描 述
Title Vertically		—	纵向平铺窗口
Arrange Icons	—	—	在窗口底部排列图标
Split		—	把当前窗口分割成 2～4 块
Close All	—	—	关闭所有打开的窗口
1～9 + 窗口名	—	—	显示所选择的窗口

11. Help

Help 菜单项给使用者提供包括库函数查询在内的帮助管理，表 3.11 是 Help 菜单各个子项的详细说明。

表 3.11　　Help 菜单项介绍

Help 菜单	功 能 描 述
μVision Help	打开帮助主题
Open Books Window	打开书籍窗口
Simulated Peripherals for…	为所选择的 CPU 模拟的外设
Internet Support Knowledgebase	因特网支持库
Contract Support	联系技术支持
Check for Update	查看有没有版本更新
About μVision	软件版本信息

3.3 Keil μVision 的库函数

库函数是指软件开发环境提供的一些可以供用户调用的函数，这些函数一般被放到库里，源代码不可见，但是可以通过头文件看到对外的接口。Keil 的库函数并不是 C51 语言本身的一部分，它是由 Keil 根据一般用户的需要编制并提供给用户使用的一组程序，这些库函数极大地方便了用户，同时也补充了 C51 语言本身的不足。在编写 C51 语言程序时，应当尽可能多地使用库函数，这样既可以提高程序的运行效率，又可以提高编程的质量。

在使用库函数时应清楚地了解以下 4 个方面的内容。

- 函数的功能及其所能完成的操作。
- 参数的数目和顺序，以及每个参数的意义及类型。
- 返回值的意义及类型。
- 需要使用的包含文件。

函数库：函数库是由系统建立的具有一定功能的函数的集合。库中存放函数的名称和对应的目标代码，以及连接过程中所需的重定位信息；另外，用户也可以根据自己的需要建立自己的用户函数库。

头文件：有时也称为包含文件，是C51语言库函数与用户程序之间进行信息通信时要使用的数据和变量，在使用某一个库函数时，都要在程序中用“#include”关键字嵌入该函数对应的头文件。

3.3.1 C51 的库函数文件及其分类

C51 和标准 C 语言有很多共通的地方，其大部分库函数也和标准 C 兼容，但是其中部分函数为了能更好地发挥 MCS-51 的结构特性而做了少量改动，主要是在函数的参数和返回值上尽可能使用了体积最小的数据类型，比如无符号数。

C51 有 6 种编译时间库，如表 3.12 所示。另外，在 Keil μVision 的 LIB 目录下还有一些和硬件相关的低级输入输出功能函数是以源文件形式提供的，可供用户根据自己的硬件环境修改，以替换函数库中对应的库函数，从而使得库函数能适应用户的硬件环境。

表 3.12 C51 的编译时间库

库 文 件	说 明
C51S.LIB	小模式，不支持浮点运算
C51FPS.LIB	小模式，支持浮点运算
C51C.LIB	紧凑模式，不支持浮点运算
C51FPC.LIB	紧凑模式，支持浮点运算
C51L.LIB	大模式，不支持浮点运算
C51FPL.LIB	大模式，支持浮点运算

C51 的库函数的头文件在 Keil 的安装目录的 INC 文件夹中，这些头文件的说明如表 3.13 所示。

表 3.13 Keil 的库函数头文件说明

头 文 件 名	介 绍
ABSACC.H	包含访问 MCS-51 单片机存储器不同区域的宏
ASSERT.H	包含对程序生成测试条件的 assert 宏
CTYPE.H	包含 ASCII 字符的分类和转换函数
INTRINS.H	包含内部函数，这些函数编译时产生的是插入代码，所以代码量少、效率高
MATH.H	包含带浮点数的算术运算函数
SETJMP.H	包含用于 setjmp 和 longjmp 程序的 jmp_buf 类型
STDARG.H	定义访问函数参数的宏以及保持函数调用参数的 va_list 数据类型
STDDEF.H	定义 offsetof 宏
STDIO.H	包含输入输出的函数以及 EOF 常数定义
STDLIB.H	包含数据类型转换以及存储器定位函数
STRING.H	包含字符串和缓存操作函数以及 NULL 常数定义

3.3.2　C51 的部分常用库函数

本小节将简要介绍 C51 的部分常用库函数。

1．abs 函数

abs 函数的详细介绍如表 3.14 所示。

表 3.14　abs 函数介绍

函 数 原 型	#include <math.h> int abs(int x);
函数参数	x：整型
函数功能	计算 x 的绝对值
函数返回值	x 的绝对值，整型

说明： 在 math.h 头文件中，除了 abs 函数之外，还有类似的 acos、asin、atan 等函数。

2．ceil 函数

ceil 函数的详细介绍如表 3.15 所示。

表 3.15　ceil 函数介绍

函 数 原 型	#include <math.h> float ceil(float x);
函数参数	x：浮点数
函数功能	求大于或等于 x 的最小整数
函数返回值	大于或等于 x 的最小整数，浮点数

说明： 在 math.h 头文件中，有类似 ceil 的求小于或等于 x 的最大整数的 floor 函数。

3．getchar 函数

getchar 函数的详细介绍如表 3.16 所示。

表 3.16　getchar 函数介绍

函 数 原 型	#include <stdio.h> char getchar(void);
函数参数	无
函数功能	从 MCS-51 单片机硬件的输入接口用_getkey 函数读入一个字符并且将此字符传递给 putchar 函数用于回应
函数返回值	来自输入接口的下一个字符，整型，有 ASCII 对应码值

4．gets 函数

gets 函数的详细介绍如表 3.17 所示。

表 3.17 gets 函数介绍

函 数 原 型	#include <stdio.h> char *gets(char *string, int len);
函数参数	string:指向 MCS-51 单片机硬件输入接口接收到的字符串的指针 len:可以输入的最大字符数
函数功能	调用 getchar 函数读字符串到 string，字符串以换行符结尾，读入之后换行符被修改为空字符。len 用于标明可以读入的最大字符数，达到最大字符数则停止读入，并且以空字符作为读入字符的结尾
函数返回值	成功：指针 失败：null

5. islower 函数

islower 函数的详细介绍如表 3.18 所示。

表 3.18 islower 函数介绍

函 数 原 型	#include <ctype.h> bit islower(char c);
函数参数	c：表示检测字符的字符型数
函数功能	测试字符是否为小写字母
函数返回值	如果 c 是小写字母，则为 1，否则为 0

注意：在 ctype.h 头文件中，还有 isalpha、iscntrl 等用于检查字符是否为其他类型字符的函数。

6. printf 函数

printf 函数是 C51 语言中最常用函数之一，其详细介绍如表 3.19 所示。

表 3.19 printf 函数介绍

函数原型	#include <stdio.h> int printf(const char *format,...);
函数参数	format：指向格式化字符串的指针 ...:在 format 控制下的等待打印的数据
函数功能	将格式化数据用 putchar 数据输出到 MCS-51 硬件的输出接口。format 是一个字符串，它包含字符、字符序列和格式说明。字符与字符序列按顺序输出到输出接口。格式说明以%开始，格式说明使跟随的相同序号的数据按格式说明转换和输出。如果数据的数量多于格式说明，多于的数据将被忽略，如果格式说明多于数据，结果将不可预测
函数返回值	字符数

printf 函数的格式说明结构为：%_flags_width_.precision_{b|B|l|L}_type，各部分的说明如下。

type 用来说明参数是字符、字符串、数字或者指针字符，如表 3.20 所示。

表 3.20　　type 参数

type	输 出 结 果
D	有符号十进制数
U	无符号十进制数
O	无符号八进制数
x	无符号十六进制数，使用小写
X	无符号十六进制数，使用大写
f	格式为[-]ddd.ddd 的浮点数
e	格式为[-]d.ddde+dd 的浮点数
E	格式为[-]d.dddE+dd 的浮点数
g	使用 f 或者 e 中比较合适形式的浮点数
G	去 f 或者 E 中比较合适形式的双精度值
c	单字符常数
s	字符串常数
p	指针，格式 t:aaaa，其中 aaaa 为十六进制的地址 t 为存储类型，c:代码；i:片内 RAM；x:片外 RAM；p:片外 RAM
n	无输出，但是在下一参数所指整数中写入字符串
%	%字符

b、B、l、L 用于 type 之前，说明整型 d、i、u、o、x、X 的 char 或者 long 转换。

flgs 用作标记，如表 3.21 所示。

表 3.21　　flgs 参数

flags	作　用
–	左对齐
+	有符号，数值总是以正负号开始
空格	数字总是以符号或者空格开始
#	变换形式：o、x、X，首字母为 0、0x、0X； G、g、e、E、f 则输出小数点
*	忽略

width 是域宽，只能是一个非负数，用来表示输出字符的最小个数，如果打印字符较少则使用空格填充，在前面加负号则表示为在域中使用左对齐，加 0 则表示用 0 填充。如输出的字符个数大于域的宽度，仍然会输出全部的字符。“*”表示后续整数参数提供域的宽度，前面加 b，表示后续参数是无符字符。

precision 精度，对于不同类型意义不同，可能引起截尾或者舍入，如表 3.22 所示。

表 3.22　　precision 精度

数 据 类 型	说　明
d、u、o、x、X	输出数字的最小位，如果输出数字超出也不截断尾，如果超出在左边则填入 0
f、e、E	输出数字的小数位数，末位四舍五入
g、G	输出数字的有效位数

续表

数据类型	说　明
c、p	无影响
s	输出字符的最大字符数，超过部分将不显示

说明： 在 MCS-51 单片机中，常常也是用 sprintf，该函数和 printf 函数用法完全相同，只不过是将输出的队列数据输出一段内存空间而已。

3.4 使用 Keil μVision 建立 PGMS 工程项目

3.4.1 使用 Keil μVision 建立工程项目的流程

μVision 自带项目管理器，所以用户不需要在项目管理上花费过多精力，只需要按照以下步骤操作即可建立一个属于自己的项目。

- 启动μVision，建立工程文件并且选择器件。
- 建立源文件、头文件等相应的文件。
- 将工程需要的源文件、头文件、库文件等添加到工程中。
- 修改启动代码并且设置工程相关选项。
- 编译并且生成 Hex 或者 Lib 文件。

3.4.2 建立 PGMS 工程项目

本小节将按照上一小节的步骤在 Keil μVision 中一步步建立 PGMS 工程项目。

1. 建立工程项目

- 启动 Keil μVision，菜单 Project/New Project，输入 PGMS 并且保存文件。
- 在弹出的对话框内选择 MCS-51 单片机的型号，如图 3.2 所示。

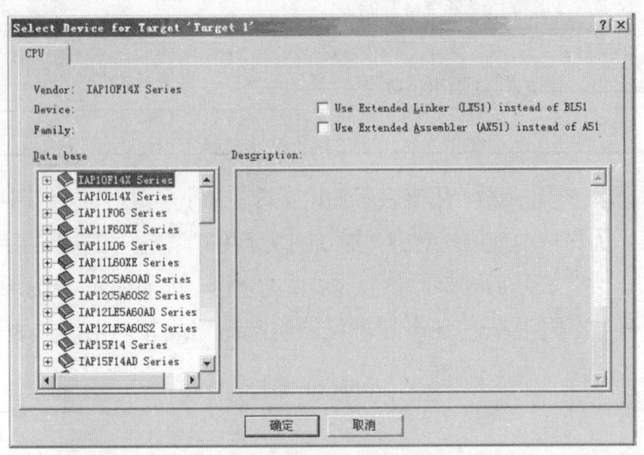

▲图 3.2　建立项目并选择单片机型号

选择文件之后，出现对话框询问是否自动加入 MCS-51 单片机的启动文件，点击“是”，该文件用于初始化单片机内部存储器等，添加完成之后在项目管理窗口中可以看到 startup.A51 文件已经被加入，如图 3.3 所示。

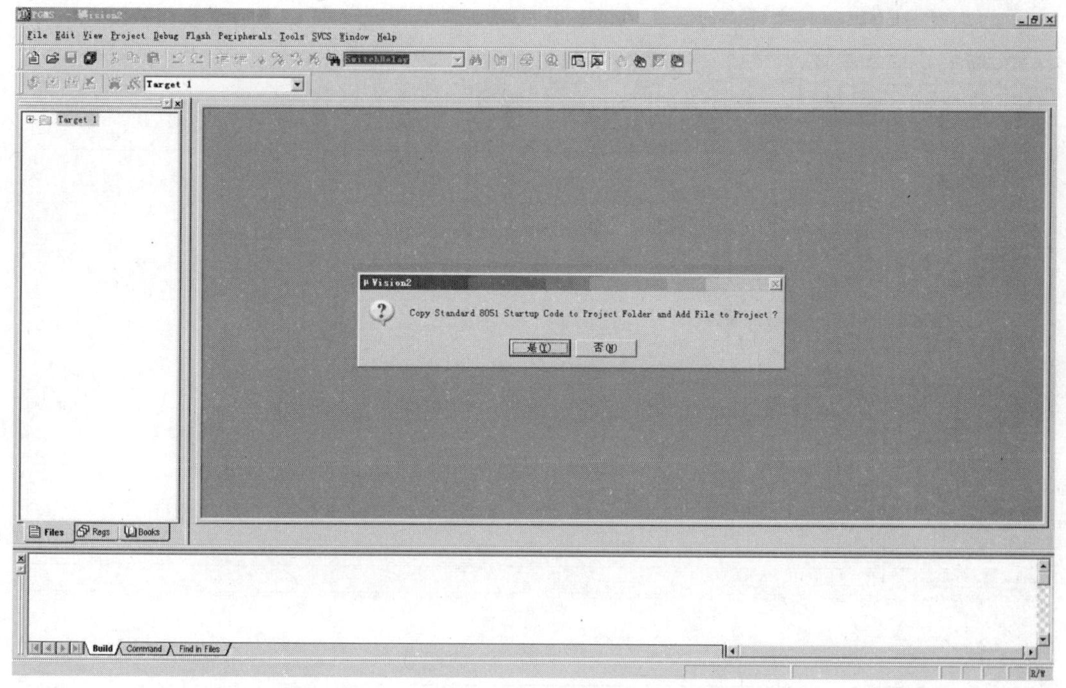

▲图 3.3　加入启动文件

2. 建立和包含文件

在工程文件中可以建立并且包含相应的文件，其步骤如下。

- 菜单 File/New，建立一个新的文件并且将其保存为对应的.c 或者.h 文件，如图 3.4 所示。

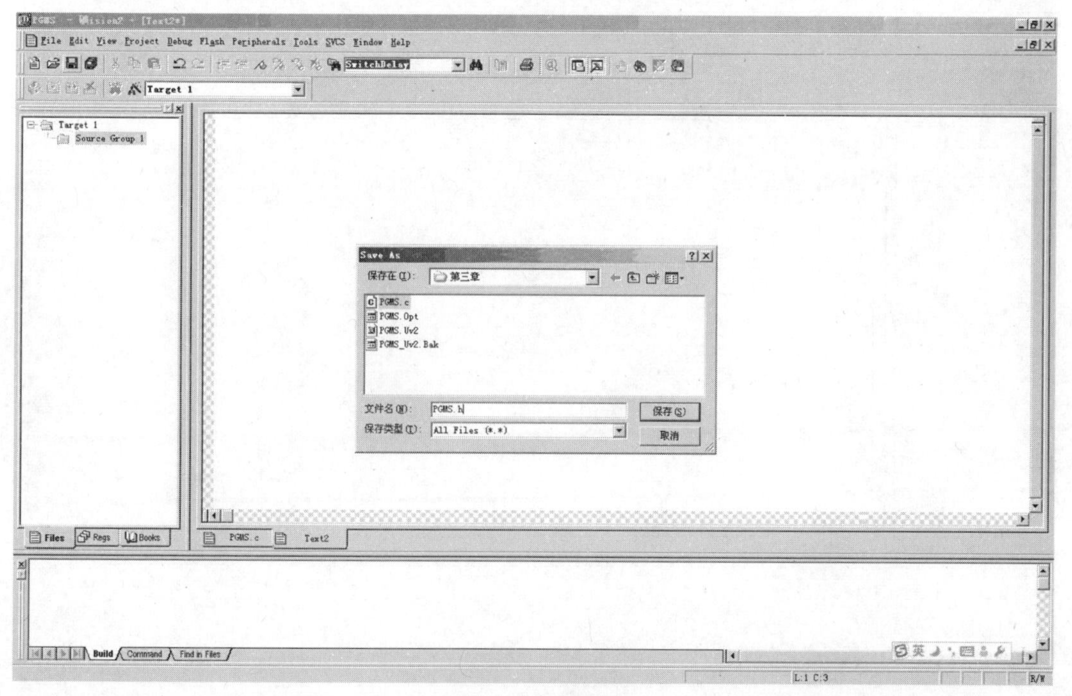

▲图 3.4　建立新文件

- 右键点击项目管理器窗口中，在弹出菜单中选择“Add Files to Source Group1”，依次添加对应的.c 和.h 文件，如果使用了 LIB 文件，在这里也必须要添加进去，如图 3.5 所示。

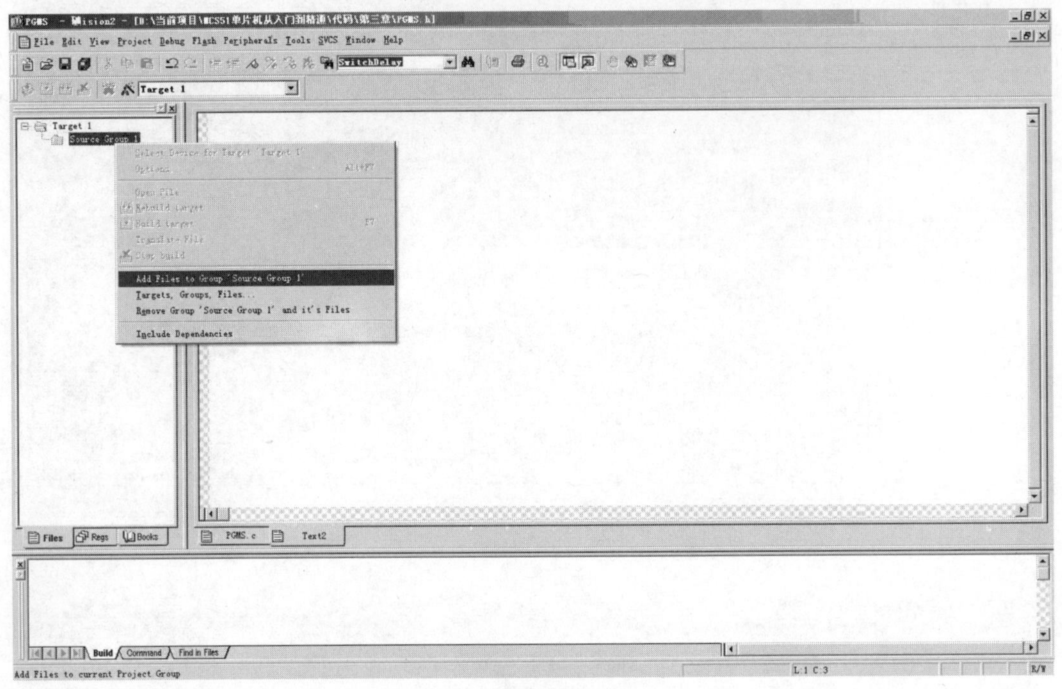

▲图 3.5　添加文件

3. 代码编写

完成了前面的添加步骤之后用户就可以开始代码的编写，如图 3.6 所示。

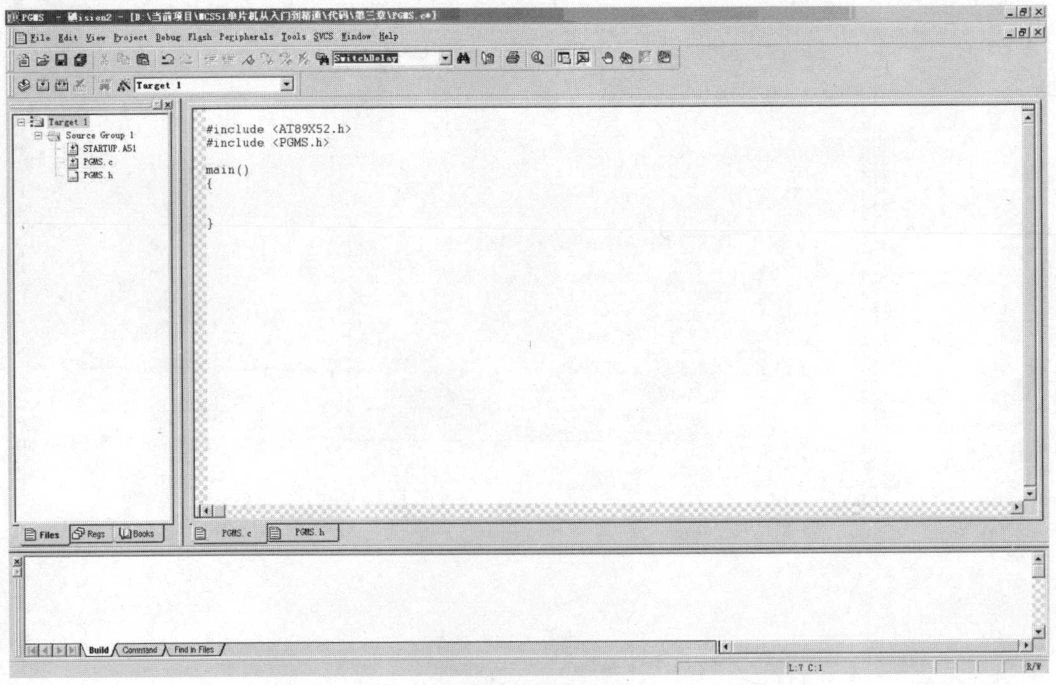

▲图 3.6　代码编写

4. 项目配置

项目配置是指对项目的实际的情况设置参数，使得编译能按当前项目的实际情况对代码进行编译操作，其具体步骤如下。

- 菜单 Project/Targets，Groups，Files，选择使用的项目目标平台，一般均使用默认的设置，直接确定，如图 3.7 所示。

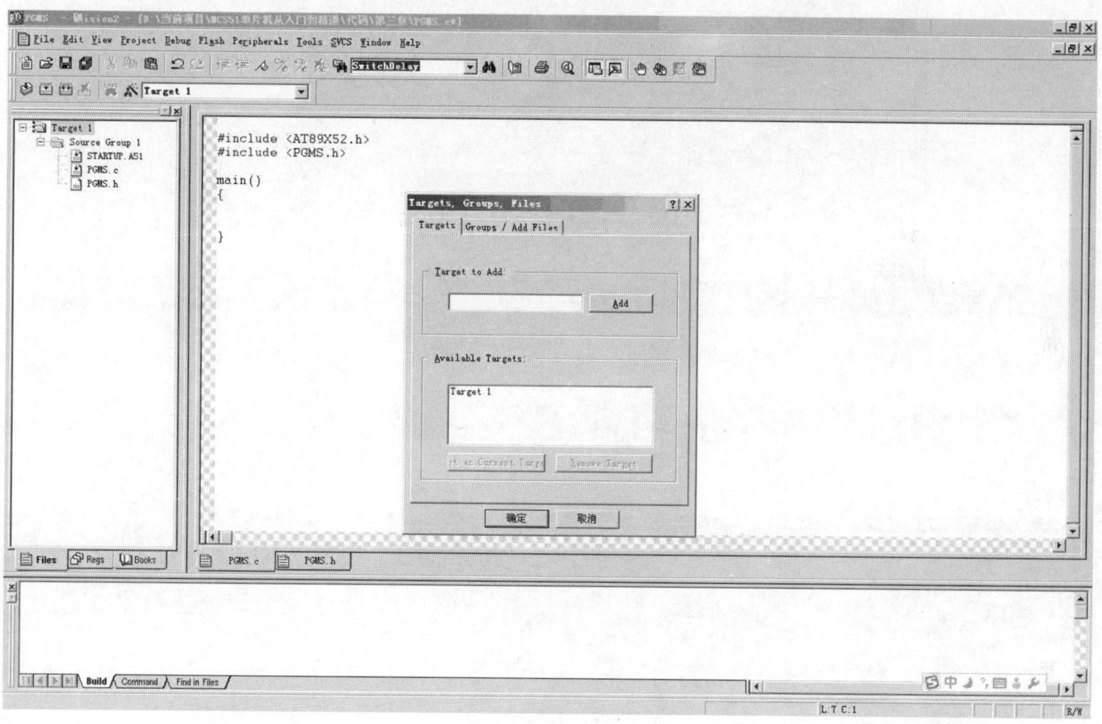

▲图 3.7　设置项目目标平台

- 菜单 Project/Option for Target “Target 1”，选择后出现当前项目的配置选项，如图 3.8 所示；其中有很多选项，用户只需要将 output 选项单中的 Create Hex File 选中即可，这是为了能生成供 MCS-51 单片机执行的 Hex 文件。

说明： 如果需要生成可供调用的库文件而不是 Hex 文件，则选中下面的 Create Library 即可。

5. 编译项目并且处理错误

- 菜单 Project/Built Target 对项目进行编译并且生成对应的 Hex 文件。如果是修改之后的编译，选择 Rebuilt all Target Files 即可，如图 3.9 所示。

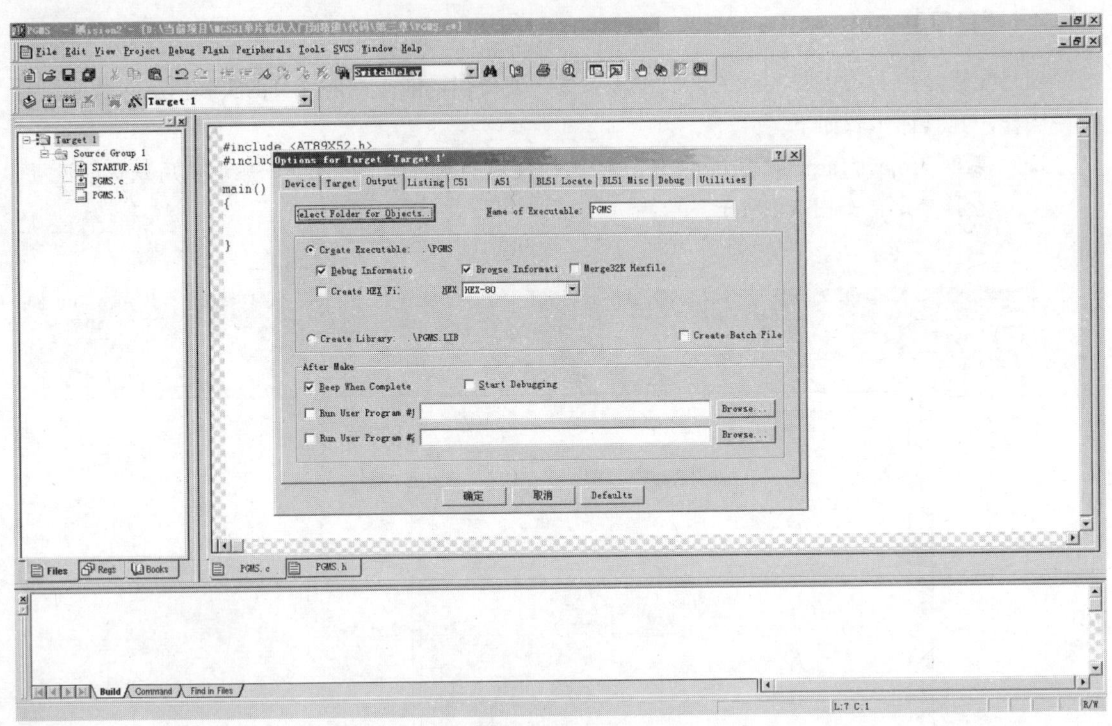

▲图 3.8　设置输出

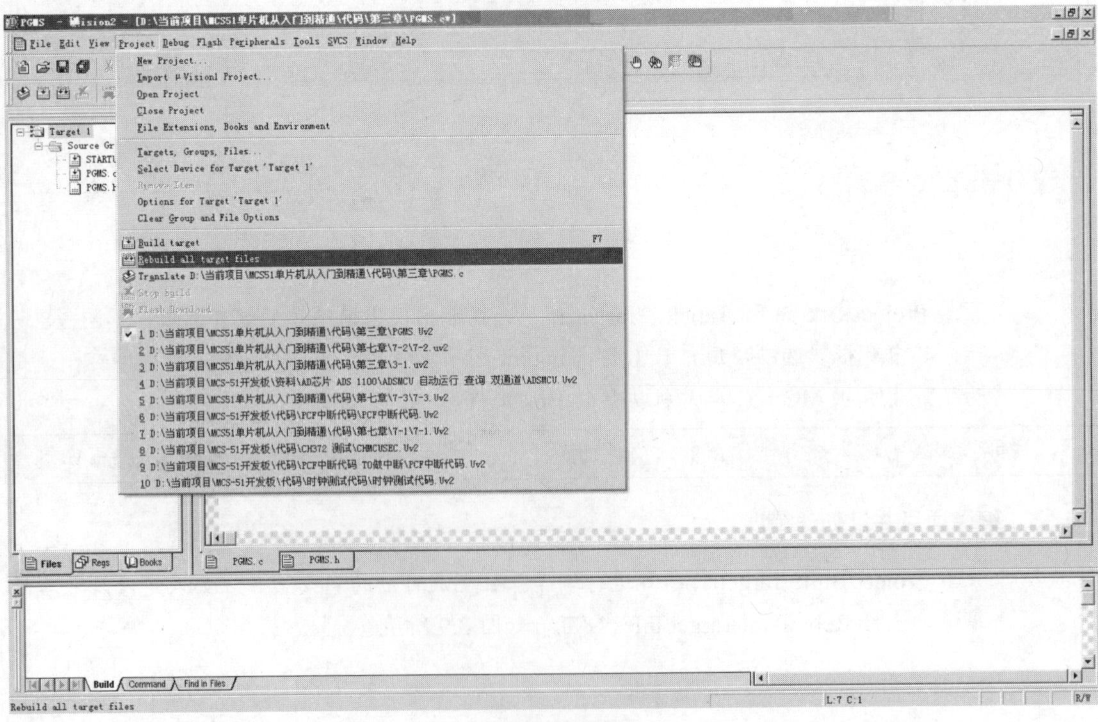

▲图 3.9　编译项目

如果在编译中出现错误则会在 output 窗中看到对应的错误信息，如图 3.10 所示。双击 output 窗口中对应的错误信息，则在编辑窗口光标会跳到出错的对应语句，并且在左边出现一个蓝色箭头，方便用户修改。

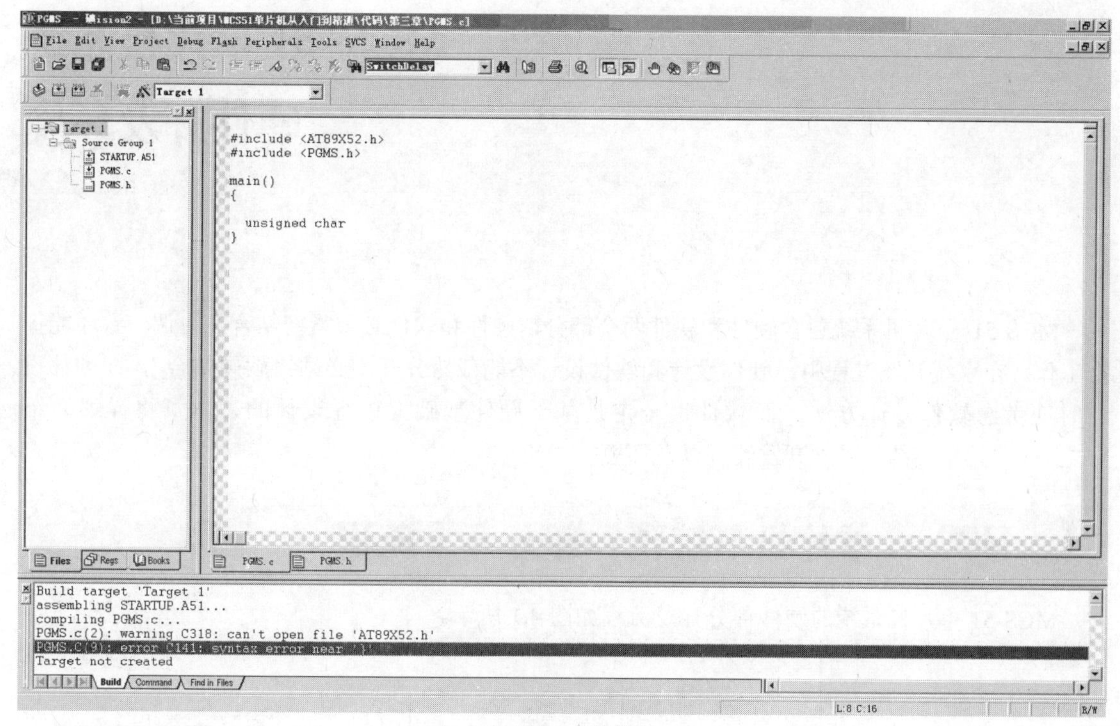

▲图 3.10　错误处理

说明：由于编译器的限制，有些时候光标所跳到的对应语句未必就是出错的语句，但是一定是和出错语句相关的语句，程序员可以详细查看，以确定错误所在。

第4章　MCS-51单片机系统硬件开发环境

MCS-51 单片机系统包含硬件和软件两个部分，硬件和软件必须紧密结合，协调一致才能正常工作。在系统开发过程中，硬件设计和软件设计不能截然分开，必须“软硬结合”，即硬件设计时应考虑软件设计方法，而软件也一定是基于硬件基础上进行设计的，本章将详细介绍 MCS-51 单片机系统的硬件开发流程以及环境。

4.1 MCS-51单片机系统硬件部分开发流程

MCS-51 单片机系统的硬件部分开发流程如图 4.1 所示。

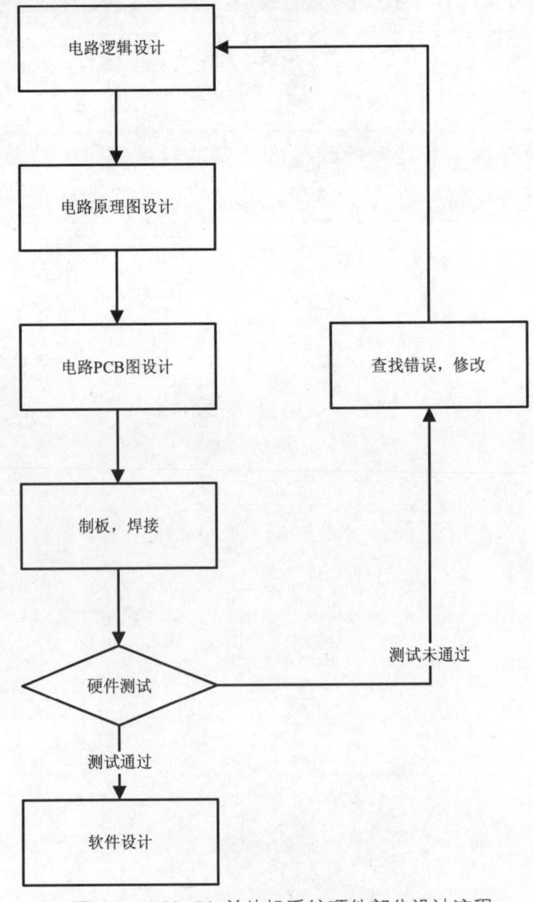

▲图 4.1　MCS-51 单片机系统硬件部分设计流程

- 硬件逻辑设计：根据 MCS-51 单片机以及外部器件的相关使用方法进行硬件逻辑上的设计，包括电气连接、地址分配等。
- 电路原理图设计：利用电路图设计相关软件设计 MCS-51 单片机系统的电路原理图，为下一步 PCB 图设计做准备。
- 电路 PCB 图设计：在电路原理图设计的基础上进行 MCS-51 单片机系统的 PCB 图设计，这是 MCS-51 单片机系统硬件设计最关键的步骤，它不仅要求电气物理逻辑连接正确，而且在期间还需要有相当的设计技巧和规则需要遵循。
- 制板、焊接：制板是指将 PCB 图制作成电路板实体的过程，一般在电路板厂中完成；焊接是指在电路板制作完成之后将对应的元器件用焊锡固定到电路板上，并且使得其电气物理连接到一起的过程。
- 硬件测试：在电路板制作完成并且焊接完成之后对硬件部分进行测试，确定其有没有逻辑或者电气上的错误，如果有则需要返回第一个步骤进行修改。
- 软件设计：在硬件测试通过之后即可以开始进行 MCS-51 单片机系统的上的软件开发，让软硬件配合实现系统的设计目标。

4.2 编程器、仿真器以及其他开发工具

MCS-51 单片机只是一块芯片而已，本身并无开发能力，要借助开发工具才能实现系统设计。MCS-51 单片机系统开发是一个软硬结合的过程，所以和普通的软件设计不同，需要让软件配合硬件工作，查找并且修改错误，最终才能完成开发任务。开发工具主要包括运行 Keil μVision 软件开发环境的电脑、万用表、示波器、编程器、仿真器等，其中编程器和仿真器是比较常用的工具。

4.2.1 编程器

MCS-51 单片机的程序在集成开发环境编译完成之后会生成一个文件名和源文件相同的二进制文件（后缀名为“.BIN”）或十六进制文件（后缀名为“.HEX”），即为所谓的目标文件。用户必须使用编程器才能将目标文件烧录到单片机的程序存储器中，从而让单片机系统的硬件能按照用户设计的程序工作。

编程器的主要功能是将目标文件烧入到 MCS-51 单片机，其常用连接如图 4.2 所示。

常见的 MCS-51 单片机编程器品牌有 TOP、希尔特。编程器一般由通信接口、电源适配器、编程器主体、转接座、配套软件构成，图 4.3 是最常见的 TOP853 编程器实物图。

- 通信接口是编程器和计算机的连接通道，常见的有 USB、串口、并口 3 种方式。
- 电源适配器是给编程器供电的设备，常见的有 USB 供电和外接电源供电两种方式。
- 编程器主体是编程器的主设备。
- 转接座：由于 MCS-51 单片机有不同的封装，所以编程器也需要对应不同的封装，转接座是将编程器上的主体封装转变为对应的 MCS-51 单片机封装的设备。
- 配套软件：运行在计算机上用于控制编程器烧写 MCS-51 单片机程序的软件。

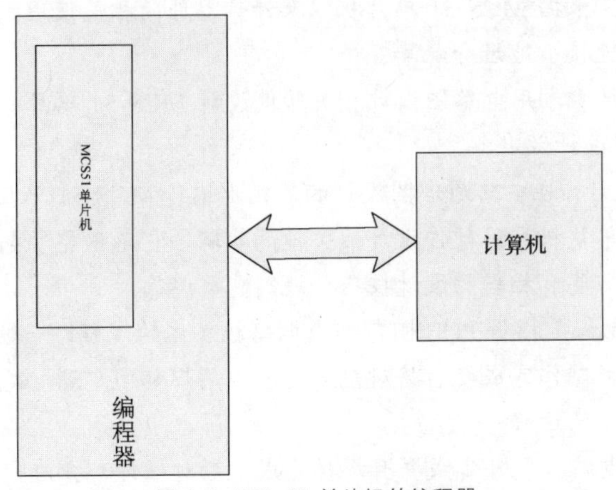

▲图 4.2　MCS-51 单片机的编程器

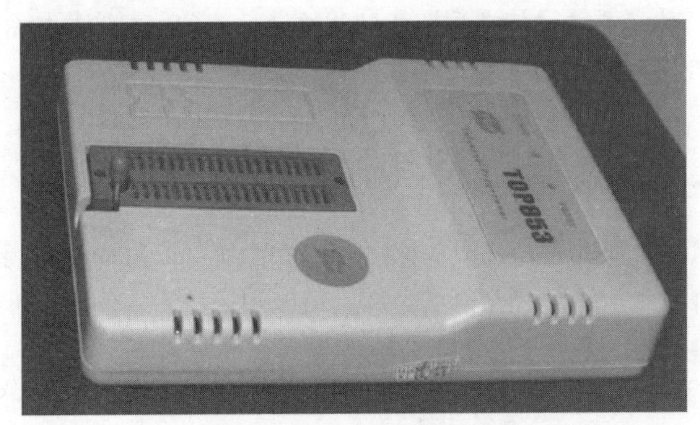

▲图 4.3　TOP853 编程器实物图

4.2.2　仿真器

MCS-51 单片机的仿真器的主要作用是能完全“逼真”地扮演用户单片机的角色，且能在集成开发环境中对运行程序进行各种调试操作，通过观察对应的寄存器、内存区间、变量等即时发现问题、修改程序，从而提高工作效率，缩短开发周期。MCS-51 单片机仿真器的结构如图 4.4 所示。

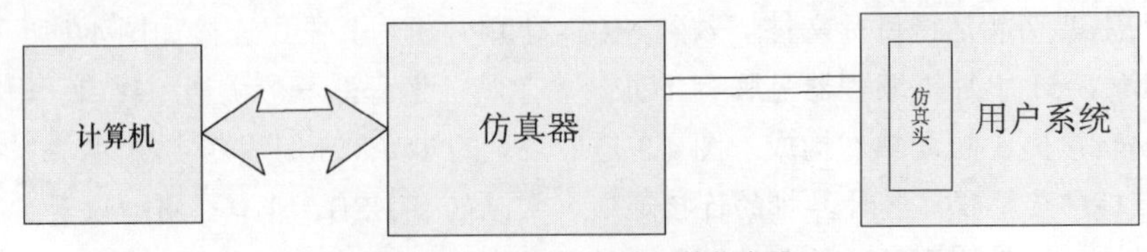

▲图 4.4　MCS-51 单片机的仿真器

常见的 MCS-51 单片机的仿真器品牌有 WAVE 等，实物如图 4.5 所示，它包括通信接口、电源适配器、仿真器主体、仿真头、仿真器软件，其对应的仿真器软件界面如图 4.6 所示。

- 通信接口是仿真器和计算机的连接通道，常见的有 USB、串口两种方式。
- 电源适配器是给仿真器供电的设备，常见的有 USB 供电和外接电源供电两种方式。
- 仿真器主体是仿真器的主设备。

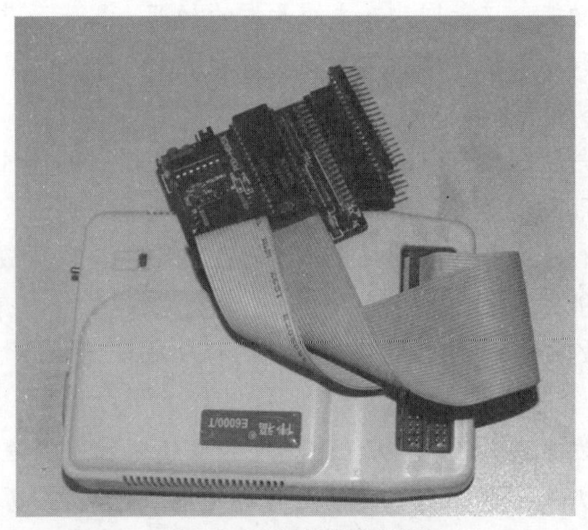

▲图 4.5　WAVE 仿真器实物图

▲图 4.6　MCS-51 单片机仿真器软件界面

- 仿真头：由于 MCS-51 单片机很多种不同的型号，通过更换仿真头即可仿真不同的 MCS-51 单片机。
- 仿真器软件：运行在计算机上，对仿真器进行控制的软件。

MCS-51 单片机系统的仿真器能够完全替代单片机系统中的 ROM、RAM、IO 口等，使得使用仿真器运行时候的单片机系统和使用单片机时完全一致。仿真的功能具体体现在以下两个方面。

- 仿真功能：仿真时，仿真系统能够将仿真器中模拟的对应单片机的 CPU、寄存器、IO 口、RAM 等资源完整地提供给单片机系统，使得单片机外围系统在使用仿真器运行和使用单片机运行时完全没有区别。
- 模拟功能：在开发单片机系统的时候，当外围的硬件资源没有配置好时，能够使用仿真器内部的 RAM、ROM 等资源来模拟单片机系统的外围资源。其中最重要的是目标机的程序存储器模拟功能，这是因为在系统开发的初期，程序还没有固化到单片机系统中，所以用户开发的程序必须存放在仿真器的仿真 RAM 中，仿真器的 RAM 与对应的单片机系统的 RAM 容量和地址映射完全一致。

调试功能是对目标单片机系统的软硬件查错、修改，使得目标单片机系统能够达到预先设计目标的功能，包括运行控制功能等。单片机开发系统应该能够使得用户方便地控制自己的程序运行，深入观察到程序的运行流向和相应的结果，对存在的硬件、软件故障进行定位，单片机的开发系统主要有以下几个功能。

- 单步执行：使开发系统的 CPU 从任意指定的程序地址或者语句开始，执行一条指令或者是语句后停止。
- 连续运行：使开发系统的 CPU 从任何指定的程序地址或者语句开始，全速运行目标程序，当 CPU 从程序起始地址开始连续运行的时候，使用开发系统来替代单片机工作的单片机系统应该和使用单片机的单片机系统没有区别。
- 断点控制：允许用户任意设置条件断点，当开发系统启动后，进入符合条件的状态立即停止运行，这种条件一般是变量值。
- 运行控制：允许用户在开发系统运行过程中启动或者停止系统运行。
- 监控/修改系统状态：当开发系统停止之后，能够把系统（一般而言是单片机内部资源，如寄存器、IO 口、RAM 等和单片机扩展的外围系统资源）状态读出显示，并且能够方便地进行修改。
- 跟踪功能：一些高端的单片机开发系统具有逻辑分析仪的功能，在开发系统运行过程中能够监督和记录数据、系统、控制总线或者是寄存器等相关资源的数据，在执行完毕后用户可以回放这些数据，通过对这些数据的分析找到问题。

4.2.3 其他开发工具

MCS-51 单片机系统在开发过程中，往往还需要使用其他一些开发工具，如万用表、示波器等。

万用表是一种多功能、多量程的测量仪表，一般万用表可测量直流电流、直流电压、交流电压、电阻和音频电平等，还可以测量交流电流、电容量、电感量及半导体的一些参数。在 MCS-51 单片机系统开发中，常常使用万用表来检测电路的物理电气连接和引脚逻辑电平。图 4.7 是常用的数字万用表实物图。

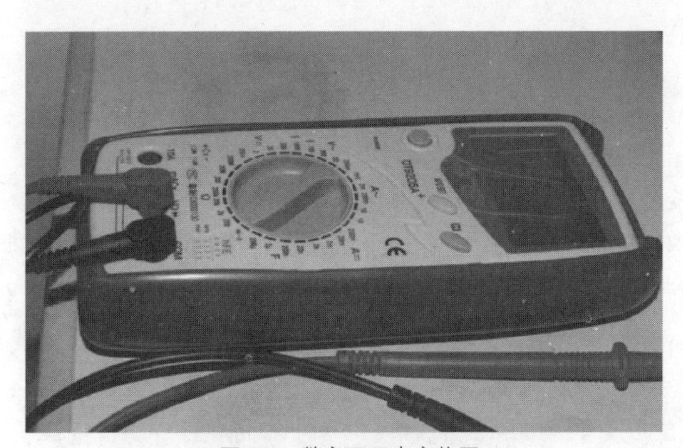

▲图 4.7 数字万用表实物图

示波器是一种用途十分广泛的电子测量仪器。它能把肉眼看不见的电信号变换成看得见的图像，利用示波器能观察各种不同信号幅度随时间变化的波形曲线，还可以用它测试各种不同的电量，如电压、电流、频率、相位差、调幅度等。在 MCS-51 单片机系统开发中，常常使用示波器来观察相关的波形，图 4.8 是常用的数字示波器实物图。

▲图 4.8　数字示波器实物图

4.3 MCS-51 单片机系统硬件调试技巧

MCS-51 单片机系统的硬件调试分为静态调试和上电调试两个步骤。单片机系统硬件条调试的目标是在软件调试之前尽可能地发现硬件故障，保障系统的安全运行。系统的安全运行是指在单片机系统上电之后，系统内任何部分不会出现损坏的现象。影响系统安全运行的主要因素有短路、电压过高、电流过大等。

4.3.1　静态调试

静态调试的主要目的是查找系统的不安全因素，防止由于短路等不安全因素带来的系统毁坏。

1. 检测线路

通过观察印制电路板和使用万用表测试的方法，检查电路板上的线路连接是否正确，是否有短路、断路、粘连等现象。对于快速制作或者是线路比较复杂、连线比较细的电路板尤其要小心检查。另外，如果电路板的焊接是委托厂商完成的，则需要对焊接质量进行检查，防止由于焊接失误带来的线路错误。线路错误容易造成元器件烧毁、供电不正常等后果。

2. 检查电源

这是系统上电前必须进行的一个步骤，将系统电路板上的所有器件全部拔下，给系统加电，然后依次检查所有的电源入口和出口电压是否正常。如果全部正常，断电后依次插上各类芯片，每次均需要检查该芯片电源引脚和地信号是否正常，并且观察芯片是否过热。如果电源正常而芯片过热，则说明芯片可能有故障。如果插上芯片后对系统电压有影响，则应该再次检查该芯片的周边电路或者更换芯片再试。

> **注意：**有些 AD 芯片的工作温度较高，CPLD 芯片的工作温度也比较高，类似的还有高速芯片等，具体工作温度应该参考芯片的数据手册。在进行电源检查的时候，应该着重检查处理器的电源，因为当使用仿真器时如果这个电压过高或者电流过大则容易造成仿真器的毁坏。在调试过程中，需要尽量避免第一次就将所有芯片连接到电路板上直接加电，否则有可能产生不可挽回的后果。

3. 检查芯片

看看有没有将芯片拿错或者插反的情况发生。

4. 检查复位电路和振荡系统

复位电路工作正常是系统能够正常初始化的前提，在上电后，应该检查复位电路是否能正常工作，是否能够给系统中需要复位操作的器件提供完整有效的复位信号。振荡系统通常是指系统中的晶体、晶振，它们是系统正常工作的驱动器，需要检查其是否正常起振，提供的信号驱动能力能否达到要求。

4.3.2 上电调试

上电调试是指单片机系统上电之后分别测试系统的各个模块或者是处理器的某个外围设备是否工作正常。上电调试通常需要设计一定的程序进行配合。

1. 测试 RAM 器件能否工作正常

一般是通过向 RAM 的指定位置写入一批数据，然后再读出该数据进行比较，用以检查 RAM 能否工作正常。这些数据一般是一个连续或者随机产生的值，需要避免使用 0xff 和 0x00 这类容易在器件上电时复位的默认数值。

测试的 RAM 器件不仅仅是单片机内部 RAM 和外部 RAM，还应该包括被映射到外部 RAM 空间地址、能够进行读写操作的外部器件。如果读出和写入的数据一致，则说明对应的 RAM 器件工作正常，否则说明 RAM 器件有故障。产生故障的原因可能是：地址线、数据线断路、短路或者连接错误；读写线、使能线等控制信号错误或者是 RAM 器件损坏等。

2. 测试 IO 口和 IO 设备

对于单片机本身的输出口，可以设计程序向该 IO 引脚输出一个指定的电平，然后用万用表观察引脚电平。对于单片机本身的输入口，可以在输入口引脚上加上指定电平，然后读出该引脚上电平和指定值进行比较。扩展 IO 设备和采用类似的方法进行测试。如果产生故障，则应该着重检查 IO 线是否有短路、断路、粘连现象，IO 引脚是否需要上拉等。

第 5 章　MCS–51 单片机的 C51 语言

MCS-51 系列单片机常见的编程语言有 4 种：汇编语言、C51 语言、BASIC 语言和 PL/M 语言。目前使用的最多的单片机开发语言是汇编语言和 C51 语言，这两种语言都有良好的编译器支持，并有为数众多的开发人员。

一般来说，C51 语言用于较复杂的大型程序编写，汇编则用于对效率要求很高的场合，尤其是底层函数的编写。一个好的单片机程序开发人员，不仅仅要熟悉 MCS-51 单片机体系结构，更要深刻理解单片机指令的执行过程，能够熟练地使用汇编语言和 C51 语言进行单独或者联合开发。

5.1 C51 的数据类型、运算符和表达式

5.1.1 C51 的数据类型

数据是 MCS-51 系列单片机操作的对象，是具有一定格式的数字或者数值。数据按照一定的数据类型进行的排列、组合和架构称为数据结构，C51 支持的数据类型见表 5.1。

表 5.1　　C51 支持的数据类型

数据类型	名　称	长　度	值　域
基本类型	位型 bit	1bit	0，1
	字符型 unsigned char，char	1byte	0～255，.128～127
	整型 unsigned int，int	2byte	0～65525，.32768～32767
	长整型 unsigned long，long	4byte	0～4294967295，.2147483648～2147482647
	浮点型 float	4byte	±1.176E.38E～±3.40+38（6 位数字）
构造类型	数组	—	—
	结构体	—	—
	共用体	—	—
	枚举	—	—
指针类型	—	2～3byte	存储空间，最大 64KB
空类型	—	—	—

基本数据类型包括位型、字符型、整型、长整型、浮点型和双精度浮点型，其中字符型、整型和长整型可以分为有符号型和无符号型。

构造数据类型可以分为数组、结构体、共用体和枚举类型，它们是若干个基本数据类型的集合体。

指针类型是专门用来存放对象地址的数据类型，它可以指向系统中任何一个地址单元，具有很大的灵活性，是 C51 语言的强大数据类型；空类型常常用于函数返回值，如果某一个函数不返回任何数值，则可以定义为空类型。

在程序操作中，常常需要将一种类型的数据赋值给另外一种类型的数据，这种操作可以使用专用函数进行，也可以由编译器自动完成。一般来说编译器会把长度短的数据类型自动转换位长度长的数据类型，以确保数据不丢失。

5.1.2 C51 的常量和变量

C51 语言的数据可以分为常量和变量，常量在程序执行过程中值不能发生变化，变量在程序执行过程中值可以改变。

1. 常量

常量是在程序执行过程中不能改变的值。按照数据类型，常量可以分为整型常量、字符型常量等。使用预定义对常量进行定义，使用一个标识符代替一个常量，如例 5.1 所示。

【例 5.1】常量定义。

```
#define    CONST   10              //在以后的程序中 CONST 可以使用为常量，数据为 10
```

说明：为了和变量区别，常量一般使用大写，而且常量一旦预定义之后就不能再修改。

2. 变量

变量是在程序执行过程中可以发生改变的值，变量有 3 个相关参数：变量名、变量值和变量地址。

变量名是变量的名称，由用户自己定义，是一个起始字符为字符或者下划线，随后字符必须是字母、数字或者下划线的字符组合；变量值是变量的数值；变量地址是变量对应的地址单元，也是变量值对应的存放地址。

变量按照数据类型划分为位变量、字符变量、整型变量、浮点型变量等，例 5.2 给出了变量定义的示例。

【例 5.2】变量定义。

```
bit  b_Start;                         //位变量
char c_Start;                         //字符型变量
int I_Start;                          //整型变量
long l_Start;                         //长整型变量
float f_Start;                        //浮点型变量
```

变量使用之前必须先定义，除了上面提到的几种数据类型之外，字符型、整型和长整型变量还可以分为 unsigned 和 signed 两种类型，其中 unsigned 数据类型的变量值始终是一个正数，它是 MCS-51 系列单片机可以直接运算的数据，不需要做额外的转换，所以在需要加快程序代码的执行速度而不需要执行负数运算的时候，应该尽可能的将 signed 类型数据变量定义为 unsigned 变量。

5.1.3　C51 存储器和寄存器定义

MCS-51 系列单片机的存储器分为片内数据存储器、片外数据存储器、片内程序存储器和片外程序存储器，另外在片内数据存储器中还存在寄存器单元，具体情况可以参看第 2 章，在 C51 程序中可以使用不同的存储器或者寄存器来存放数据。

1．C51 的数据存储类型

C51 可以使用相关关键字将数据存放到指定的存储空间中，见表 5.2。例 5.3 给出了各种数据存储空间的变量定义示例。

表 5.2　　数据存储空间关键字

关 键 字	存储器对应关系
data	直接寻址片内数据存储器（128Byte）
bdata	片内位寻址存储空间（16Byte）
idata	间接寻址片内数据存储空间，可以访问 RAM 全部内容
pdata	分页寻址片外数据存储器（256Byte）
xdata	片外数据存储器（64KB）
code	代码存储器（64KB）

说明：片内位寻址空间也可以按照字节访问，且支持位、字节混合访问。

【例 5.3】数据存储空间定义。

```
char data c_Var;                    //无符号 char 型变量，定义到内部存储器空间低 128Byte
bit bdata b_Flg;                    //位变量，定义到内部存储器位寻址空间
float idata f_Var;                  //浮点型变量，定义到内部存储器的间接寻址空间
unsigned int pdata ui_Var;          //无符号整型变量，定义到片外 256Byte 存储器空间
unsigned char xdata uc_Var;         //无符号字符型变量，定义到片外存储器空间
```

如果在定义变量时省略了关键字，C51 编译器会自动地选择默认的存储类型。在第 3 章介绍中，项目存储器属性可以选择为 SMALL、COMPACT 和 LARGE 方式，在这些模式下，程序中变量的存放地点和传递方式都是固定的。同时，C51 编译器也支持混合模式，例如可以在 LARGE 模式下对一些需要快速执行的函数使用 SMALL 模式来加快执行过程，具体见表 5.3。

表 5.3　　C51 的存储模式

存 式 模 式	说　明
SMALL	相关参数、堆栈和局部变量都存放在 128Byte 的可以直接寻址片内存储器，使用 DATA 存储类型，访问速度很快
COMPACT	参数和局部变量存放在 256Byte 的分页片外存储区，使用寄存器间接寻址，存储类型为 PDATA，堆栈空间在片内存储区，访问速度比较快
LARGE	参数和局部变量存放在最大可为 64KB 的片外数据存储区，使用 DPTR 数据指针间接寻址，存储类型为 XDATA，堆栈在片内存储区，访问速度慢

说明：在 C51 中可以在定义变量类型之前指定存储类型，也就是说 pdata char var 和 char pdata var 都是合法的定义。

2. 寄存器

MCS-51 系列单片机中的寄存器分为普通寄存器和特殊功能寄存器，其中有至少 21 个特殊功能寄存器，具体说明可以参看第 2 章表 2.5，这些寄存器分布在片内 RAM 区高 128Byte，地址映射为 0x80H～0xFFH，对寄存器的寻址必须使用直接寻址方式。

C51 语言支持使用关键字 sfr 和 sfr16 来定义 MCS-51 系列单片机的片内寄存器，如例 5.4 所示，其中 sfr16 定义的是寄存器双字节的低位字节地址。

【例 5.4】使用 sfr 和 sfr16 定义寄存器。

```
sfr SBUF = 0x99;                                    //定义串行口数据寄存器
sfr16 T2 = 0xCC;                                    //定义 T2 计时器数据寄存器
```

在介绍 MCS-51 系列单片机的特殊寄存器时提到过某些寄存器可以支持位寻址，可以使用 sbit 关键字对寄存器或者变量中的位进行定义，如例 5.5 所示。

【例 5.5】使用 sbit 定义位变量。

```
sfr PSW= 0xD0;
sbit OV = PSW ^ 2;
sbit CY = PSW ^ 7;
```

sbit 也可以对其他的变量或者绝对地址应用，但是该变量必须存放在位寻址内存空间中，绝对地址必须是位地址空间，如例 5.6 所示。

【例 5.6】使用 sbit 定义变量空间。

```
bdata unsigned char     uc_Shield_Byte;                //变量 uc_Shield_Byte 存放在位寻址空间
sbit       b_X_Shield_Flg = uc_Shield_Byte  ^  1;      //定义首位
sbit       b_Y_Shield_Flg = uc_Shield_Byte  ^  2;
sbit       b_Z_Shield_Flg = uc_Shield_Byte  ^  3;
sbit OV = 0xD2;                                        //使用位绝对地址定义
sbit CY = 0xD7;
```

3. 位变量

前面介绍了使用 bit 和 sbit 关键字来分别定义位变量，需要注意的是位变量必须定义在位寻址单元中，也就是这些变量必须存放到 DATA 或者 IDATA 中，否则在编译的时候会出现错误。bit 关键字一般用于定义单个的位变量，而 sbit 关键字一般用于对于一个变量内部进行定义，后面这种用法在程序编写中经常用到，其好处是可以方便赋值和调用。

说明：函数的返回值可以是一个位变量，但是不能定义位变量数组。

5.1.4 C51 的算术运算、赋值、逻辑运算以及关系运算

算术运算、赋值运算、逻辑运算以及关系运算都是 C51 语言的基本运算操作，本小节将对其进行详细介绍。

1. 算术运算符和算术表达式

C51 语言一共支持 5 种算术运算符，见表 5.4。

表 5.4　　算术运算符

运 算 符	意 义	说 明
+	加法运算或者正值符号	—
–	减法运算或者负值符号	—
*	乘法运算符号	—
/	除法运算符号，求整	5/2，结果为 2
%	除法运算符号，求余	5%2，结果为 1

在 C51 中把用算术运算符和括号将运算对象连接起来的表达式称为算术表达式，运算对象包括常量、变量、函数、数组和结构等。在算术表达式中需要遵守一定的运算优先级，其规定为先乘除（余），后加减，最优先括号，同级别从左到右，与数学计算规则相同。例 5.7 给出了几个算术表达式以及它们的运算步骤。

【例 5.7】算术表达式。

```
A + B;                        //A+B
A + B * C / D;                // B * C→B * C / D→A + B * C / D
A * ( B + C ) - (D - C)/F;    //B + C, D-C→A * ( B + C ), (D - C)/F→A * ( B + C ) - (D - C)/F
```

2. 赋值运算符和赋值表达式

C51 的赋值运算符包括普通赋值运算符和复合赋值运算符两种，普通赋值运算符使用“=”，而复合赋值运算符是在普通赋值运算符之前加上其他二目运算符所构成的赋值符。使用赋值运算符连接的变量和表达式构成赋值表达式，例 5.8 给出了赋值表达式的例子。

【例 5.8】赋值表达式。

```
a = 3 * z
a += b                                  //等同于 a = a + b
```

赋值运算涉及变量类型的转换，可以分为两种：一种是自动转换，一种是强制转换。自动转换是不使用强制类型转化符，直接将赋值运算符号右边表达式或者变量的值类型转化为左边的类型，一般说来是从“低字节宽度”向“高字节宽度”转换，表 5.5 给出了转换前后的变化。强制转换则是使用强制类型转化符来将一种类型转化为另外一种类型，强制类型转化符号和变量类型相同，如例 5.9 所示。

表 5.5　　赋值中的自动类型转化

类 型	说 明
浮点型和整型	浮点类型转化为整型时候小数点部分被省略，只保留整数部分；反之只是把整型修改为浮点型
单、双精度浮点型	单精度转化为双精度时候在尾部添 0，反之进行四舍五入的截断操作
字符型和整型	字符型转化为整型时，仅仅修改类型；反之只保留整型的低 8 位

【例 5.9】强制类型转化。

```
double (y);                             //将 y 转化为 double 类型
int (x);
z = unsigned char (x + y);
//将 double 类型数据 y 和 int 类型数据 x 相加之后转化为 unsigned char 类型，赋给 z
```

3. 逻辑运算符和逻辑表达式

C51 有 3 种逻辑运算符，分别如下所示。

- 逻辑与：&&。
- 逻辑或：||。
- 逻辑非：!。

使用逻辑运算符将表达式或者变量连接起来的表达式称为逻辑表达式，逻辑运算内部运算次序是先逻辑非后逻辑与和逻辑或，相同等级为从左到右，逻辑表达式的值为“真”或“假”，在 C51 语言中使用“0”代表“假”，使用“非 0”代表逻辑“真”，但是逻辑运算表达式结果只能使用“1”来表示“真”，逻辑表达式的示例见例 5.10。

【例 5.10】逻辑表达式。

```
若a = 3,b = 6,则
!a = 0;                              //a = 3，为真，则!a 为假 = 0
a && b = 1;
a || b = 1;
```

说明：在多个逻辑运算表达式中，只有在必须执行下一个逻辑运算符才能求出表达式的值时该逻辑运算符才会被执行。例如，对于逻辑与运算符来说，只有左边的值为真时才执行右边运算，否则直接给出表达式的值。

4. 关系运算符和关系表达式

C51 语言有 6 种关系运算符，如下所示。

- 小于：<。
- 大于：>。
- 小于或等于：<=。
- 大于或等于：>=。
- 如果等于：==<。
- 如果不等于：! =。

使用关系运算符连接的表达式或者变量称为关系表达式，关系运算符中前两种优先级别高于后两种，同等优先级下遵守从左到右的顺序，关系运算式的运算结果是逻辑真“1”或者是逻辑假“0”，如例 5.11 所示。

【例 5.11】关系运算符。

```
如果x,y,z的值分别为 4,3,2,则:
x > y = 1;
y + z < y = 0;
x > y > z = 0;                          //因为 x>y 为真，则为 1，1 小于 2，则表达式结果为 0
```

5.1.5 C51 的位操作

MCS-51 单片机有位寻址空间，支持位变量操作，恰当的位操作会大大提高单片机程序的运行速度，还能极大地方便用户编程。MCS-51 单片机的位操作包括位逻辑运算和移位运算两种类型。自增减运算、复合运算和逗号运算是 C 语言的特色，C51 语言继承了 C 语言的这种特色，其中复合运算在 5.1.4 赋值运算中曾经有所介绍。

1. 位逻辑运算

位逻辑运算包括位与、位或、位异或、位取反。

- 位与：关键字“&”，如果两位都为“1”，则结果为“1”，否则为“0”。
- 位或：关键字“|”，如果两位其中有一个为“1”，则结果为“1”，否则为“0”。
- 位异或：关键字“^”，如果两位相等则为“1”，否则为“0”。
- 位取反：关键字“~”，如果该位为“1”，则取反后为“0”；如果该位为“0”，则该位取反后为“1”。

位逻辑操作的示例程序如例 5.12 所示，需要注意位逻辑操作和普通逻辑操作的区别。

【例 5.12】位逻辑操作。

```
如果 x = 0x54H，y = 0x3BH，则：
x & y = 01010100B & 00111011B = 00010000B = 0x10H;
x | y = 01010100B | 00111011B = 01111111B = 0x7FH;
x ^ y = 01010100B ^ 00111011B = 10010000B = 0x90H;
~x = ~01010100B = 10101011B = 0xABH;
```

2. 移位运算

移位运算包括左移位和右移位运算。

- 左移位：关键字“<<”，将一个变量的各个位全部左移，空出来的位补 0，被移出变量的位则舍弃不要。
- 右移位：关键字“>>”，操作方式相同，移动方向向右。

例 5.13 是移位运算的示例程序，移位运算一般用于简单的乘除法运算。

【例 5.13】移位运算，如果 x = 0xEAH = 11101010B，则：

```
x << 2 = 10101000B = 0xA8H;
x >> 2 = 00111010B = 0x3AH;
```

3. 自增减运算

自增减运算分别是使变量的值增加或者减少 1，相当于“变量 = 变量 + 1”或者“变量 = 变量-1”操作，使用方法如例 5.14 所示。需要注意的是，运算符号在变量前后的写法不同对应的运算结果是不同的。

【例 5.14】自增减运算。

```
如果 unsigned char x = 0x23H，则 unsigned char y
y = x++;                              //y = 0x23, x = 0x24
y = ++x;                              //y = 0x24, x = 0x24
y = x--;                              //y = 0x23, x = 0x22
y = --x;                              //y = 0x22, y = 0x22
```

可以看到，在程序中，x++是先赋值，后自加；++x 是先自加，后赋值，自减运算和自加运算相同。

4. 复合运算

复合运算在前面已经介绍过，是将普通运算符和赋值符号结合起来的运算，有两个操作数的运算符都可以写成“变量 运算符=变量”的形式，相当于“变量 = 变量 运算符 变量”，如例 5.15 所示。

【例 5.15】复合运算。

```
x += y; 相当于 x = x + y
x >> = y; 相当于 x = x >> y
```

5. 逗号运算

逗号运算符是 C51 和 C 语言的特色运算符，关键字为“,”。用“,”和其他关键字将变量和表达式连接起来可以构成逗号表达式，其一般形式如“表达式 1，表达式 2，……，表达式 *n*”。逗号表达式按照从左到右的方式运算，整个表达式的值取决于最后一个表达式，如例 5.16 所示。

【例 5.16】逗号运算。

```
unsigned char x = 100;
unsigned char y;
y = (x = x / 10,x / 2);          //先计算 x / 10 = 10，然后计算 x / 2 = 5，所以 y = 5
```

说明： 逗号表达式是可以嵌套的，也就是说各个表达式也可以是逗号表达式；另外，需要注意区别逗号表达式和参数定义中变量之间逗号的区别。

5.1.6 运算符的优先级

表 5.6 给出了 C51 中运算符的优先级。

表 5.6 运算符优先级

优先级	关键字	说明	运算次序
1	() [] → .	括号 下标运算，用于数组 指向结构成员，用于结构体 结构成员体，用于结构体	从左到右
2	! ~ ++ .. . （强制类型转换） * & sizeof	逻辑非运算符 按位取反运算符 自增运算符 自减运算符 负号运算符 类型转换运算符 指针运算符 取地址运算符 长度运算符	从右到左
3	* / %	乘法运算符 除法运算符 取余运算符	从左到右
4	+ .	加法运算符 减法运算符	从左到右
5	>> <<	右移运算符 左移运算符	从左到右

续表

<table>
<tr><th>优 先 级</th><th>关 键 字</th><th>说　明</th><th>运 算 次 序</th></tr>
<tr><td>6</td><td><、<=、>=、></td><td>关系运算符</td><td>从左到右</td></tr>
<tr><td>7</td><td>==、! =</td><td>测试等于和不等于运算符</td><td>从左到右</td></tr>
<tr><td>8</td><td>&</td><td>按位与运算符</td><td>从左到右</td></tr>
<tr><td>9</td><td>^</td><td>按位异或运算符</td><td>从左到右</td></tr>
<tr><td>10</td><td>|</td><td>按位或运算符</td><td>从左到右</td></tr>
<tr><td>11</td><td>&&</td><td>逻辑与运算符</td><td>从左到右</td></tr>
<tr><td>12</td><td>||</td><td>逻辑或运算符</td><td>从左到右</td></tr>
<tr><td>13</td><td>? :</td><td>条件运算符</td><td>从右到左</td></tr>
<tr><td>14</td><td>复合运算符</td><td>—</td><td>从右到左</td></tr>
<tr><td>15</td><td>,</td><td>逗号运算符</td><td>从左到右</td></tr>
</table>

说明：表中某些运算符将在后面的章节予以介绍，优先级别依照 1～15 的顺序从高到低排列。

5.2 C51 的程序结构

为了能够根据不同的情况做出不同的控制动作，MCS-51 单片机的 C51 语言和普通的 C 语言一样，提供了控制流语句，通过不同的控制流语句的嵌套和组合可以控制单片机实现复杂的功能。控制流语句包括 if、switch、while 等。

C51 语言的程序结构可以分为顺序结构、选择结构和循环结构，这三种结构可互相组合和嵌套，组成复杂的程序结构，完成相应的功能。

5.2.1　顺序结构

顺序结构是最简单和基本的程序结构，程序从程序空间的低地址位向高地址位执行。例 5.17 演示了顺序结构。

【例 5.17】顺序程序的结构。

```
main()
{
    unsigned char A,B,C;
    A = 0x23;
    B = 0x11;
    C = A + B;
}
```

5.2.2　选择结构

在选择结构中，程序首先测试一个条件语句，如果条件为“真”时则执行某些语句，如果条件为“假”时则执行另外一些语句。选择语句可以分为单分支结构以及多分支结构，多分支结构又包括串行多分支结构和并行多分支结构，图 5.1 和图 5.2 分别给出了这两种结构的示意图。串行多分支结构以单选择结构的某一个分支作为分支判断，最终程序需要在很多选择之中选择出若干程序代码来执行，这些可供选择的程序代码块都要从一个公共的出口退出。并行多分支结构使用一个“X”值判断条件，根据“X”的不同数值选择不同的代码块执行。最后可以从不同的程序出口退出。

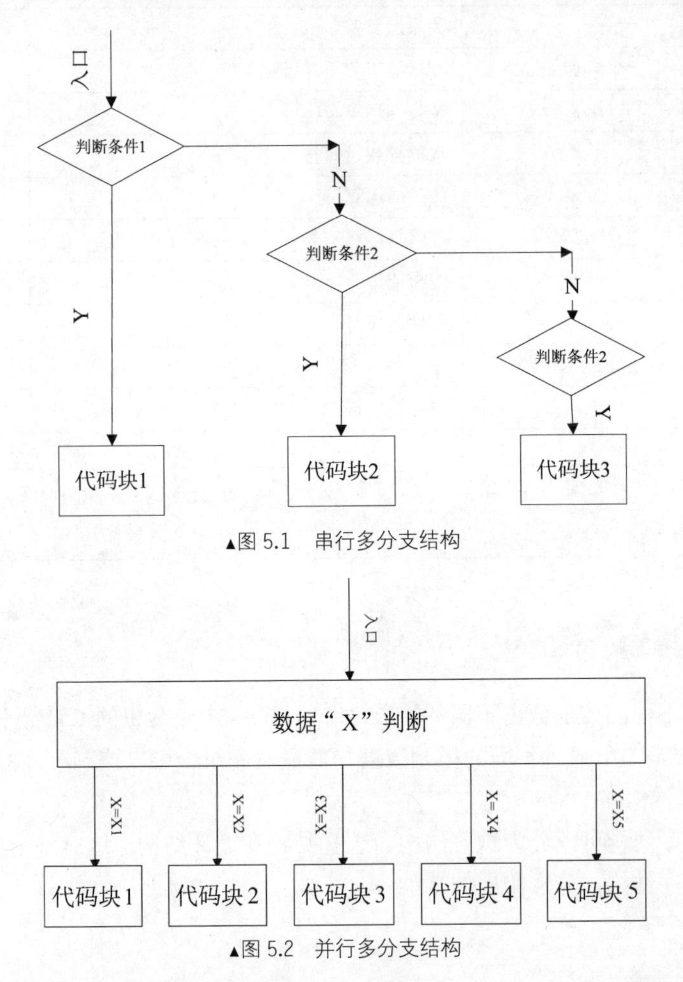

▲图 5.1　串行多分支结构

▲图 5.2　并行多分支结构

选择语句构成了单片机判断和转移的基础，是模块化程序的重要组成部分。C51 语言常用的选择语句有 if 语句、switch 语句，其中 if 语句有 if...else、if 和 else if 三种形式。

1. if 语句

if 语句结构有三种，其基本结构是：if（表达式）{代码块}。当表达式成立，则执行代码块，否则跳过代码块执行下面的语句。

if...else 语句是最基本的 if 语句，基本结构如例 5.18 所示。

【例 5.18】 if...else 语句。

```
if(判断条件)
{
    代码块 1;
}
else
{
    代码块 2;
}
```

if 语句是 if...else 语句的简要结构，基本结构如例 5.19 所示。

【例 5.19】 if 语句。

```
if(判断条件)
{
    代码块语句;
}
```

else if 语句用于串行多分支判断语句，基本结构如例 5.20 所示。

【例 5.20】 else if 语句。

```
if(判断条件 1)
{
代码语句块 1;
}
else if(判断条件 2)
{
    代码语句块 2;
}
……
else
{
    代码语句块 n
}
```

> **说明：** 最后一个 else 语句以及后面的代码块可以省略。

if 语句的判断条件通常是逻辑表达式和关系表达式，也可以是其他表达式，甚至是一个变量或宏定义。需要注意的是，如果是在 C51 语言中将非“0”之外的一切值都当成“真”，即关系成立。

如果代码块只有一条语句时，代码块的大括号可以省略，但是通常不建议这样做。因为这样不利于阅读代码，并且容易导致程序错误。大括号最后不加分号，但是如果省略了大括号使用单条语句时，该语句必须加分号。在有多个 if...else 语句对时，else 和最近的一个 if 语句配对。例 5.21 和例 5.22 给出了 if 语句的示例。

【例 5.21】 判断无符号 char 型变量 A、B 的大小，将较大的变量内数送到无符号 char 型变量 C，A 和 B 不相等。

```
if(A > B)                           //如果 A 大于 B
{
    C = A;                          //将 C 值赋予 A
}
else
{
    C = B;
}
```

> **说明：** 该程序也可以写为如下形式，不使用大括号。
>
> if(A > B)
>
> C = A;
>
> else
>
> C = B;

【例 5.22】无符号 char 型变量 X 有 1～5 共 5 个可能的取值，判断该值将其另外一个无符号 char 变量 *Y* 分别赋值为前 5 个素数 2、3、5、7、11。

```
if (X = 1){Y = 2;}
else if(X = 2){Y = 3;}
else if(X = 3){Y = 5;}
else if(X = 4){Y = 7;}
else{Y = 11;}
```

2. switch 语句

switch 语句是并行多分支选择结构语句，基本结构如例 5.23 所示。

【例 5.23】switch 语句结构。

```
switch 语句(判断条件)
{
    case                    常量表达式 1:{语句块 1;}  break;
    case                    常量表达式 2:{语句块 2;}  break;
    ......
    case                    常量表达式 n:{语句块 n;}  break;
    default:{语句块 n+1} break;
}
```

进入 switch 语句后，首先依次判断条件的数值和每个 case 后常量表达式的值，如果相同则执行该 case 语句后代码块，然后执行 break 语句退出；如果都不相同则执行 default 之后的代码块后退出判断。这些常量表达式的值必须是不相同的，否则会出混乱；每一个 case 所带的语句块执行完成之后执行 break 语句退出 switch 判断，如果没有 break 语句则继续执行下面的 case 语句。例 5.24 用 switch 语句重写了例 5.22，其功能相同。

【例 5.24】switch 语句应用。

```
switch(X)
{
    case 1:{Y = 2;} break;
    case 2:{Y = 3;} break;
    case 3:{Y = 5;} break;
    case 4:{Y = 7;} break;
    case 5:{Y = 11;} break;
    default:{}
}
```

说明：也可以去掉 case 5 的判断，写成 default: {Y = 11; }的形式。

if 语句和 switch 语句都可以嵌套在它们的某个代码块中使用，以增强选择的功能。

5.2.3 循环结构

循环语句用于处理需要重复执行的代码块，在某个条件为“真”的时候，重复执行某些相同的代码块。循环语句一般由循环体（循环代码）和判定条件组成，C51 常用的循环语句有 while 语句、do while 语句和 for 语句。

1. while 语句

while 语句是预先判断结构的循环语句，基本结构如例 5.25 所示，当判断条件为“真”成立

（不为零）时执行代码块，直到条件不成立。

【例 5.25】while 语句。

```
while(判断条件)
{
    代码块;
}
```

while 语句的判断条件在执行代码之前，如果条件不成立时代码块一次也不执行，这个条件可以是表达式，也可以是变量和常量；当这个条件结果不为“0”时，while 语句就会一直执行代码块。和 if 语句类似，当代码块只有一条语句时可以省略大括号。例 5.26 给出了 while 语句的示例。

【例 5.26】计算 1～100 的和，存放到 sum 中。

```
main()
{
    unsigned char counter;
    int    sum;
    counter = 1;
    sum = 0;                              //初始化
    while(counter < 100)
    {
       sum = sum + counter;               //累加
       counter++;
    }
}
```

2. do while 语句

do while 语句功能和 while 语句类似，它是执行后判断语句，执行一次代码块之后对条件语句进行判断，如果条件成立则再一次执行代码块，如果条件不成立则退出循环。例 5.27 是 do while 语句的基本结构。

【例 5.27】do while 语句的基本结构。

```
do
{
    代码块;
}while(判断条件)
```

do while 语句至少执行一次代码块，其判断条件和 while 相同。例 5.28 是使用 do while 语句重写例 5.26 的示例。

【例 5.28】do while 语句示例。

```
main()
{
    unsigned char counter;
    int    sum;
    counter = 1;
    sum = 0;                              //初始化
    do{
       sum = sum + counter;               //累加
       counter++;
       }while(counter <= 100);
}
```

说明：注意条件中判断 counter 的值，由于 do while 语句至少执行一次代码块，所以 counter 的判断值要大于“1”。

3. for 语句

for 语言是循环语句中最灵活和最强大的语句，其基本结构如例 5.29 所示。

【例 5.29】。

```
for(表达式 1;表达式 2;表达式 3)
{
    代码块;
}
```

for 语言的执行过程如下。

- 初始化表达式 1。
- 执行表达式 2，如果该表达式结果为非“0”则执行代码块，否则跳出循环。
- 执行表达式 3，跳回第二步。

例 5.30 用 for 语句重写了例 5.28。

【例 5.30】for 语言示例。

```
main()
{
    unsigned char counter;
    int    sum;
    sum = 0;                                    //初始化
    for(counter = 0; counter <= 100; counter++)
     {
      sum = sum + counter;                      //累加
     }
}
```

说明：counter 的初始化和自加都在 for 语句结构中完成，不需要在开始代码和代码块中书写。

4. 循环语句总结

循环语句和判断语句一样，可以互相或者自我嵌套，也可以和判断语句互相嵌套。以下说明循环语句的一些特殊用法。

“死”循环一般用于单片机监控程序，单片机需要等待一个条件的改变，进行无限循环。“死”循环的常用写法如例 5.31 所示。

【例 5.31】“死”循环语句。

```
for(;;)
{
    代码块;
}                                   //for 语句的“死”循环

while(1)
{
    代码块;
}                                   //while 语句的“死”循环
```

```
do
{
    代码块;
}while(1);                             //do while语句的"死"循环
```

for 语句的表达式有些时候并不是被完整使用的，例 5.32 和例 5.33 给出了 for 语句的不完整应用示例。

【例 5.32】省略表达式 1、表达式 3 的 for 语句。

```
for(; counter<=100;)
{
    sum = sum + counter;
    counter++;
}
```

该写法把判断条件的修改放在代码块中完成，只需要在循环开始前初始化 counter，则此段代码执行效果和例 5.29 相同。

【例 5.33】没有代码块的 for 语句。

```
for(counter = 0; counter <= 100; counter++)
{
}
for(counter = 0; counter <=100; counter++);
```

说明：这两种 for 语句的写法相同，都是用于一定时间的延时，其具体延时长度由单片机执行每一条指令所需要的时间决定。

5.2.4　break 语句、continue 语句和 goto 语句

在循环语句执行过程中，如果需要在满足循环判定条件的情况下跳出代码块，可以使用 break、continue 语句；如果要从任意地方跳到代码的某个地方，可以使用 goto 语句。

1. break 语句

break 语句用于从循环代码中退出，执行循环语句之后的语句，不再进入循环，如例 5.34 所示。

【例 5.34】无符号 char 型数据 sdata 内存放一个随机数，这个数据每秒钟产生一次，要求计算这些数据的和，当和超过 4000 时不再计算，并且计算花费的时间。

```
unsigned char sdata;                        //存放随机数
inttime;                                    //存放花费的秒数
double  sum;                                //和
sum = 0;
time = 0;
sdata = 0;
for(;;)
{
    time++;                                 //计算秒数
    sum = sum + sdata;                      //计算和
    if(sum > 4000)                          //如果和超过4000
    {
        break;                              //退出整个循环
    }
}
```

> **说明：** 由于不知道什么时候和能够超过 4000，所以使用一个“死”循环结构，每次计算和之后判断当前 sum 的值，当 sum 超过 4000 时使用 break 退出整个循环，不再执行。

2. continue 语句

continue 语句用于退出当前循环，不再执行本轮循环，程序代码从下一轮循环开始执行，直到判断条件不满足，和 break 的区别是该语句不是退出整个循环，使用方法如例 5.35 所示。

【例 5.35】 无符号 char 型数据 sdata 内存放一个随机数，这个数据每秒钟产生一次，如果这个数据不等于 0x45 则计算这些数据的和，当和大于 4000 时候停止计算，保存出现 0x45 的个数并且计算整个过程花费的时间。

```
unsigned char sdata;                              //存放随机数
inttime;                                          //存放花费的秒数
int  counter;                                     //计算 0x45 的个数
double  sum;                                      //和
sum = 0;
time = 0;
counter = 0;
sdata = 0;
for(;;)
{
time++;                                           //计算秒数
    if(sdata == 0x45)                             //如果 sdata 等于 0x45
    {
          counter++                               //统计出现的个数
          continue;                               //退出本次循环，不计算入 sum
}
    else                                          //如果 sdata 不等于 0x45
    {
sum = sum + sdata;                                //计算和
        if(sum > 4000)                            //如果和超过 4000
        {
            break;                                //退出整个循环
        }
    }
}
```

> **说明：** 当 sdata 等于 0x45 时，利用 continue 语句退出本次循环，当 sum 和大于 4000 时使用 break 语句退出整个循环。上例中使用了循环嵌套判断语句的程序结构。

3. goto 语句

goto 语句是一个无条件转移语句，当执行 goto 语句时将程序指针跳转到 goto 给出的下一条代码。基本使用结构见例 5.36，其中标号定义参看第 2 章。

【例 5.36】 goto 语句。

```
goto        标号
```

goto 语句的跳转非常灵活，虽然在结构化的程序设计中容易导致程序的混乱，在传统的 C 语言程序中程序员尽量避免使用它，但是 goto 语句在 C51 单片机程序中还是非常有用的，经常在监控“死”循环程序中用于退出循环程序或者跳转去执行某条必须的语句。例 5.36 使用 goto 语句改写程序 5.37。

【例 5.37】goto 语言示例。

```
main()
{
    unsigned char counter;
    int    sum;
    sum = 0;                                          //初始化
sumadd:                                               //标号
    sum = sum + counter                               //计算和
    counter++;                                        //修改计数器
    if(counter < 101)
    {
     goto     sumadd;                                 //如果没有计算完，则跳转到计算语句
    }
}
```

说明：为了程序阅读方便，也为了避免跳转时引起问题，在程序设计时尽量避免使用 goto 语句。

5.3 C51 的函数

C51 语言支持把整个程序划分为若干个功能比较单一的小模块，通过模块之间的嵌套和调用来完成整个功能，这些具有单一功能的小模块称为函数，也可以称为子程序或者过程。C51 语言程序就是由一个个的函数构成的，其从一个主函数开始执行，调用其他函数后返回主函数，进行其他的操作，最后从主函数中退出整个 C51 程序。

5.3.1　函数的分类

C51 语言函数可以从结构上分为主函数 main()和普通函数，主函数是在程序进入时首先调用的函数，它可以调用普通函数，而普通函数可以调用其他普通函数，不能调用主函数。

普通函数从用户使用角度分为用户自定义函数和标准库函数两种。用户自定义函数是用户为了实现某些功能自己编写的函数。标准库函数是由 C51 编译器提供的函数库，用户可以通过#include 对应的头文件调用这些库函数加快自己程序的开发进程，C51 的标准库函数可以参考第 3 章的相关内容。

从函数定义的形式上，函数分为无参数函数、有参数函数。无参数函数是为了完成某种功能而编写的，没有输入变量也没有返回值，可以使用全局变量或者其他方式完成参数的传递。有参数函数在调用时必须按照形式参数提供对应的实际参数并且提供返回值以供其他函数调用。

5.3.2　函数的定义

1. 函数定义的一般形式

函数按照定义形式可以分为无参数函数和有参数函数，下面详细介绍这两种函数的一般定义形式。

【例 5.38】无参数函数定义。

```
类型标识符  函数名()
{
    声明语句和代码块;
}
```

例 5.38 给出了无参数函数的一般定义，类型标识符是函数返回值的类型，如果没有返回值则使用 void 标识符。函数名是用户自己定义的标识符，规则和变量相同。函数名后面使用括号定义参数，无参数函数定义中括号内容为空。大括号中的声明语句和代码块是对函数内使用的变量的声明以及函数功能的实现。

【例 5.39】有参数函数定义。

```
类型标识符  函数名(形式参数列表)
{
    声明语句和代码块;
}
```

例 5.39 给出了有参数函数的一般定义，和无参数函数的区别是在函数名后面的括号里面给出了形式参数列表，参数和参数之间用逗号隔开。

例 5.40 给出了有参数函数和无参数函数的定义示例。

【例 5.40】函数定义。

```
void Sum()                                          //无参数无返回值函数定义
{
}
int Sum(unsigned char A,unsigned char B)            //带参数函数定义，返回值是 int 类型
{
    int temp;                                       //存放返回值
……
    return temp;                                    //给出实际返回值
}
```

2. 函数的参数

C51 语言的函数采用参数传递方式，使得一个函数可以对不同的变量数据进行功能相同的处理。在调用函数时实际参数被传入到被调用函数的形式参数中，在函数执行完成之后使用 return 语句将一个和函数类型相同的返回值返回给调用语句。

函数定义时在函数名称后的括号里列举的变量名称为"形式参数"；在函数被调用时，调用函数语句函数名称括号后的表达式名称为"实际参数"。

【例 5.41】形式参数和实际参数。

```
int Sum(unsigned char A,unsigned char B)
{
    int temp;                                       //存放返回值
    temp = A + B;
    return temp;                                    //给出实际返回值
}
void main()
{
    int RealSum;
    unsigned char X,Y;
    X = 0x23;
    Y = 0x65;                                       //实际参数赋值
    RealSum = Sum(X,Y);                             //调用函数，返回值放到 RealSum 中
}
```

在例 5.41 中，函数 Sum 是一个有两个形式变量的 int 类型函数，其形式变量为无符号 char 型变量 A、B，函数计算了这两个变量的和，然后通过 return 语句返回。主函数在调用 Sum 函数时将 X、Y 两个实际参数传入 Sum 函数。实际参数和形式参数的类型必须是相同的，数据只能够从实际参数传递给形式参数。在函数被调用之前，形式参数并不占用实际的内存单元，在函数被调用时形式参数分配内存单元并且放入实际参数的数值，此时形式参数和实际参数占用不同的内存单元并且数据相同；函数执行完毕之后释放该内存，但实际参数仍然存在且数值不发生变化，需要注意的是在实际参数使用之前必须先赋值。

说明：在函数执行过程中形式参数的数值可能发生改变，但是实际参数的值并不发生改变，也就是说数据传送是单向的。

3. 函数的值

函数的值是在函数执行完成之后通过 return 语句返回给调用函数语句的一个值，返回值的类型和函数的类型相同，函数的返回值只能通过 return 语句返回。在一个函数中可以使用一个以上的 return 语句，但是最终只能执行其中的一个 return 语句。如果函数没有返回值，则使用 void 标志。例 5.42 给出了多个 return 语句的使用方法。

【例 5.42】判断函数参数 X 的输入值，当输入值在 1～5 之间时，函数次序返回第 1 个到第 5 个素数中的一个，如果输入值不在其中时，则返回 0。

```
unsigned char Gudge(unsigned char X)
{
    switch(X)
    {
        case 1:return2;break;
        case 2:return3;break;
        case 3:return5;break;
        case 4:return7;break;
        case 5:return11;break;
        default:  return 0;
    }
}
```

5.3.3　函数的调用

函数调用的一般形式为“函数名（参数列表）”，如果是有参数函数，则每个参数之间用逗号分隔开，如果是无参数函数则参数列表可以省略，但是空括号必须存在。

1. 函数调用的方法

一般而言，函数调用有使用函数名调用、函数结果参与运算以及函数结果作为另外一个函数的实际参数 3 种调用方式。例 5.43 给出了函数调用的 3 种方式的示例。

【例 5.43】函数调用方法。

```
Sum( );                    //使用函数名调用，此时函数没有返回值，只是做某些具体的操作
RealSum = Sum(X,Y) + 1;
                           //函数使用 return 语句返回一个数据，然后参与表达式运算
m = Max(RealSum(X,Y),RealSum(Z,T));
                           //函数 Max(A,B)使用函数 RealSum( )作为参数
```

2. 函数的声明

除了 main()之外的所有函数在被调用前必须被声明，被调用的函数必须是已经存在的函数，包括库函数和用户自定义函数。在使用库函数时或者使用的函数和调用语句不在一个文件中时，需要调用语句程序开始的时候使用#include 语句将所用的函数信息头文件包含到程序中，例如使用“#include math.h”可以把数学库函数引入到程序，在程序编译时编译器会会自动引入这些函数。如果调用函数的语句和函数在一个文件内，则可以分为以下两种情况。

如果被调用函数的定义出现在调用语句之后，则需要在调用语句所在的函数中，在调用语句之前对被调用函数做出格式为“返回值类型说明符　被调用函数名称( )”的声明。

如果被调用函数的定义出现在调用语句之前，则不需要声明，可以直接调用。

例 5.44 和例 5.45 分别给出了两种情况下调用函数的例子。

【例 5.44】函数定义在后，需要预先说明。

```
main( )
{
    int minData;
    unsigned char realX,realY;
    int min( );                                    //不需要列举参数，预先说明
    …
    minData = min(realX,realY);                    //调用函数
}
int min(unsigned char X,unsigned char Y )
{
    …
}
```

【例 5.45】函数定义在前，不需要预先说明。

```
int min(unsigned char X,unsigned char Y )
{
    …
}
main( )
{
    int minData;
    unsigned char realX,realY;
    …
    minData = min(realX,realY);                    //调用函数
}
```

3. 函数的递归调用

函数的递归调用是指在调用一个函数的过程中直接或者间接地调用函数本身。递归调用通常用于可以把一个复杂问题的解决方法分解为自己的子集的场合。递归调用分为直接调用和间接调用，直接调用是函数直接调用本身，而间接调用是指函数 1 调用函数 2，然后函数 2 又调用函数 1 的情形。例 5.46 和例 5.47 分别给出了这两种递归调用的示例。

【例 5.46】直接递归调用。

```
long Fun1( int X)
{
    long   Y;
    int    Z;
```

```
    …
    Y = 2 * Fun1(Z);                              //直接递归调用
…
return Y;
}
```

【例 5.47】间接递归调用。

```
main( )
{
…
}
intFun1(int X1)                                   //子程序 1
{
    int    Y1,Z1;
    …
    Y1 = Fun2(Z1);                                //调用子程序 2
    …
    return Y1;
}
intFun2(int    X2)                                //子程序 2
{
    int    Y2,Z2;
    …
    Y2 = Fun1(Z2);                                //调用子程序 1
…
    return  Y2;
}
```

说明：和循环结构类似，为了防止函数递归调用形成死循环，必须在函数内加上终止递归调用的语句，一般使用条件判断，当条件判断满足之后就不再进行递归调用，逐次返回。

例 5.48 给出了一个利用递归调用计算 *n* 的阶乘的示例程序。

【例 5.48】计算 *n*!。

```
long FunN(int n)                                  //阶乘函数
{
    long   X;
    if(n < 0)
    {
}
elseif(n==0 || n==1)                              //判断语句，用于跳出嵌套调用
{
      m = 1;                                      //如果是 1 或者 0 则是自身
}
else
{
      m = FunN(n.1) * n;                          //阶乘函数
}
return m;
}
main()
{
    …
调用 FumN( );
…
}
```

4. 函数的嵌套调用

在 C51 语言中，函数的定义是相互独立的，在一个函数的定义中不能包含另外一个函数。虽然函数不能嵌套定义，但是和递归调用一样，函数也可以嵌套调用，在被调用的函数中又可以调用其他的函数。例 5.49 是函数使用两层嵌套的示例。

【例 5.49】计算 Z=(X!) × (X!) +(Y!) × (Y!)，其中 X 和 Y 是 unsigned char 型整数。

```
long Square(unsigned char A)                                    //平方函数
{
   long SquareData;
   long FactorialData( );
   SquareData = FactorialData(A) * FactorialData(A);            //调用阶乘函数
   return SquareData;                                           //返回数据
}
long Factorial(unsigned char B)                                 //阶乘函数
{
   long FactorialData;
   unsigned char j;
   FactorialData = 1;
for(j = 1; j <= B; j++)
   {
         FactorialData = FactorialData * j;                     //计算阶乘函数
}
return(FactorialData)
}
main()
{
long Count;
unsigned char a,b;
…
Count = Square(a) + Square(b) ;                                 //调用函数
…
}
```

说明：C51 编译器对函数的嵌套调用有一定的规定，函数的嵌套调用应该控制在 5 层之内。这是因为 MCS-51 单片机内部程序存储器空间有限，而每次嵌套调用函数的时候都需要使用堆栈进行相关参数的传送，所以必须控制函数嵌套调用的深度。

5.3.4 内部函数和外部函数

如果 C51 单片机程序都在一个.c 文件中，则所有的函数都是全局函数，可以在该文件的任意的一个函数中调用。如果 C51 单片机程序在多个文件中（这些文件可以是.h 文件或者.c 文件），则函数可以分为内部函数和外部函数。

1. 内部函数

内部函数只能被该源文件中的其他函数调用，内部函数又被称为静态函数。例 5.50 给出了使用 static 定义内部函数的示例。

【例 5.50】内部函数定义。

```
static unsigned char Fun1(int a);
```

2. 外部函数

相对内部函数，外部函数是可以被其他源文件调用的函数，使用 extern 关键字进行说明。例 5.51 给出了外部函数的定义示例。

【例 5.51】外部函数定义。

```
extern unsigned char Fun1(int a);
```

说明： 如果要在一个源文件中调用另外一个源文件中的外部函数，必须在第一个源文件中使用类似“extern 返回类型函数名（参数 1，参数 2，…）”的声明对这个外部函数进行声明之后才能对其进行调用。

5.3.5　变量类型以及存储方式

前面介绍过某些变量在程序运行过程中是始终存在的，某些变量只是在进入某个函数时才开始存在。从变量的作用范围来看，变量可以被分为全局变量和局部变量；如果从变量存在的时间来看，可以分为静态变量和动态变量。

MCS-51 单片机的存储区间可以分为程序区、静态存储区和动态存储区三个部分。数据存放在静态存储区或者动态存储区，其中全局变量存放在静态存储区，在程序开始运行时候给这些变量分配存储空间；局部变量存放在动态存储区，在进入拥有该变量的函数时给这些变量分配存储空间。

1. 局部变量

局部变量是在某个函数中存在的变量，也可以称为内部变量，它只在该函数内部有效。局部变量可以分为动态局部变量和静态局部变量，使用关键字 auto 定义动态局部变量，使用关键字 static 定义静态局部变量。例 5.52 给出了动态局部变量和静态局部变量的定义示例。

【例 5.52】局部变量定义。

```
auto int a;
static unsigned char j;
```

说明： auto 关键字可以省略，而 static 则不可以省略。

动态局部变量在程序执行完成之后其存储空间被释放，而静态局部变量在程序执行完成之后该存储空间并不释放，而且其值保持不变，如果该函数再次被调用，则该变量初始化后该变量的初始化值为上次的数值。动态局部变量和静态局部变量的区别如下。

动态局部变量在函数被调用时分配存储空间和初始化，每次函数调用时都需要初始化一次；静态局部变量在程序编译时分配存储空间和初始化，仅仅初始化一次。

动态局部变量存放在动态存储区，在每次所属函数退出时释放；静态局部变量存放在静态存储区，每次调用函数释放之后不释放，保持函数执行完毕之后的数值到下一次调用。

动态局部变量如果在建立时不初始化为一个不确定的数，静态局部变量在建立时候如果不初始化，则为“0”或者空字符。

需要注意的是虽然静态局部变量在函数执行完成之后不被释放，但是该变量不能被其他函数所访问，例 5.53 给出了一个使用静态局部变量和动态局部变量的示例。

【例 5.53】静态局部变量和动态局部变量使用示例。

```
main( )
{
    unsigned char A,j,Result;
    A = 2;
    …
    for(j = 0;j <= 2 ;j++)                    //连续三次调用该函数
    {
           Result = Fun(A);
    }
    …
}
Fun(unsigned char X)
{
unsigned Y,Sum;                               //动态局部变量 Y、Sum，省略 auto 关键字
static unsigned Z = 1;                        //静态局部变量 Z
Y = 0;                                        //初始化局部变量
Y = Y + 1;
Z = Z + 1;
Sum = Y + Z + X;
return(Sum);                                  //计算 X、Y、Z 和之后返回
}
```

说明：三次运行之后 Result 的值分别是 5、6、7，这是因为静态局部变量 Z 在第一次函数运行结束时候为 1；第二次函数被调用时该数值保持不变，执行“Z=Z+1”语句之后成为 2；依此类推，第三次调用时候成为 3；而在这个过程中动态局部变量 Y 在调用时候始终为初始化的数值 0。

动态局部变量可被分配在寄存器中，称为寄存器变量，使用 register 关键字调用。这样由于访问变量的速度快，可以大大加快程序的执行；但是这种变量只能是动态局部变量，不能是静态局部变量或者全局变量，另外由于单片机的寄存器很少，所以不能定义任意多个寄存器变量。例 5.54 给出了寄存器变量定义的示例。

【例 5.54】寄存器变量定义。

```
register unsigned char X;
```

2. 全局变量

全局变量是在整个源文件中都存在的变量，又称为外部变量。全局变量的有效区间是从定义点开始到源文件结束，其间的所有函数都可以直接访问该变量。如果定义点之前的函数需要访问该变量则需要使用 extern 关键字对该变量进行声明，如果全局变量声明文件之外的源文件需要访问该变量也需要使用 extern 关键字进行进行声明。

全局变量有以下特点。

- 全局变量是整个文件都可以访问的变量，可以用于在函数之间共享大量的数据，存在周期长，在程序编译时就存在，如果两个函数需要在不互相调用时候共享数据，则可以使用全局变量进行参数传递。
- C51 程序的函数只支持一个函数返回值，如果一个函数需要返回多个值，除了使用指针之外，还可以使用全局变量。

- 使用全局变量进行参数传递可以减少由于从实际参数向形式参数传递时所必需的堆栈操作。
- 在一个文件中，如果某个函数的局部变量和全局变量同名，则在这个局部变量的作用范围内局部变量不起作用，全局变量起作用。
- 全局变量一直存在，占用了大量的内存单元，并且加大了程序的耦合性，不利于程序的移植或者复用。

全局变量可以使用 static 关键字进行定义，这样该变量只能在变量定义的源文件之内使用，不能被其他源文件引用，这种全局变量称为静态全局变量。如果一个非本文件的非静态全局变量需要被本文件引用，则需要在本文件调用前使用 extern 关键字对该变量进行声明。全局变量和静态局部变量都存放在静态存储区，但是两者有较大的区别。

- 静态局部变量的作用范围仅仅是在定义的函数内，不能被其他的函数访问；全局变量的作用范围在整个程序，静态全局变量作用范围是该变量定义的文件。
- 静态局部变量在其函数内部定义，全局变量在所有函数外定义。
- 静态局部变量仅仅在第一次调用时被初始化，再次调用时使用上次调用结束时的数值；全局变量在程序运行时建立，值为最近一条访问其的语句执行的结果。

> **说明：** main 函数虽然是.c 文件的主文件，但是也是一个函数，在其内部定义的变量也属于局部变量；全局变量一般在.c 文件的开始部分定义或者是在.h 文件中定义，由.c 文件引用。C51 程序大量使用全局变量传递参数，因为这样可以减少程序的复杂程度，加快程序执行过程，提高程序的时效性。

5.4 C51 的数组和指针

在 C51 程序中，指针和数组是紧密联系着的，在不少地方它们可以相互替换使用。灵活运用数组和指针，尤其是作为 C 语言精华部分的指针，对于程序开发来说是至关重要的。本节将详细介绍数组、指针及其异同点，以及它们与函数的关系。

5.4.1 数组

数组是一组由若干个具有相同类型的变量所组成的有序集合。一般来说，它被存放在内存中一块连续的存储空间中，数组中每一个元素都相继占有相同大小的存储单元。数组的每一个元素都有一个唯一的下标，通过数组名和下标可以访问数组的元素。构成数组的变量类型可以是基本的数据类型，也可以是下一节中讲到的用户自定义的结构、联合等类型。由整型变量组成的数组称为整型数组，字符型变量组成的数组称为字符型数组，同理还有浮点型数组和结构型数组等。数组可以是一维的、二维的和多维的。

1. 一维数组

具有一个下标变量的数组称为一维数组。一维数组的定义方式如下。

```
类型　数组名[size]
```

类型可以是基本数据类型，也可以是自定义类型，数组名的命名规则与变量相同。size 用于指定数组的元素个数，只能为正整数。数组的下标范围为 0～size-1，即最小下标为 0，最大下标为 size-1。例 5.55 给出了不同类型数组的定义。

【例 5.55】不同类型数组的定义。

```
char c_Name[10];                //定义一个含 10 个元素的字符型数组
unsigned int i_Val[100];        //定义一个含 100 个元素的无符号整型数组
float f_Result[4];              //定义一个含 4 个元素的浮点型数组
struct time st_Bus[5];          //定义一个含 5 个元素的结构型数组
```

> **说明：**在 Keil C 编译器中位数组是不合法的。如 bit b_array[10]; 试图定义一个含 10 个元素的位变量型数组，这将导致编译错误。

数组在定义之后可以被赋值，赋值时可以单独为某个或某些元素赋值也可以在定义的同时被初始化。如例 5.56 所示。

【例 5.56】数组的赋值和初始化。

```
i_Val[0]=5; i_Val[99]=12;           //把 5 赋给整型数组 i_Val 的第一个元素，把 12 赋给最后一个元素
float f_Val[3]={4.672,2.70,130.2}   //定义 f_Val 为含三个元素的浮点型数组并赋以初值
int.i_Temp[]={15,22,38,0, 11}       //定义 i_Temp 为整型数组并赋以初值，数组大小由赋值数据个数
来确定，这里数组元素个数为 5
```

2. 二维数组

C51 语言允许使用多维数组，最简单的多维数组是二维数组。实际上，二维数组是以一维数组为元素构成的数组，二维数组的定义方式如下。

```
类型  数组名[sizeA][sizeB]
```

如下。

```
int a[3][4]
```

它定义了一个 3 行 4 列的整型二维数组 a。

对于二维数组的初始化有两种方法，第一种是分行给二维数组的元素赋初值，如例 5.57 所示。

【例 5.57】分行给二维数组的元素赋初值。

```
int a[3][4]={{1,2,3,4},{5,6,7,8},{9,10,11,12}};
```

这种赋值方法很直观，把第一行大括号里的数据赋给第一行元素，第二个大括号里的数据赋给第二行元素，第三个大括号里的数据赋给第三行元素。

第二种是将所有赋值数据写在一个大括号里，按数组的排列顺序对各元素赋初值，如例 5.58 所示。

【例 5.58】不分行给二维数组的元素赋初值。

```
int a[3][4]={1,2,3,4,5,6,7,8,9,10,11,12}
```

以上两种赋值方法虽然写法不同，但结果都一样，都把二维数组 a 初始化成如下结构：

$$\begin{bmatrix} 1 & 2 & 3 & 4 \\ 5 & 6 & 7 & 8 \\ 9 & 10 & 11 & 12 \end{bmatrix}$$

3. 字符数组

类型为字符型的数组称为字符数组。字符数组可以方便地存储字符串，每一个元素对应一个字符，如下所示。

```
char c_Name[10]
```

它定义了一个共有 10 个字符的一维字符数组。

对字符数组的初始化可以用字符的形式给每一个元素赋初值，也可以用字符串的形式给其赋初值，如例 5.59。

【例 5.59】字符数组的初始化。

```
char ch1[ ]={'J', 'a', 'c', 'k', ' ',X', 'u'};
//定义字符数组 ch1 并以字符的形式给每个元素赋初值
char ch2[ ]="Jack Xu";                    //定义字符数组 ch1 并以字符串的形式赋初值
```

以上两个数组由于赋初值的方式不同，其大小也不同。ch1 长度为 7，而 ch2 长度为 8。这是因为像 C 编译器一样，C51 编译器也会在字符串的末尾加上一个空字符\0 作为字符串结束标志，所以 ch2 的长度是 8。

实际应用中有时需要声明多个字符串，这时可以把这些字符串定义在一个二维字符数组里。这个二维字符数组的第一个下标是字符串的个数，第二个下标是每个字符串的长度，如例 5.60。

【例 5.60】二维字符数组的定义和初始化。

```
char ch1[5][20];
//定义了一个二维字符数组，它可容纳 5 个字符串，每串最长 20 个字符（含空格符'\0'）
char name[ ][10]={"Andy", "Bob", "Robert", "William"};
//定义了一个二维字符数组，它含有 4 个字符串，每个字符串的长度为 10。
```

说明：在例 5.60 中第一个下标可由初始化数据自动得到，而第二个下标必须给定，因为它不能从初始化数据中得到。

4. 数组的存储方式

当一个数组被创建时，C51 编译器就会在存储空间里开辟一个连续的区域用于存放该数组的内容。对于一维数组来讲，会根据数组的类型在内存中连续开辟一块大小等于数组长度乘以数组类型长度（即类型占有的字节数）的区域。

【例 5.61】char str[ ]=“Good”在内存中的存储形式见表 5.7。

表 5.7　数组 str 存中的存储（假设起始地址为 0x0030）

地址	0x0030	0x0031	0x0032	0x0033	0x0034
数组元素	Str[0]	Str[1]	Str[2]	Str[3]	Str[4]
值	‘G’	‘o’	‘o’	‘d’	‘\0’

【例 5.62】unsigned int val[5]={10, 20, 30, 40, 50}在内存中的存储形式见表 5.8 所示。

表 5.8　数组 val 在中的存储（假设起始地址为 0x0030）

地址	0x0030	0x0032	0x0034	0x0036	0x0038
数组元素	val[0]	val[1]	val[2]	val[3]	val[4]
值	10	20	30	40	50

对于二维数组a[m][n]而言，其存储顺序是：按行存储，先存第零行元素的第0列，第1列，第2列，……，第n.1列；然后返回到第一行再存第一行元素的第0列，第1列，第2列，……，第n.1列……如此顺序下去直到第m.1行的第n.1列。对于二维数组a[3][5]其存储方式如图5.3所示。

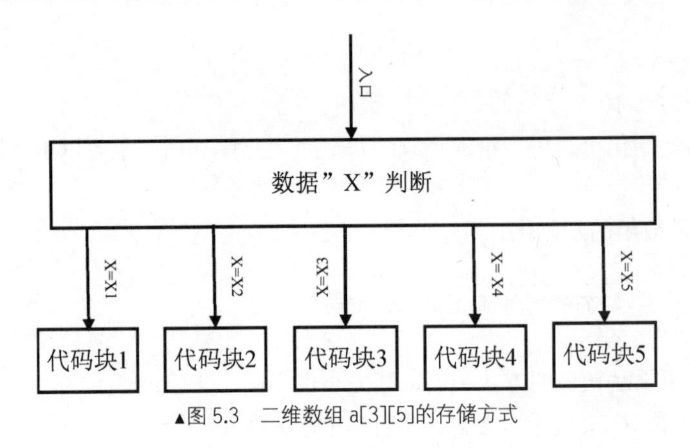

▲图5.3　二维数组a[3][5]的存储方式

在第2章已介绍过MCS-51系列单片机的存储器可以分为片内数据存储器、片外数据存储器、片内程序存储器和片外程序存储器，C51编译器允许用户使用相关关键字将变量存放到指定的存储空间中，同变量一样，数组也可以使用相关关键字将其存放到指定的存储空间中，而数组的存储顺序不变，如例5.63所示。

【例5.63】使用关键字定义数组将其存放到指定的存储空间中。

```
unsigned char idata str[10];        //将无符号字符型数组str定义到内部存储器的间接寻址空间
float xdata f[8];                   //将浮点型数组f定义到片外存储器空间
int code table[100];                //将整型数组table定义到程序存储器空间
```

说明：一般将数据量比较大的查表数据（如液晶显示的字库、音乐码等）放到程序存储器空间是一般通用的作法，因为这些数据在程序运行中不需要改变而数量又不小，放在数量有限的片内数据存储区有些“奢侈”了，而一般程序存储区都会有一定数量的剩余空间。

5.4.2　指针

指针是C51语言中的一个非常重要的概念，也是C51语言的精华所在。通过指针可以灵活、高效地进行程序设计。

1. 指针和指针变量

在前面的章节已经介绍过了，当在程序中定义一个变量后编译器就给这个变量在内存中分配相应的存储空间。比如对于字符型（char）变量就会在内存中分配一个字节的内存单元，而对于一个整型（int）变量则会分配两个字节的内存单元。

假设程序中定义了3个整型变量i、j、k，它们的值分别是1、3，5，假设编译器将地址为1000和1001的两字节内存单元分配给了变量i，将地址为1002和1003的两字节内存单元分配给了变量j，将地址为1004和1005的两字节内存单元分配给了变量k，则变量i、j、k在内存中的对应关系如图5.4所示。

在内存中变量名 *i*、*j*、*k* 是不存在的，对变量的存取都是通过地址进行的。而存取的方式又分为两种：一种是直接存取方式，如 int x=i*3，这时读取变量 *i* 的值是直接找到变量 *i* 在内存中的位置，即地址 1000，然后从 1000 开始的两个字节中读取变量 *i* 的值再乘以 3 作为结果赋给变量 *x*；另一种方式是间接存取方式，在这种方式下变量 *i* 的地址 1000 已经存在于某个地址（如 2000）中，这时当要存取变量 *i* 的值的时候，可以先从地址 2000 处读出变量 *i* 的地址 1000，然后再到 1000 开始的两个字节中读取变量 *i* 的值。其实在这种方式下就使用了指针的概念。

地址	内容	变量
1000	1	a[0]
1002	2	a[1]
1004	3	a[2]
	4	a[3]
	5	a[4]
	6	a[5]
	7	a[6]
	8	a[7]
	9	a[8]
	10	a[9]
	…	
2000	1000	ip

图 5.4　变量和内存地址的对应关系

关于指针有两个重要的概念：变量的指针和指向变量的指针变量。

- 变量的指针：变量的指针就是变量的地址。如上面的例子中变量 *i* 的指针就是地址 1000。
- 指向变量的指针变量：在上例中如果把用来存放变量 *i* 的地址的内存单元 2000 和一个变量关联，就像变量 *i* 关联地址单元 1000 一样，那么这个变量就称为指向变量 *i* 的指针变量。显然指针变量的值是指针（变量的地址）。

2. 指针变量的定义

同一般的变量一样，指针变量在使用之前也需要定义。指针定义的一般形式如下。

```
类型　* 变量名
```

这里*表示此变量为指针变量，变两名的命名规则同一般变量规则。

【例 5.64】指针变量的定义。

```
int *ptr1;
float *ptr2;
char *ptr3;
```

例 5.64 定义了 3 个指针变量 ptr1、ptr2、ptr3。ptr1 可以指向一个整型变量，ptr2 可以指向一个浮点型变量，ptr3 可以指向一个字符型变量，换句话说，ptr1、ptr2、ptr3 可以分别存放整型变量的地址、浮点型变量的地址和字符型变量的地址。

3. 指针变量的引用

在例 5.63 中定义了指针变量之后就可以将其指向具体的变量了，这就需要执行指针变量的引用操作。指针变量的引用是通过取地址运算符—“&”来实现的，引用的操作如例 5.65 所示。

【例 5.65】指针变量的引用。

```
int a=10;          //定义一个整型变量 a 并赋以初值 10
int *p=&a;         //定义一个整型指针变量 p 并通过引用操作将其指向整型变量 a
```

在定义完指针变量的定义和引用之后就可以通过指针变量来对内存进行间接访问了。这时要用到指针运算符“*”。其运算形式如下。

```
*指针变量
```

其含义是指针变量所指向的变量的值。如果要将变量 a 的值赋给整型变量 x 就可以有两种访问方式了。

- 直接访问方式：$x = a$;
- 使用指针变量 p 进行间接访问：$x=*p$，此时程序先从指针变量 p 中读出变量 a 的指针（地址），然后从此地址的内存中读出变量 a 的值再赋给 x。

说明：“*”在指针变量定义是和运算时的意义是不同的。在定义时是指明此变量为指针变量；而在指针运算时它是指针运算符。

4. C51 的指针类型

C51 编译器支持定义指针并支持标准 C 中所有指针可执行的操作。但由于 MCS-51 系列单片机的独特结构，C51 支持两种不同类型的指针：普通指针和存储器特殊指针。

普通指针的说明和标准 C 指针相同，参考例 5.66。

【例 5.66】C51 中普通指针的定义。

```
char *s;                    //定义一个字符型指针
int *val;                   //定义一个无符号整型指针
long *counter;              //定义一个长整型指针
```

在 C51 编译器中普通指针总是使用三个字节进行保存。第一个字节用于保存存储器类型，第二个字节用于保存地址的高字节，第三个字节用于保存地址的低字节。普通指针可以访问 MCS-51 系列单片机存储空间中任何位置的变量。因此许多库程序使用此类型的指针。使用这种普通隐式指针可访问数据而不用考虑数据在存储器中的位置。

在指针的说明中，存储器特殊指针总是包含存储器类型的指定，并总是指向一个特定的存储器区域，参考实例 5.67。

【例 5.67】C51 中存储器特殊指针的定义。

```
int data *ip;               //在片内直接寻址数据寄存器中定义一个整型指针
unsigned long idata *lp;    //在片内间接寻址存储区定义一个无符号长整型指针
unsigned char code *ptr;    //在程序存储区定义一个无符号字符型指针
```

存储器类型在编译时指定，因此普通指针需要保存存储器类型字节，而存储器特殊指针则不需要。存储器特殊指针可用一个字节（用 idata、data、bdata 或 pdata 声明的存储器特殊指针）或两个字节（用 code 或 xdata 声明的存储器特殊指针）存储。

5.4.3 数组和指针

在 C 语言中，指针和数组的关系十分密切，任何能由数组下标完成的操作也都可用指针来实现，而且程序中使用指针可使代码更紧凑、更灵活。

1. 指针与一维数组

首先定义一个整型数组和一个指向整型数组的指针变量。

```
int a[10]= {1,2,3,4,5,6,7,8,9,10}, *ip;
```

因为在 C 语言中约定数组名代表数组的首地址，这样数组名 a 就代表数组 a[10]的首地址了，而 a+i 就代表 a[i]的地址了。所以这时就有两种方法可以让指针变量 ip 指向数组 a[10]。

```
ip=&a[0];   //通过地址运算符&来把数组首地址赋给指针变量 ip
ip=a;       //通过数组名来把数组首地址赋给指针变量 ip
```

这样指针与数组的对应关系如图 5.5 所示。此时就可以通过指针变量 ip 的运算来引用数组元素了。如*ip 就代表 a[0]，而*(ip+1)就代表 a[1]，这样对指针 ip 的操作就相当于对数组 a 的操作了。

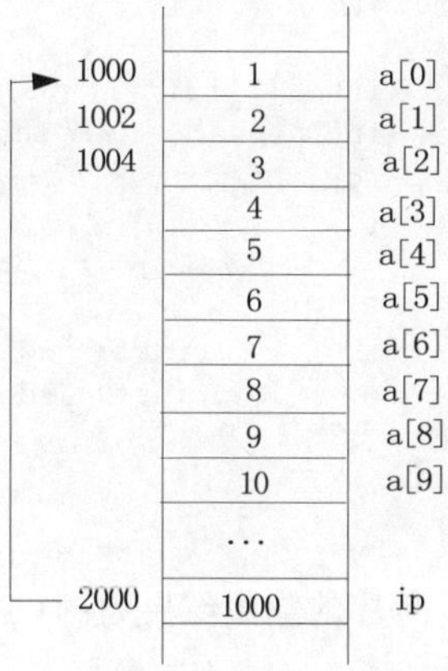

下面用指针给出数组元素的地址和内容的几种表示形式。

- ip+i 和 a+i 均表示 a[i]的地址，或者说它们均指向 a[i]。
- *(ip+i)和*(a+i)都表示 ip+i 和 a+i 所指对象的内容，即 a[i]。
- 指向数组元素的指针，也可以表示成数组的形式，也就是说它允许指针变量带下标，如 ip[i]与*(ip+i)等价。

地址	内容	
1000	1	a[0]
1002	2	a[1]
1004	3	a[2]
	4	a[3]
	5	a[4]
	6	a[5]
	7	a[6]
	8	a[7]
	9	a[8]
	10	a[9]
	…	
2000	1000	ip

▲图 5.5　指针 ip 与数组 a 的对应关系

【例 5.68】用 4 种方法将一个整型数组的全部元素输出。

方法一：不用指针而直接利用数组下标。

```
main()
{
   int a[10]={1,2,3,4,5,6,7,8,9,10};
   for(int i=0;i<10;i++)
   printf(“%d ”,a[i]);
}
```

方法二：直接利用数组名作为地址来引用数组元素。

```
main()
{
   int a[10]={1,2,3,4,5,6,7,8,9,10};
   for(int i=0;i<10;i++)
   printf(“%d ”,*(a+i));
}
```

方法三：采用指针来引用数组元素。

```
main()
{
   int a[10]={1,2,3,4,5,6,7,8,9,10};
   int *ip=a;     //或 int *ip=&a[0];
   for(int i=0;i<10;i++)
   printf(“%d ”,*(ip+i));
}
```

方法四：采用指针并利用其运算来引用数组元素。

```
main()
{
   int a[10]={1,2,3,4,5,6,7,8,9,10};
   int *ip;
   for(ip=a;ip<(a+10);ip++)
   printf(“%d ”,*ip);
}
```

以上 4 种方法的输出结果都是：1 2 3 4 5 6 7 8 9 10。

2. 指针与二维数组

由于二维数组在内存中也是连续存放的，所以也可以定义一个指向它的指针变量，并通过这个指针变量对此二维数组进行很方便的操作。在很多 C 编译器中（含 C51 编译器）二维数组的数组名也代表这个数组的首地址。

【例 5.69】通过直接采用数组下标和采用指针方式来输出一个整型二维数组的全部元素。

```
main()
{
    int a[2][3]={1,2,3,4,5,6};
    int *ip=a;    //或 int *ip=&a[0][0];
    for(int i=0;i<2;i++)
    {
        for(int j=0;j<3;j++)
        {
            printf( "%d  ",a[i][j]);                //直接采用数组下标
            printf( "%d  ",*ip++);                  //指针方式
        }
    }
}
```

程序的输出结果为：1 1 2 2 3 3 4 4 5 5 6 6。表明两种方法的效果相同。

5.4.4 字符串和指针

1. 字符串的表达形式

在 C51 语言中操作一个字符串的方法有两种。

第一种方法是把字符串常量存放在一个一维字符数组之中，如下所示。

```
char str[]="Great Wall";
```

数组 str 共有 11 个元素所组成，其中 str[10]中的内容是 C51 编译器自动给该字符串的末尾加上的空字符\0。这样就可以通过字符数组来操作字符串了。如 str[0] = ‘G’，str[6] = ‘W’。

第二种方法是用字符指针指向字符串，然后通过字符指针来访问字符串存储区域，如定义一字符指针 cp。

```
char *cp;
```

于是可用：

```
cp="Great Wall";
```

使 cp 指向字符串常量中的第一个字符 G，如图 5.6 所示。

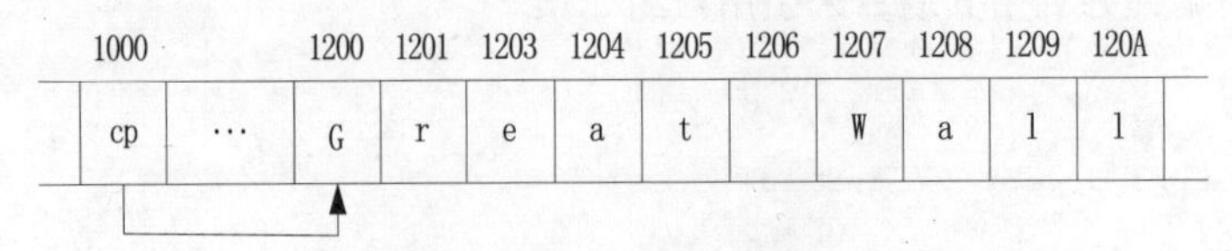

▲图 5.6　用指针 cp 指向字符串 str

这样以后就可通过 cp 来访问这一存储区域，如*cp 或 cp[0]就是字符 'T'。而 cp[i]或*(cp+i)就相当于字符串的第 i 个字符。

2. 字符串指针变量和字符数组的区别

上节所述的字符数组 str 的内容可以改变，如 str[1]='F'，但要通过字符串指针变量 cp 来修改字符串常量却是不可以的。这是因为字符串“Great Wall”是常量，位于内容不可改变的静态存储

区，这时用指针 cp 指向此常量字符串时当然不可以在常量区修改什么。而字符数组只是把字符串常量“Great Wall”的内容拷贝到了自己的存储区，这样当然可以修改字符数组的内容了。这一点要在程序设计中加以注意，防止出现错误。

【例 5.70】字符串指针变量和字符数组的区别示例。

```
char str[] = "Lake";
str[0] = 'T';                  //没问题，操作正确
char *cp = "Lake";             //注意 cp 指向常量字符串
p[0] = 'T';                    //编译器不能发现该错误
```

5.4.5　数组、指针和函数的联系

在上一节里讲到了用变量作为函数的参数，其实数组、数组元素和指针都可以作为函数的参数。而且函数不仅可以返回一个变量值，而且还可以返回一个指针。另外因为函数在编译时也是存放在内存的一块区域中，所以指针不仅可以指向变量，而且还可以指向一个函数，这时的指针变量叫做函数指针变量。函数指针变量和其他一些概念在本书暂不做讨论，有兴趣的读者可以参考相关书籍。

1. 数组作为函数的参数

一个函数中不仅可以传递零个、一个或几个变量，有时还需要传递更多的变量，比如一个数组的全部数据都需要传递进函数中，比如对一个整型数组求和的函数，这时就需要把整个数组作为参数传递给函数。

数组作为形式参数的函数一般定义形式如下。

```
返回类型  函数名（数组类型  数组名[size ]）
```

其中 size 可以省略。

【例 5.71】用数组作为行参求一个含 10 个整数的整型数组前 5 个元素的和。

```
int sum(int a[ ], int num)  //定义一个用数组作为形式参数的函数
{
     int i,s=0;
     for(i=0;i<num;i++)
     {
         s+=a[i];
     }
     return s;
}
main()
{
     int student[10]={1,2,3,4,5,6,7,8,9,10};
     int val=sum(student, 5);     //将数组的首地址传递给函数 sum,也可替换 student 为&student[0]
     printf("%d",val);
}
```

程序的输出结果为：15。

> **说明：**同普通变量作为函数的参数一样，数组作为函数的参数也需要形式参数与实际参数类型相同。C51 编译器对行参数组的大小不做检查，只是将数组的地址传递给函数，所以形参和实参数组的大小可以不一致，但程序设计时一定要注意行参不能大于实参的大小，否则将产生不可预测的结果。

2. 指针作为函数参数

当需要把参数传递给函数的时候，不仅可以将变量的值作为实际参数传递给函数，而且还可以将变量的地址传递给函数，这自然就涉及指针作为函数的参数了。

指针作为形式参数的函数一般定义形式如下。

```
返回类型　函数名（指针类型　*指针名）
```

其中指针名可以省略。用指针作为形式参数可以大大增加函数传递参数的灵活性，例 5.77 可以用指针作为形参来改写。

【例 5.72】用指针作为形参求一个含 10 个整数的整型数组前 5 个元素的和。

```
int sum(int *ip, int num)               //定义一个用指针作为形式参数的函数
{
     int i,s=0;
     for(i=0;i<num;i++)
     {
         s+=*(ip+i);
     }
     return s;
}
main()
{
    int student[10]={1,2,3,4,5,6,7,8,9,10};
    int val=sum(student, 5);     //将数组的首地址传递给函数 sum，也可替换 student 为&student[0]
    printf("%d",val);
}
```

程序的输出结果同样为：15。

> **说明**：用指针作为形参不仅可以传递一般变量和数组，还可以传递几乎任何类型的数据结构，甚至函数。

3. 返回指针的函数

一个函数不仅可以返回一个基本数据类型，如整型（int）值，字符型（char）值等，同样还可以返回一个数据结构或一个指针。返回指针的函数的一般定义形式如下。

```
返回值类型　*函数名（行参表）
```

如：

```
char *strsch(char *str, char c);
```

函数定义了一个字符串查找函数，它在一个给定的字符串中查找指定的字符，然后返回找到的那个字符的地址（指针）。

【例 5.73】实现上述字符串查找函数。

```
#include <stdio.h>
char *strsch(char *str,char a)
{
     while(*str!='\0')                    //一直搜索到字符串的末尾
    {
```

```
        if(*str==a)
        {
            return str;             //找到了该字符则返回该字符的地址
        }
        str++;
    }
    return NULL;                    //没找到则返回空指针
}
main()
{
    char *str="Hello!";
    char *cp=strsch(str,'o');       //将返回的指针赋给指针变量 cp
    printf("*cp=%s\n",cp);
}
```

程序的结果是：o!。因为函数 strsch (str,'o')返回了找到的字符‘o’的地址，所以打印出的是剩下的字符串，内容是 o!。

5.4.6　指针数组和指向指针的指针

不仅一般变量可以组成数组，指针也可以组成数组，由指针组成的数组叫做指针数组，它的每一个元素都是指针。指针数组多用于处理字符串，它的定义形式如下。

```
类型  *数组名[size];
```

如：

```
int *ip[5];                     //定义了一个含 5 个整型指针的整型指针数组
char *name[3]={ "Tom","Jacky","Andy"};
 //定义了一个含三个字符型指针的字符型指针数组并进行了初始化
```

假设上述字符串存放在 1000 开始的内存区域中，而上述字符型指针数组 name 的首地址为 1 600，则数组 name 的各元素与其内容（指针）和字符串的关系如图 5.7 所示。

同普通数组一样，也可以用一个指针来指向一个指针数组，这时因为指针数组的所有元素都是指针，所以该指向指针数组的指针变量是一个指向指针的指针变量。

指向指针的指针变量的的声明形式如下。

```
类型  **指针变量名
```

要获取指针变量指向的指针用如下表达式。

```
*指针变量
```

要获取指针变量指向的指针的内容用如下表达式。

```
**指针变量
```

如：

```
int i=5;
int *p=&i;
int **dp=&p;
```

则此三个变量（i, p, dp）在内存中的关系如图 5.8 所示。

地址	内容	
1000	Tom\n	
1004	Jacky\n	
100A	Andy\n	
	...	
1600	1000	Name[0]
1602	1004	Name[1]
1604	100A	Name[2]

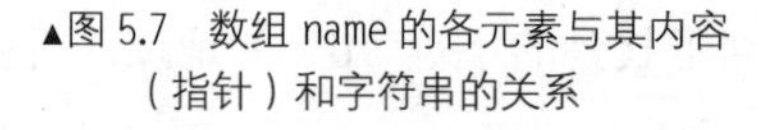

▲图 5.7　数组 name 的各元素与其内容（指针）和字符串的关系

地址	内容	
1000	5	i
1002	?	
	...	
1200	1000	p
1202	?	
	...	
1400	1200	dp
1402	?	

▲图 5.8　3 个变量（i,p,dp）在内存中的关系

【例 5.74】测试指向指针的指针变量。

```
main()
{
    char *name[ ]={ "Tom","Jacky","Andy"};
    char **cp=name;               //定义指向指针的指针变量 cp 并为其初始化指向指针数组 name
    for(int i=0;i<3;i++)
    {
        printf("cp=%d\n",cp);       //cp 本身是个指针，也就是一个地址
        printf("*cp=%s\n",*cp);     //*cp 中保存的内容是指针数组的首地址
        printf("**cp=%c\n",**cp);   //**cp 中保存的内容是指针数组的首地址里的内容
        cp++;
    }
}
```

程序输出结果为：

```
cp=0x1000
*cp=Tom
**cp=T
cp=0x1002
*cp=Jacky
**cp=J
cp=0x1004
*cp=Andy
**cp=A
```

5.5 C51 中的自定义数据类型

构造新的数据结构是 C51 语言的重要特点之一，结构、联合和枚举类型就是 C51 语言能够构造出来的新的数据类型。

5.5.1 结构体

结构体是一种或者多种类型变量的结合，这些变量可以是字符型、整型等，还可以是另外一个结构体，统称为结构体的成员。结构体是一种构造出来的数据类型，在使用之前必须先定义。

1. 结构体和结构体变量的定义

结构体的定义可以使用先定义结构体类型，再定义结构体类型变量；定义结构体类型同时定义结构体类型变量以及直接定义结构体类型变量 3 种，如例 5.75 所示。

【例 5.75】结构体的定义。

```
struct 结构名
{
类型说明符   成员 1;
类型说明符   成员 2;
…
类型说明符   成员 n
}
结构名 变量名 1，变量名 2 …;

struct 结构名
{
类型说明符   成员 1;
类型说明符   成员 2;
…
类型说明符   成员 n
}变量名 1，变量名 2 …;

struct
{
类型说明符   成员 1;
类型说明符   成员 2;
…
类型说明符   成员 n
}变量名 1，变量名 2 …;
```

结构体是一种数据类型，定义为这种数据类型的变量被称为结构体变量。例 5.76 使用 3 种不同方式定义了一个结构，其中 member 为一个结构体，而 flashman 是一个使用 member 结构体定义的结构体变量，结构体定义中的成员名称可以和程序中其他变量相同。

【例 5.76】结构体的定义。

```
struct  member
{
    unsigned int Num;
    unsigned char Name[20];
    bit Sex;
    unsigned char Age;
    float Slaray;
};
member  flashman;

struct  member
{
    unsigned int Num;
    unsigned char Name[20];
    bit Sex;
    unsigned char Age;
    float Slaray;
}flashman;

struct
{
```

```
    unsigned int Num;
    unsigned char Name[20];
    bit Sex;
    unsigned char Age;
    float Slaray;
}flashman;
```

2. 结构体变量的引用

结构体能够被引用的是结构体变量，可以对结构体变量进行操作，C51 编译器只对具体的结构体变量分配内存空间，结构体变量引用需要注意的事项如下。

- 结构体变量不能作为一个整体参与赋值等操作，也不能整体作为函数的参数或者函数的返回值，但是可以在定义时候整体初始化。
- 对结构体变量只能使用“&”取变量地址或对结构体变量的成员进行操作。
- 结构体变量的成员和普通变量操作方法相同。
- 如果结构体成员自身是一个结构体，则只能引用这个结构体成员的某一个成员。

例如在例 5.76 中，可以引用结构体变量 flashman 的成员 flashman.age 而不能直接引用该结构体变量。

3. 结构体变量的初始化和赋值

结构体变量可以在变量定义时候就进行初始化，也可以在之后进行单独的初始化。单独初始化的方法和赋值相同，都是对单个结构体变量成员使用，例 5.77 对结构体变量进行了初始化和赋值。

【例 5.77】结构体初始化和赋值的示例。

```
struct
{
    unsigned int Num;
    unsigned char Name[20];
    bit Sex;
    unsigned char Age;
    float Slaray;
}flashman = {34556, "alloy", 1, 20, 6000};

struct
{
    unsigned int Num;
    unsigned char Name[20];
    bit Sex;
    unsigned char Age;
    float Slaray;
}flashman;

flashman.Num = 34556;
flashman.Name = "alloy";
flashman.Sex = 1;
flashman.Age = 20;
flashman. Slaray = 6000;
```

4. 结构体变量数组

使用结构体变量作为数组元素的数组称为结构体数组。结构体数组和普通数组在定义上没有什么差别，在存储器中的存储方式类似多维数组，使用结构体数组的示例如例 5.78 所示。

【例 5.78】结构体数组。

```
struct date
{
    unsigned char Year;
    unsigned char Month;
    unsigned char Day;
    unsigned char Hour;
};
struct date Error_Time[20];                    //初始化
Error_Time[0].Year = 99;
Error_Time[0].Month = 8;
Error_Time[0].Day = 2;
Error_Time[0].Hour = 23;
```

5. 指向结构体变量的指针

指向结构体变量的指针是该结构体变量在内部存储器的首地址，如果该指针指向的是一个结构体变量数组，则指针是该结构体变量数组第一个元素在内部存储器的首地址。指向结构体变量的指针定义如例 5.79 所示。

【例 5.79】指向结构体变量的指针定义。

```
struct 结构体名 *指针变量名
struct date *p_Date;                    //定义一个指向结构体 date 类型变量的指针 p_Date
```

需要注意的是对指向结构体变量的指针赋值时不能把结构体名称赋值给指针，而需要对结构体变量取地址之后赋予指针，引用形式一般如下。

```
(*结构指针变量名称).成员名或者是结构指针变量→成员名
```

例 5.80 给出了指向结构体的指针变量使用方法。

【例 5.80】指向结构体变量的指针使用方法。

```
struct date *p_Date;
p_Date = &Error_Time;
(*p_Date).Year = 99;
p_Date→Month = 8;
```

说明：指向结构体变量的指针可以用来指向结构变量或者结构体数组，但是不可以使用该指针来指向结构体变量的内部成员，也就是说不能取成员的地址来赋予结构体变量指针。

6. 用指向结构的指针变量作为函数的参数

如果需要将一个结构体变量的值传递给一个函数，可以使用两种方式：传递结构体变量的成员和将指向结构体变量的指针作为参数。传递结构体变量的成员需要的传送时间和花费的内存空间都很大，所以在传送时候一般都使用指向结构体变量的指针作为函数的参数，如例 5.81 所示。

【例 5.81】使用指针传递函数参数用于计算多个 id 的月平均工资。

```
struct member
{
    unsigned int Num;
    unsigned char Name[20];
```

```
    bit Sex;
    unsigned char Age;
    float Slaray;
}flashman[5] = {
{34556,"alloy",1,20,6000},
{34557, "jack",1,20,5000},
{34558, "tom",1,20,7000},
{34559, "tim",0,20,4800},
{34560, "ann",0,20,6100},
};
float Avrage(struct member *p_Man)
{
     float Avr,Sum;
     unsigned char j;
     Sum = 0;
     Avr = 0;
     for(j = 0;j < 5;j++,p_Man++)
     {
            Sum = Sum + p_Man→Slaray;
            if( j == 4)
{
                   Avr = Sum / 5;
}
}
return Avr;
}
main()
{
     float memberAvr;
     struct member *p
     p = flashman;
     memberAvr = Avrage( p );
}
```

5.5.2 联合体（共用体）

联合体又称为共用体，和结构体一样是一种构造类型，该类型用于在一块内存空间中存放不同类型的数据，在该内存空间并不是所有类型数据所占用的内存大小的总合，而是由最大的变量空间决定。

1. 联合体变量的定义

联合体的定义有：先定义联合体类型，再定义联合体类型变量；定义联合体类型同时定义联合体类型变量以及直接定义联合体类型变量 3 种，如例 5.82 所示。

【例 5.82】联合体定义。

```
union 结构名
{
类型说明符  成员 1;
类型说明符  成员 2;
…
类型说明符  成员 n
}
结构名 变量名 1，变量名 2 …;

union 结构名
```

```
{
类型说明符  成员 1;
类型说明符  成员 2;
…
类型说明符  成员 n
}变量名 1，变量名 2 …;

union
{
类型说明符  成员 1;
类型说明符  成员 2;
…
类型说明符  成员 n
}变量名 1，变量名 2 …;
```

需要注意的是联合体变量在进行内存分配时候是按照联合体变量成员中需要内存资源最大的变量分配的，在联合体变量占用的内存空间中始终只能保存联合体的一个成员有效数据，但是这个数据可以通过其他成员引用，例 5.83 是联合体变量的定义例子。

【例 5.83】联合体变量定义。

```
union u_Counter
{
    float Error_Counter;                              //成员 1，浮点型变量
    unsigned char Send_Counter[4];                    //成员 2，无符号型变量数组
};
u_Counter Counter;
```

2. 联合体变量的使用

联合体变量的使用和结构体类似，只能对其中单个成员进行赋值和引用，在前一章节提到联合体变量在同一个时间只能保存其中一个成员，本小节介绍如何利用联合体这种特性来完成一些特殊的操作，如例 5.84 所示。

【例 5.84】单片机内部有一个 float 类型的错误计数器记录当前出现错误的次数，然后将该计数器的值通过串口发送到 PC 机，其中单片机串口发送函数每一次只能发送单字节数据。在这个程序中最主要的难点是如何将 float 类型的数据拆分为无符号类型数据，通常做法是用 0xFF 来除取得余数，但是这样做由于使用了浮点乘除法，将大大增加单片机代码量和计算所需要的时间，本例使用联合体来实现拆分。

```
union u_Counter
{
    float Error_Counter;                              //成员 1，浮点型变量
    unsigned char Send_Counter[4];                    //成员 2，无符号型变量数组
};
u_Counter Counter;
…
void send(unsigned char Tx_Data);                     //串口发送函数
…
if（发生错误）
{
    Counter.Error_Couner++;                           //错误计数器增加
    send(Counter.Send_Counter[0]);
    send(Counter.Send_Counter[1]);
    send(Counter.Send_Counter[2]);
```

```
    send(Counter.Send_Counter[3]);                    //发送错误计数器数据
}
…
```

说明： 由于联合体变量只有一个内存空间，所以该联合体变量内存空间内两个成员共享这个地址，在上例中两个成员占用的地址空间大小相同，都为 4byte，所以利用第二个成员来引用第一个成员的数据。

5.5.3 枚举

枚举数据类型同样也是构造类型，是某些整数型常量的集合，枚举类型数据变量的取值只能是这些常量中的一个。

1. 枚举变量的定义

枚举类型变量的取值必须是定义中的整数值，其定义方式和结构体变量类似，如例 5.85 所示。

【例 5.85】枚举类型变量定义。

```
enum  枚举名
{
    枚举值列表;
};
枚举名  变量 1,变量 2,…;

enum  枚举名
{
    枚举值列表;
}枚举名  变量 1,变量 2,…;
```

例 5.86 给出了使用枚举变量定一个星期类型变量的示例，在枚举结构体定义的枚举值表中，每一个值代表一个整数值，在默认的情况下第一项取值为 0，第二项取值为 1，依次类推；如果不想使用默认值，也可以使用赋值的方式进行初始化，如例 5.86 第二种情况所示，需要注意的是枚举值不是变量，只能在定义或者初始化时候得到，在引用过程中不能对这些值进行赋值操作。

【例 5.86】枚举变量定义。

```
enum Week{Mon,Tue,Wed,Thu,Fri,Sat,Sun};
Week Day;

enum Week{ Mon = 1,Tue,Wed,Thu,Fri,Sat,Sun };          //Tue = 2
Week Day;
```

2. 枚举变量的应用

枚举型变量一般用于替代变量的整数赋值，如例 5.87 所示。

【例 5.87】枚举变量使用示例。

```
enum Week{Mon,Tue,Wed,Thu,Fri,Sat,Sun};
Week Day;
…
通过程序修改 Day 值为 Mon 等其中一个:
…
```

```
switch Day
{
    case Mon:{};break;
    case Tue:{};break;
    …
    default:
}
```

5.6 C51 程序设计技巧

同一般的 C/C++程序开发一样，C51 的程序设计也有一些共性的程序设计技巧。但同时由于嵌入式系统的实时性、资源有限性等特点，C51 的程序设计也有普通 C/C++程序设计所不具备的特点，本小节将介绍 C51 程序设计中的一些技巧。

5.6.1 养成好的编程习惯

一个好的软件设计人员开发的程序应该是符合编程规范的、易于阅读和维护的、高质量的和高效的。好的软件设计人员的诞生不是一蹴而就的，需要一个长期的对一个良好的、高效的编程习惯进行培养。本节将介绍一些被多数人认同的良好的编程习惯。

1. 程序的总体设计

设计一个程序编程者应该综合考虑程序的可行性、可读性、可移植性、健壮性以及可测试性。但在实际软件设计中很多人容易忽略了这些，把多数甚至是全部精力都放在了程序的功能实现上。这在程序规模较小时还显示不出什么不妥的地方，但是当项目规模比较庞大时，对于程序的阅读、维护、移植和测试的弊端就表现出来了。当项目较大时，一般采用模块化设计方法，按照需要实现的功能将程序分为不同的功能模块，一个模块一个程序，实现一个功能，这样做既方便修改，也便于阅读、重用、移植和维护。

每个文件的开头应该写明这个文件是哪个项目里的哪个模块，实现什么功能，是在什么编译环境下编译的，编程者或修改者的姓名和编程或修改日期。其中编程日期很重要，有了它以后再看文件时，就会知道这个模块是什么时候编写的，做过什么改动了。

项目中多个模块都引用的头文件、宏定义、编译选项、数据表等可以都放在一个公共的头文件中。这样当有某些头文件、编译选项、常量值等改变时只要都在这个头文件里改就可以了。

【例 5.88】项目自己的公共头文件。

```
#include <reg51.h>                                  /*包含进共有的头文件*/
#include "intrins.h"
#define uchar unsigned char                         /*宏定义以使程序书写简化*/
#define uint unsigned int
#define PI 3.1416                                   /*定义常量供项目所有文件使用*/
#define CONFIG_ARCH_51                              /*定义编译选项供项目所有文件使用*/
const char code table[ ]={0x00,0x01,0x02,0x03,      /*定义常数表供项目所有文件使用*/
                         0x04,0x05,0x06,0x07,
                         0x08,0x09,0x0a,0x0b,
                         0x0c,0x0d,0x0e,0x0f} ;
…
```

2. 命名规则

虽然在 C51 程序中变量或函数等的名称可以任意选定，但建议命名应具有一定的实际意义。以下是一些命名规则或习惯。

常量的命名：全部用大写。当具有实际意义的变量命名含多个单词时，它们中间一般以“_”分开。这个规则不仅对常量适用，对其他变量和宏定义等都适用。

【例 5.89】常量的命名。

```
const float PI=3.1416
const int NUM=100
const unsigned int MAX_LENGTH=100
```

> **说明：** 这里的常量 PI 和上例中宏定义中的 PI 的意义是不同的。上例中的 PI 只是一个宏，只是它在程序中出现时被替换为 3.1416，它没有自己的类型，而本例中的 PI 是实实在在的具有常浮点类型的常量。

变量的命名：变量用小写字母开头的单词组合而成，当有多个单词时一般也用“_”隔开，而且除第一个单词外的其他单词一般开头字母大写。另外一些全局变量和静态变量等一般以 g_和 s_等来开头。

【例 5.90】变量的命名。

```
bit flag;
char rcvData;
int maxValue;
static uint s_Counter;
```

函数的命名：函数名首字大写，若包含有多个单词的每个单词首字母大写。

【例 5.91】函数的命名。

```
bit TransmitData(char data);
void ShowValue(char *pData);
int Sum(int x,int y);
char *SearchChar(char *pStr, char chr);
```

3. 编程规范

一个好的程序设计人员写出的代码一定应便于阅读和维护，好的程序书写规范一定要从最开始编程时养成。一些程序书写规范如下。

- 缩进：函数体内语句需缩进 4 个空格大小，即一个 Tab 单位。预处理语句、全局数据、函数原型、标题、附加说明、函数说明、标号等均顶格书写。
- 对齐：原则上每行的代码、注释等都应对齐，而每一行的长度不应超过屏幕太多，必要时适当换行，换行时尽可能在“,”处或运算符处，换行后最好以运算符打头。
- 空行：程序各部分之间空两行，若不必要也可以只空一行，各函数实现之间一般空一行。
- 重要的或难懂的代码要写注释，如果必要每个函数都要写注释，每个全局变量要写注释，一些局部变量也要写注释。注释是可以采用“/*”和“*/”配对，也可以采用“//”，但一定要一致。
- 函数的参数和返回值没有的话要应使用 void，尽量不要图省事不写。
- 为了阅读和维护方便，一般一行只实现一个功能，如下所示。

```
a=1;b=2;c=3;
宜改成：
a=1;
b=2;
c=3;
```

- 不管有没有无效分支，switch 函数一定要处理 default 这个分支。这不仅让阅读者知道程序设计人员并没有遗忘 default，另外也可以防止程序运行过程中出现的意外，加强程序的健壮性。

C51 程序的技巧和书写规范还有很多，限于篇幅本书只介绍以上这些，有兴趣的读者可以参看其他相关书籍。

5.6.2　宏定义

宏定义属于 C51 语言的预处理指令，通过它可以使程序设计简化，增加程序的可读性、可维护性和移植性。宏定义分为简单的宏定义和带参数的宏定义。

1. 简单的宏定义

简单宏定义的格式如下。

```
#define 宏替换名  宏替换体
```

#define 是宏定义指令的关键字，宏替换名一般使用大写字母来表示，而宏替换体可以是数值常量、算术表达式、字符和字符串等。宏定义可以出现在程序的任何地方，在编译时由编译器替换宏为定义的宏替换体。

【例 5.92】简单宏定义的应用。

```
#include <reg51.h>
#define uchar unsigned char                /*宏定义无符号字符型变量以方便书写*/
#define uint unsigned int                  /*宏定义无符号整型变量以方便书写*/
#define MAX 10                             /*宏定义数组长度*/
#define GAIN 2                             /*宏定义增益*/
uint Sum(uchar *ip, uint num);             /*求和函数原型声明*/
void main(void)
{
   uchar val[MAX];                         /*定义长度为 MAX 的无符号字符型数组*/
   uint i,sum=0;
   for(i=0;i<MAX;i++)
   {
      val[i]=i*GAIN;
   }
   sum=Sum(val,MAX);                       /*数组 val 求和赋给变量 sum*/
   while(1);
}
uint Sum(uchar *cp, uint num)              /*求和函数*/
{
     uint i,temp=0;
     for(i=0;i<num;i++)
     {
         temp+=*(cp+i);
     }
     return temp;
}
```

程序执行结果主程序中变量 sum 的值为 110。从这个例子中可以看到，通过宏定义，不仅对于无符号字符型和整型类型的书写方便了，而且当数组长度和增益需要变化时，只要在程序开始处修改 MAX 和 GAIN 的值即可，而不必修改程序的其他位置。这大大增加了程序的可读性和可维护性。

2. 带参数的宏定义

带参数的宏定义的格式为如下。

```
#define 宏替换名（行参）  带行参的宏替换体
```

同简单的宏定义一样，#define 是宏定义指令的关键字，宏替换名一般使用大写字母来表示，而宏替换体可以是数值常量、算术表达式、字符和字符串等。带参数的宏定义也可以出现在程序的任何地方，在编译时由编译器替换宏为定义的宏替换体，其中的行参用实际参数代替。由于可以带参数，这增强了宏定义的应用。

【例 5.93】带参数宏定义的应用。

```
#include <reg51.h>
#define uint unsigned int                              /*宏定义无符号整型变量以方便书写*/
#define MAX(a,b)  ((a)>(b) ? (a) : (b))                /*带参数的宏定义*/
#define CUBE(x)  (x)*(x)*(x)                           /*带参数的宏定义*/
void main(void)
{
    uint i,j,k,val;
    i=2;
    j=5;
    k=8;
    val=MAX(j,k)*CUBE(i);
    while(1);
}
```

程序执行结果是变量 val=8*23=64。

> **注意：**带参数的宏定义行参一定要带括号，因为实参可能是任何表达式，不加括号很可能会导致意想不到的错误。

带参数的宏定义与带参数的函数在形式上很相似，但它们的执行是完全不同的。宏替换在编译的过程中，宏定义在它每个出现的地方被替换成用实际参数代替的宏替换体，它的代码是被嵌在程序各处的，这一点跟内联函数很相似；而函数本身是一段代码，它在被调用时转到函数体的代码处去执行，执行完了再返回到被调用处，也就是说函数体并不插入到调用它的地方去。

5.6.3 条件编译

C51 中的条件编译预处理指令可以通知 C51 编译器根据编译选项有条件的编译这部分代码。使用条件编译的好处是可以使程序中某些功能模块根据需要有选择地加入到项目中，或者是同一个程序方便移植到不同的硬件平台上。

条件编译有几种指令，最基本的格式有三种。

1. #if 型

格式如下所示。

```
#if 常数表达式
    代码 1
#else
    代码 2
#endif
```

如果常数表达式为非 0 值，则代码 1 参加编译，否则代码 2 参加编译。

2. #ifdef 型

格式如下所示。

```
#ifdef 标识符
    代码 1
#else
    代码 2
#endif
```

如果标识符已被#define 过，则代码 1 参加编译，否则代码 2 参加编译。

3. #ifndef 型

格式如下所示。

```
#ifndef 标识符
    代码 1
#else
    代码 2
#endif
```

同#ifdef 相反，如果标识符没被#define 过，则代码 1 参加编译，否则代码 2 参加编译。

以上三种基本格式中每个#else 分支又可以带自己的编译选项，#else 也可以没有或多于两个。

【例 5.94】条件编译测试程序。

```
#include <reg51.h>
#define uint unsigned int                /*宏定义无符号整型变量以方便书写*/
#define CONFIG_ARCH_51
#define PI 3.1416
void main(void)
{
   uint i,j,k;
   i=j=k=0;
   #if 1                                 /*#if 型宏定义*/
       i=10;
   #endif
   #ifdef CONFIG_ARCH_51                 /*#ifdef 型宏定义*/
      j=10;
   #else
      j=20;
   #endif
   #ifndef PI                            /*#ifndef 型宏定义*/
      k=10;
   #else
```

```
        k=20;
    #endif
    while(1);
}
```

程序执行结果为 i=j=10，k=20。这是因为第一个条件编译的常数表达式恒为 1，所以 i=0;参加编译；第二个条件编译的 CONFIG_ARCH_51 已经定义过，所以 j=10 参加编译；第三个条件编译由于 PI 已经定义过，所以 k=20 参加编译。

> **说明：**上面举的条件编译的例子都是非常简单的。实际应用中要比这复杂得多。比如一个数据采集系统要支持多种方式中的某一种或几种与 PC 机通信，如串口、并口、USB、CAN 总线等，这时就可以通过条件编译使得所有的模块都加在程序中，调试、测试或使用中只要打开或关闭相应的编译选项就可以打开或关闭相应的设备了。

5.6.4　具体指针的应用

在 5.4 小节中已经提到，C51 编译器支持两种不同类型的指针：普通指针和存储器特殊指针。在 C51 编译器中普通指针总是使用三个字节进行保存。第一个字节用于保存存储器类型，第二个字节用于保存地址的高字节，第三个字节用于保存地址的低字节。许多库程序使用此普通类型指针。而存储器特殊指针在指针的定义中，它总是包含存储器类型的指定，并总是指向一个特定的存储器区域，如下。

```
char data *cp;
```

这个定义使得字符型指针 cp 指向 51 片内直接寻址的数据存储区。

由于存储器类型在编译时指定，因此普通指针需要保存存储器类型字节，而存储器特殊指针则不需要。存储器特殊指针可用一个字节（用 idata, data, bdata 或 pdata 声明的存储器特殊指针）或两个字节（用 code 或 xdata 声明的存储器特殊指针）存储。这样在程序设计时就可以根据具体需要，在必要时（如执行速度要求较快时或代码长度要求尽量短时）使用存储器特殊指针来代替普通指针使程序更高效了。

下面的例 9.7 将普通指针与存储器特殊指针加以比较，它们实现的功能都是一样的，即将一个指针指向区域的字符赋给字符型变量 c。

【例 5.95】使用普通指针和存储器特殊指针的比较。

方法一，使用普通指针。

```
#include <reg51.h>
void main(void)
{
     char *p                        /*普通字符型指针，存储需 3Byte*/
     char c;
     c=*p;
}
```

方法二，使用指向片外数据存储区域的字符型指针。

```
#include <reg51.h>
void main(void)
{
     char xdata *p                  / *指向片内直接寻址区域的字符型指针，存储需 2Byte*/
     char c;
```

```
    c=*p;
}
```

方法三，使用指向片内直接寻址区域的字符型指针。

```
#include <reg51.h>
void main(void)
{
    char data*p                / *指向片外数据存储区域的字符型指针，存储需 2Byte*/
    char c;
    c=*p;
}
```

为便于分析，把以上三种方法的函数体中的代码通过 C51 编译器反汇编出来的代码列出。

方法一，使用普通指针。

```
            C?CLDPTR:
C:0x0003    BB0106    CJNE     R3,#0x01,C:000C
C:0x0006    8982      MOV      DP0L(0x82),R1
C:0x0008    8A83      MOV      DP0H(0x83),R2
C:0x000A    E0        MOVX     A,@DPTR
C:0x000B    22        RET
C:0x000C    5002      JNC      C:0010
C:0x000E    E7        MOV      A,@R1
C:0x000F    22        RET
C:0x0010    BBFE02    CJNE     R3,#0xFE,C:0015
C:0x0013    E3        MOVX     A,@R1
C:0x0014    22        RET
C:0x0015    8982      MOV      DP0L(0x82),R1
C:0x0017    8A83      MOV      DP0H(0x83),R2
C:0x0019    E4        CLR      A
C:0x001A    93        MOVC     A,@A+DPTR
C:0x001B    22        RET
C:0x001C    AB08      MOV      R3,0x08
C:0x001E    AA09      MOV      R2,0x09
C:0x0020    A90A      MOV      R1,0x0A
C:0x0022    120003    LCALL    C?CLDPTR(C:0003)
C:0x0025    F50B      MOV      0x0B,A
```

方法二，使用指向片外数据存储区域的字符型指针。

```
C:0x000F    850982    MOV      DP0L(0x82),0x09
C:0x0012    850883    MOV      DP0H(0x83),0x08
C:0x0015    E0        MOVX     A,@DPTR
C:0x0016    F50A      MOV      0x0A,A
```

方法三，使用指向片内直接寻址区域的字符型指针。

```
C:0x000F    A808      MOV      R0,0x08
C:0x0011    E6        MOV      A,@R0
C:0x0012    F509      MOV      0x09,A
```

第一种方法由于使用了普通指针，它需要 3Byte 来分别保存其类型和地址，而且由于编译器不知道其存储类型，所以赋值操作是通过调用编译器的库函数实现的；第二种方法由于指定指针为指向片外数据存储区的指针，所以它只要 2Byte 来保存其地址即可；而第三种方法就更简单了，由于指向片内直接存储区，它只要 1Byte 来保存地址就可以了。

再从编译后的代码长度来比较。方法一编译后的代码长度为 52Byte，数据区为 13Byte；方法二由于不用调用库函数，编译后的代码长度只有 25Byte，数据区为 12Byte；方法三就更简单了，它编译后的代码长度只有 21Byte，数据区为 11Byte。

显然，通过使用存储器特殊指针可以减少代码长度，缩短执行时间。在一些对代码长度和执行时间要求较为严格的场合是很有效的。但是同时也应该看到，使用存储器特殊指针要求程序设计人员对 MCS-51 单片机的构架和内存管理有一定深度的认识，否则容易出现各种错误。而使用普通指针对以上的要求就要少得多，而且它可以访问 MCS-51 单片机存储空间中任何位置的变量，而不用考虑数据在存储器中的位置。

5.6.5 一些关键字的使用

在许多 C 和 C51 语言的教程中都提到过一些编程中的关键字，灵活使用它们能够使开发的程序高效，这些关键字包括 static、const、extern、reentrant 等。但在实际使用中很多初学者真正使用这些关键字并不是很多，弄清楚了它们的含义和使用方法读者自然就会自主地使用它们了。

1. static

static 这个关键字在许多 C 语言的教程中都只写着由这个关键字定义的变量是静态变量，它在每次调用以后的值都保持不变，即具有记忆性。但是 static 的意义并不局限于此。static 有以下两层主要意义。

用 static 声明的变量不论它在程序中的位置，即使它是函数内部的局部变量，编译器都会给它分配一个固定的内存空间。而这个变量在整个程序的执行中都存在，程序执行完毕它才消亡。许多书中都会提到由于它在全局中都存在，会占用存储空间，建议少用。这也不错，但是适当地应用它会给程序的设计带来一些好处。比如可以定义一个局部静态变量作为计数器，在每次调用的时候加 1，这样就可以不必定义一个全局变量了，利于程序的移植。如例 5.96 的计数部分可以用静态变量来做，省去了全局变量的定义，利于程序的封装移植。

【例 5.96】使用 static 声明一个变量作为计数器。

```
char data[N];                                /*把结果数组作为全局变量*/
bit flag;                                    /*定义 n 个数据采集完标志位*/
void main(void)
{
   …                                         /*系统初始化等工作*/
     while(1)
     {
         …                                   /*系统主循环*/
         if(flag==1)                         /*如果 n 个数据采集完了则处理数据*/
         {
               HandleData(data);             /*处理采集数据模块*/
         }
      }
}
void Timer0(void) interrupt 1 using 1
{
     static int s_Counter;          /*这里定义一个静态变量，不同于一般局部变量，它在每次 Timer0 中
断后都保持新值不变，而且它在这里定义省去了定义一个不利于封装移植的全局变量*/
…                                   /*中断预处理代码*/
    data[s_Counter]=AD_Result;
```

```
    if(s_Counter++>=N)              /*n 个数据采集完则标志位通知主程序处理数据*/
    {
        s_Counter=0;
        flag=1;
    }
    …                               /*中断退出前代码*/
}
…                                   /*其他中断和函数*/
```

说明： static 作为计数器的用法很通用，读者可以效仿。

用 static 声明的变量或函数同时指明了变量或函数的作用域为本文件，其他文件的函数都无法访问这个文件里的这些变量和函数。在一个比较庞大系统中可能会有很多个文件，这些文件有时由许多程序员来开发，所以不同文件中同名的变量或函数很可能存在，用 static 声明则可以防止同名变量或函数的意外混调。

【例 5.97】用 static 声明一个变量或函数的作用域。

```
static char c;                      /*变量 c 只能在本文件内被访问*/
static int Sum(int x,inty);         /*函数 Sum 只能在本文件内被访问*/
```

2. const

const 这个关键字在许多 C 语言的教程中都只写着定义一个常量，这是不完全的。用 const 修饰的变量、指针、函数参数返回值等的更重要的意义是指它们是只读的，即它们都受到了保护，不能改变它们的值。

【例 5.98】const 的一些使用。

```
const float pi=3.1416; /*声明浮点型常量 pi 为只读的，它的值等于常值 3.1416 且不能被修改*/
pi=2.78;               /*编译报错*/
const int *ip;         /*声明整型指针 ip 为只能指向只读的常量，地址可以被修改，但必须指向常量*/
int a=5;
*ip=a;                 /*编译报错*/
int * const ip;        /*声明整型常量指针 ip 为只读的，指针本身是常数，即它的地址不能被修改*/
int b;
ip=&b;                 /*编译报错*/
int Sum(const int *ip, int num)  /*修饰函数的参数为只读的，以防止函数体内误改变参数地址的数据*/
{
     int i,sum=0;
     for(i=0;i<num;i++)
     {
         sum+=*(ip+i);
     }
     *ip=i;            /*编译报错*/
     return sum;
}
```

3. reentrant

reentrant 用于声明一个函数为再入函数。再入函数是指可以同时由几个程序共用，比如主函数和中断函数同时调用一个函数。当执行再入函数时，其他程序可以中断执行并开始执行同一个再入函数。一般情况下，C51 函数不能递归调用或被几个可能同时执行的函数同时调用。这是因为函数自变量和局部变量都存放在固定的存储器位置，如果同时调用则函数的堆栈会混乱。再入函数属性允许说明那些可以重入的函数。因此可以实现递归调用。比如那些只有自己的局部变量而不涉及其他固定地址变量的函数体。例如求和函数就可以被定义为再入函数，如例 5.99 所示。

【例 5.99】 再入函数的定义。

```
int Sum (int x, int y) reentrant
{
int temp;
temp=x+y;
return temp;
}
```

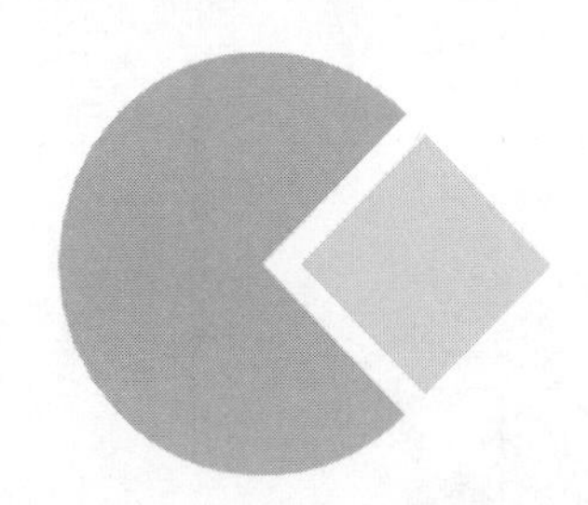

第6章 MCS-51单片机的内部资源

MCS-51 系列单片机是拥有共同内核的一系列单片机的总称，这些单片机都有一些相同的内部资源，如下所示。

- 可以位寻址的4组8位共32个I/O端口。
- 2～3个8位/16位定时计数器。
- 6～7个中断源，两个以上的中断优先级。
- 两个以上的外部中断。
- 一个以上全双工的异步串行口。
- 128Byte以上的RAM。
- 独立的、可扩展至64KB的FLASH ROM。

随着技术的发展，众多厂商在MCS-51系列单片机内部增加了诸如USB接口、I^2C接口、SPI接口等，但是其内部资源是单片机系统应用的基础，也是本章介绍的主要内容。

6.1 MCS-51单片机的并行输入输出端口

MCS-51单片机有4个8位一组的并行I/O口，分别为P0、P1、P2、P3，这些I/O口均可以以位为单位操作来作为独立的输入输出端口；其中，P0和P2可以复用为地址/数据总线，P3口则都有第二功能。

6.1.1 数据地址端口P0和P2

MCS-51单片机的P0和P2是数据地址端口，可以组合起来构成16位地址总线和8位数据总线。

P0端口支持位寻址操作，图6.1是P0的位内部结构图，包括了一个输出锁存器、两个三态输入缓冲器，以及输出的驱动和控制电路。输出驱动电路由两个场效应管构成，它的工作状态受到由一个与门、一个反向器，以及一个模拟开关构成的输出控制电路控制。

P0可以用作普通IO引脚，也可以用作数据/地址总线引脚。当P0用作普通IO引脚时，控制信号C=0，MUX与锁存器的Q端接通，与门输出为0，T1截止，输出驱动级工作在需要外接上拉电阻的漏极开路方式。如图6.1所示，P0端口有两个缓冲器“1”和“2”，前者用于锁存器，后者用于引脚，所以当P0作为输入口使用时有读锁存器和读引脚两种工作方式。

读锁存器的工作方式用于MCS-51单片机需要读入并且修改端口数值时，其工作过程如下。

- 单片机首先读出锁存器的状态。

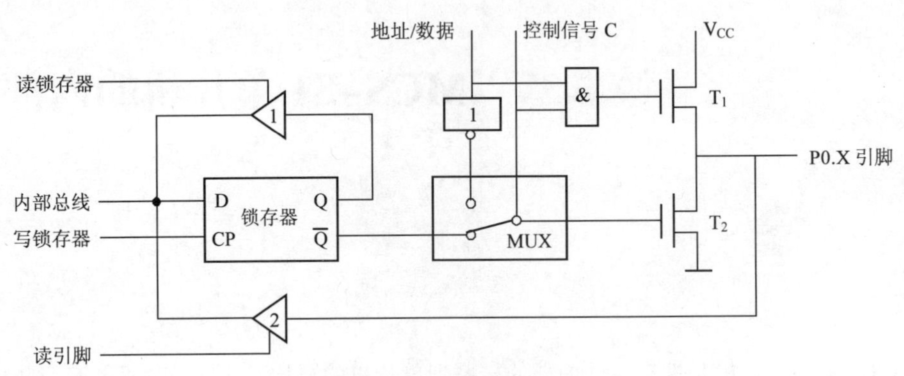

▲图 6.1 P0 端口的位内部结构图

- 根据操作结果把一定的状态写到锁存器中。
- 将状态送到引脚上。

在这个工作过程中，MCS-51 单片机不能够直接读引脚缓冲器上的数据，因为当引脚锁存器内部输出状态和引脚上电平不一致的时候，容易错读引脚上的电平信号。例如当单片机向引脚锁存器上写入一个高电平后，由于外部的其他电路作用，引脚上被加上了低电平，如果在这个时候去直接读引脚，那么就会错误地把低电平信号当成单片机的写入数值。

读引脚的工作方式用于 MCS-51 单片机执行一般的端口输入指令时，在此工作方式下引脚上的数据经过缓冲器直接送到内部总线上。

当 P0 用作数据/地址总线扩展方式时 MUX 将地址/数据线与 T2 接通，同时与门输出有效。若地址/数据线为 1，则 T1 导通，T2 截止，P0 口输出为 1；反之 T1 截止，T2 导通，P0 口输出为 0。当数据从 P0 口输入时，读引脚使三态缓冲器 2 打开，端口上的数据经缓冲器 2 送到内部总线。P0 用作数据/地址总线的详细方法可以参考第 7 章的相关内容。

> **注意：** P0 口既可作地址/数据总线使用，也可作通用 I/O 口使用。当 P0 口作地址/数据总线使用时，就不能再作通用 I/O 口使用了。P0 口作 I/O 口使用时，输出级属漏极开路，必须外接上拉电阻，才有高电平输出，但是现在的某些 MCS-51 单片机中已经内置了这个上拉电阻，此时可以通过查看器件手册来确定。P0 口作输入口读引脚时，应先向锁存器写 1，使 T2 截止，不影响输入电平。

MCS-51 单片机的 P2 口可以用作通用 I/O 口或者是地址总线，其一位的内部结构如图 6.2 所示。

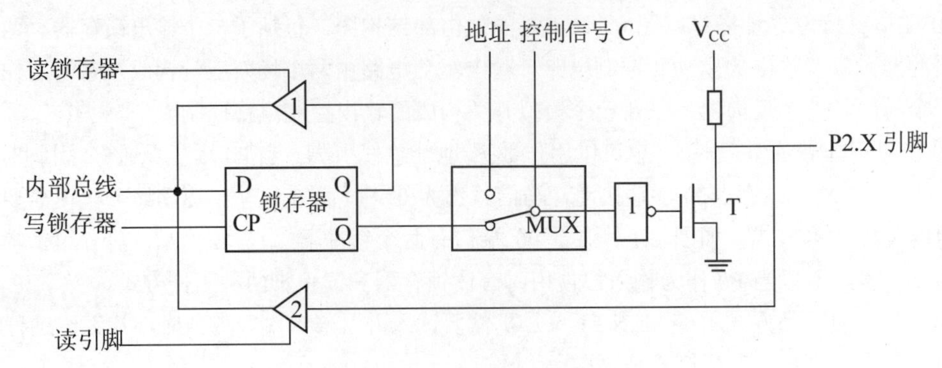

▲图 6.2 P2 引脚内部结构

图 6.2 中的控制信号 C 决定转换开关 MUX 的位置，当 C=0 时，MUX 拨向下方，P2 口为通用 I/O 口；当控制信号 C=1 时，MUX 拨向上方，P2 口作为地址总线高 8 位使用。当 P2 作为通用 I/O 口使用的时候和后面小节的 P1 完全相同，除此之外，P2 还可以作为地址总线的高 8 位用于扩展外围器件，其具体使用方法参见第 7 章的相关内容。

6.1.2　普通 IO 端口 P1

MCS-51 单片机的 P1 口仅能作为普通通用 I/O 口使用，在其输出端接有内部上拉电阻，故可以直接输出而无需外接上拉电阻，其同 P0 口一样，当作输入口时，必须先向锁存器写“1”，使场效应管 T 截止。和 P0 口的内部结构比起来，P1 中仅仅是少了多路开关，并且有一个场效应管被改为了上拉电阻，其位结构如图 6.3 所示。

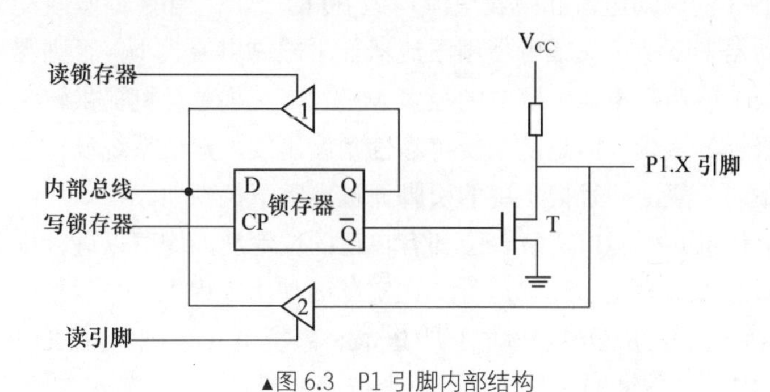

▲图 6.3　P1 引脚内部结构

6.1.3　复用端口 P3

MCS-51 单片机的 P3 引脚可以用作普通的 IO 引脚，但是在实际应用系统中更多的是用于第二功能引脚，其位结构如图 6.4 所示，工作原理与 P1 相同。

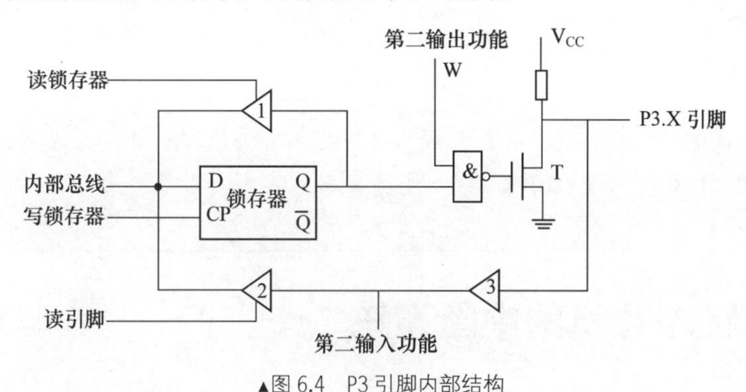

▲图 6.4　P3 引脚内部结构

P3 引脚的第二功能如表 6.1 所示。

表 6.1　　P3 引脚的第二功能

引　脚　号	第二功能标记	说　　明
P3.0	RXD	串行口数据接收输入引脚
P3.1	TXD	串行口数据接收输出引脚
P3.2	INT0	外部中断 0 输入引脚
P3.3	INT1	外部中断 1 输入引脚

续表

引 脚 号	第二功能标记	说 明
P3.4	T0	定时/计数器 0 外部输入引脚
P3.5	T1	定时/计数器 1 外部输入引脚
P3.6	WR	片外数据存储器写选通引脚
P3.7	RD	片外数据存储器读选通引脚

6.1.4 PGMS 中的 IO 口应用

在标准的 MCS-51 单片机中，P0 口的高电平的驱动电流为 160μA，低电平的吸收电流为 2.88mA；P1、P2 和 P3 的驱动电流和吸收电流均为 P0 的一半。当驱动/吸收能力不够的时候，应该在并行口上加驱动器来驱动负载或者使用限流器件来限制电流大小，否则容易造成单片机系统的不稳定甚至 MCS-51 单片机损坏。现在的很多 MCS-51 系列单片机提供较大电流驱动能力，能够直接驱动发光二极管等负载。但是从系统可靠性角度出发，建议系统设计人员尽可能不要用单片机的并行口直接驱动负载，并且把不用的引脚通过电阻下拉到地。

MCS-51 系列单片机并行端口的每一位都有自己的位地址，均可以进行位寻址，可以方便地使用位操作命令进行输入、输出和逻辑运行。在实际的使用过程中，一般使用 sbit 关键字对一位引脚进行预定义，然后进行对应操作，例 6.1 是 PGMS 系统中 IO 口驱动 LED 指示灯的示例程序。

【例 6.1】P1.0、P1.1 为按键的输入端，当两个按键被同时按下（输入为低电平时），通过 P1.2 把 LED 点亮（输出高电平）。

```
//位变量定义
sbit Key1 = P1 ^ 1;
sbit Key2 = P1 ^ 2;
sbit LED = P1 ^ 3;
//位逻辑运算
LED = KEY 1& KEY2;
```

说明：在 uVision2 开发环境中，有一些头文件，例如 AT89X52.h，已经把并行端口的每一位定义为 Px_x(如 P1.0 即为 P1_0)的形式，不需要再次定义；当然，用户也可以根据自己的需求进行修改。

6.2 MCS-51 单片机的中断系统

MCS-51 单片机的中断是指单片机在执行程序的过程中，在出现异常情况或特殊请求时，停止现行程序的运行，转向对这些异常情况或特殊请求的处理，处理结束后再返回现行程序的间断处，继续执行原程序的过程。中断是 MCS-51 单片机实时地处理内部或外部事件的一种内部机制，当某种内部或外部事件发生时，单片机的中断系统将迫使 CPU 暂停正在执行的程序，转而去进行中断事件的处理，中断处理完毕后，又返回被中断的程序处，继续执行下去。

MCS-51 单片机的中断源是指能向单片机发出中断请求，引起中断的设备或事件。MCS-51 单片机一般有 6～7 个中断源，分为两个中断优先级，每个中断源都有自己的对应的中断向量地址和中断标志位，这些中断源按照优先级别排列如下。

- 外部中断 0。
- 定时计数器 0。
- 外部中断 1。
- 定时计数器 1。
- 串行发送和接收（这两个中断源共用一个中断向量）。
- 定时计数器 2（在 52 系列单片机中存在）。

6.2.1　MCS-51 单片机的中断向量地址和中断标志位

MCS-51 单片机的中断向量地址位于程序存储器中，每当单片机检测到一个中断事件之后，程序指针（PC）就会自动跳转到该地址。一般来说是在该地址放入一个跳转指令，以便于使得程序指针再次跳转到对应的中断服务子程序入口。表 6.2 列出了 MCS-51 单片机的 6 个中断源的中断向量地址。

表 6.2　MCS-51 单片机的中断向量地址

中　断　源	中断向量入口地址
外部中断 0	0003H
定时计数器 0	000BH
外部中断 1	0013H
定时计数器 1	001BH
串行发送和接收	0023H

注意：某些 MCS-51 单片机可能有更多的中断，从而也有更多的中断向量地址，但是使用方法都是与基本中断源相同的。

MCS-51 单片机的每一个中断源都对应一个中断请求标志位，这些标志位位于特殊功能寄存器 TCON 和 SCON 中。

1. TCON（Timer/Counter Control Register）

TCON 是定时计数器控制寄存器，寄存器地址为 0x88，其功能如表 6.3 所示，MCS-51 单片机上电之后该寄存器值被复位为 0x00。

表 6.3　TCON 寄存器

位　序　号	位　名　称	说　　明
7	TF1	定时计数器 1 溢出标志位，其功能和 TF0 相同
6	TR1	定时计数器 1 启动控制位，其功能和 TR0 相同
5	TF0	定时计数器 0 溢出标志位，该位被置位则说明单片机检测到了定时计数器 0 的溢出，并且 PC 自动跳转到该中断向量入口，当单片机响应中断后该位被硬件自动清除
4	TR0	定时计数器 0 启动控制位，当该位被置位时启动定时计数器 0
3	IE1	外部中断 1 触发标志位，其功能和 IE0 相同
2	IT1	外部中断 1 触发方式控制位，其功能和 IT0 相同
1	IE0	外部中断 0 触发标志位，该位被置位则说明单片机检测到了外部中断 0，并且 PC 自动跳转到外部中断 0 中断向量入口，当单片机响应中断后该位被硬件自动清除
0	IT0	外部中断 0 触发方式控制位，该位被置位时为下降沿触发方式，清除时为低电平触发方式

2. SCON（Serial Control Register）

SCON 为串行通信口控制寄存器，寄存器地址为 0x98H，其中的两位 RI 和 TI 为串行发送、接收中断的标志位，表 6.4 给出了 SCON 寄存器中该两位的功能说明，这两位在 MCS-51 单片机复位之后的初始化值均为 0。

表 6.4　　串行发送、接收中断标志位

位 序 号	位 名 称	描　述
7～2	—	—
1	TI	串行发送中断标志位，当串行口完成一次发送任务后将该位置位，该位不能够被硬件自动清除，必须由用户在程序中清除
0	RI	串行接收中断标志位，当串行口完成一次接收任务后将该位置位，该位也不能够被硬件自动清除，必须由用户在程序中清除

6.2.2　MCS–51 单片机的中断控制

MCS-51 系列单片机通过对寄存器 IE 和 IP 的操作来控制相应的中断开关以及它们的优先级。

1. IE（Interrupt Enable Register）

IE 为中断控制寄存器，寄存器地址为 0xA8H，MCS-51 单片机的中断开启和关闭都可以通过对该寄存器的位操作来完成，该寄存器的功能如表 6.5 所示， MCS-51 单片机复位后 IE 寄存器被清零。

表 6.5　　IE 寄存器

位 序 号	位 名 称	描　述
7	EA	单片机中断允许控制位，EA=0，单片机禁止所有的中断；EA=1，单片机开放中断，但是每个中断源的中断是否开发还需要由自己的控制位来决定
6～5	—	—
4	ES	串行中断允许控制位，ES=0，禁止串行中断；ES=1，打开串行中断
3	ET1	定时计数器 1 中断允许位，ET1 = 0，禁止定时计数器 1 溢出中断；ET1=1，允许定时计数器 1 溢出中断
2	EX1	外部中断 1 允许位，EX1 = 0，禁止外部中断 1；EX1 = 1，允许外部中断 1
1	ET0	定时计数器 0 中断允许位，使用方法同 ET1
0	EX0	外部中断 0 允许位，使用方法同 EX1

例 6.2 是对 IE 寄存器进行操作来控制 MCS-51 单片机中断的实例。

【**例 6.2**】控制 MCS-51 单片机中断。

```
#include <reg51.h>
EA = 1;                              //开放单片机中断
ES = 1;                              //开放串行中断
ET1 = 1;                             //开放定时计数器 1 中断
...
ES  = 0;                             //关闭串行中断
//如果在这个时候设置 EA=0，则所有的中断全部被关闭
ET1 = 0;                             //关闭定时计数器 1 中断
```

2. IP（Interrupt Priority Register）

IP 寄存器用于控制 MCS-51 系列单片机的中断优先级从而实现中断的嵌套，其寄存器地址为 0xB8H，IP 寄存器的功能如表 6.6 所示，该寄存器同样可以位操作，可以对每一位进行置位和复位，从而改变相应中断源的优先级别，MCS-51 单片机复位后 IP 寄存器被清零。

表 6.6　　IP 寄存器

位 序 号	位 名 称	描　述
7～5	—	—
4	PS	串行口中断优先级控制位
3	PT1	定时计数器 1 中断优先级控制位
2	PX1	外部中断 1 中断优先级控制位
1	PT0	定时计数器 0 中断优先级控制位
0	PX0	外部中断 0 中断优先级控制位

如果中断源对应的控制位被置位为 1，则该中断源被置位为高优先级，否则则为低优先级别，MCS-51 系列单片机中断系统的两级优先级之间的关系遵循如下两条原则。

- 高优先级别的中断可以中断低优先级别所请求的中断，反之不能。
- 同一级别的中断一旦得到响应后随即屏蔽同级的中断，也就说相同优先级的中断不能够再次引发中断。

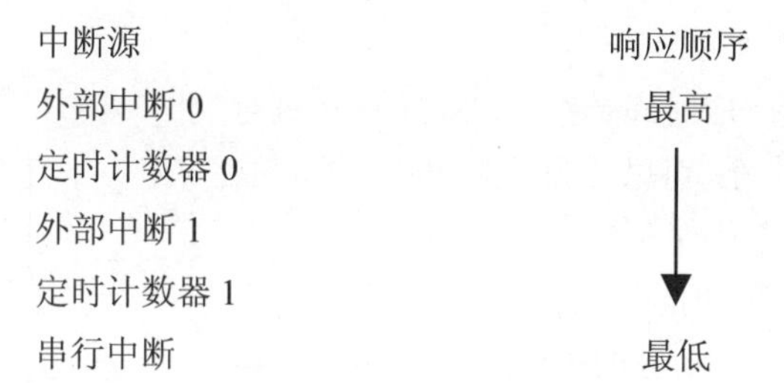

当单片机接收到几个相同优先级别的中断请求后，将按照单片机内部默认的顺序来决定响应哪一个中断，单片机内部默认的中断响应顺序如上。

> **注意：** 在 uVision2 开发环境中，reg51.h、AT89X52.h 等头文件，已经对 IE 和 IP 等寄存器以及内部的位进行了定义，用户可以直接引用。

6.2.3　MCS-51 的中断响应和处理

MCS-51 单片机的中断响应是指 MCS-51 单片机对中断事件的应答，MCS-51 单片机的中断处理过程包括中断请求、中断响应、中断服务、中断返回 4 个阶段。

MCS-51 的单片机在每一个机器周期的后半段都会检查各个中断源的中断请求信号，如果检测到相应的请求信号，则将对应的中断请求标志位置位；在下一个机器周期中单片机将对这些中断请求标志位进行查询，如果查询到中断请求标志，则按照中断优先级进行响应处理。

如果在中断产生过程中出现了以下三种情况之一，单片机将延迟对中断的响应。

- 单片机所处的机器周期不是当前执行中指令的最后的一个机器周期。
- 单片机正在处理相同级别或者是更高级别的中断。

- 单片机正在访问 IE、IP 寄存器或者是正在从中断服务子程序中退出。

这三条中的第一条是为了保证单片机能够把当前正在执行的指令执行完，第三条是为了保证如果单片机正在从一个中断服务子程序中退出或者是对中断控制相关寄存器进行操作，则必须至少再执行一条指令才能够响应中断。

> **注意：** 单片机在每个机器周期中查询中断，所查询到中断为上一个机器周期中所检查到并且置位的中断请求标志位。但是如果有以上情况之一出现，或者是虽然以上情况已经不存在，但是中断标志位已经不再是置位状态，则该中断就不会被响应。也就是说，单片机对没有能够及时响应的中断请求标志位不做任何保存！

MCS-51 单片机的中断处理过程如图 6.5 所示。

- 屏蔽同级和低级别的中断。
- 把当前程序指针 PC 的内容保存到堆栈中。
- 根据中断标志位，把相应的中断源对应的中断向量入口地址装入到 PC 中。
- 从中断向量入口地址跳转到对应的中断服务程序中。
- 执行中断服务。
- 中断服务执行完成之后打开被屏蔽的中断，然后从堆栈中取出原先保存的 PC 内容，使得程序可以从原先的 PC 地址继续运行。

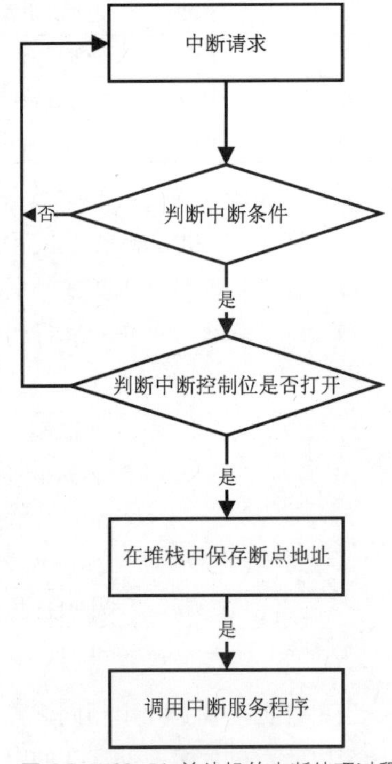

▲图 6.5　MCS-51 单片机的中断处理过程

MCS-51 单片机的中断响应时间是指 MCS-51 单片机对中断的处理过程所耗费的时间，可以分为独立中断和非独立中断两种情况。

独立中断是指单片机在该时刻只需要处理一个中断事件或者是该中断事件相对正在相应的中断是一个高优先级别中断且没有前面提到的三种情况之一出现。在这种情况下，单片机在第一个机器周期检查到一个中断，并且将这个中断源对应的中断标志位置位，然后在第二个机器周期中查询到这个标志位，随即响应这个中断，跳转到该中断的向量地址，则这个延时为一个机器周期加上该跳转指令的执行时间。从第 1 章可以得知该跳转指令的执行时间为两个机器周期，所以这个总的延时为三个机器周期，也就是说从中断请求有效到执行中断服务程序的第一条指令之间的时间间隔为三个机器周期。

如果在一个中断申请响应的时候有其他的高优先级中断正在执行，那么这个中断的响应延时则需要由该高优先级别中断的中断服务程序执行时间来决定，这就是非独立中断的情况。如果在申请中断时单片机正在执行一条普通指令，并且没有执行完成，则这个指令周期将不会超过 3 个机器周期，因为 MCS-51 系列单片机的指令最长需要执行 4 个机器周期。如果申请时单片机正在执行从另一个中断服务子程序中退出的 RETI 指令或者是访问 IE 或 IP 的指令，则由于完成当前指令需要一个机器周期，加上下一条指令的最长 4 个机器周期，一共为 5 个机器周期。所以综合考虑以上两种情况，在只有一个中断源请求中断的情况下，单片机的中断响应时间应该在 3.8 个机器周期，具体的时间可以根据单片机的工作频率来计算。

MCS-51 单片机的中断处理包括中断初始化和中断服务程序两个部分，前者用于对单片机的中断系统进行初始化，包括中断的打开和关闭，中断优先级的设定等；后者是在检测到中断之后对中断事件的响应。

中断系统的初始化应该包括以下的几个方面内容。

- 初始化堆栈指针 SP，给单片机定义一个合适大小的堆栈空间。
- 初始化中断源的触发方式。
- 设置中断源的优先级别。
- 开放相应中断源。

中断服务程序应该包括以下内容。

- 在中断向量入口放置一条跳转指令，以便把程序指针修改为中断服务程序的起始地址。
- 保护现场，一般是寄存器中的内容。
- 如果需要，清除中断标志位。
- 进行相应的中断服务操作。
- 恢复现场。
- 返回到原来主程序的断点处。

注意：单片机在接收到中断后将程序指针 PC 指向中断向量入口地址，把当前的 PC 内容压入堆栈以及在中断服务程序返回时的恢复 PC 内容都是由硬件自动完成的，用户不需要自己设计。但是用户需要详细规划对现场的保护，例如对相应的寄存器或者是内存地址的使用。常用的方法是在进入中断服务程序时把这些数据压入堆栈中，在中断程序返回前将它们退栈，在这种情况下用户必须准确地设计堆栈空间的大小，以免单片机由于堆栈的溢出产生错误。

6.2.4　在 Keil μVision2 中编写 MCS–51 中断服务子程序

在 C51 语言中，中断服务程序是以中断服务函数的形式存在的，该函数需要使用关键字 interrupt 进行定义，interrupt 后面的参数 0～4 表明了中断源。在设计中断服务函数时常常使用 using 关键字，using 定义了在中断服务函数中使用的寄存器组，参数 0～3，分别对应 0～3 通用工作寄存器，这样的好处是可以减少压入堆栈的变量内容，从而简化中断服务程序的内容，以加快程序执行的速度，例 6.3 给出了一个中断服务函数的示例。

【例 6.3】中断源为 4 号，也即串行中断，使用第 1 组工作寄存器。

```
void Serial(void) interrupt 4 using 1
{
    if(TI == 1)
    {
      ...
    }
}
```

由 interrupt 所定义的中断服务函数将自动完成以下功能。

- 将 ACC、B、DPH、DPL 和 PSW 等寄存器的内容保存到堆栈中。
- 如果没有使用 using 关键字来切换工作寄存器组，将自动把在中断服务函数中使用到的工作寄存器保存到堆栈中。

- 在中断服务函数的最后，把堆栈中保存的相关寄存器恢复。
- 生成 RETI 指令，返回现场。

> **注意：** Cx51 编译器在程序编译之后，自动给所有的变量和缓冲区分配地址，然后把没有使用的内存部分的第一个字节设置为堆栈的起始地址，用户不需要自己设置 SP 指针。

在 C51 语言中，MCS-51 单片机中断源对应的中断号按照内部优先级从高到低的顺序分配为 0～4，也即外部中断 0 对应的中断号是 0，串行中断对应的中断号是 4。对于一些高级的 51 系列单片机，其中断源多于 5 个，其中断向量的个数和中断源相同。Cx51 语言最多可以支持 32 个中断源，这些中断源对应的中断号为 0～31，每个中断号分配的中断向量入口地址如表 6.7 所示。

表 6.7　MCS-51 中的中断号和对应入口地址

中　断　号	中断向量入口地址	中　断　号	中断向量入口地址
0	0003H	16	0083H
1	000BH	17	008BH
2	0013H	18	0093H
3	001BH	19	009BH
4	0023H	20	00A3H
5	002BH	21	00ABH
6	0033H	22	00B3H
7	003BH	23	00BBH
8	0043H	24	00C3H
9	004BH	25	00CBH
10	0053H	26	00D3H
11	005BH	27	00DBH
12	0063H	28	00E3H
13	006BH	29	00EBH
14	0073H	30	00F3H
15	007BH	31	00FBH

在使用 interrupt 关键字来定义中断处理函数时需要遵循以下使用原则。

- 中断服务函数不能定义任何的参变量，否则编译器将返回错误提示。
- 中断服务函数不能有任何的返回值，该函数必须是 void 类型，如果必须要从中断服务函数返回一个变量值，可以通过全局变量等方式进行。
- Cx51 的编译器可以自动识别并且调用中断服务函数。在单片机程序设计过程中不应该主动调用任何一个中断服务函数，因为在中断服务子函数的最后会使用 RETI 指令，该指令将对单片机的硬件中断系统进行操作，比如说把堆栈里的数据装入程序指针或者是寄存器等，这种操作是不必要的，并且往往会使得单片机进入一种不确定的状态，必须避免。
- 在使用中断号的时候需要详细参看对应的器件的说明书，以免误操作。
- 如果在中断服务函数中使用 using 关键字定义了在中断服务函数中使用的寄存器组后中断服务函数再调用其他的函数，那么这些被调用的函数必须和该中断服务函数使用相同的寄存器组，否则在中断返回的时候将有可能使得单片机进入不确定的状态，从而引发错误。

中断服务子程序设计需要注意的问题很多，其中最需要注意的是把哪些功能放到中断服务子程序里，把哪些功能放到中断服务子程序外。一般来说，中断服务子程序做的工作越少越好，这样做可以带来如下的好处。

- 单片机能够有充足的时间来检测中断。由于当单片机在处理中断服务子程序时会屏蔽相同级别的外部中断，所以如果单片机处理中断服务子程序所占用的时间很多，那么在这个时间段内到来的中断都不会被单片机检测到；而且这些中断都不会被单片机保留，而导致丢失。
- 能够使得中断服务子程序的结构简单，不容易出错。
- 由于时间或者是其他中断限制的关系，无法将一些操作分离开来，这些操作都应该放到中断服务子程序中。另外，对一些共享数据的操作，尤其是对于几个中断服务子程序都要调用的共享数据，都应该放到中断服务子程序当中。

6.3 MCS-51 单片机的外部中断

MCS-51 系列单片机有两个外部中断，这两个外部中断都支持外部中断引脚上的复跳变触发和低电平触发两种方式，其中外部中断 0 引脚是 P3.2，外部中断 1 引脚是 P3.3。外部中断的操作通过对寄存器 TCON 的操作完成，详细定义参看表 6.3。当 TCON 中的 IT0 和 IT1 位被置位后，外部中断进入负跳变触发方式，该位被复位后，外部中断进入低电平触发方式。在负跳变触发方式下，连续两个的机器周期中，如果在外部中断引脚上检测到由高到低的电平跳变的时，TCON 中的标志位 IE0（IE1）被置位，并且在单片机开启中断的时候申请对应的外部中断。在低电平触发方式下，单片机将在每一个指令周期（12 个机器周期）去检测外部中断引脚上的电平，当检测到该引脚上的电平为低时，置位标志位并且引发中断。由于单片机需要一定的时间来判断外部引脚上的电平信号，所以加在外部引脚上的电平必须要维持一段时间。在负跳变触发方式下，需要检测一个有效的高电平和一个有效的低电平，而这个检测是每个指令周期内进行一次，所有这个有效的低电平必须维持至少一个指令周期。在低电平触发方式下，这个低电平的维持时间也必须维持至少一个指令周期。

单片机响应外部中断后将由硬件将对应的 IE0 和 IE1 标志位置清除，但是在低电压触发方式下，如果外部引脚上的电压一直维持在低电平，就会反复触发中断。所以，如果出现这种情况，最好使用负跳变触发方式。总体说来，边沿触发方式适用于中断请求信号不需要进行软件清除的场合，如双机通信时候的握手信号。当中断要求很频繁的时候，低电平触发方式就比较好，尤其是后文中将谈到的多个中断共用一个中断入口的时候。

假如有两个外围信号都需要通过外部中断申请中断，可以把这两个信号通过与门连接到外部中断引脚上，然后把这两个信号都要连接到单片机的 I/O 口上。外部中断采用低电平触发方式，当其中一个信号为低电平时候，这两个信号的输出信号在外部中断引脚上就会变成低电平，单片机就会检测到这个中断信号，然后通过对 I/O 的判断来决定是那一个外围信号要申请中断。对于多于两个的外围信号也可以采用类似的方式。

需要注意的是在这种情况下必须采用低电平触发的方式，因为这时在第一个信号产生的中断申请后单片机将进入中断服务子程序，如果该信号的低电平保持不变的话，第二个信号上的低电平信号跳变就会被第一个信号上的低电平所屏蔽，如果采用负跳变触发的中断申请方式，那么单片机就不会检测到这个中断申请；当采用电平触发的方式时，由于单片机不会自动屏蔽已经响应的中断，那么在每一个指令周期之中都会因为外部中断引脚上的低电平而响应外部中断，在这个外部中断服务子程序中去检测这两个外围信号，就能够判断是否有第二个中断申请产生。在这种情况下，必须注意清除单片机中已经响应过的中断信号，不要重复引发中断。

联合中断申请的最大缺点是会使得中断服务子程序变大，使得中断响应时间变慢，甚至会屏蔽其他的一些中断，所以在这种情况下一般使用外部中断 1 作为联合申请的中断入口。例 6.4 给出了 4 个外围信号共用一个中断引脚的例子。

【例 6.4】 4 个外围信号通过一个 4 输入与门连接到单片机的外部中断 1 引脚上，然后各自连接到单片机的 P1.1、P1.2、P1.3 和 P1.4 引脚上，单片机的外部中断 0 工作在电平触发方式下，当检测到外部中断 0 后进一步判断是哪一个外围信号申请的中断，中断服务子程序通过对 I/O 信号的判断来决定是否响应过这个中断，只有当信号是由高电平跳变为低电平时才判断该信号为中断请求信号。在中断服务子程序仅仅将对应的中断申请标志位置位，而不对该中断进行处理，将对应的中断处理程序放在主程序中完成；因为如果在中断服务子程序中调用中断处理程序的话，这样会大大延长中断服务子程序的执行时间，如果在这个时间段内又有第二个信号申请中断，就有可能由于单片机正在执行中断处理子程序，从而屏蔽了后面的中断申请。

```
sbit P1_1 = P1 ^ 1;
sbit P1_2 = P1 ^ 2;
sbit P1_3 = P1 ^ 3;
sbit P1_4 = P1 ^ 4;                                    //外围引脚信号定义
bit Int0_Flg;                                          //1 号信号中断标志，置位则申请中断
bit Int1_Flg;
bit Int2_Flg;
bit Int3_Flg;                                          //对应中断标志定义
bit S1_Status;
//1 号信号状态，其状态由对应的信号电平决定，如果电平信号为高，该变量则为 1，否则则为 0
bit S2_Status;
bit S3_Status;
bit S4_Status;                                         //对应信号状态定义
…
EA = 1;
EX1 = 1;                                               //使用电平触发方式
IT1 = 0;
Int0_Flg = 0;
Int1_Flg = 0;
Int2_Flg = 0;
Int3_Flg = 0;
S1_Status = 1;
S2_Status = 1;
S3_Status = 1;
S4_Status = 1;                                         //初始化单片机以及变量
…
main()
{
   在主程序段中调用相应的中断处理子程序;
}
void Int1(void) interrupt0 using 1                     //外部中断 0 服务子程序
{
   P1 = 0xff;                                          //准备读取 P1 口相关引脚信号
   if(P1_1 == 0)                                       //如果信号 1 为低电平
   {
      if(S1_Status == 1)
//如果该引脚上一个状态为高电平，则检测到一个中断信号
```

```
        {
            Int0_Flg = 1;                                   //置位 1 号中断标志
            S1_Status = 0;                                  //改写引脚状态位
    }
    }
    //如果检测到 1 号信号为高电平，则改写引脚状态为 1
    else
    {
        S1_Status = 1;
    }
      //2 号信号中断申请
    if(P1_2 == 0)
      {
        if(S2_Status == 1)
        {
            Int1_Flg = 1;
             S2_Status = 0;
    }
    }
    else
    {
        S2_Status = 1;
    }
    //检测 3 号信号中断
    if(P1_3 == 0)
    {
        if(S3_Status == 1)
        {
            Int2_Flg = 1;
             S3_Status = 0;
    }
    }
    else
    {
        S3_Status = 1;
    }
      //检测 4 号信号中断
    if(P1_4 == 0)
      {
        if(S4_Status == 1)
        {
            Int3_Flg = 1;
      S4_Status = 0;
    }
    }
    else
    {
        S4_Status = 1;
    }
    }
```

注意： 在开启外部中断后，如果向外部中断引脚上写一个低电平信号，也会引发单片机的外部中断。

6.4 MCS-51 单片机的定时计数器

在 MCS-51 系列单片机系统中，常常需要一些定时、延时以及对外部事件的计数操作，此时可以使用 MCS-51 系列单片机的内部定时计数器。

MCS-51 系列单片机有两个 16 位可编程控制的定时计数器 T0 和 T1，这两个定时计数器可以独立配置为定时器或者计数器。当被配置为定时器时，将按照预先设置好的长度运行一段时间后产生一个溢出中断；被配置为计数器时，如果单片机的外部中断引脚上检测到一个脉冲信号，则该计数器加 1，当达到预先设置好事件数目时，产生一个中断事件。另外 MCS-51 系列单片机的 52 子系列还有一个功能和这两个计数器不太相同的 16 位定时计数器 T2。

6.4.1 定时计数器的工作方式和控制寄存器

1. T0 和 T1 的控制寄存器

T0 和 T1 的控制也是通过对相应寄存器操作来实现的，这两个寄存器分别是工作方式寄存器 TMOD 和控制寄存器 TCON，此外 T0 和 T1 还分别拥有两个 8 位数据寄存器 TH0、TL0 和 TH1、TL1。

TMOD 是定时计数器的工作方式控制寄存器，寄存器地址为 0x89，通过对该寄存器的操作可以控制 T0 和 T1 的工作方式。该寄存器的内部结构如表 6.8 所示，不支持位寻址，单片机复位后被清零。

表 6.8　　　　TMOD 寄存器

位 编 号	位 名 称	描 述
7	GATE1	定时计数器 1 门控位，当 GATE1=0 时，T1 的运行只受控制寄存器 TCON 中运行控制位 TR1 控制；当 GATE1=1 时候，T1 的运行受到 TR1 和外部中断输入引脚上电平的双重控制
6	C/T1#	定时计数器 1 定时/计数方式选择位，当 C/T1# = 0 时，T1 工作在计数状态下，此时计数脉冲来自 T1 引脚(P3.5)，当引脚上检测到一次负脉冲时候，计数器加 1；当 C/T1# = 1 时，T1 工作在定时状态下，此时每过一个机器周期，定时器加 1
5	M10	T1 工作方式选择位 M10M01　　工作方式 00　　0 01　　1 10　　2 10　　3
4	M01	
3	GATE0	定时计数器 0 门控位，其功能和 GATE1 相同
2	C/T0#	定时计数器 0 定时/计数选择位，其功能和 C/T1#相同
1	M10	T0 工作方式选择位，其功能和 M10M01 相同
0	M00	

TCON 寄存器中的 TR0 和 TR1 位是 T0 和 T1 的运行控制位，可以由程序置位或复位。当 TR0/TR1 被置位，且对应的 GATE0/GATE1=0 时，启动 T0/T1；如果 GATE0/GATE=1，则需要外部中断引脚上的低电平信号才能够启动 T0/T1。如果 TR0/TR1 被复位，则 T0/T1 停止运行，该寄存器的详细内部信息可以参考表 6.3。

TH0、TL0（寄存器地址 0x8CH、0x8AH）/TH1、TL1（寄存器地址 0x8DH、0x8BH）分别是 T0/T1 的数据高位/低位寄存器，每当接收到一个驱动事件后，对应的数据寄存器加 1，该寄存器不能够位寻址，单片机复位后被清零。

2. T0 和 T1 的工作方式

MCS-51 系统单片机的 T0 和 T1 均有 4 种工作方式，由于 TMOD 寄存器中间的 M1、M0 这两位来决定。

当 M1、M0 设定为“00”时，T0/T1 工作于工作方式 0，如图 6.6 所示是工作于工作方式 0 时的定时计数器的内部结构。

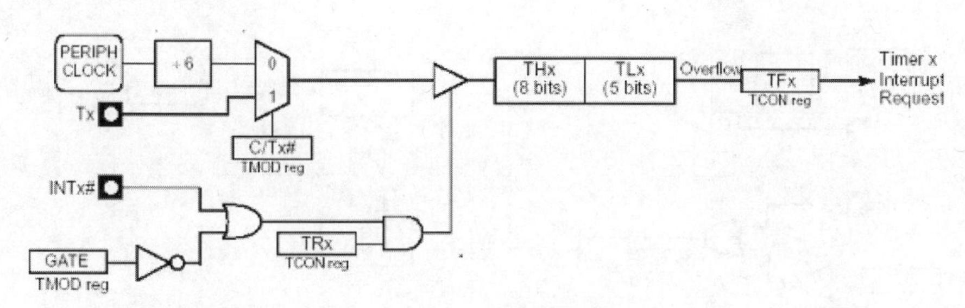

▲图 6.6　T0/T1 工作方式 0 的内部结构示意图

在工作方式 0 下，T0/T1 内部计数器为 13 位，由 TH0/TH1 的 8 位和 TL0/TL1 的低 5 位组成。当 TL0/TL1 溢出时将向 TH0/TH1 进位，当 TH0/TH1 溢出后则产生相应的溢出中断。工作方式下的驱动事件来源则由 GATE 位、C/T#位来控制。

当 M1、M0 设定为“01”时，T0/T1 工作于工作方式 1，如图 6.7 所示是工作方式 1 下定时计数器的内部结构。

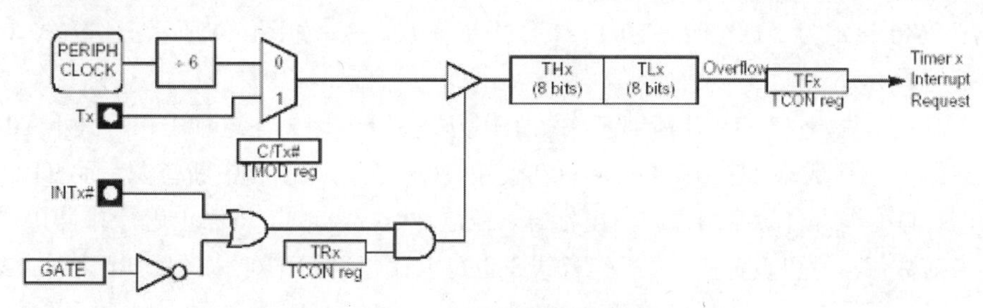

▲图 6.7　T0/T1 工作方式 1 的内部结构示意图

和工作方式 0 比较起来，工作方式 1 的唯一区别在于此时的内部计数器宽度为 16 位，分别由 TH0/TH1 的 8 位和 TL0/TL1 的 8 位组成，溢出方式和驱动事件的来源和工作方式 0 相同。MCS-51 系列单片机的定时计数器采用加 1 计数的方式，即当接收到一个驱动事件时候计数器加 1，当计数器溢出时则产生相应的中断请求，第一个驱动事件到来时刻和中断请求产生。在定时的工作方式下，驱动事件即为单片机的机器周期，也即为外部时钟频率的 1/12，可以根据定时器的工作原理计算出工作方式 0 和工作方式 1 下的最长定时长度 T 为：

$$T = 2^{13/16} \times 12/f_{osc}$$

当单片机在 12MHz 的工作频率下，工作方式 0 和工作方式 1 的最大定时长度分别为 8.192ms 和 65.536ms。通过对定时计数器的数据寄存器赋初值的方式可以在 0 到最大定时长度中任意选择想要的定时长度，任意定时长度的公式如下，其中 N 为初始化值。

$$T = (2^{13/16} \cdot N) \cdot 12/f_{osc}$$

可以求解得到：

$$N = 2^{13/16} \cdot T \cdot f_{osc} /12$$

可以在启动定时器之前将 N 写入 T0/T1 的数据寄存器中，这样就可以得到想要的定时长度。

> **注意：**在工作方式 0 和工作方式 1 下，这个初始化数据不具备自动重新装入功能，所以如果要想循环得到确定的定时长度，就必须在每次启动定时器之前重新初始化数据寄存器。

当 M1、M0 设定为“10”时，T0/T1 工作于工作方式 2，如图 6.8 所示是工作方式 2 下定时计数器的内部结构。

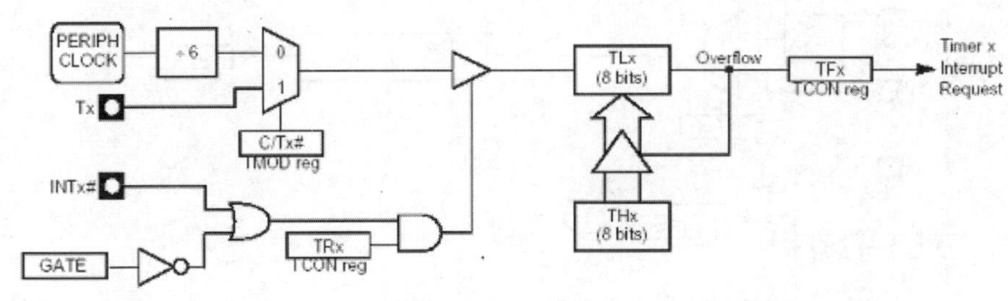

▲图 6.8　T0/T1 工作方式 2 的内部结构示意图

定时计数器的工作方式 2 和前两种工作方式有很大的不同，在这种工作方式下的 8 位计数器的初始化数值可以被自动重新装入。在工作方式 2 下 TL0/TL1 为一个独立的 8 位计数器，而 TH0/TH1 用于存放时间常数。当 T0/T1 产生溢出中断时，TH0/TH1 中的初始化数值被自动的装入 TL0/TL1 中。这种方式可以大大减少程序的工作量，但是其定时长度也大大减少。其应用较多的场合是较短的重复定时或用作串行口的波特率发生器。

当 M1、M0 设定为“11”时，T0/T1 工作于工作方式 3，如图 6.9 所示工作方式 3 下定时计数器的内部结构。

从某种意义上说，只有 T0 才能够工作在工作方式 3 下，因为在这种工作方式下 T0 被拆分成了两个独立的 8 位计数器 TH0 和 TL0，TL0 使用 T0 本身的控制和中断资源，而 TH0 则占用了 T1 的 TR1 和 TF1 作为启动控制位和溢出标志。在这种情况下，T1 将停止运行并且其数据寄存器将保持其当前数值，所以设置 T0 为工作方式 3 也可以代替复位 TR1 来关闭 T1 定时计数器。

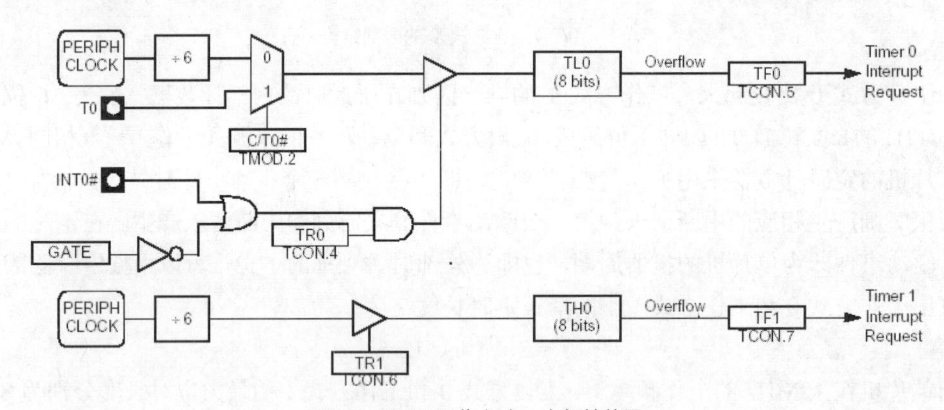

▲图 6.9　T0/T1 工作方式 3 内部结构图

3. T2 的控制寄存器和工作方式

定时计数器 T2 是 MCS-51 系列单片机的 52 子系列中额外的一个定时计数器，T2 和 T0/T1 类似，是由两个 8 位的计数器联合而成，对于 T2 的控制也是通过对寄存器的操作完成的，T2 有捕获、重装和波特率发生器 3 种工作方式。

T2 相关的寄存器有用于控制操作的 T2CON、体现状态的 T2MOD 和两个 8 位的数据寄存器 TH2、TL2。

T2CON 是 T2 的控制寄存器，寄存器地址为 0xC8，其内部功能如表 6.9 所示，单片机复位后该寄存器被清零，该寄存器支持位寻址。

表 6.9　　T2CON 寄存器

位编号	位名称	描述
7	TF2	T2 溢出标志，当 RCLK 和 TCLK 均被置位时候该位被忽略，否则当 T2 溢出时该位被置位，该位可以在硬件响应中断后被自动清除
6	EXF2	T2 外部标志，当 EXEN2 被置位后，如果在 T2EX 外部引脚(P1.1 上)检测到一个负跳变，该位被置位，并且引发一个 T2 中断，该标志位必须由软件清除
5	RCLK	接收时钟位，置位则使用 T2 作为串行口工作方式 1、3 的接收时钟发生器
4	TCLK	发送时钟位，置位则使用 T2 作为串行口工作方式 1、3 的发送时钟发生器
3	EXEN2	T2 外部使能位，置位后使得 T2 能够响应 T2EX 外部引脚上的捕获或者自动重装操作
2	TR2	T2 启动位，置位则启动 T2
1	C/T2#	T2 工作方式选择位，置位为计数操作，复位为定时操作
0	CP/R2#	T2 捕获/自动重装位，当 TCLK 或 RCLK 被置位后，此位被忽略，当 T2 溢出后被自动重装；否则置位后捕捉 T2EX 外部引脚上的负跳变，复位后则当 T2 溢出或者是捕捉到 T2EX 外部引脚上的负跳变化后自动重装

T2MOD 是 T2 的模式寄存器，寄存器地址为 0xC9，其内部功能如表 6.10 所示，单片机复位后该寄存器被清零，该寄存器不支持位寻址。

表 6.10　　T2MOD 寄存器

位编号	位名称	描述
7～2	—	—
1	T2OE	T2 输出控制位，置位则使能 T2 外部引脚(P1.0)为时钟输出引脚
0	DCEN	计数方向控制位，置位后使得 T2 的计数方向可控

TH2（寄存器地址 0xCD)、TL2（寄存器地址 0xCC）分别是 T2 的数据高位/低位寄存器，每当接收到一个驱动事件后，对应的数据寄存器加 1，该寄存器不能够位寻址，单片机复位后被清零。

RCAP2H（寄存器地址 0xCB）和 RCAP2L（0xCA）是 T2 的自动重装/捕获高位/低位寄存器，该寄存器不能够位寻址，复位后被清零通过对 RCLK、TLCK、CP/R2#和 TR2 位的联合设置，可以分别使得 T2 位于不同的工作方式下，其设置方法如表 6.11 所示。

表 6.11　　T2 的工作方式设置

RCLK + TCLK	CP/R2#	TR2	工作方式
0	0	1	自动重装工作方式
0	1	1	捕获工作方式
1	-	1	波特率发生器
-	-	-	停止

如图 6.10 所示为 T2 在捕获工作方式下的内部结构图。

在捕获工作方式下可以通过设置 EXEN2 位来获得两种不同的工作方式。当 EXEN2 被复位时，T2 是一个 16 位的定时器/计数器，当 T2 溢出后将置位 TF2 并且请求 T2 中断。如果 EXEN2 被置位，则如果 T2 在定时/计数过程中如果在 T2EX 引脚上检测到一个负跳变，则将 TH2 和 TL2 的当前值保存到 RCAP2H 和 RCAP2L 中，同时置位 EXF2 位，并且也会请求 T2 中断。利用 T2 的这种工作方式可以方便的测量一个信号的脉冲宽度，例 6.5 是这种方法的应用实例。

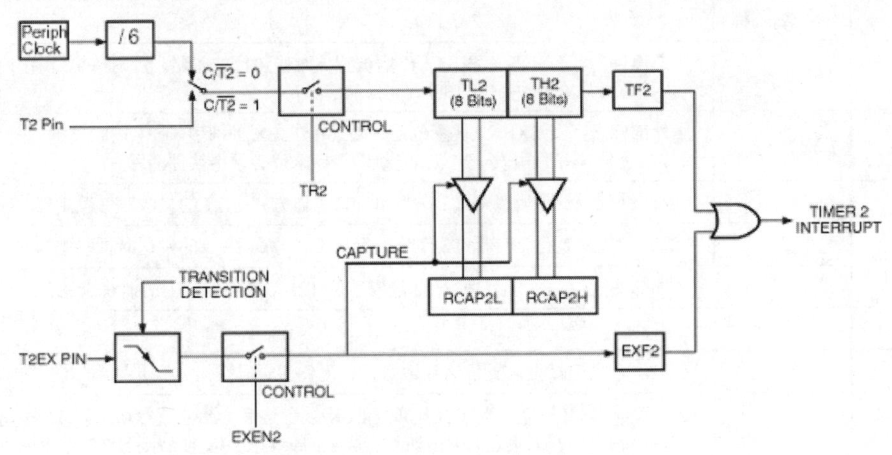

▲图 6.10　T2 的捕获工作方式下的内部结构

【例 6.5】一个高脉冲信号加在单片机的 T2 引脚(P1.0)上，利用 T2 来测量这个宽度。程序选择 T2 工作在捕获模式下并且打开 T2 中断，当检测到 T2 的上升沿时启动 T2 开始计时，在该信号的下降沿到来的时候产生一个 T2 中断，在中断服务子程序中去读取 RCAP2H 和 RCAP2L 的数值即可

```
sbit T2_Singal = P1 ^ 0;
unsigned char TimerH,TimerL;
EA = 1;                                   //打开单片机器定时中断
CP_RL2 = 1;                               //捕获工作方式
EXEN2 = 1;                                //检测负脉冲
while(T2_Singal == 1);                    //等待信号变低
TR2 = 1;                                  //启动 T2
ET2 = 1;                                  //打开 T2 中断
void Timer2(void) interrupt 5             //进入 T2 中断
{
   if(EXF2 == 1)                          //如果是 T2 引脚上的负跳变引起的中断
   {
     TimerH = RCAP2H;
     TimerL = RCAP2L;
       EXF2 = 0;                          //软件清除标志位
   }
}
```

注意：在以上程序段中使用了 T2 的中断，关于 T2 中断的具体叙述将在后面详细叙述。

如图 6.11 所示是 T2 在自动重装工作方式下的内部结构。

在自动重装工作方式下也可以通过设置 EXEN2 位来获得两种不同的工作方式。当 EXEN2 被复位时，T2 是一个 16 位的定时/计数器，当其溢出时，不仅仅置位 TF2，产生 T2 中断，还将把 RCAP2H 和 RCAP2L 中的值装入到 TH2 和 TL2 中，这个数值可以事先通过程序设定。当 EXEN2 被置位后，则如果在 T2 定时/计数过程中，在 T2 外部引脚（P1.0）上检测到一个负跳变，则置位 EXF2 标志位，同时也把 RCAP2H 和 RCAP2L 中的数据装入 TH2 和 TL2 中。

在自动重装方式下的定时/计数器可以配置为加 1 或者减 1 方式，当 T2MOD 寄存器中的 DCEN

位被置位之后，T2 的增长方式受到 T2EX 外部引脚上电平的控制。当 T2EX 引脚上加上高电平时，T2 为加 1 计数器；反之则为减 1 计数器。当 T2 为加 1 计数器的时候，T2 在计数到 FFFF 时候溢出，置位 TF2 位，产生 T2 中断并且把 RCAP2H 和 RCAP2L 中的值装入 TH2 和 TL2。当 T2 为减 1 计数器时，T2 在 TH2 和 TL2 中数值和 RCAP2H 和 RCAP2L 数值相等时候溢出，同样进行相应的操作，唯一不同是在 TH2 和 TL2 中装入 FFFF，而不是 RCAP2H 和 RCAP2L 中的值。不管是在什么计数方向下，在溢出后，T2 会置位 EXF2 标志位，但是不会引起 EXF2 中断。

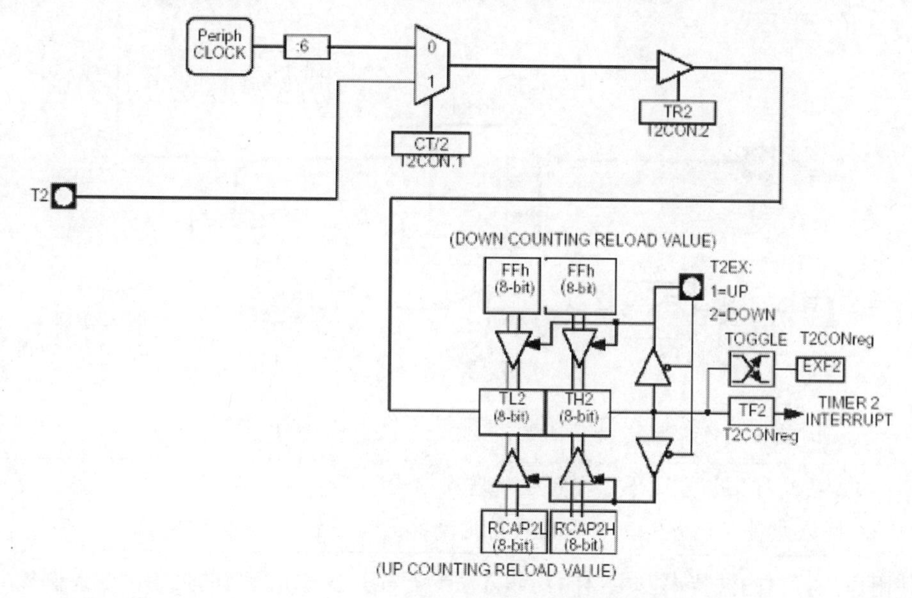

▲图 6.11　T2 自动重装工作方式下的内部结构

注意：在自动重装工作方式下，T2 的溢出会置位 EXF2，但是不会引发中断，所以可以把 EXF2 当成计数器的第 17 位来使用。

T2 也可以设置为方波产生器，在这种模式下，可以控制 T2 外部引脚输出一定频率的方波。方波的频率由单片机的工作频率和预先装入 RCAP2H 和 RCAP2L 的数值决定，其计算公式如下。

$$Clock-OutFrequency=\frac{F_{OSC}\times 2^{x^2}}{4\times(65536-RCAP2H/RCAP2L)}$$

当 MSC-51 系列单片机工作频率为 16M 时，通过上述公式可知，T2 的输出时钟频率应该在 61Hz 到 4MHz 之间，如图 6.12 所示是 T2 在可编程时钟输出工作方式下的内部结构。

T2 在时钟输出工作方式下的设置步骤如下。

- 置位 T2MOD 中的 T2OE 位。
- 清除 T2CON 中的 C/T2#位。
- 置位 TCLK 和 RCLK 位。
- 根据需求计算出 RCAP2H 和 RCAP2L 的初始化值。
- 根据需求设置 TH2、TL2 的初始化值，这个值可以和 RCAP2H、RCAP2L 相同，也可以不同。
- 置位 TR2，启动 T2。

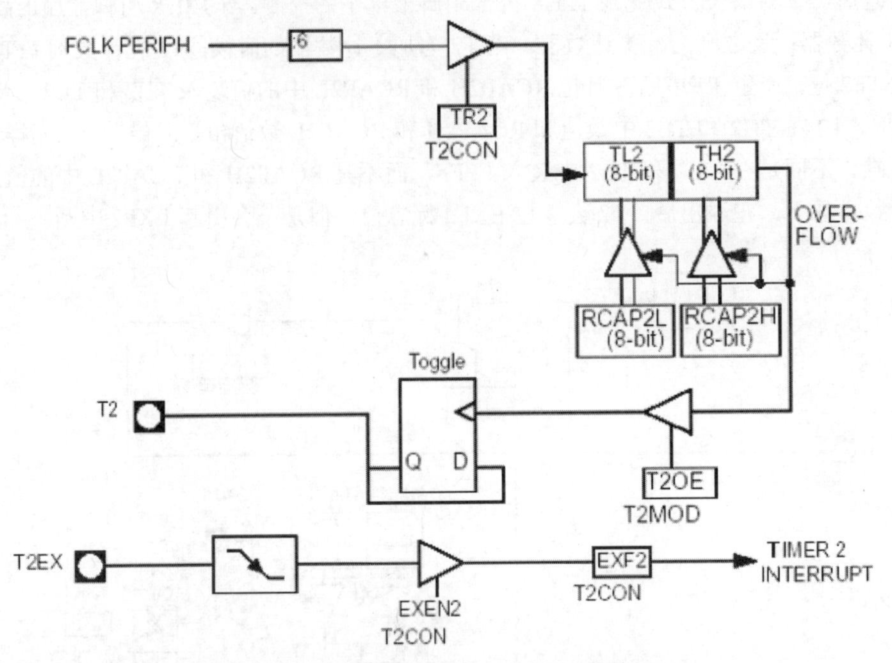

▲图 6.12　T2 在可编程时钟输出工作方式下的内部结构

注意：T2 在此种工作方式下，在每个机器周期内都将使得计数器加 1，而不是 12 个机器周期才加 1，所以此种工作方式可以用来获得更高的通信波特率。

T2 使用作串行口的波特率发生器的具体方法参看 6.4 小节串行口的使用方法，例 6.6 的程序段展示了如何利用 T2 在工作频率为 16MHz 的单片机外部引脚 T2 上发送出频率为 4MHz 的方波。

【例 6.6】发送频率为 4MHz 的方波。

```
#include <reg52.h>
//引入相关定义，也可以根据实际的单片机型号选择头文件定义
T2MOD = 0x02;                              //设置 T2OE，该寄存器不能够位寻址
C_T2 = 0;                                  //清除 C/T2#位
TCLK = 1;
RCLK = 1;                                  //选择工作方式
RCAP2H = 0x00;
RCAP2L = 0x00;
TH2 = 0x00;
TL2 = 0x00;                                //设置初始化值
TR2 = 1;                                   //启动 T2
```

4. T2 的中断

T2 拥有独立的中断系统，中断向量的入口地址为 0x2BH，在 Cx51 的中断号为 5，其优先级别低于串行口。拥有 T2 的单片机 IE 寄存器中第 6 位 ET2 为 T2 的中断使能位，在 EA 被置位的前提下置位该位打开 T2 中断，复位该位关闭 T2 中断。T2 工作在捕获方式时且 EXEN2 被置位时，定时器/计数器的溢出和外部引脚 T2EX 上的一个负跳变都可以引起 T2 中断。单片机可以响应 T2 的中断，但是单片机自身并不能够判断这个中断是由于哪个事件引起的，这需要用户在中断服务程序中通过对 TF2 位和 EXF2 位的检测予以判断。

说明：T2 的相关定义可以在 reg52.h 文件中找到，用户在引用该文件中定义的各个寄存器名字前应该仔细阅读该文件，以免出现错误。

6.4.2 定时计数器的使用

1. 定时功能的使用

定时功能的主要用途是根据基准时钟产生一定确定长度的时间信号，使用定时器的步骤一般如下。

- 根据需求合理地选择定时器工作方式。
- 根据工作方式和单片机的工作频率计算初始化值。
- 初始化定时器控制器 TMOD。
- 写入初始化值、设置中断系统、启动定时器。
- 编写合理的中断服务程序，尤其需要注意是否需要重新装入初始化值。

例 6.7～例 6.9 分别给出了定时器的不同使用方法的示例。

【例 6.7】 本程序段利用定时器 0 在工作方式 0 下在单片机的 P1.1 引脚上产生一个频率为 1ms 的方波信号，单片机的工作频率为 12MHz。定时器 0 工作在工作方式 0 下，每隔 1ms 产生一次计时溢出中断，在中断服务子程序中将该引脚上的电平信号进行翻转。

```
sbit Signal = P1 ^ 1;
//初始化定时计数器控制寄存器
TMOD = 0x00;
EA = 1;
ET0 = 1;                              //打开定时计数器 0 溢出中断
TH0 = 0x1F;
TL0 = 0x08;                           //装入初始化值
TR0 = 1;
…
//定时器 0 中断服务子程序
void Timer0(void) interrupt 1
{
   Signal = ～Signal;                 //P1.1 引脚翻转
   TH0 = 0x1F;
   TL0 = 0x08;                        //重装初始化值
}
```

注意：由于定时器 0 在工作方式 0 下为 13 位计数器，由 TH0 的 8 位和 TL0 的低 5 位组成，所以在装入初始化数值的时候应该把该数值的高 8 位装入 TH0，把低 5 位装入 TL0 中。根据公式计算出的初始化数值应该为 0 0010 1010 1000B，所以把高 8 位的 0 0010 101(0x1F)装入 TH0 中，把低 5 位的 0 1000 装入 TL0 中。

【例 6.8】 MCS-51 单片机使用定时器 1 在工作方式 1 下实现 1ms 方波纹输出的程序段。

```
sbit Signal = P1 ^ 1;
//初始化定时计数器控制寄存器
TMOD = 0x10;
EA = 1;
ET1 = 1;                              //打开定时计数器 1 溢出中断
TH1 = .1000/256;
TL1 = .1000%256;                      //装入初始化值
```

```
TR1 = 1;
…
//定时器 0 中断服务子程序
void Timer1(void) interrupt 3
{
    Signal = ~Signal;                    //P1.1 引脚翻转
    TH1 = .1000/256;
    TL1 = .1000%256;                     //重装初始化值
}
```

注意：在程序装入初始化值的时候使用了一点小技巧。由于工作频率为 12MHz，故需要装入的初始化值应该为(65536 . 1000)，但是可以把这个数值看作是 1000 在模为 65536 时的补数，所以可以通过对 1000 分别除以 256 取整和取余后取补的方式得到 TH1 和 TH0 内应该装入的初始化值。

定时计数器的工作方式 2 和工作方式 1、工作方式 0 类似，此时计数器为 8 位，可以自动装入初始化值，编程操作的方法可以参照例 6.7 和 6.8。例 6.9 的程序段描述了如何利用定时计数器 0 的工作方式 3 来在单片机 P1.1 引脚上每隔 300μs 产生一个宽度为 100μs 的高电平信号，假设单片机的工作频率为 6MHz。

【例 6.9】在定时器 0 的工作方式 3 下，利用 TH0 定时 400ms，利用 TL0 定时 100ms。首先置位 P1.1，启动 TH0 和 TL0，当 TL0 定时到达时候复位 P1.1，停止 TL0；当 TH0 定时到达时候置位 P1.1，再次启动 TL0，循环即可。

```
sbit Signal = P1 ^ 1;
//初始控制寄存器
TMOD = 0x03;
EA = 1;
ET0 = 1;
ET1 = 1;
TH0 = 0x38;
TL0 = 0xCE;
Signal = 1;
TR0 = 1;
TR1 = 1;                                  //启动两个定时器
//TL0 中断服务子函数，使用通用工作寄存器组 1
void Timer0(void) interrupt 1 using 1
{
    Signal = 0;
    TR0 = 0;                              //停止定时器 TL0
    TL0 = 0xCE;
}
//TH0 中断服务子函数，占用定时计数器 1 的中断向量，使用通用工作寄存器组 2
void Timer1(void) interrupt 3 using 2
{
    Signal = 1;
    TR0 = 1;                              //启动定时器 TL0
    TH0 = 0x38;
}
```

注意：定时器 0 的工作方式 3 需要程序装入初始值。定时器中断服务子程序内的操作顺序将影响单片机的定时精度，在程序设计的时候需要加以注意，具体的影响以及如何尽量消除误差的方法将在以后的章节中详细论述。

2. 计数功能的使用

当 MCS-51 单片机的定时计数器用于计数时，驱动模冲来自引脚 T0(P3.4)和 T1(P3.5)，当这两个引脚上检查到一个负跳变的时候，其对应的计数器加 1。由于单片机确认一个负跳变需要两个机器周期，所以外部的跳变产生频率不能够高于单片机工作频率的 1/2，否则就会丢失跳变或者是检测不到任何跳变。在计数过程中，当前的计数值可以通过读相应的数据寄存器来得到。

例 6.10 给出了如何利用单片机的定时计数器 0 来对外部脉冲进行计数的例子。外部脉冲加到单片机的 T0 引脚上，单片机对这个脉冲进行计数，当达到预先设定的数值(200)时，输出高电平把连接到 P1.1 上的一个 LED 小灯点亮，单片机的工作频率为 12MHz。

【例 6.10】单片机的定时计数器 0 工作在计数方式下，设置计数器初始化值从而使得当计数值达到 200 的时候产生一个计数器中断，在中断服务子程序内把 LED 点亮。

```
sbit LED = P1 ^ 1;
//设置定时计数器 0 为计数器，工作方式 1
TMOD = 0x05;
EA = 1;
ET0 = 1;
TH0 = .200/256;
TL0 = .200%256;                          //设置初始化值
TR0 = 1;                                 //启动计数器
LED = 0;
//中断服务子程序
void Timer0(void) interrupt 1
{
   LED = 1;                              //点亮 LED 灯
}
```

计数器初始化值的计算方法和定时器相同，例 6.10 给出的程序段的优点是一旦启动计数器，单片机就可以去做其他的操作，只需要等到中断到来即可。缺点是不能够实时监控计数器的当前值。例子 6.11 给出了一个功能相同的程序段，在这个程序段中，变量 Counter 被设置为全局变量，其他程序段可以通过读该变量值来获得当前的计数值。

【例 6.11】定时计数气 0 仍然工作在工作方式 1 下，但是通过设置计数初始化值为 0xff，使得每当 T0 引脚上接收到一个脉冲时随即产生一个中断，在中断服务子程序中对计数变量进行操作，传递当前计数值。然后通过检查该计数变量的数值来决定是否达到预定值，如果达到，则进行相应操作。

```
unsigned char counter;                   //由于预定值为 200，故 char 类型变量足够
sbit LED = P1 ^ 1;
//设置定时计数器 0 为计数器，工作方式 1
TMOD = 0x05;
EA = 1;
ET0 = 1;
TH0 = 0xff;
TL0 = 0xff;                              //设置初始化值
TR0 = 1;                                 //启动计数器
counter = 0;                             //计数变量清零
LED = 0;
//中断服务子程序
void Timer0(void) interrupt 1
{
   counter++;                            //计数变量加 1
```

```
        if(counter >=200)                    //如果达到设定值
        {
        LED = 1;                         //点亮 LED 灯
        }
    }
```

注意：对计数变量的判断最好能够放在中断服务子程序外进行，这样可以减少由于执行多条指令带来的时间误差。

3. 门控信号的使用

定时计数器控制寄存器 TMOD 中的 GATE0/GATE1 被置位后，T0/T1 受到计数脉冲和单片机外部中断引脚 INT0(P3.2)/INT1(P3.3)上的电平信号的联合控制。只有当外部中断引脚上为高电平并且 TR0/TR1 被启动时，定时计数器才工作。利用这种特性，可以方便地利用定时器来检测加在外部中断引脚上的脉冲宽度，也可以方便地利用计数器来检测在一定电平包络中的脉冲信号，例 6.12 给出了使用实例。

【例 6.12】一个需要检测的正脉冲加在单片机的 INT0 引脚上，其宽度为 Tp，利用单片机的定时计数器测量出该脉冲宽度。单片机的定时计数器 0 工作在工作方式 1 下，在 INT0 为低电平时置位 TR0，但是此时定时计数器并不会立刻开始运行，当正跳变来到时，定时计数器开始运行，在负跳变时停止计数，这时读出该数据寄存器中的数值即可。

```
sbit INT0= P3 ^ 2;
unsigned char TimeH, TimeL;                         //时间宽度高位、低位
unsigned int Time;
TMOD = 0x09;                                        //初始化定时计数器 0
while(INT0 ==0);                                    //等待电平变低
TR0 = 1;                                            //启动定时器
while(INT0 == 1);                                   //等待电平变高
TR0 = 0;                                            //停止定时器
TimeH = TH0;
TimeL = TL0;
Time = 256 * TH0 + TL0;                             //取得时间宽度参数
```

在以上的程序设计中需要注意以下两点。

和前面提到的定时计数器具有最长定时时间相同，在使用 GATE 信号时该最长时间也存在，如果这个脉冲宽度超出了定时计数器的最大定时长度，可以利用软件变量来延长这个时间，但是会带来一定的误差。

在程序设计中利用了“while(变量 == 数值);”的写法，该语句等价如下。

```
while(变量 == 数值)
{
    空操作;
}
```

这是一条实现有条件等待的语句。当变量值等于该数值时候，while 语句条件成立，单片机做空操作，进入一种死循环等待状态；当变量值改变后，while 语句条件不成立，单片机进入以后的语句操作。这种设计方法使用得非常广泛，常常用于对事件的等待、系统状态的切换中。对多个进程程序设计，尤其是等待中断事件的程序设计有不可取代的功效。例 6.13 给出了一个利用该设计方法来进行状态转换的算法。

【例 6.13】

```
…                                           //状态 1
while(状态 1 完成标志 == false);             //如果状态 1 完成，则进入状态 2，否则等待
状态 1 完成标志 = false;                     //清除标志
…                                           //状态 2
while(状态 2 完成标志 == false)
状态 2 完成标志 = false;
…
```

在本例中，状态完成标志可以在每个状态的执行语句中置位，也可以在中断服务子函数中置位，利用中断事件来驱动系统状态的改变。

4. 定时计数器的读取

定时器在运行过程中，程序可能要求取得当前的定时值，但是由于 TH0/TH1 和 TL0/TL1 是分开的，不可能同时读取，这就有可能由于读取其中一个寄存器时另外一个寄存器正在改变而造成得到一个错误的数据。对于这种情况，在程序设计的时候可以考虑用小误差来代替大误差的情况，即用定时器数据寄存器低位上的误差来代替高位上的误差。程序应该先读取定时器高 8 位数据寄存器 TH0/TH1，再读取低 8 位数据寄存器 TL0/TL1。还存在一种情况，即读取 TH0/TH1 后 TL0/TL1 对高位产生了进位，如果出现这种情况，读出的数据同样会存在较大的误差。对于这种情况，可以考虑在读取低位寄存器后再次读取高位寄存器并且和第一次取得的数值进行比较，如果不相同则再次重复操作来避免，例 6.14 给出了这种算法。

【例 6.14】算法示例。

```
unsigned char TimeH,TimeL,Temp;
do
{
TimeH = TH0;                                //读寄存器高位
TimeL = TL0;                                //读寄存器低位
Temp = TH0;                                 //再次读寄存器高位
}while(Temp !=TimeH);
//如果两次读到的高位寄存器数值不等，则再次进行读取操作
```

5. 定时计数器的特殊用法——利用定时计数器来扩展外部中断

当 MCS-51 单片机的两个外部中断不够用的时候，可以利用定时计数器来扩展外部中断。利用定时计数器中断来扩展外部中断时，把定时计数器设置为计数模式，并且设置为自动重装工作方式（工作方式 2），设置自动重装数值为 0xFF。将需要检测的信号接到定时器的外部引脚上，当这个信号出现一个负跳变的时候，单片机将出现一个计数器溢出中断。

这种方式有一定使用限制，首先这个信号必须是边沿触发的；其次，在检测到负跳变信号和中断响应之间有一个指令周期的延时，因为只有当定时计数器加 1 之后计数器才会产生一个溢出中断；然后，当这个定时计数器用作外部中断时候，就不能用于定时/计数功能。例 6.15 给出了利用定时计数器扩展外部中断的例子。

【例 6.15】利用 T0 和 T1 来扩展两个外部中断。

```
TMOD = 0x66;                                         //定时计数器工作方式 2
TH0 = 0xFF;
TL0 = 0xFF;
```

```
TH1 = 0xFF;
TL1 = 0xFF;                                 //设置初始化值
EA = 1;
ET0 = 1;
ET1 = 1;                                    //打开相应中断
TR0 = 1;
TR1 = 1;                                    //启动定时计数器 0 和 1
void Timer0(void) interrupt 1 using 1       //1 号中断处理
{
   1 号外部中断处理;
}
void Timer1(void) interrupt 3               //2 号中断处理
{
   2 号外部中断处理;
}
```

6.5 MCS-51 单片机的串行口

MCS-51 单片机有一个以上全双工的串行口，这个串行口可以通过编程控制为异步或者是同步方式。和其他的功能部分相同，单片机对串行口的管理也是通过内部相应的寄存器来实现的。

6.5.1 串行口的寄存器

串行口的相关寄存器有串行口控制寄存器 SCON、串行口数据缓冲寄存器 SBUF 以及电源管理寄存器 PCON。

1. SCON（Serial Control Register）

SCON 是串行口的控制寄存器，寄存器地址为 0x98，其内部功能如表 6.12 所示，单片机复位后该寄存器被清零，该寄存器支持位寻址。

表 6.12 SCON 寄存器

位编号	位名称	描述
7	SM0	串行口工作方式选择位： 00 工作方式 0 10 工作方式 2 01 工作方式 1 10 工作方式 3
6	SM1	
5	SM2	多机控制通信位，当该位置位后允许多机通信模式，当该位复位后禁止多机通信模式。多机通信模式仅仅存在工作方式 2 和工作方式 3 中，在工作方式 0 中，应该使该位为 0；在工作方式 1 中，一般设置该位为 1
4	REN	允许接收位，置位该位允许接收，反之禁止接收
3	TB8	工作方式 2 或者 3 中需要发送的第 9 位数据
2	RB8	工作方式 2 或者 3 中接收到的第 9 位数据，在工作方式 1 中为接收到的停止位，工作方式 0 中不使用该位
1	TI	发送完成标志位，当 SBUF 中的数据发送完成后，由硬件系统置位，并且在开启单片硬件中断的前提下引起串行中断，该位必须由软件清除，并且只有在该位清除后才能够进行下一个字节数据的发送
0	RI	发送完成标志位，当 SBUF 接收到一个字节的数据后，由硬件系统置位，并且在开启单片硬件中断的前提下引起串行中断，该位必须由软件清除，并且只有在该位清除后才能够进行下一个字节数据的接收

2. SBUF（Serial Buffer Register）

SBUF 是串行口的数据缓冲寄存器，寄存器地址 0x99，该寄存器由发送缓冲寄存器和接收缓冲寄存器组成。这两个寄存器占用同一个寄存器地址 0x99，可以同时访问，其中发送缓冲寄存器只能够写入不能够读出，接收缓冲寄存器只能够读出不能够写入，所以这两个寄存器在同时访问过程中并不会发生冲突。

当向 SBUF 写入一个数据的时候，单片机系统随即根据选择的工作方式和波特率将写入的字节数据进行相应的处理后从 TXD 外部引脚（P3.1）发送出去，当发送完成后置位相应寄存器里的标志位，只有当相应的标志位被清除之后才能够进行下一次数据的发送。当单片机的外部引脚 RXD 根据工作方式和波特率接收到一个完整的数据字节后将把该数据字节放入到接收缓冲寄存器中，并且置位相应标志。接收缓冲数据寄存器是双字节的，这样就可以在单片机读取接收缓冲数据寄存器中的数据时同时进行下一个字节的数据接收，不会发生前后两帧的数据重叠。

3. PCON（Power Control Register）

PCON 是 MCS-51 单片机电源管理的相应寄存器，寄存器地址 0x87，其中和串口管理相关的只有其中的第 7 位 SMOD，该位参与控制了单片机串行口在工作方式 1、2、3 下的波特率的设置。具体的设置方法将在有关串行口工作方式 1、2、3 的相应章节中详细介绍。PCON 不能够按位寻址，复位后被清零。

6.5.2　串行口的工作方式

1. 工作方式 0

MCS-51 的串行口在工作方式 0 下工作时，本质是一个移位寄存器，SBUF 为移位寄存器的输入、输出寄存器，外部引脚 RXD 为数据的输入/输出端，外部引脚 TXD 用来提供数据的同步脉冲，移位脉冲为外部晶体频率的 1/12。串行口的工作方式 0 不支持双工的工作方式，因此在同一时刻只能够进行数据发送或者接收操作。这种工作方式一般用于给一些 EEPROM 写入数据、扩展显示设备，或者两块单片机进行通信。这种工作方式下串口能够达到 1Mbit/s 的通信速率。

当向 SBUF 写入一个字节的数据之后，串行口在下一个机器周期时开始把数据串行发送到外部引脚 RXD 上，首先是字节数据的最低位；同时，外部引脚 TXD 上会给出一个时钟信号，该时钟信号频率为单片机工作频率的 1/12，在机器周期的第 6 节拍起始时变高，在第 3 节拍到来时变低，在第 6 节拍的后半段进行一次数据移位操作。当 SBUF 内的 8 位数据发送完成后，串行口将置位 TI，申请串行口中断，并且只有在 TI 被软件清除后才能够进行下一个字节数据的发送。

当 REN 标志位和 RI 标志同时为 0 后的下一个机器周期，串行口将“1010 1010”写入接收缓冲寄存器，准备接收数据。当外部数据引脚 TXD 上时钟信号到来后，串行口在该机器周期的第 5 节拍的后半段对 RXD 上的数据进行一次采集，并且将该数据送入接收缓冲寄存器。当完成一个字节的数据接收后，置位 RI 并且申请一个串行中断，并且只有在 RI 被清除之后才能够进行下一次接收。

串行口的工作方式 0 常常用于扩展外围设备，尤其是显示设备。由于它有着极高的通信速率，比普通的串行口通信快 5～10 倍，所以在双机通信中也有着很重要的应用，例 6.16 是利用串行口的工作方式 0 进行双机数据交换的例子。

【例 6.16】单片机 A 和单片机 B 利用串行口进行双机通信，其电路原理如图 6.13 所示。

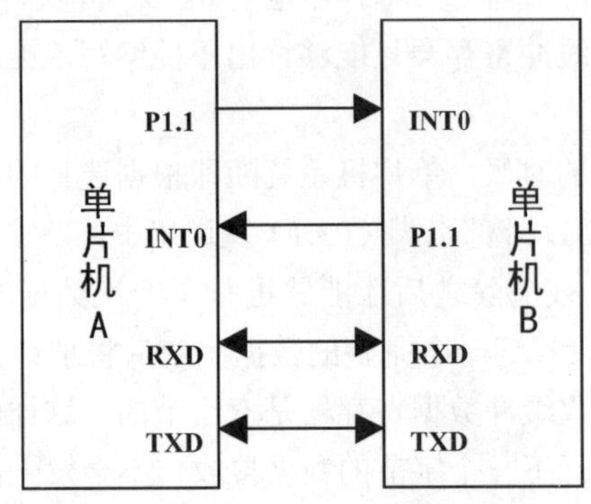

▲图 6.13　工作方式 0 下的双机通信

由于串行口在工作方式 0 下是半双工的工作方式，所以必须有外来信号来通知单片机进行发送和接收的切换，在本例中使用 P1.1 引脚和外部中断 0 来进行握手，当一块单片机发送完成后给另外一块单片机一个负脉冲信号，使得另外一块单片机检测到一个外部中断，通知该单片机可以进行数据发送。

```
unsigned char Tx_Buffer[12];                          //发送缓冲区
unsigned char Rx_Buffer[12];                          //接收缓冲区
unsigned char Rx_Counter;                             //接收数据指针
bit Send_Mode_Flg;
//发送模式标志位，当该标志位为 1 时候允许发送，系统复位后该标志位被清零
void Init(void);                                      //初始化子函数
void Int0(void);                                      //外部中断 0 服务子函数
void Send_Data(void);                                 //发送数据子函数
void Hand_Shake(void);                                //握手信号产生子函数
void Send(unsigned char Tx_Data);                     //发送一个字节子函数
void Receive(void);                                   //串行口接收中断服务子函数
main()
{
    Init();                                           //调用初始化函数进行系统初始化
    for(;;)                                           //主程序循环
    {
       ...
       在应用程序中将 Send_Mode_Flg 置位;
//在需要发送的时候将发送标志置位，允许发送
       if(Send_Mode_Flg == 1)                         //如果允许发送
       {
            Hand_Shake();
            //调用握手函数通知另外一块单片机不能进入发送状态
            Send_Data();                              //发送缓冲区中的数据
            Send_Mode_Flg = 0;                        //将发送模式标志位清除
}
...
}
}
//初始化子函数，包括对变量的初始化、对外位引脚信号的初始化，以及对单片机相关工作寄存器的初始化
void Init(void)
{
    //初始化变量和外部引脚
```

```
Send_Mode_Flg = 0;                                      //清除发送模式标志位
    Rx_Counter = 0;                                     //指针复零
P1_1 = 1;                                          //外部引脚设置为高电平
//相关工作寄存器初始化
SCON = 0x10;                                       //串行口工作方式 0
    EA = 1;                                        //开单片机中断
    ES = 1;                                        //开串行中断
    IT0 = 1;                                       //设置为负脉冲触发方式
EX0 = 1;                                           //开外部中断 0
}
//字节发送子函数，调用其将传递入参数 Tx_Data 中的一个字节通过串行口发送出去
void Send(unsigned char Tx_Data)
{
    SBUF = Tx_Data;
    while(TI == 0);                                //等待发送完成
    TI = 0;                                        //清除 TI 标志，准备下一次发送
}
//数据发送子函数，将发送缓冲区内的 12Byte 数据连续发送
void Send_Data(void)
{
    unsigned char i;
    for(i=0;i<12;i++)
    {
      Send(Tx_Bufffer[i]);
    }
}
//串行口中断子函数，用于接收数据
void Receive(void) interrupt 4 using 2
{
    if(RI == 1)                                    //如果该中断由接收数据引起
    {
      RI = 0;                                      //清除标志位，准备下一次接收
      Send_Mode_Flg = 0;                           //清除发送模式标志，不允许发送
       //以下是连续接收 12Byte 的数据且将其放入接收缓冲区内
if(Rx_Counter < =10)
      {
            Rx_Buffer[Rx_Counter] = SBUF;
            if(Rx_Counter == 10)
            {
                Rx_Counter = 0;
}
else
{
                Rx_Counter ++;
}
      }
}
}
//外部中断 0 服务子函数，当接收到一个外部中断后不允许单片机进入发送状态，准备接收另外一块单片机发送的
数据
void Int0(void) interrupt 0 using 3
{
    Send_Mode_Flg = 0;
}
//握手信号子函数，使用外部引脚 P1.1 产生一个负脉冲，通知另外一块单片机该单片机即将发送数据
void Hand_Shake(void)
{
    unsigned char i;
    P1_1 = 0;
    for(i=0;i<10;i++);                             //软件延时，得到一个脉冲宽度
    P1_1 = 1;
}
```

> **注意：**单片机串行口工作方式 0 不支持同时发送和接收数据，在系统和程序设计时必须考虑这个因素，也可以使用软件的握手方式。

2. 工作方式 1

串行口的工作方式 1 是波特率可变的 8 位异步通信方式，波特率发送器可以为 T1 或者是 T2。当使用 T1 时，其波特率由以下公式决定。

$$波特率 = 2^{SMOD} \times \frac{Fosc}{384 \times (256 - 初始值N)}$$

其中，SMOD 为 PCON 控制器的最高位，*F*osc 为单片机的工作频率，*N* 为 T1 的初始化值，T1 工作于工作方式 2 下，上述公式可以推导得：

$$初始值N = 256 - 2^{SMOD} \times \frac{Fosc}{384 \times 波特率}$$

在此工作方式下，也可以使用 T2 作为波特率发生器，将在后面详细叙述。表 6.13 列出了使用 T1 在串行口工作方式 1 下常用波特率对应的设置初始值。

表 6.13 常用波特率对应的初始值

	10.0592	12	14.7456	16	20	SMOD
150	0x40H	0x30H	0x00H	—	—	0
300	0xA0H	0x98H	0x80H	0x75H	0x52H	0
600	0xD0H	0xCCH	0xC0H	0xBBH	0xA9H	0
1200	0xE8H	0xE6H	0xE0H	0xDEH	0xD5H	0
2400	0xF4H	0xF3H	0xF0H	0xEFH	0xEAH	0
4800	—	0xF3H	0xEFH	0xEFH	—	1
4800	0xFAH	—	0xF8H	—	0xF5H	0
9600	0xFDH	—	0xFCH	—	—	0
9600	—	—	—	—	0xF5H	1
19200	0xFDH	—	0xFCH	—	—	1
38400	—	—	0xFEH	—	—	—
76800	—	—	0xFFH	—	—	—

在工作方式 1 下，当一个字节的数据被写入 SBUF 寄存器后，单片机串行数据从 TXD 外部引脚发出。每个数据帧包括一个起始位、8 位数据位，低位在前、高位在后和一个停止位。当一个数据帧发送完成之后将 TI 标志位置位，在单片机开启串行中断的前提下还会申请串行中断。只有用软件清除了 TI 标志位之后单片机才能够进行下一次的数据发送。

当满足下列条件时候，单片机允许串行接收。

- RI=0，没有串行中断或者上一次中断数据已被取走。
- REN=1，允许接收。
- SM2 位被复位或者是接收到停止位。

在接收过程中，数据被送入到外部引脚 RXD 上。单片机的串行接收系统以波特率 16 倍的频率来采集该引脚上的数据。当检测到外部引脚 RXD 上的负跳变的时候，启动串行接收。首先检测起始位，如果没有检测到起始位，则重新检测负跳变，否则进入以后的数据接收。当数据接收完成之后，将 8 位数据送到数据寄存器 SBUF，把停止位放入 RB8 位，置位 RI 标志位，并且在单片机开启串行中断的前提下申请串行中断。

为了保证接收数据的正确性，单片机对 RXD 引脚上的每位数据采用“测三取二”的方法，把一个位周期分为 16 个节拍，在其中的 7、8、9 节拍分别采集 RXD 引脚上的电平，取每一个位周期中出现了两次或者两次以上的电平数值作为测量值。因为是在每个位周期的中间进行检测操作，所以单片机的通信波特率允许一定的误差值。例 6.17 是串行口工作方式 1 的示例。

【例 6.17】单片机串行口工作在工作方式 1 下，外部晶体 10.059 2M。波特率为 2 400bit/s，PC 机向单片机发送 1Byte 的数据，单片机接收到该数据后将其会送到 PC，采用查询方式。

```
unsigned char temp;                                    //数据缓冲
…
PCON = 0x7F;
SCON = 0x60;
TMOD = 0x20;                                           //T1 工作方式 1，自动重装
TH1 = 0xF4;
TL1 = 0xF4;                                            //初始化值
TR1 = 1;                                               //启动 T1
…
for(;;)
{
   while(RI == 0);                                     //等待接收数据
   RI = 0;                                             //清除接收标志
   temp = SBUF;
   SBUF = temp;                                        //发送数据
   while(TI == 0);                                     //等待发送完成
   TI = 0;                                             //清除发送标志
}
```

3. 工作方式 2、3

串行口的工作方式 2 和 3 都是 9 位数据的异步通信工作方式，区别仅仅在于波特率的计算方法不同，多用于多机通信的场合。

工作方式 2 的波特率计算公式如下。

$$波特率 = 2^{\mathrm{SMOD}} \times \frac{F\mathrm{osc}}{64}$$

在工作方式 2 下，波特率仅仅和外部晶体频率以及 SMOD 位有关，不需要 T1 或者 T2 的参与，可以在没有计数器空余的时候使用。工作方式 2 的通信波特率较高，在单片机工作频率为 10.059 2MHz 时即可达到 345.6kbit/s 的速率。在某些 MCS-51 系列单片机的工作频率可以达到 20MHz 以上的前提下，通信速率可以达到 700kbit/s 以上，甚至是 1Mbps 以上。这种工作方式的缺点是波特率唯一固定，只有两个选择项——SMOD=0 或者 SMOD=1，而且这种波特率通常是非标准波特率。工作方式 3 的波特率计算公式和工作方式 1 相同。

当一个字节的被写入到 SBUF 中后，数据开始发送，和工作方式 1 不同的是 8 位数据位和停止位之间添加了一个可编程位 TB8。TB8 事先被写入，可以为地址/数据选择位，也可以为前 8 位数据的奇、偶校验位。当一帧数据发送完成之后，置位 TI。

工作方式 2、3 下的数据接收除了和工作方式 1 下受到 REN 和 RI 控制之外，还要受到 SM2 位的控制. 在下列情况下，RI 标志位被置位，完成一帧数据的接收。在工作方式 2、3 下，数据

的接收仍然使用“测三取二”的方式。

- SM2 = 0，只要接收到停止位，不管第 9 位是 0 或者 1 的均置位 RI 标志位。
- SM2 = 1，接收到停止位，且第 9 位为 1 时置位 RI 标志位；当第 9 位为 0 时不置位 RI 位，也即不申请串行中断。

在以上第 1 种和第 2 种情况下，数据帧中的第 9 位数据均将被放入 RB8 位中。

工作方式 2、3 常用于一个主机，多个子机的多单片机通信系统中。第 9 位可在多机通信中避免不必要的中断。在传送地址和命令时第 9 位置位，串行总线上的所有处理器都产生一个中断处理器将决定是否继续接收下面的数据，如果继续接收数据就清零 SM2，否则 SM2 置位以后的数据流将不会使该单片机产生中断。

工作方式 2、3 还用于对数据传输准确度较高的场合，把 TB9 放入需要传送数据字节的校验位。SM2 复位后，每次接收到一帧数据后都将置位 RI，然后在中断服务子程序中判断接收到的数据的校验位和接收到的 RB8 位是否相同，如果不同，则说明该次传输出现了错误，需要作相应的处理。

图 6.14 是一个主机和多个子机通信的系统结构图，在该结构中，主机和任意一台从机之间可以进行全双工的通信，但是从机和从机之间不能够通信。

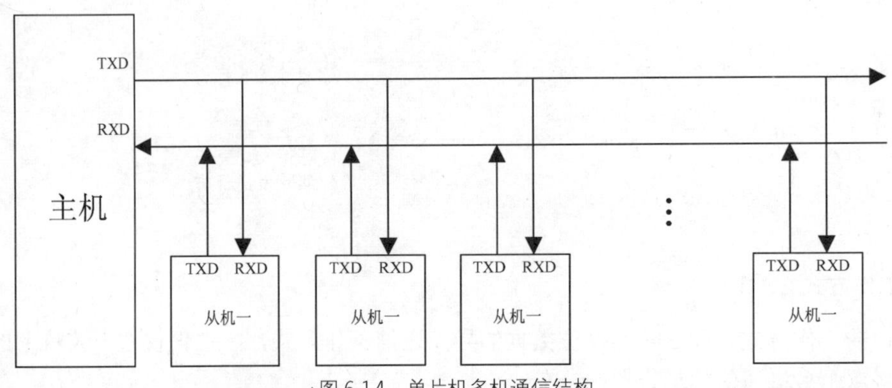

▲图 6.14　单片机多机通信结构

在多机通信过程中，主机和从机之间必须存在一定的协调配合。当主机向从机发送数据报文时，需要注意的是所有的从机都将收到这个数据报文，但是从机根据报文的内容是否进入串行口中断，需要通过程序来控制。

主机可以发送的数据报文分为数据帧和地址帧两种。主机发送地址帧后，系统中所有的从机都将接收到并且进入串口中断，判断主机是否即将和自己进行数据帧的通信。如果是，则进行相应的准备，准备进行数据交换；否则不进行任何操作。这个判断可以通过修改从机的 SM2 位来完成，主机发送的地址帧第 9 位均为 1，在所有从机的 SM2 位均为 1 时，所有从机均进入串口中断，判断是否自己，是则把自己的 SM2 位复位，准备接收数据帧，否则不进行任何操作。主机发送的数据帧第 9 位均为 0，此时系统中只有选中的子机能够接收到数据帧。

需要说明的是在主机和一个子机通信完成之后需要将该子机的 SM2 位置位，以保证以后的操作能够正常进行。从机和主机的通信则可以采用全是数据帧的形式进行，主机的 SM2 位始终复位为 0。

采用串行口工作方式 2、3 的多机通信操作步骤如下。

- 所有的从机 SM2 位均置位为 1。
- 主机发送地址帧。
- 所有的从机判断地址帧，对自己的 SM2 位进行相应的操作。
- 主机和从机进行通信。
- 通信完毕，从机重新置自己的 SM2 位为 1，等待下一次地址帧。

例 6.18 和 6.19 是利用串行口工作方式 2、3 进行多机通信的算法，前者是主机程序。该系统的结构和图 6.14 描述的结构相同，其中有 1 台主机和 10 台从机。主机在一次通信过程中将命令 10 台从机依次发送 16Byte 的数据，本系统的通信协议如下。

- 系统中 10 台子机的地址分别为 0x61.0x6A。
- 0xFF 的地址使得所有的子机 SM2 位均复位，准备进行下一次地址判断。
- 主机的命令编码如下。

1）0x00H——从机复位。

2）0x01H——查询从机状态。

3）0x02H——要求从机接收主机发送的数据。

4）0x04H——要求从机向主机发送数据。

从机状态字如表 6.14 所示。

表 6.14　　从机状态字

D7	D6	D5	D4	D3	D2	D1	D0
ERR	—	—	—	—	—	TRDY	RRDY

- ERR——非法命令标志位，当从机接收到非法命令时将该位置 1。
- TRDY——从机发送准备状态标志位，该位置位则表示从机发送准备就绪。
- RRDY——从机接收准备状态标志位，该位置位则表示从机接收准备就绪。

> **注意**：通信协议是指在多机系统中，为了保证通信能够正常进行，所有的单片机操作必须遵循的一个标准。通信标准可以看作是一定的对话次序和规定，TCP/IP 和令牌网都是常见的通信协议。用户可以根据自己系统的特点和需求设计自己的通信协议，如何设计一个具体的通信协议可以参考第 7 章的相关内容。

【例 6.18】主机串行口工作方式 3，单片机工作频率 10.059 2MHz，系统通信波特率为 2 400bit/s。

```
//初始化单片机
PCON = 0x7F;
SCON = 0xF0;                                        //工作方式 3，SM0 = 1
TMOD = 0x20;
TL1 = 0xF4;
TH1 = 0xF4;
TR1 = 1;                                            //启动波特率发生器
…
发送从机地址;
接收从机应答地址;
if(从机应答地址 = 发送从机地址)
{
    发送命令，要求发送数据;
    等待接收从机状态;
    if(状态符合)
    {
```

```
        接收数据;
        调用数据处理程序;
        发送复位命令;
        准备和下一台子机通信;
    }
    else
    {
            发送命令失败;
            重新发送命令;
    }
    }
    else
    {
        发送复位命令;
        重新发送地址;
    }
    …
```

【例 6.19】从机串行口设置和主机相同，只是需要注意设置 SM2=1，接收数据的处理采用中断的方式。

```
//初始化单片机
EA = 1;
ES = 1;                                          //开串行中断
PCON = 0x7F;
SCON = 0xF0;                                     //工作方式 3, SM0 = 1
TMOD = 0x20;
TL1 = 0xF4;
TH1 = 0xF4;
TR1 = 1;                                         //启动波特率发生器
…
串行中断服务子程序
{
    if(本机地址)
    {
      SM2 = 0;
      发送自己的地址;
      等待接收命令;
      switch(接收到的命令字)
      case 准备数据发送命令:
      {
            准备发送数据;
            返回状态;
}
break;
case 发送数据命令
{
            发送数据;
}
break;
default
{
            等待;
}
}
else
{
      SM2 = 1;
}
}
…
```

6.5.3　串行口的使用技巧

串行口是 MCS-51 单片机和外界进行数据交换的最常用方式，在串行口的使用过程中，需要注意以下使用技巧。

1. 可以使用 T2 作为波特率发生器

当 MCS-51 单片机的 T0 和 T1 都已经被使用时，可以使用 T2 作为单片机的波特率发生器；同时，由于 T2 的有效脉冲是每个机器周期 1 次，所以使用 T2 可以获得更高的可控通信波特率，而且误差很小。在外部工作频率为 10.059 2MHz 时，使用 T2 可以获得稳定的 105.2kbit/s 的标准通信速率。

T2 作为波特率发生器时，串行口可以工作在工作模式 1、3 下，其设置方式如下。

- 初始化串行口。
- 设置 TCLK = 1 和 RCLK = 1。
- 设置 C/T2# = 0。
- 设置 RCAP2H 和 RCAP2L 初始值，其计算公式如下。

$$波特率=\frac{F_{OSC}}{32\times(65\,536-X)}$$

- 启动 T2。

表 6.15 给出了常用的在不同工作频率和波特率下使用 T2 作为波特率发生器的初始化值。

表 6.15　T2 常用初始化值

	6MHz	11.0592MHz	12MHz	16Mhz
100	0xF9H . 0x57H	—	—	0xEEH . 0x3FH
300	0xFDH . 0x8FH	0xFBH . 0x80H	0xFBH . 0x1EH	0xF9H . 0x7DH
600	0xFEH . 0xC8H	0xFDH . 0xC0H	0xFDH . 0x8FH	0xFCH . 0xBFH
1200	0xFFH . 0x64H	0xFEH . 0xE0H	0xFEH . 0xC8H	0xFEH . 0x5FH
2400	0xFFH . 0xB2H	0xFFH . 0x70H	0xFFH . 0x64H	0xFFH . 0x30H
4800	0xFFH.0xD9H	0xFFH . 0xB8H	0xFFH . 0xB2H	0xFFH . 0x98H
9600	—	0xFFH . 0xDCH	0xFFH . 0xD9H	0xFFH . 0xCCH
19200	—	0xFFH . 0xEEH	—	0xFFH . 0xE6H
38400	—	0xFFH . 0xF7H	—	0xFFH . 0xF3H
56800	—	0xFFH . 0xFAH	—	—

例 6.20 是利用 T2 作为波特率发生器的初始化程序段。

【例 6.20】单片机外部工作频率 11.059 2MHz，通信波特率 9 600bit/s，串行口工作方式 1。

```
PCON = 0x7f;
SCON = 0x50;
TCLK = 1;
RCLK = 1;
RCAP2H = 0xFF;
RCAP2L = 0xDC;
T2 = 1;
```

2. 考虑串行口波特率误差

由于单片机的串行口在接收数据时候采用的是“测三取二”的方法，因此在通信过程中允许一定程度的波特率误差。造成波特率误差的因素很多，但是最常见的是外部晶体不准和波特率初始化值设置不合适。

除去温度、晶体等外部物理因素，这里谈到的波特率误差是指根据初始化值计算得到的波特率和系统设计中的波特率之间的误差比率，造成这个误差的原因是在计算波特率初始化值时的小数必须进行“四舍五入”的相似处理。例如，在外部晶体频率为 6MHz 时，设置波特率为 2 400bit/s，串口为工作方式 1，使用 T1 在工作方式 2 下作为波特率发生器，设置 SMOD=1，计算可得时间常数为 N=243(0xF3H)，但是将该数值代入波特率计算公式可知 T1 产生的实际波特率为 2 403.85 bit/s，波特率误差为：

$$\frac{2\,403.85-2\,400}{2\,400}=0.16\%$$

消除波特率误差的主要方法如下。

- 在工作频率一定的情况下恰当地设置 SMOD 位。
- 选用适当的外部工作频率和对应波特率。
- 使用 T2 来代替 T1 作为波特率发生器。

SMOD 位的不同设置在相同的情况下可以产生相差很大的波特率误差率。在前面提到的例子中，如果设置 SMOD=0，则计算出的初始化值为 249.49，按照“四舍五入”为 249(0xF9H)，再带回原公式可知实际的波特率为 2 232.14bit/s，波特率误差率为：

$$\frac{2\,400-2\,232.14}{2\,400}=6.99\%$$

一般来说，选用的外部晶体频率和对应波特率计算出来的初始化值越靠近整数越好，因为这样带来的波特率误差会更小。例如选用 11.0592 的波特率下，计算 57.6kbit/s 的计数初始化值为 255（0xFF），没有小数，代回公式可知在这种情况下的波特率误差率为 0。

有时使用 T2 来代替 T1 会减少误差，因为 T2 是一个 16 位的计数器，并且其有效脉冲频率比 T1 要高；使用 T2 还可以获得相同外部晶体频率下较高的通信速率，例如在 11.0592MHz 的外部工作频率下，使用 T1 只能获得最高为 57.6kbit/s 的通信速率（设置初始化值为 0xFF），但是使用 T2 则可以获得最高为 105.2kbit/s 的通信速率（设置初始化值为 0xFF）。

波特率误差率影响着通信的误码率，在较大的波特率误差率（一般来说大于 5%）下，单片机的串行口通信会失败，尤其是在使用较高通信速率时，需要注意外部晶体频率和对应波特率配合，表 6.16 给出了在不同外部晶体频率下单片机串行口在工作方式 1、3 下使用 T1 作为波特率发生器所能获得的最大波特率及其对应的误差。

表 6.16　波特率及其误差

工作频率（MHz）	串行口支持的最大波特率（bit/s）	误　差
1.000 000	300	2.12%
1.843 200	9 600	0.00%
2.000 000	300	0.79%
2.457 600	300	0.78%
3.000 000	1 200	0.16%

续表

工作频率（MHz）	串行口支持的最大波特率（bit/s）	误　差
3.579 545	300	0.23%
3.686 400	19 200	0.00%
4.000 000	1 200	2.12%
4.194 304	2 400	1.14%
4.915 200	1 200	1.59%
5.000 000	2 400	1.36%
5.068 800	2 400	0.00%
6.000 000	2 400	0.16%
6.144 000	1 200	1.23%
7.372 800	38 400	0.00%
8.000 000	2 400	2.12%
10.000 000	4 800	1.36%
10.738 635	2 400	1.32%
10.000 000	57 600	0.54%
10.059 200	57 600	0.00%
12.000 000	4 800	0.16%
12.288 000	2 400	1.23%
14.318 180	2 400	0.23%
14.745 600	38 400	0.00%
15.000 000	38 400	1.73%
16.000 000	4 800	2.12%
18.432 000	19 200	0.00%
20.000 000	9 600	1.36%
22.108 400	105 200	0.00%
24.000 000	9 600	0.16%
24.576 000	4 800	1.23%
25.000 000	4 800	0.47%
28.000 000	9 600	1.27%
32.000 000	9 600	2.12%

注意：在上表中可以看到，使用 11.0592MHz 和 22.1184MHz 的晶体频率可以使波特率的误差率最小，所以推荐在需要使用串行口进行通信的单片机系统中使用这两个频率的晶体作为单片机的外部晶体。

第7章 MCS-51单片机的外部资源扩展方法

虽然随着技术的发展，MCS-51 系列单片机的集成度越来越高，很多以前的外部资源（外围芯片）都已经被集成到了单片机上，比如说模拟—数字转换模、电压比较模块，但是受到体积等因素限制，在实际的项目开发过程中，单片机系统依然要进行大量的外部资源的扩展。本章将详细介绍 MCS-51 系列单片机的外部资源扩展方法，为后面的具体外部资源扩展学习打下基础，并且将用 PGMS 的外部资源扩展方法来作为示例。

7.1 MCS-51单片机的外部资源扩展方法综述

MCS-51 单片机的外部扩展资源方式很多，按照数据流出的方式来分，可以分为并行扩展和串行扩展两种方式。并行扩展是指 8 位数据同时以并行的方式在 MCS-51 单片机和外围器件之间流动，串行扩展则是指 8 位数据以移位的方式一个比特一个比特地在 MCS-51 单片机和外围器件之间流动。并行扩展的优点是数据交换快、软件代码简单，缺点是硬件设计复杂、占用硬件资源（主要是 IO 引脚多）。串行扩展的优点是硬件接口简单且占用资源少，一般只需要少数几根 IO 引脚即可完成数据交换；缺点是数据交换速度比较慢，软件设计难度较大。并行扩展又可以按照扩展方式分为地址、数据总线扩展和并行 IO 扩展，串行扩展可以按照总线的标准分为串行口扩展、I^2C 总线扩展、SPI 总线扩展、1-wire 总线扩展以及其他串行方式扩展，如图 7.1 所示。单片机系统使用何种方法进行外围器件的扩展，需要根据该单片机系统的具体情况以及该外围器件提供的接口来确定。

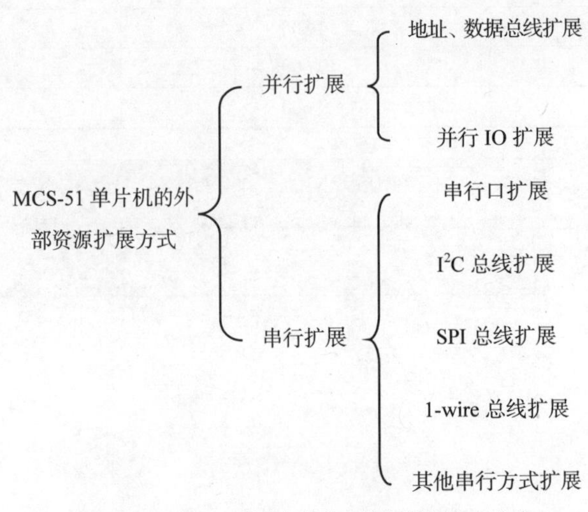

▲图 7.1 MCS-51 单片机的外部资源扩展方式分类

注意：由于并行扩展中的地址、数据总线扩展方法涉及了 MCS-51 外部存储器地址映射，所以在扩展时需要仔细确认不会和其他器件的地址冲突。

7.2 并行扩展

并行扩展分为数据、地址总线扩展和并行 IO 扩展，前者一般用于扩展外围器件来增加特定功能，后者一般用于扩展 IO 引脚。

7.2.1　数据、地址总线扩展

数据、地址总线扩展方法是利用 MCS-51 单片机的总线来扩展外围器件的方法，扩展的外围器件作为 MCS-51 的外部存储器存在，参与 MCS-51 单片机的外部存储器编址。

1. MCS–51 单片机的总线结构

MCS-51 单片机的总线由地址总线（Address Bus）、数据总线（Data Bus）和控制总线（Control Bus）组成，如图 7.2 所示。

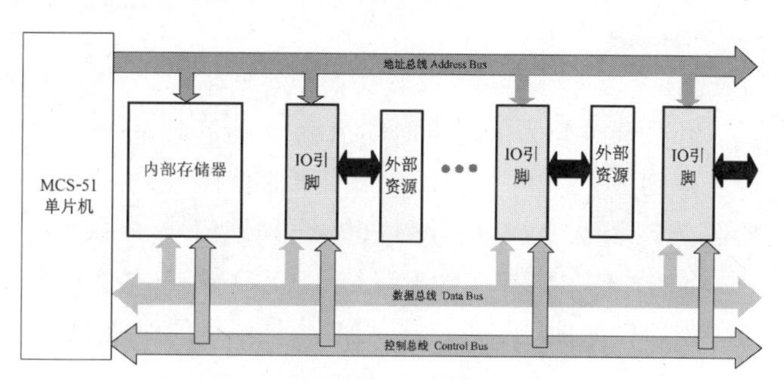

▲图 7.2　MCS–51 单片机的总线结构

地址总线是用来连接 MCS-51 单片机和外围器件地址线的总线。MCS-51 单片机的地址总线数据宽度为 16 位，其中高 8 位对应 IO 引脚 P2.0～P2.7，低 8 位对应 IO 引脚 P0.0～P0.7 的复用。这是一根单向的总线，地址总线的位数决定 MCS～51 单片机能访问的外部存储器单元总数为 2^{16} 个，能产生 2^{16} 个地址编码，对应 0x0000H～0xFFFF 的地址空间。外围器件的地址线具体设置由外围器件自身决定。

数据总线是用于在 MCS-51 单片机和外围器件之间进行数据交换的总线，MCS-51 单片机的数据总线宽度为 8 位，对应 IO 引脚 P0.0～P0.7 的复用。这是一根双向的总线，数据既可以从 MCS-51 单片机传送到外围器件，也可以从外围器件传送到单片机，具体数据宽度由外围器件决定。

控制总线用于在 MCS-51 单片机和外围器件之间传送控制信号，包括读信号、写信号、外部中断信号等。这是一组双向的总线，其中读写信号是由 MCS-51 单片机发送给外围器件，而中断、应答等信号则可能是由外围器件发送给 MCS-51 单片机的。控制总线没有具体的宽度，在 MCS-51 单片机中对应 IO 引脚 P3.0～P3.7，也可以用其他引脚代替。

2. 数据、地址总线的扩展方法

数据、地址总线的扩展方法简单来说就是将 MCS-51 的数据总线、地址总线以及可能有的控制总线和外围器件对应连接的扩展方法。

数据、地址总线扩展方法中需要解决最大的问题是 MCS-51 单片机的低 8 位地址总线和数据总线都是对应于 IO 引脚 P0.0～P0.7 的，所以需要增加一套地址、数据分离电路将地址、数据信号分离开来。这套电路受到 MCS-51 单片机的 ALE 引脚控制，在 ALE 信号为高电平时 P0 上输出地址信号，否则为数据信号，其关系如图 7.3 所示。

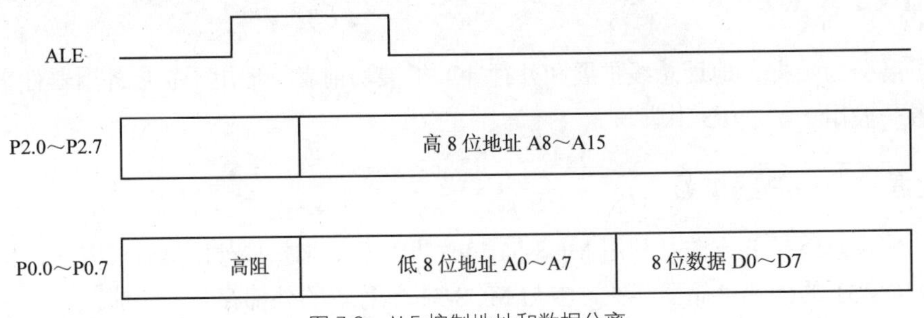

▲图 7.3　ALE 控制地址和数据分离

从图中可以看到，在 ALE 高电平到来时，IO 口 P0 上输出了低 8 位地址，但是这个信号需要被保持住和 IO 口 P2 上的高 8 位地址配合起来，对接下来的 IO 口 P0 上的数据进行读写操作；所以需要一个辅助器件即锁存器，在 MCS-51 单片机系统中使用得最多的锁存器是 74373，如图 7.4 所示。

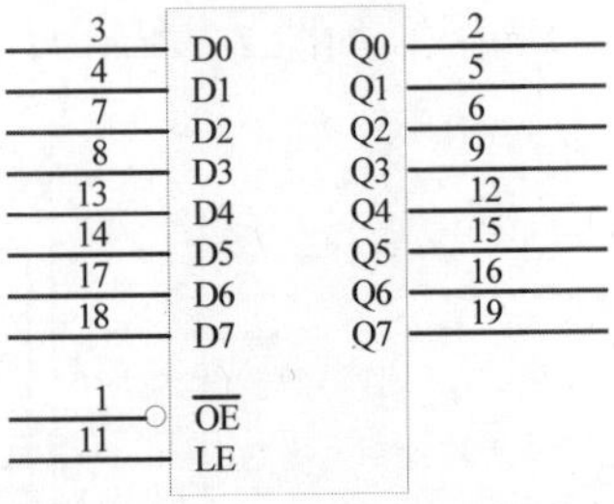

74373 的真值表如表 7.1 所示，当控制端 LE 为高电平时输出端 Q 和输入端 D 的值相同，当 LE 为低电平时输出端 Q 的值保持不变；所以当 LE 连接到 MCS 单片机的 ALE 引脚时就能构成一个分离电路，如图 7.5 所示。ALE 信号在 P0 输出地址信号时输出高电平，74373 将地址信号锁存在输出端 Q 上和 P2 输出的地址信号一起进行外围器件的地址寻址，在 ALE 为低电平的时候 P0 则可以进行数据通信。

▲图 7.4　配合 ALE 使用的锁存器 74373

表 7.1　　　　74373 的真值表

D	LE	OE	Q
H	H	L	H
L	H	L	L
X	L	L	Q
X	X	H	Z

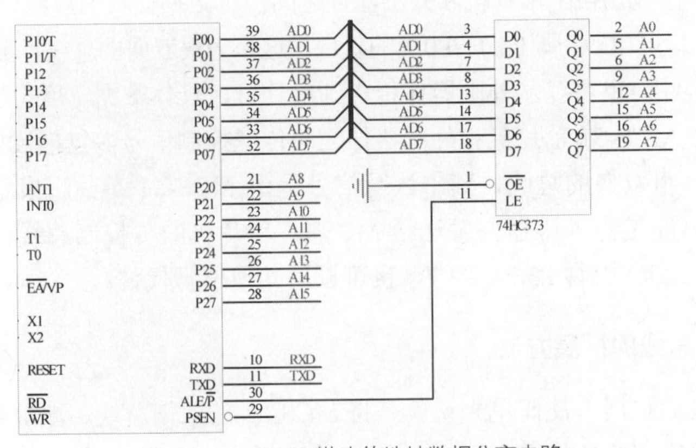

▲图 7.5　用 74373 搭建的地址数据分离电路

7.2.2　并行 IO 扩展

由于 MCS-51 单片机的 IO 引脚数量有限，所以在实际使用过程中常常会存在输出 IO 或者输入 IO 不够的情况；在这种情况下，可以利用简单的并行 IO 扩展方法来扩展 IO 引脚。

1. 使用译码器来扩展输出

当 MCS-51 单片机的输出引脚不够的时候，可以使用译码器来扩展输出引脚。译码器的工作原理是把输入的信号状态按照二进制编码在输出端上表达出来，如果有 n 个输入端则有 2^n 个输出状态，如 3-8 译码器 74138 就可以用 3 个单片机引脚扩展出 8 种不同的状态。

2. 使用锁存来扩展输出

锁存除了用于地址、数据分离电路之外，同样可以用于扩展 IO 输出，最常见的用于扩展 IO 输出的锁存是 74273 和 74377，前者的真值表如表 7.2 所示。

表 7.2　　74273 的真值表

CLR	CLK	D	Q
L	X	X	L
H	↑	H	H
H	↑	L	L
H	L	X	Q

从表中可以看出，当 CLK 的上升沿来到的时候，273 将输入端口 D 上的数据送到输出端口 Q 上；所以如果用地址总线 P2 上某一位和写信号 WR 进行或非操作之后连接到 74273 的 CLK 引脚上，当 MCS-51 单片机向地址总线 P2 上的这个地址进行写操作时，数据端口 P0 行的数据将会被送到 74273 上并且锁存起来。图 7.6 是使用两个 74 ALS 273 来扩展输出 IO 的示例图，其中 U3 和 U4 对应的写地址分别为 0xBF 和 0x7F。

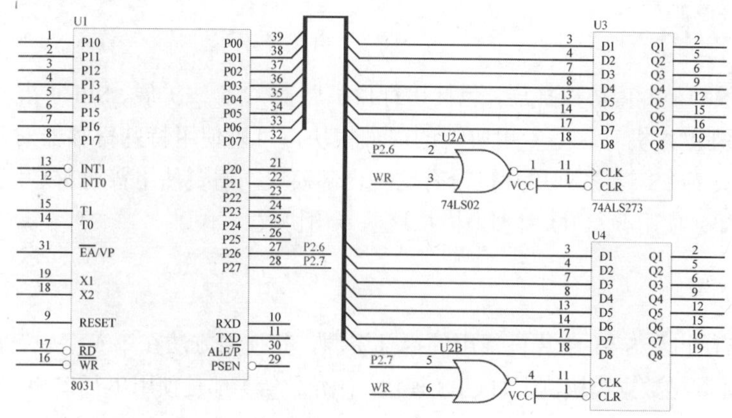

▲图 7.6　使用 74 ALS 273 扩展输出 IO 端口

3. 使用三态门来扩展输入

除了输出 IO 引脚可能不够之外，MCS-51 单片机的输入引脚也有可能不够，此时可以使用三态门来扩展输入引脚。三态门是一种具有高电平、低电平和高阻态三种输出状态的的器件，当其输出为高阻态时，可以看成该器件从连接线上断开，最常见的三态门芯片是 74244，如图 7.7 所示，其真值表如表 7.3 所示。

表 7.3　　　　　　　　　　　　　　74244 真值表

G	A	Y
L	L	L
L	H	H
H	X	Z

从表 7.3 中可以看，当 G 为高电平的时候，74244 的输出是高阻态，和用锁存器扩充输出口很类似；MCS-51 单片机使用地址线 P2 的某一位和读信号 RD 或非之后连接到 74244 的 G 端，则可以通过对对应地址的读操作来完成数据读取工作。图 7.8 是使用两片 74244 来扩展输入的原理图，图中 U3 和 U4 对应的地址分别为 0xBF 和 0x7F。

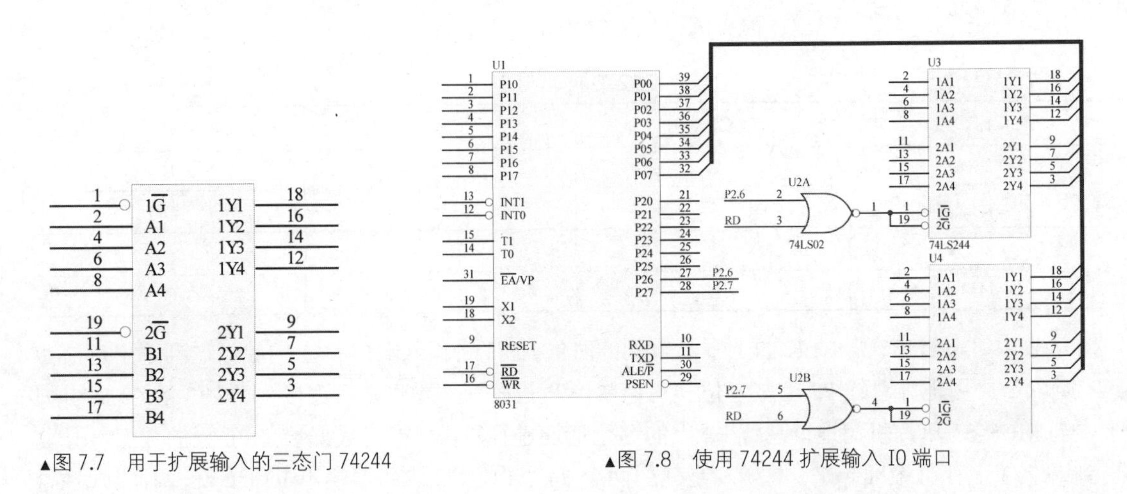

▲图 7.7　用于扩展输入的三态门 74244　　　　▲图 7.8　使用 74244 扩展输入 IO 端口

7.3 串行扩展

串行扩展一般都是专用协议扩展，包括串行口扩展、I^2C 总线扩展、SPI 扩展、1-wire 扩展等。某些 MCS-51 系列单片机有这些专用协议的内部模块，可以使用特殊寄存器对其进行控制和扩展；但是绝大多数 MCS-51 系列单片机没有这些内部模块，需要使用普通 IO 引脚进行扩展，本小节将详细介绍如何使用普通 IO 引脚来模拟这些专用协议。

7.3.1　串行口扩展

串行口是所有的 MCS-51 单片机都用的内部资源，其使用方法在第 6 章中有详细的介绍，相当多的外围器件尤其是数据模块例（如 GPS 模块、倾角仪等）都是使用串行口和 MCS-51 单片机进行连接的。

串行口扩展方式非常简单，只要深入理解外围器件所需要的通信协议即可。所谓通信协议，是通信双方的一组规定和预定的集合，也就是双方需要遵循的预定或者约定；其具体使用实例一般是 MCS-51 单片机按照预先约定好的规定向外围器件发送一组数据或者代码，然后外围器件也按照预定好的规定向单片机返回一组数据或者代码。

虽然 MCS-51 单片机都有一个以上的串行口模块，但是往往这个串行口需要用于多机通信等应用，在某些时候还是需要使用普通 IO 引脚来模拟串行口和外围器件通信。例 7.1 给出了使用普通 IO 引脚来完成串行口数据通信的库函数以及使用实例。

【例 7.1】 该实例使用 MCS-51 单片机的两个普通 IO 引脚来模拟串行口的数据通信过程，适用于单片机串行口不够用的场合。

```
#include <AT89X52.h>
sbit SoftTXD = P1 ^ 7;
sbit SoftRXD = P1 ^ 6;                               //定义接收、发送引脚
#define Flg F0                                       //标志位，使用 PSW 的 F0 位
#define Start_Timer0  TL0=TH0; TR0=1;                //定时计数器 0 的启动处理
#define Close_Timer0 TR0=0;                          //定时计数器 0 的关闭处理

sbit ACC0 = ACC ^ 0;
sbit ACC1 = ACC ^ 1;
sbit ACC2 = ACC ^ 2;
sbit ACC3 = ACC ^ 3;
sbit ACC4 = ACC ^ 4;
sbit ACC5 = ACC ^ 5;
sbit ACC6 = ACC ^ 6;
sbit ACC7 = ACC ^ 7;
void Timer0() interrupt 1                            //定时计数器中断处理
{
    Flg = 1;                                         //置位标示位
}
//发送一个字符
void SendByte(unsigned char sdata)
{
    ACC=sdata;                                       //待发送数据放入 ACC
    Flg=0;
    SoftTXD=0;                                       //启动位
    Start_Timer0;                                    //启动定时器
    while(Flg == 0);
    SoftTXD=ACC0;                                    //先送出低位
    Flg=0;
    while(Flg == 0);
    SoftTXD=ACC1;
    Flg=0;
    while(Flg == 0);
    SoftTXD=ACC2;
    Flg=0;
    while(Flg == 0);
    SoftTXD=ACC3;
    Flg=0;
    while(Flg == 0);
    SoftTXD=ACC4;
    Flg=0;
    while(Flg == 0);
    SoftTXD=ACC5;
    Flg=0;
    while(Flg == 0);
    SoftTXD=ACC6;
    Flg=0;
    while(Flg == 0);
    SoftTXD=ACC7;
    Flg=0;
    while(Flg == 0);                             //停止位
```

```
        SoftTXD=1;
        Flg=0;
        while(Flg == 0);
        Close_Timer0;                                   //停止定时计数器

    }
    //接收一个字符
    unsigned char RecByte()
    {

        Start_Timer0;
        Flg=0;
        while(Flg == 0);                                //等待起始位
        ACC0=SoftRXD;                                   //接收一位数据
        TL0=TH0;
        Flg=0;
        while(Flg == 0);
        ACC1=SoftRXD;
        Flg=0;
        while(Flg == 0);;
        ACC2=SoftRXD;
        Flg=0;
        while(Flg == 0);
        ACC3=SoftRXD;
        Flg=0;
        while(Flg == 0);
        ACC4=SoftRXD;
        Flg=0;
        while(Flg == 0);
        ACC5=SoftRXD;
        Flg=0;
        while(Flg == 0);
        ACC6=SoftRXD;
        Flg=0;
        while(Flg == 0);
        ACC7=SoftRXD;
        Flg=0;
        while(Flg == 0)                             //等待停止位
        {
                if(SoftRXD == 1)
                {
                        break;
                }
        }
        Close_Timer0; //停止 timer
        return ACC;                                 //函数返回值通过 ACC 寄存器传递
    }
    //检查是不是有起始位
    bit CheckStartBit()
    {
        return  (SoftRXD==0);                       //返回引脚状态
    }
        //示例主程序
    void main()
    {
        unsigned char temp;
        TMOD=0x02;                                  //定时计数器 0 为模式 2，8 位自动重装
```

```
    PCON=00;
    TR0=0;                                          //在发送或接收时才开始使用
    TH0=0xA6;
    //9 600bit/s 就是 1 000 000/9 600=104.167μm 执行的时间，即为 104.167×11.059 2/12= 96
    TL0=TH0;
    ET0=1;
    EA=1;
    SendByte(0x55);
    SendByte(0xaa);
    SendByte(0x00);
    SendByte(0xff);                                 //发送数据
    while(1)
    {
        if(CheckStartBit())                         //如果检测到起始位
        {
            temp=RecByte();                         //接收数据
            SendByte(temp);                         //发送数据
        }
    }
}
```

7.3.2　I²C 总线扩展

I²C 接口总线（Inter IC Bus）是飞利浦公司在 20 世纪 80 年代推出的一种两线制串行总线标准，目前已经到了 2.1 版本。I²C 总线标准由一根串行数据线 SDA 和一根串行时钟线 SCL 组成，各种使用该标准的器件都可以直接连接到该总线上进行数据交换。图 7.9 是 MCS-51 单片机使用 I²C 总线上挂接多个外围器件的示意图。

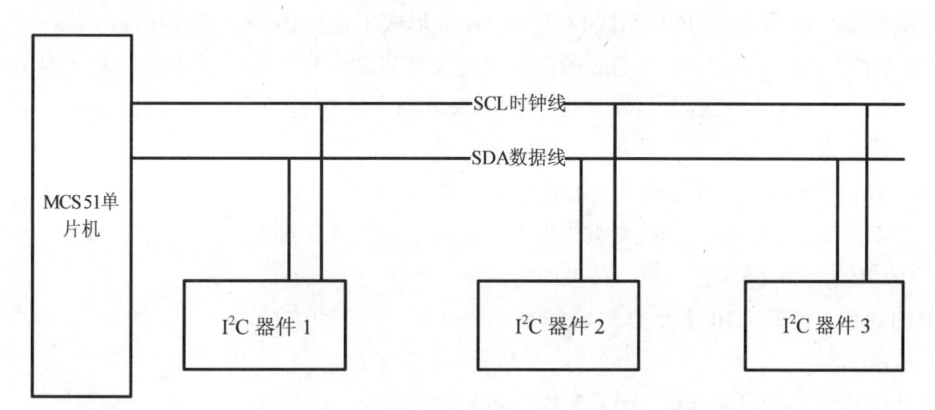

▲图 7.9　MCS-51 单片机使用 I²C 总线挂接外围器件

1. I²C 总线的基本特征

I²C 总线具有以下几个基本特征。

- 符合 I²C 总线标准的器件都具有一样的硬件接口即 SDA 和 SCL，用户只需要简单地将这两根引脚连接到其他器件上即可完成硬件的设计。
- 符合 I²C 总线标准的器件可以都拥有唯一的器件地址，所以在使用过程中不会混淆。
- 符合 I²C 总线标准的器件可以分为主器件、从器件和主从器件三类，其中主器件可以发出串行时钟信号，而从器件只能被动地接收串行时钟信号，主从器件则既可以主动发出串行时钟信号，也能被动接收串行时钟信号。

表 7.4 中是 I²C 总线协议中的一些常用术语。

表 7.4 I²C 总线中的常用术语

术　语	描　述
发送器	I²C 总线上发送数据的器件
接收器	I²C 总线上接收数据的器件
主机	I²C 总线上能发送时钟信号的器件
从机	I²C 总线上不能发送时钟信号的器件
多主机	同一条 I²C 总线上有一个以上的主机且都使用这条 I²C 总线
主器件地址	主机的内部地址，每一种主器件有其特定的主器件地址
从器件地址	从机的内部地址，每一种从器件有其特定的从器件地址
仲裁过程	同时有一个以上的主机尝试操作总线，I²C 总线使得其中一个主机获得总线的使用权并不破坏报文的过程
同步过程	两个或两个以上器件同步时钟信号的过程

2. I²C 总线信号及通信过程介绍

I²C 总线上的时钟信号 SCL 是由所有挂接到该信号线上的器件的 SCL 信号进行逻辑“与”产生的。当这些器件中任何一个的 SCL 引脚上的电平被拉低之后，SCL 信号线就将一直保持低电平，只有当所有器件的 SCL 引脚都恢复到高电平之后，SCL 总线才能恢复为高电平状态，所以这个时钟信号长度由维持低电平时间最长的器件来决定。在下一个时钟周期内，第一个 SCL 引脚被拉低的器件又再次将 SCL 总线拉低，这样就形成了连续的 SCL 时钟信号。

在 I²C 总线规范中，数据的传送必须以主器件发送启动信号开始，以主器件发送停止信号结束，从器件收到启动信号之后需要发送应答信号来通知主器件已经完成一次数据接收。I²C 总线的启动信号是在读写信号之前，当 SCL 处于高电平时候，SDA 从高到低的一个跳变。而当 SCL 处于高电平时候，SDA 从低到高的一个跳变被当做 I²C 总线的停止信号，标志一种操作的结束，马上即将结束所有的相关的通信，如图 7.10 所示是启动信号和停止信号时序示意图。

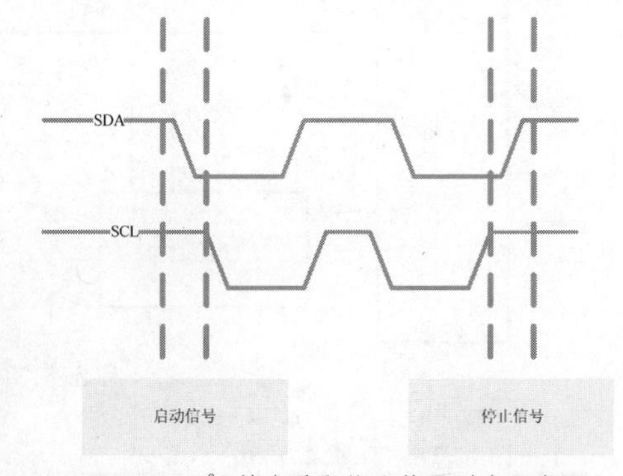

▲图 7.10 I²C 的启动和停止信号时序示意图

在启动信号之后发送的是一个或者多个字节的数据，字节中高位在前，低位在后。主机在发送完成一个字节之后需要等待从机返回的应答信号。应答信号是从机在接受到主机发送的一个字节数据之后，在下一次时钟到来时在 SDA 信号线上给出一个低电平，如图 7.11 所示。

I²C 总线的数据信号必须符合以下规定。

- 启动信号之后必须有一个用于寻址的地址字节数据。
- 在 SCL 时钟信号有效时，SDA 上的高电平代表该位数据为“1”，否则为“0”。
- 如果主机在产生启动信号并且发送完数据之后还想继续通信，则可以不发送停止信号而发送另一个启动信号并且发送下一个地址字节以供连续通信。

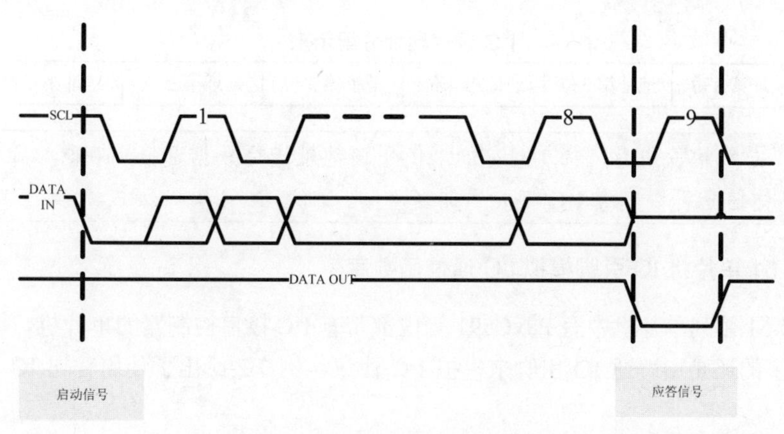

▲图 7.11　I²C 的应答信号时序示意图

SDA 和 SCL 总线上均接有 10kΩ左右的上拉电阻，当 SCL 为高电平时对应的 SDA 的数据为有效；当 SCL 为低电平时候，SDA 上的电平变化被忽略。在发送出一个启动信号之后，该条 I²C 总线被定义为“忙状态”，此时禁止同一条总线上其它没有获得总线控制权的主机操作该条总线，而在停止信号之后的一段时间内，总线被定义为“空闲状态”，此时允许其他主机通过总线仲裁来获得总线的使用权，进行下一次数据传送。

在 I²C 某一条总线上可能会挂接几个都会对总线进行操作的主机，如果有一个以上的主机同时对总线进行操作时，I²C 总线就必须使用仲裁来决定哪一个主机能够获得总线的操作权。I²C 总线的仲裁是在 SCL 信号为高电平时，根据当前 SDA 状态来进行的，在总线仲裁期间，如果有其他的主机已经在 SDA 上发送一个低电平，则发送高电平的主机将会发现该时刻 SDA 上的信号和自己发送的信号不一致，此时该主机则自动被仲裁为失去对总线的控制权，这个过程如图 7.12 所示。

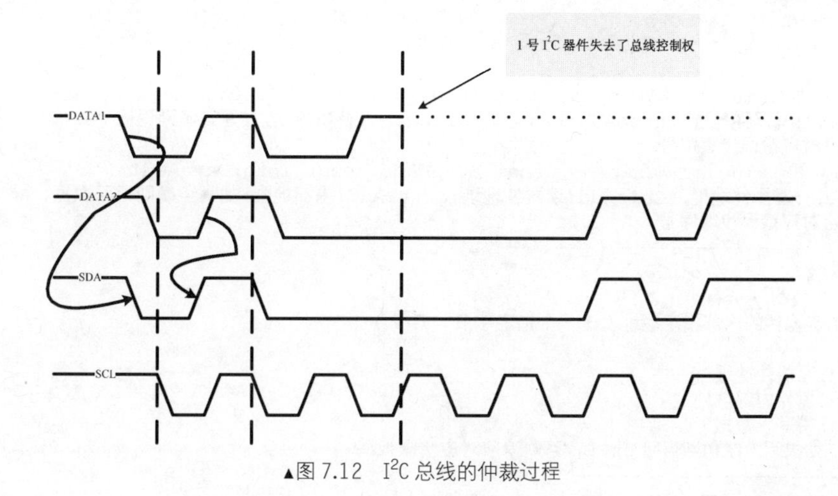

▲图 7.12　I²C 总线的仲裁过程

I²C 外围器件有一个很重要的参数是器件的地址，在本小节前面介绍过，不同的器件不同且唯一的地址，I²C 总线上的主机通过对这个地址的呼叫来确定对总线上的拥有该地址的器件进行数据交换，表 7.5 给出了 I²C 器件的地址分配示意，地址字节中前 7 位为该器件的 I²C 地址，该字节的第 8 位用来表明数据的传输方向，也称为读/写标志位。该标志位为“0”时为写操作，数据方向为主机到从机；为“1”时为读操作，数据方向为从机到主机。

表 7.5　　　　I²C 器件地址分配示意

地址最高位	地址第 6 位	地址第 5 位	地址第 4 位	地址第 3 位	地址第 2 位	地址第 1 位	R/W

注意： I²C 总线协议中有广播地址，如果使用该地址进行数据通信则在总线上的所有器件均能收到，具体信息可以参考 I²C 相关手册。

3. MCS-51 单片机 IO 引脚模拟 I²C 通信函数库

虽然 MCS-51 系列单片机中有 P8xC591 等内部带有 I²C 接口控制器的单片机，但是在实际工程中使用的最多的还是用普通 IO 引脚来模拟 I²C 协议，例 7.2 给出了使用普通 IO 引脚模拟 I²C 协议的库函数。

【例 7.2】本实例用 MCS-51 单片机的 P1.3、P1.4 引脚分别来模拟 I²C 的数据线 SDA 和 SCL 来完成 I²C 数据通信，使用 nop 函数来延时，在实际使用中可以根据所应用的单片机的工作频率来修改操作之间 nop 函数的个数。

```
#include "AT89X52.h"
#include "intrins.h"
#define uchar unsigned char
#define uint unsigned int
#define ON 0
#define OFF 1

sbit SDA = P1 ^ 3;                      //数据位
sbit SCL = P1 ^ 4;                      //时钟
bit Ack;                                //应答标志 ack=1 正确

void Start_I2C();                       //启动函数
void Stop_I2C();                        //结束函数
void Ack_I2C();                         //应答函数
void SendByte(uchar c);                 //字节发送函数
uchar RevByte();                        //接收数据

uchar WIICByte(uchar WChipAdd,uchar InterAdd,uchar WIICData);
//WChipAdd:写器件地址;InterAdd:内部地址;WIICData:待写数据;如写正确则返回 0xff,
//否则返回对应错误步骤序号
uchar RIICByte(uchar WChipAdd,uchar RChipAdd,uchar InterDataAdd);
//WChipAdd:写器件地址;RChipAdd:读器件地址;InterAdd:内部地址;如写正确则返回数据,
//否则返回对应错误步骤序号
/*------------------------------------
字节发送函数
函数原型：WIICByte()
功能：向指定器件的内部指定地址发送一个指定字节
函数参数：
WChipAdd:写器件地址
InterAdd:器件内部地址
WIICData:待写入数据
返回数据：如果写入成功则返回 0xFF，否则返回对应步骤代码
------------------------------------*/
uchar WIICByte(uchar WChipAdd,uchar InterAdd,uchar WIICData)
{
    Start_I2C();                        //启动
    SendByte(WChipAdd);                 //发送器件地址以及命令
    if (Ack==1)                         //收到应答
    {
          SendByte(InterAdd);           //发送内部子地址
          if (Ack ==1)
          {
```

```
            SendByte(WIICData);     //发送数据
            if(Ack == 1)
            {
                Stop_I2C();
                return(0xff);
            }
            else
            {
                return(0x03);
            }
        }
        else
        {
            return(0x02);
        }
    }
    return(0x01);
}

/*---------------------------------
字节读取函数
函数原型: RIICByte()
功能: 读取指定器件的内部指定地址一个字节数据
函数参数:
WChipAdd:写器件地址
RChipAdd:读期间
InterDataAdd:内部地址
返回值: 读出的数据
---------------------------------*/

uchar RIICByte(uchar WChipAdd,uchar RChipAdd,uchar InterDataAdd)
{
    uchar TempData;
    TempData = 0;
    Start_I2C();                            //启动
    SendByte(WChipAdd);                     //发送器件地址以及读命令
    if (Ack==1)                             //收到应答
    {
        SendByte(InterDataAdd);             //发送内部子地址
        if (Ack ==1)
        {
            Start_I2C();
            SendByte(RChipAdd);
            if(Ack == 1)
            {
                TempData = RevByte();
                Stop_I2C();
                return(TempData);
            }
            else
            {
                return(0x03);
            }
        }
        else
        {
            return(0x02);
        }
    }
    else
    {
        return(0x01);
    }
}
/*---------------------------------
```

```
启动总线函数
函数原型：Start_I2C()
功能：启动 I²C 总线，即发送起始条件
函数参数：无
返回值：无
---------------------------------*/
void Start_I2C()
{
    SDA = 1;                            //发送起始条件数据信号
    _nop_();
    SCL = 1;
    _nop_();                            //起始建立时间大于 4.7µs
    _nop_();
    _nop_();
    _nop_();
    _nop_();
    SDA = 0;                            //发送起始信号
    _nop_();
    _nop_();
    _nop_();
    _nop_();
    _nop_();
    SCL = 0;                            //钳位
    _nop_();
    _nop_();
}
/*--------------------------------
结束总线函数
函数原型：Stop_I2C()
功能：结束 I²C 总线，即发送 I²C 结束条件
--------------------------------*/
void Stop_I2C()
{
    SDA = 0;                            //发送结束条件的数据信号
    _nop_();                            //发送结束条件的时钟信号
    SCL = 1;                            //结束条件建立时间大于 4µs
    _nop_();
    _nop_();
    _nop_();
    _nop_();
    _nop_();
    SDA = 1;                            //发送 I²C 总线结束命令
    _nop_();
    _nop_();
    _nop_();
    _nop_();
    _nop_();
}

/*--------------------------------
字节数据传送函数
函数原型：SendByte(uchar c)
功能：将数据 c 发送出去，可以是地址，
也可以是数据，发送完成之后等待应答
并且对应答状态位进行操作，不应答和非
应答都使得 ACK=0，发送数据正常则 ACK=1
---------------------------------*/
voidSendByte(uchar c)
{
    uchar BitCnt;
    for(BitCnt = 0;BitCnt < 8;BitCnt++)             //一个字节
         {
              if((c << BitCnt)& 0x80) SDA = 1;  //判断发送位
              else    SDA = 0;
              _nop_();
```

```
                SCL = 1;                    //时钟线为高，通知被控器开始接收数据
                _nop_();
                _nop_();
                _nop_();
                _nop_();
                _nop_();
                SCL = 0;
            }
        _nop_();
        _nop_();
        SDA = 1;                            //释放数据线，准备接收应答位
        _nop_();
        _nop_();
        SCL = 1;
        _nop_();
        _nop_();
        _nop_();
        if(SDA == 1) Ack =0;
        else Ack = 1;                       //判断是否收到应答信号
        SCL = 0;
        _nop_();
        _nop_();
    }

    /*--------------------------------------------
    字节数据接收函数
    函数原型:uchar RcvByte();
    功能：用来接收从器件传来的数据，并且判断总线错误（不发送应答信号）
    发送完成后使用应答信号
    --------------------------------------------*/
    uchar RevByte()
    {
        uchar retc;
        uchar BitCnt;
        retc = 0;
        SDA = 1;
        for(BitCnt=0;BitCnt<8;BitCnt++)
        {
            _nop_();
            SCL = 0;                        //置时钟线为低，准备接收
            _nop_();
            _nop_();
            _nop_();
            _nop_();
            _nop_();
            SCL = 1;                        //置时钟线为高，使得数据有效
            _nop_();
            _nop_();
            retc = retc << 1;               //左移补零
            if (SDA == 1)
            retc = retc + 1;                //当数据为真时加 1
            _nop_();
            _nop_();
        }
        SCL = 0;
        _nop_();
        _nop_();
        return(retc);
    }
```

7.3.3 SPI 总线扩展

SPI（Serial Peripheral Interface）接口总线是由摩托罗拉公司开发的一种总线结构，这是一种全双工的串行总线，常用于单片机和外围器件的通信，可以达到 3Mbit/s 的通信速度。SPI 总线

由 4 根信号线组成，其分别定义如下。

- MISO：主入从出引脚，主机的数据输入线，从机的数据输出线。
- MOSI：主出从入引脚，主机的数据输出线，从机的数据输入线。
- SCK：数据流动的串行时钟，由主机发出，对于从机是输入信号；当主机发起一次传送时，自动发出 8 个 SCK 信号，数据移位发生在 SCK 的一次跳变上。
- SS：外设片选，这是一个数据传送开始前允许从机 SPI 工作的片选信号。

和 I^2C 总线不同，SPI 总线上只允许存在一个主机，从机由 SS 信号来选择。在时钟信号 SCK 的上升/下降沿数据从主机的 MOSI 引脚上流出到被 SS 选中的从机的 MISO 引脚上；而在下一次下降/上升沿上数据从从机的MISO 引脚上给出，流入主机的 MOSI 引脚上，SPI 的工作过程类似一个 16 位的移位寄存器，其中 8 位数据在主机中，另外的 8 位数据在从机中，用 SPI 扩展的 MCS-51 单片机系统如图 7.13 所示。

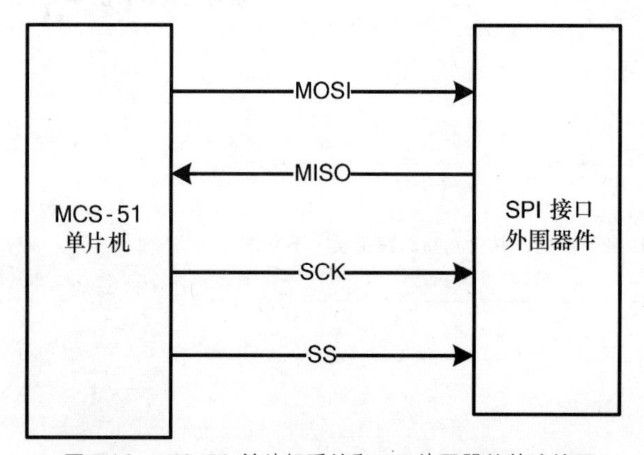

▲图 7.13　MCS-51 单片机系统和 SPI 外围器件的连接图

和 I^2C 总线相同，SPI 总线的数据交换过程也需要时钟驱动，SPI 总线有时钟极性（CPOL）和时钟相位（CPHA）两个参数；前者决定了有效时钟是高电平还是低电平，后者决定有效时钟的相位，这两个参数配合起来决定了 SPI 总线的数据时序，如图 7.14 和图 7.15 所示。

从图 7.14 和图 7.15 中可以看出如下规律。

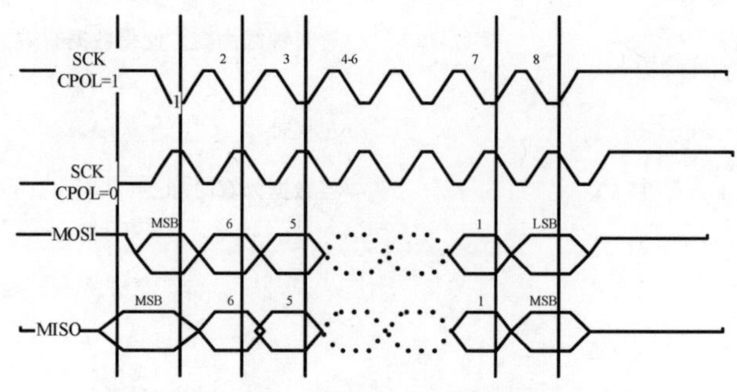

▲图 7.14　CPHA = 0 时的 SPI 总线数据传输时序

- 如果 CPOL=0，则串行同步时钟的空闲状态为低电平。
- 如果 CPOL=1，则串行同步时钟的空闲状态为高电平。
- 如果 CPHA=0，则在串行同步时钟的第一个跳变沿（上升或下降）数据被采样。
- 如果 CPHA=1，在串行同步时钟的第二个跳变沿（上升或下降）数据被采样。

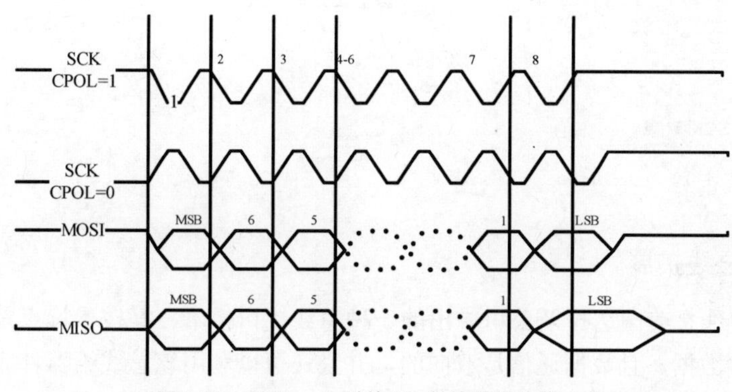

▲图 7.15　CPHA = 1 时的 SPI 总线数据传输时序

和 I^2C 总线结构类似，MCS-51 系列单片机中也有内置了 SPI 接口控制器的单片机，但是在实际的工程应用中最常用的还是使用普通 I/O 引脚来模拟 SPI 接口总线进行数据交换。例 7.3 是使用普通 I/O 引脚来模拟 SPI 引脚的库函数。

【例 7.3】本实例使用 MCS-51 单片机的普通 I/O 引脚来模拟 SPI 总线接口，其中省略了 SS 引脚的控制，需要在使用中根据单片机系统的具体情况添加

```
/* 本例中的硬件连接方式如下(实际应用电路可以参照修改下述定义及子程序) */
/* 单片机的引脚
     P1.4                 SS
     P1.5                 MISO
     P1.6                 MOSI
     P1.7                 SCK      */

#include <AT89X52.h>

sbit  SPI_SS = P1 ^ 4;                      /* SCS 引脚 */
sbit  SPI_MISO = P1 ^ 5;                    /* MISO 引脚 */
sbit  SPI_MOSI = P1 ^ 6;                    /* MOSI 引脚 */
sbit  SPI_SCK = P1 ^ 7;                     /* SCK 引脚 */

void  SpiOutByte(unsigned char d)           /* SPI 输出 8 个位数据 */
{
    unsigned char i;
    for ( i = 0; i < 8; i ++ )
    {
          SPI_SCK = 0;
          if ( d & 0x80 )
          {
                SPI_MOSI = 1;
          }
          else
          {
                SPI_MOSI = 0;
          }
          d <<= 1;                        /* 数据位是高位在前 */
          SPI_SCK = 1;                    /* 在时钟上升沿采样输入 */
     }
}

unsigned char SpiInByte( void )           /* SPI 输入 8 个位数据 */
{
    unsigned  i, d;
    d = 0;
    for ( i = 0; i < 8; i ++ )
    {
          SPI_SCK = 0;                    /* 在时钟下降沿输出 */
```

```
        d <<= 1;                      /* 数据位是高位在前 */
        if (SPI_MISO == 1)
        {
            d ++;
        }
        SPI_SCK = 1;
    }
    return( d );
}
```

7.3.4 1-wire 总线扩展

1-wire 接口总线是美国达拉斯公司推出的一种总线接口技术，其技术特点是只用一数据线，既传输时钟也传输数据，且数据通信是双向的，并且还可以利用该总线给器件完成供电的任务。1-wire 总线具有占用 IO 资源少、硬件简单的优点。和 I^2C 总线类似，在一条 1-wire 总线上可以挂接多个器件。这些器件既可以是主机也可以是从机器件。利用 1-wire 总线扩展 MCS-51 单片机系统外围器件的示意图如图 7.16 所示。

1-wire 总线的接口器件通过一个漏极开路的三态端口连接到总线上，这样使得器件在不使用总线的时候可以释放信号线以便于其他器件使用总线。由于是漏极开路，所以 1-wire 要在总线上拉一个 5kΩ左右的电阻到 VCC。如果使用寄生方式供电，为了保证器件在所有的工作状态下都有足够的电量，在总线上还必须提供一个 MOSFET 管以存储电能。

> 寄生供电方式：指 1-wire 器件不使用外接电源，直接使用数据信号线作为电能传输信号线的供电方式。

1. 1-wire 总线的工作流程

1-wire 的工作流程包括总线初始化、发送 ROM 命令+数据以及发送功能命令+数据这 3 个步骤，除了搜索 ROM 命令和报警搜索命令之后不能发送功能命令+数据而是要重新初始化总线之外，其他的总线操作过程必须完整地完成这 3 个步骤。

总线初始化过程由主机发送的总线复位脉冲和从机响应的应答脉冲组成，后者告诉主机该总线上有准备就绪的从机信号，总线初始化的时序可以参考 1-wire 相关手册。

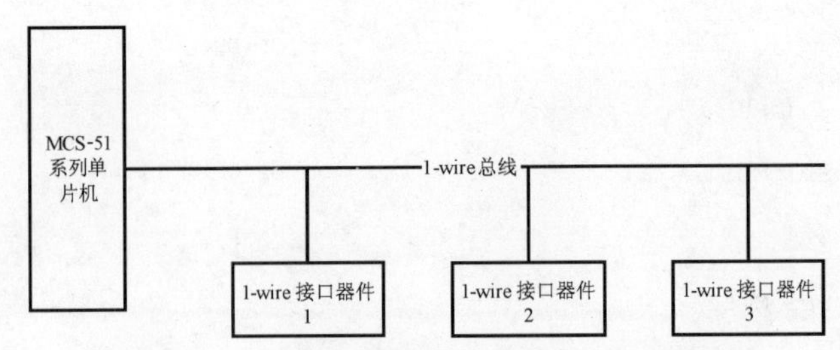

▲图 7.16　1-wire 扩展 MCS-51 系列单片机外围器件

和 I^2C 器件类似，1-wire 总线器件也有自己的地址，这是一个唯一 64 位数据，用于标示该器件的种类。ROM 命令是和 ROM 代码相关的一系列命令，用于操作总线上的指定外围器件，ROM 命令还可以检测总线上有多少个外围器件、这些外围器件的种类以及是否有器件处于报警状态。ROM 命令一般有 5 种（视具体器件决定），这些命令的长度都为 1Byte 即 8 位，ROM 命令的操作流程如图 7.17 所示。

表 7.6 给出 ROM 命令的具体说明。

表 7.6　　　　　　　　　　　　ROM 命令的具体说明

指令代码	名　称	功　能
0x33	读 ROM 命令	该指令只能在总线上有且只有一个 1-wire 接口器件时使用，允许主机直接读出器件的 ROM 代码，如果有多个接口器件，必然发生冲突
0x55	匹配 ROM 命令	该指令用于在总线上有多个 1-wire 接口器件的情况，在该命令后的命令数据为 64 位的器件地址，允许主机读出和该地址匹配的器件的 ROM 数据
0xCC	忽略 ROM 命令	该指令用于同时访问总线上所有的 1-wire 接口器件，是一个“广播”命令，不需要跟随器件地址，常常用于启动等命令
0xF0	搜索 ROM 命令	该指令用于搜索总线上所有的 1-wire 接口器件
0xEC	报警命令	该指令用于使总线上设置了报警标志的 1-wire 接口设备返回报警状态，这个命令的用法和搜索 ROM 命令类似，但是只有部分的 1-wire 器件支持

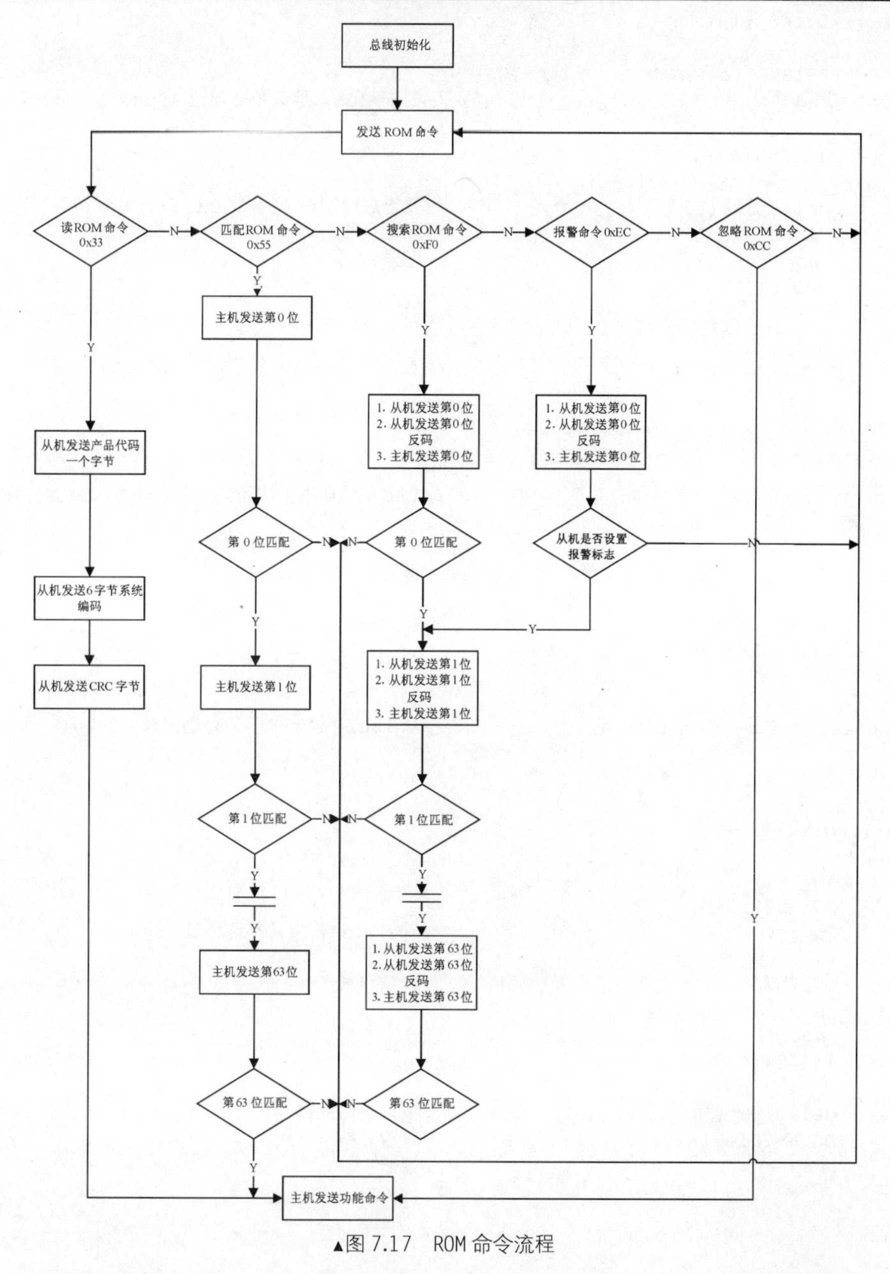

▲图 7.17　ROM 命令流程

在主机发送完 ROM 命令之后，发送需要操作的具体器件的功能命令+数据，即可对指定的具体器件进行操作。

2. 1-wire 总线的库函数

目前带有 1-wire 总线接口的 MCS-51 单片机非常少，所以通常的做法是使用一个普通的 IO 引脚来模拟 1-wire 总线的读写操作，例 7.4 给出了普通 IO 引脚模拟 1-wire 读写操作的库函数。

【例 7.4】普通 IO 引脚模拟 1-wire 读写操作的库函数。

```
void DS18b20_w_byte(uchar x)                    //向 18b20 写一个字节，x 是要写的内容
{
    uchar i;
    for(i=0;i<8;i++)
    {
          DS18b20io=0;
          _nop_();                              //要求>1μs，但又不能超过 15μs
          _nop_();
          if(0x01&x)
                 DS18b20io=1;
          delay_5us(30);                        //要求总时间在 60～120μs 范围内
          DS18b20io=1;                          //释放总线
          _nop_();                              //要求>1μs
          x=x>>1;
    }
}
void delay_5us(uchar y)                         //(2.17×y+5)μs 延时，11.059 2MHz 晶振
{
   while(--y);
}

void delay(uint v)                              //1ms 单位延时(实际是 0.998ms); 50 是 49ms, 500 是
490ms，晶振 11.059 2MHz
{
    uchar i;
    while(v--)
    {
       for(i=0;i<111;i++);
    }
}
uchar DS18b20_r_byte(void)                      //从 18b20 读一个字节，返回读到的内容
{
   uchar i,j;
   j=0;
   for(i=0;i<8;i++)
   {
         j=j>>1;
         DS18b20io=0;
         _nop_();                               //要求>1μs，但又不能超过 15μs
         _nop_();
         DS18b20io=1;                           //释放总线
         _nop_();
         _nop_();
         if(DS18b20io)
               j|=0x80;
         delay_5μs(30);                         //要求总时间在 60～120μs
         DS18b20io=1;                           //释放总线
         _nop_();                               //要求>1μs
   }
   return j;
}
```

7.4 PGMS 的外部资源扩展综述

PGMS（有毒气体监控系统）有采集点和中心点两个不同的单片机系统，由 1.3.2 得知采集点需要扩展电压—数字外围器件、数字—电压外围器件、温度-数字外围器件、显示外围器件、单片机—单片机通信外围器件、声音报警外围器件，综合考虑之后完成的采集点外围器件扩展方式如图 7.18 所示。

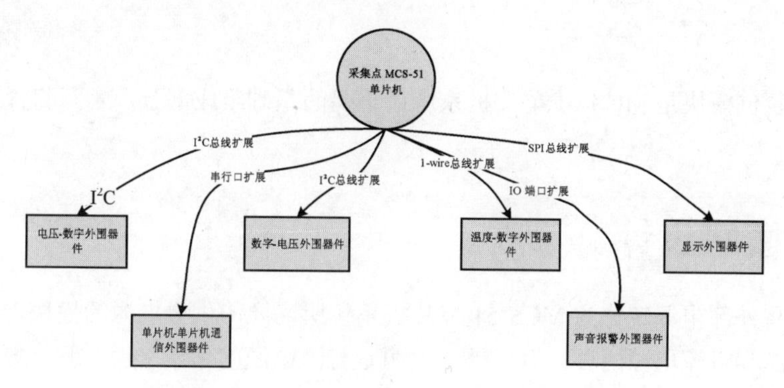

▲图 7.18　采集点单片机系统的外围器件扩展方式

由 1.3.2 也可知中心点需要扩展单片机—单片机通信外围器件、声音报警外围器件、显示外围器件、输入接口器件数据记录接口器件以及时钟信号提供器件，综合考虑之后完成的中心点外围器件扩展方法如图 7.19 所示。

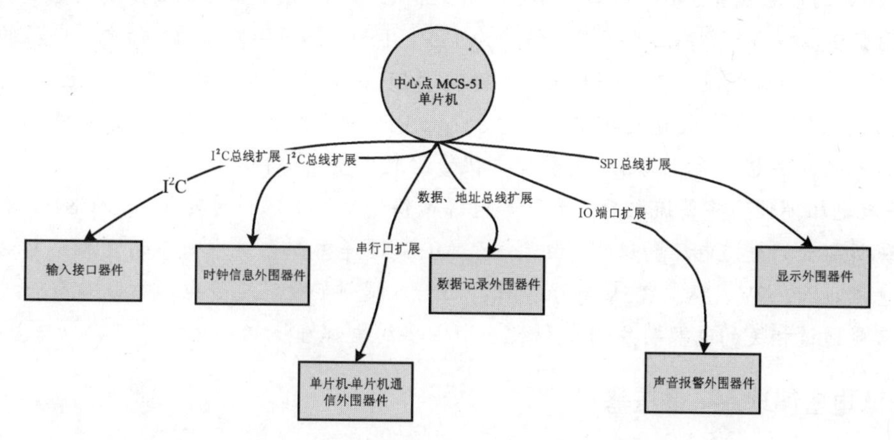

▲图 7.19　中心点单片机系统外围器件扩展方式

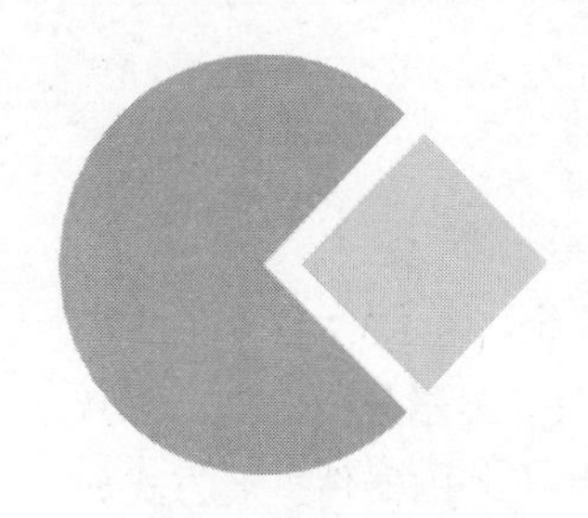

第8章　MCS-51单片机系统的电源模块和复位模块设计

电源模块和复位模块是MCS-51单片机系统最重要的基础组成部分，本章将详细介绍这两个部分的设计。

8.1　电源模块设计

电源模块是将外部电源转化为MCS-51单片机系统所需要的供电电源的模块，一般来说，外部电源有交流电源和直流电源两种。对于外部电源是交流电源的系统来说，其一般采用220V市电，或者380V工业用电直接供电，需要进行交流电压调理、整流、直流电压调理3个步骤才能得到MCS-51单片机系统所需要的供电电源；而对于外部电源是直流电源的系统来说，只需要进行直流电压调理则可以得到MCS-51单片机系统所需要的供电电源。

- 交流电压调理：将较高的交流电压变成较低的交流电压的过程。由于外部交流电源通常是220V的市电或者380V的工业用电，为了能适应MCS-51单片机所需要的电压，通常使用变压器将这些“高压交流电”转换为12V、15V、24V等电压的交流电，电压的数值根据系统的具体情况决定，一般来说要略高于MCS-51单片机系统所需要的电源最高电压。
- 整流：将交流电变成直流电过程。由于MCS-51单片机系统中绝大部分器件都需要使用直流电源供电，所以通常使用整流二极管组或者整流桥将交流电信号变成直流。
- 直流电压调理：将整流之后或者外部电源提供的直流电源信号转化为MCS-51单片机系统所需要的直流电压的过程。由于一个MCS-51单片机系统中需要的直流供电电压可能包括12V、9V、5V、3.3V等很多种，而输入提供的直流电源电压往往只有一种，所以需要通过相关的电源芯片/模块转化出所需要的全部直流电源电压。

8.1.1　交流电压调理——变压器

电流电压的调理一般是通过变压器来完成的。变压器是利用电磁感应的原理来改变交流电压的装置，主要构件是初级线圈、次级线圈和铁心（磁芯），常用于升降电压、匹配阻抗，安全隔离等用途，变压器的实物如图8.1所示。

MCS-51单片机系统使用的变压器主要需要考虑的参数有：输入电压、输出电压、输出组数、输出功率/输出电流。

- 输入电压：变压器的交流输入电压。
- 输出电压：变压器的输出电压。
- 输出组数：变压器的输出可以是很多组，这些输出组从电源上是隔离的。

- 输出功率/输出电流：变压器能提供的最大功率或者说能提供的最大输出电流，不同的输出组可以提供不同大小的输出功率/输出电流。

图 8.2 是单组输出的变压器电路图。

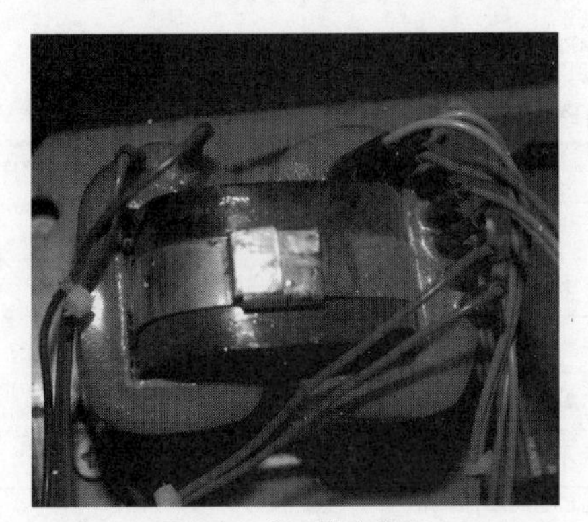

▲图 8.1　变压器实物图

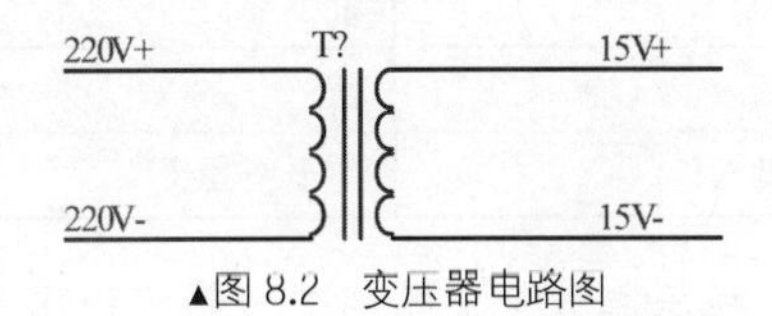

▲图 8.2　变压器电路图

8.1.2　整流——整流桥

整流是将交流电压转化为直流电压过程，一般使用整流二极管或者整流桥来完成。

整流二极管是一种将交流电能转变为直流电能的半导体器件，通常它包含一个 PN 结，有阳极和阴极两个端子，它能使得符合相位的交流电流通过二极管而阻止反向的交流电流通过二极管。而整流桥是将多个（一般是 2 个或者 4 个）整流管封在一个器件里的设备，可以分为全桥和半桥。全桥是将连接好的全波桥式整流电路的 4 个二极管封在一起，而半桥是将连接好的两个二极管桥式半波整流电路封在一起。用两个半桥可组成一个桥式整流电路，而使用单个半桥也可以组成变压器带中心抽头的全波整流电路，整流桥通常需要考虑的参数是截止电压、工作频率和额定电流，图 8.3 是整流桥的实物图。

- 截止电压：整流电压反向加在整流桥上整流二极管上允许的最高电压。截止电压决定整流桥允许整流的电压最大值。
- 工作频率：由于交流电都是周期性的变化相位的，也就是常说的交流电的频率，所以对应的整流桥也需要有一定的工作频率。
- 额定电流：整流桥允许通过的最大电流，直接决定了整流桥允许的负载功率。

图 8.4 是全波整流的整流桥电路图。

▲图 8.3　整流桥实物图

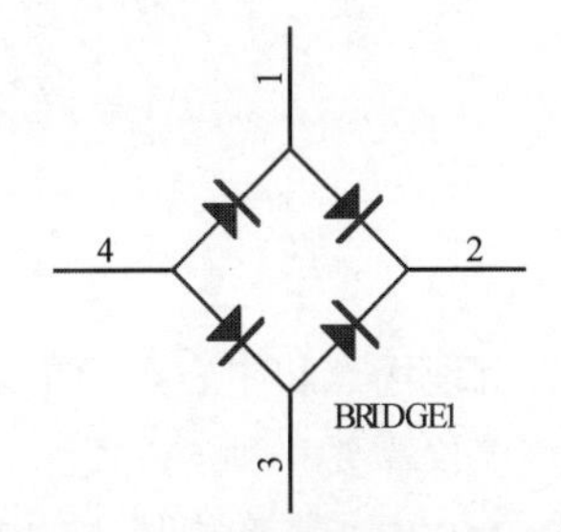

▲图 8.4　全波整流的整流桥电路图

8.1.3 直流电压调理

一个 MCS-51 单片机系统可能需要一个或者多个不同电压的直流电压供电，而外部电源提供的电压未必能满足单片机系统的全部需求，此时需要对这些电压进行调理以得到单片机系统需要的电源。

常见的直流电压调理的方法和比较如表 8.1 所示。

表 8.1 直流电压调理方法

	稳压管	电源模块	电源芯片
成本	低	高	中等
电路设计	简单	非常简单	一般
功率/电流	较小	大	比较大
稳定性	差	好	普通
外围/辅助器件	几乎不需要	不需要	需要

- 稳压二极管（齐纳二极管、稳压管）是一种硅材料制成的面接触型晶体二极管。稳压管在反向击穿时，在一定的电流范围内端电压几乎不变，表现出稳压特性，因而广泛应用于稳压电源与限幅电路之中。稳压二极管可以串联起来以便在较高的电压上使用，通过串联就可获得更多的稳定电压。
- 电源芯片可以将一种电压电源转化为另外一种电压电源，一般需要添加外部电阻、电容、电感进行辅助滤波等工作，在 MCS-51 单片机系统中使用得最为广泛的电源芯片是 78××（正电压）和 79××（负电压）系列以及 LM1117 等。
- 电源模块是可以直接贴装在印刷电路板上的电源供应器，其实质是集成了电源芯片和电源芯片外围器件的电路模块，有开关和线性两种。

8.1.4 PGMS 系统的电源模块设计

MCS-51 单片机系统的完整电源结构如图 8.5 所示。

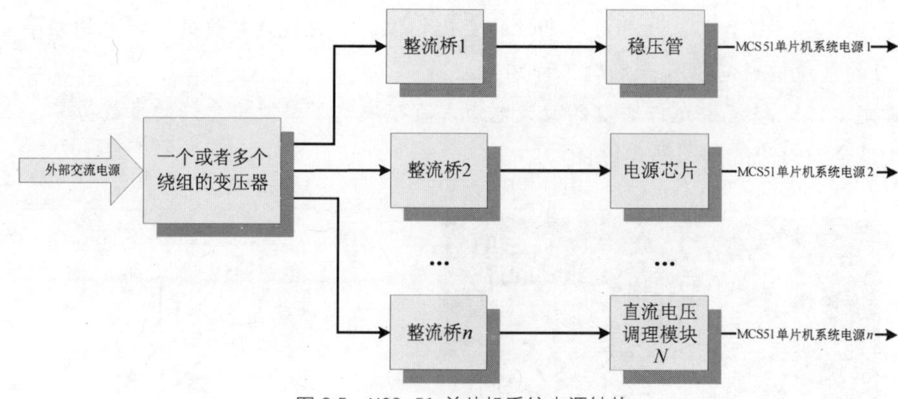

▲图 8.5 MCS-51 单片机系统电源结构

PGMS 有现场点和中心点两个单片机系统，都采用 220V 交流电供电，其中中心点的 MCS-51 单片机系统仅仅需要一种 5V 直流电源，而现场点的 MCS-51 单片机系统需要 12V 和 5V 两种直流电源。PGMS 中心点和现场点的电源模块电路分别如图 8.6 和图 8.7 所示。

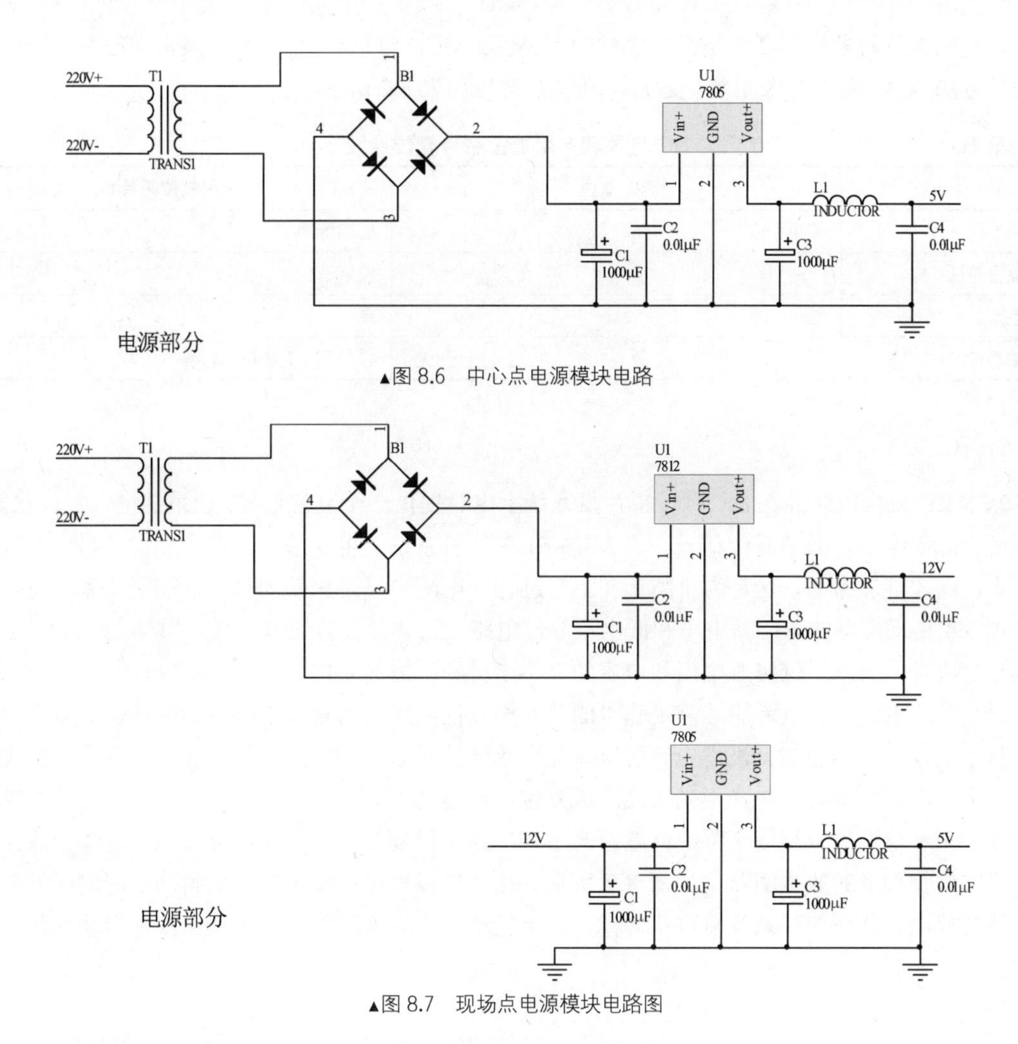

▲图 8.6　中心点电源模块电路

▲图 8.7　现场点电源模块电路图

中心点 MCS-51 单片机系统从 220V 交流电取电，通过变压器变换为 9V 的交流电压，然后使用整流桥获得直流电压之后使用 7805 对该直流电压进行调理，即获得 5V 的直流电压输出。需要注意的是 7805 必须使用 RCL 电路进行滤波才能获得比较“干净的”直流电压。

注意：“干净”是指直流电源的电压比较稳定，且比较少杂波、尖峰信号等干扰，一个“干净的”电源能大大减少 MCS-51 单片机系统的不稳定性。

现场点的 MCS-51 单片机系统电源部分和中心点的很类似，只是在第一级直流电压调理的时候使用了 7812 以获得 12V 的直流电压，然后通过 7805 把 12V 的直流电压转换为 5V 的直流电压。7812 和 7805 的使用方法完全相同。

8.2 复位模块设计

MCS-51 单片机对复位要求非常高，其所有的执行过程都是从一个复位状态开始的，复位电路是影响单片机系统运行稳定性的主要内部因素之一，所以在 MCS-51 单片机系统设计过程中需要非常仔细的考虑其复位模块的设计。根据不同的系统要求，单片机的复位电路有着不同的设计要求，复位电路的最基本要求是系统复位的完整性。MCS-51 单片机系统中最常用的两种复位模块设计方法是 RC 复位和专用复位芯片，其特点对比如表 8.2 所示。

表 8.2　RC 复位和专用复位芯片复位比较

	RC 复位	专用复位芯片
电路	简单	比较简单
复位完整性	一般	较好
成本	低	高
附加功能	无	看门狗、E2PROM 等

8.2.1　RC 复位方式

基本 RC 复位电路能在 MCS-51 单片机系统上电时提供一个复位信号，让系统进入复位状态，当系统电源稳定后，撤销复位信号。当 MCS-51 单片机系统上电完成后，这个复位信号还需要维持一定时间才能够撤销，这是为了防止在上电过程中电源电平带来的的抖动影响到了系统复位过程。图 8.8 是最简单的 RC 高电平和低电平复位电路，具体的复位时间长度由具体的 MCS-51 单片机型号决定，可以通过修改电阻和电容的大小来得到所需的复位宽度。

最简单的 RC 复位电路能够满足基本的单片机复位电路的需求，电路左边的按键可以允许系统进行手动复位，右边的无极性电容可以避免高频谐波对系统的干扰。但是在这个 RC 复位电路中，如果对电阻和电容的选择不当可能造成复位电路驱动能力下降；另外，这个电路还不能够解决电源毛刺和电源电压缓慢下降的问题，为了解决这个问题，在基本 RC 复位电路基础上增加了一个由二极管构成的放电回路，如图 8.9 所示。这个二极管可以在电源电压瞬间下降的时候使得电容快速放电，从而使得系统复位；同样，如果出现一定宽度的电源毛刺也可以使得系统可靠的复位。

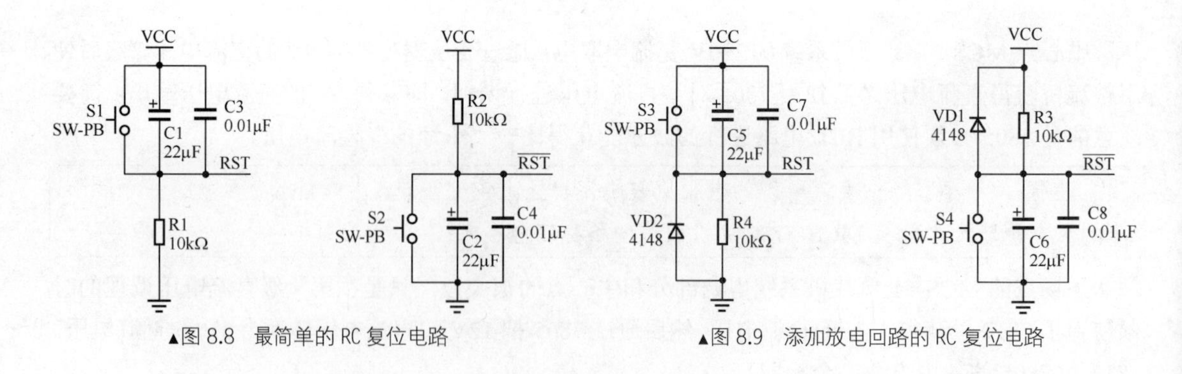

▲图 8.8　最简单的 RC 复位电路　　▲图 8.9　添加放电回路的 RC 复位电路

在图 8.9 的电路基础上再加上一个由三极管构成的比较器，这样就可以避免电源毛刺造成的不稳定。而且电源电压缓慢下降，当达到一个门阀电压的时候就可以稳定的复位。在这个基础上使用一个稳压二极管来避免这个门阀电压不受电源电压的影响，同时增加一个延时电容和一个放电二极管从而构成一个完整的复位电路。如图 8.10 所示，在该电路中，复位的门阀电压为稳压二极管的稳压电压 Vz +0.7V。调节基本 RC 电路中的电容可以调整延时时间，调整电阻可以改变驱动能力，在该图的电路中，电阻值选择为 100kΩ，电容为 10μF。

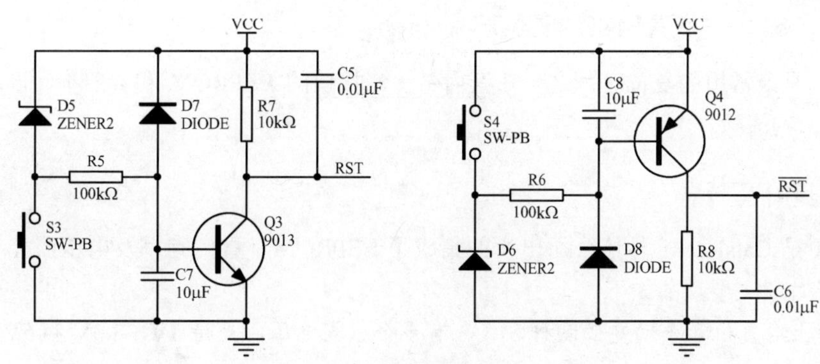

▲图 8.10　一个完整的 RC 复位电路

8.2.2　专用复位芯片

随着芯片技术的发展，出现了很多有复位功能的集成电路芯片。这类芯片可以分为简单的电源复位芯片和功能强大的多功能复位芯片。

简单的电源复位芯片基本功能如下，比较常用的有飞利浦公司的 MAX810 和 MAX809，其典型电路图如 8.11 所示。

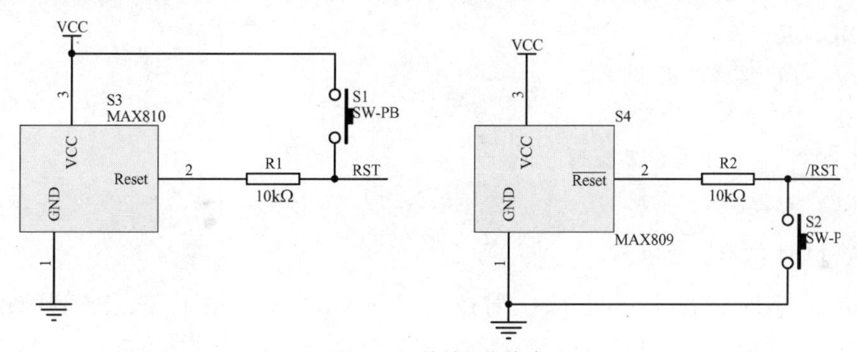

▲图 8.11　简单复位芯片

- 上电复位：保证 MCS-51 单片机系统在上电过程中能正确的复位。
- 掉电复位：当系统电压降低到某个值以下或者完全失效的时候复位系统。

多功能复位芯片是在简单电源复位芯片的基础上添加了看门狗、E2PROM 等功能的芯片，集成度高，能够完成多种功能。常用的多功能复位芯片 Catalyst 公司生产的 CAT1161，由该芯片构成的典型复位电路如图 8.12 所示，CAT1161 的典型使用方法在下一小节中将详细介绍。

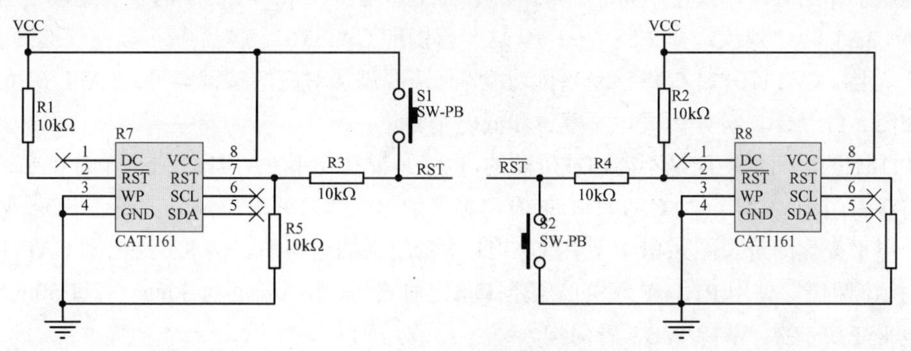

▲图 8.12　CAT1161 的典型应用电路图

8.2.3 CAT1161——带看门狗的复位芯片

CAT1161 是最常用的复位芯片之一，其内带 I^2C 接口的 EEPROM 和看门狗，同时支持使用 I^2C 接口对看门狗清除。

1. CAT1161 的特点

CAT1161 是 Catalyst 半导体公司出产的集成了 EEPROM、看门狗以及电压监控功能的单片机电路监控芯片。主要功能如下。

- 支持上电复位和手动复位两种方式，有多个门阀电压，支持 3V、3.3V 和 5V 系统。
- 提供 1.6s 的看门狗复位功能（CAT1162 不提供）。
- 提供 16KB 的 EEPORM，支持 400kHz 的 I^2C 接口。
- 2.7V～6V 的工作电压。

CAT1161 有 DIP-8 和 SOIC-8 两种封装形式，如图 8.13 所示，其引脚功能如下。

- DC：悬空。
- $\overline{\text{RESET}}$：低电平有效复位信号。
- WP：写保护引脚，该引脚被置高时禁止对内部 EEPROM 进行写操作。
- GND：地。
- SDA：I^2C 总线数据线。
- SCL：I^2C 总线时钟线。
- RESET：高电平有效复位信号。
- VCC：电源。

2. CAT1161 的典型使用

CAT1161 提供 1.6s 的看门狗电路，通过对 I^2C 总线的数据线 SDA 进行一次电平变换操作即可将看门狗清除。如果在 1.6s 内，没有对 SDA 进行操作，CAT1161 将对系统进行复位操作，CAT1161 可以提供高电平、低电平脉冲两种复位方式。CAT1161 内部有 16KB 的 EEPROM，使用 I^2C 总线接口，其操作时序符合标准 I^2C 总线读写时序，和 AT24CXX 系列 EEPROM 相同，其支持 16 字节的页面写功能。

CAT1161 能够支持 3V、3.3V 和 5V 系统，一共有 2.25V～2.7V、2.85V～3.0V、3.0V～3.15V、4.25V～4.5V、4.5V～4.7V 五种复位门阀电压。当系统电压下降到复位门阀电压范围内，CAT1161/2 对系统进行复位。当系统电压上升到门阀电压 200mV 以上后，CAT1161 撤销复位信号。例如 5V 系统宽电压工作的芯片建议使用 4.25～4.5 范围，而工作电压在 4.5V、5.5V 的系统建议使用 4.5V～4.7V 门阀，3.3V 可以建议选择 2.85V～3.0V 这一范围的 CAT1161，3V 系统可以建议选择 2.25V～2.7V 这一范围。CAT1161 还提供手动复位功能，只需要添加对应的按键即可，CAT1161 的典型应用电路如图 8.11 所示，分别为高电平复位和低电平复位。

CAT1161 的看门狗功能是不能够被屏蔽的，也就是说在使用 CAT1161 之后单片机必须在一定时间内将该看门狗清除一次，CAT1161 的看门狗清除起来非常的简单，只需要在 SDA 数据线上给出一个电平变化即可。图 8.14 是使用 CAT1161 看门狗的电路图，例 8.1 给出了 CAT1161 看门狗清除的示例程序。使用 P1.1 作为 SDA 数据口，定时器 T0 定时长度为 50ms，每过 50ms 将 SDA 数据线电平变换一次，清除 WDT 看门狗。

【例 8.1】CAT1161 看门狗监控程序。

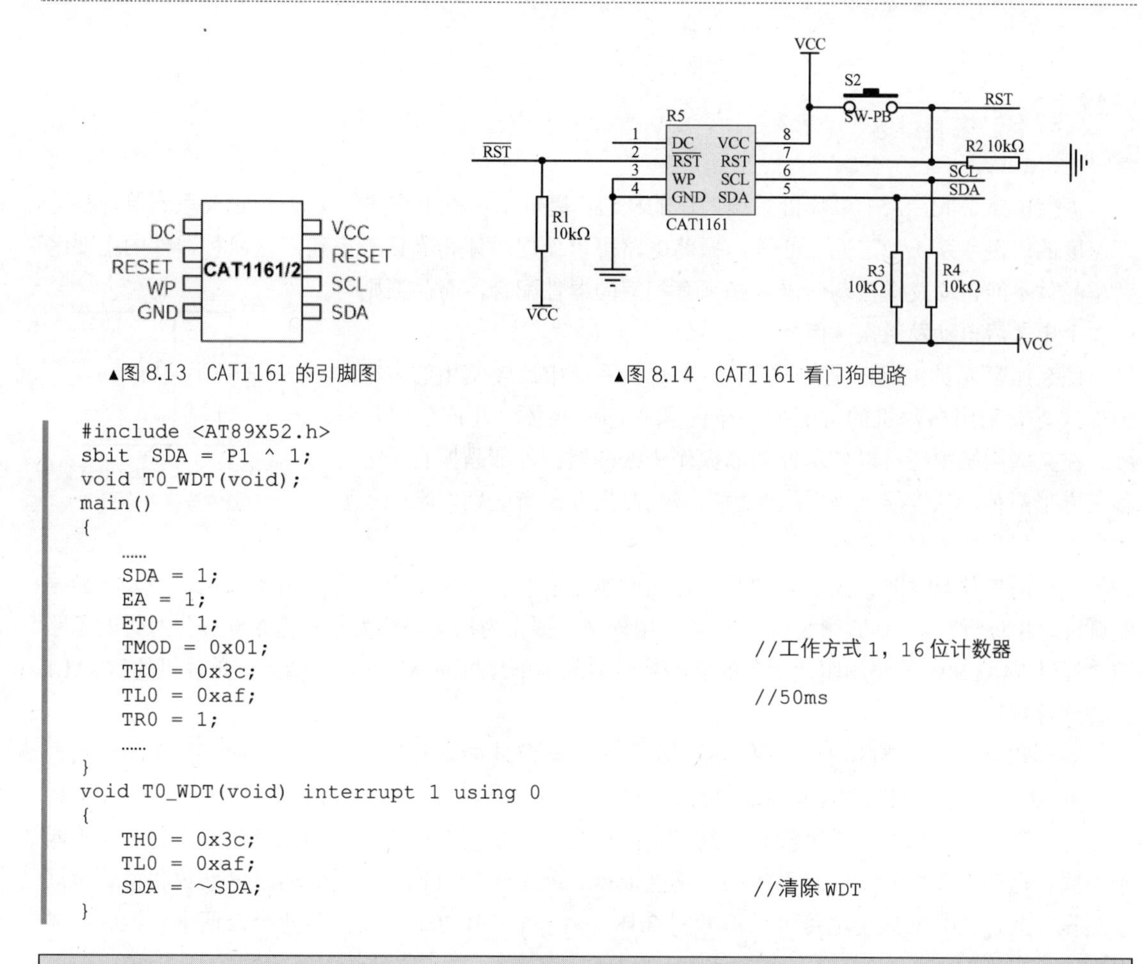

▲图 8.13　CAT1161 的引脚图　　▲图 8.14　CAT1161 看门狗电路

```
#include <AT89X52.h>
sbit  SDA = P1 ^ 1;
void T0_WDT(void);
main()
{
    ......
    SDA = 1;
    EA = 1;
    ET0 = 1;
    TMOD = 0x01;                                              //工作方式 1，16 位计数器
    TH0 = 0x3c;
    TL0 = 0xaf;                                               //50ms
    TR0 = 1;
    ......
}
void T0_WDT(void) interrupt 1 using 0
{
    TH0 = 0x3c;
    TL0 = 0xaf;
    SDA = ~SDA;                                               //清除 WDT
}
```

注意：在实际的单片机系统设计中，如果没有多余的定时器，可以采用在循环程序中添加清除 WDT 的相关程序，只要该循环程序一次执行时间不超过 1.6s 即可。

8.2.4　PMGS 的复位模块

PMGS 的中心点和远端点都使用相同的 CAT1161 复位电路设计，如图 8.15 所示。

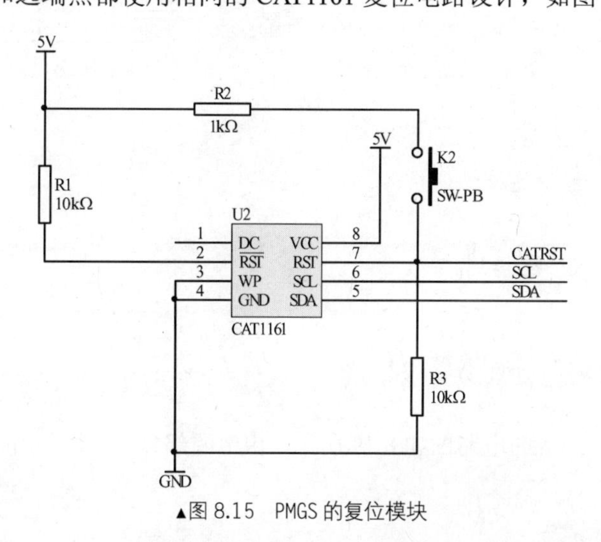

▲图 8.15　PMGS 的复位模块

8.3 振荡电路

振荡电路是 MCS-51 单片机系统工作的核心，提供单片机工作的“动力”。它关系到单片机运算速度的快慢、系统稳定性高低等。振荡电路可以使用晶体和晶振来搭建，这两种器件的主要区别是晶体不能自动发送振荡信号，必须有相应的器件配合，而晶振则可以在上电之后自动发送振荡信号。

图 8.16 所示的电路图是在 MCS-51 单片机系统中比较常用的内部时钟形式，它利用单片机的内部振荡单元和外部的晶体一起产生时钟信号，在某些系统中还可以使用外部晶振作为振荡器。外部晶振有长方形和正方形两种，从性能上来看这两种类型的晶振并没有区别，唯一需要考虑的仅仅是体积尺寸。

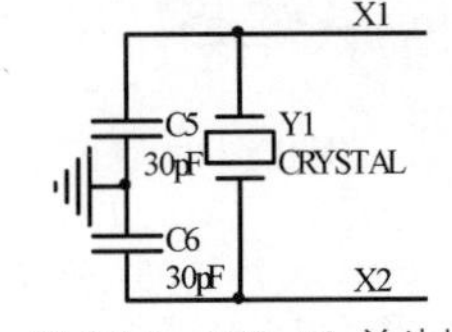

▲图 8.16 MCS-51 单片机晶体振荡电路图

在使用外部晶振时，为了增加晶振输出的驱动能力，一般使用一个反相器（74xx04）将晶振的脉冲输出进行整形驱动。图 8.17 给出了使用外部晶振作为振荡电路为单片机系统提供时钟的电路图。经过 74ALS04 的整形驱动输出的脉冲信号输入到单片机的 XTAL2 引脚上，单片机的 XTAL1 引脚连接到地。

晶体和晶振的主要区别在于晶体需要外接振荡电路才能够起振，发出脉冲信号，而晶振则只需要在相应的引脚上提供电源和地信号即可以发出脉冲信号。从外形来看，晶体一般是扁平封装，有两个引脚，这两个引脚没有区别，功能相同；晶振则大多为长方形或者正方形封装，有四个引脚，这四个引脚的功能互不相同，不能混淆。从工作参数来看，晶体的温度系数和精确度高于晶振。晶体的外部振荡电路可以参考图 8.18，由一个 74LS04 反向器和两个微调电容组成；晶振的管脚定义如下。

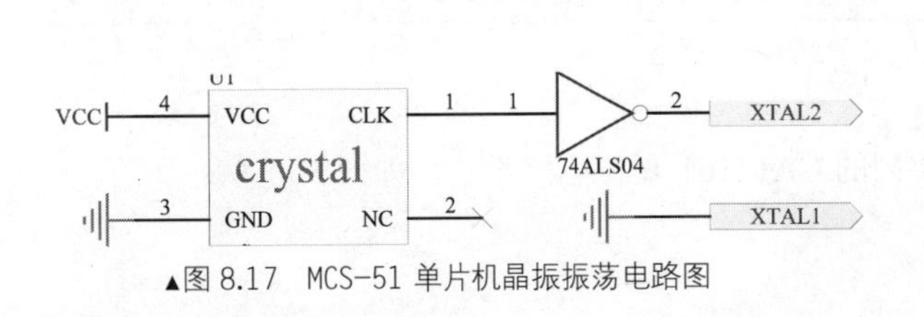

▲图 8.17 MCS-51 单片机晶振振荡电路图

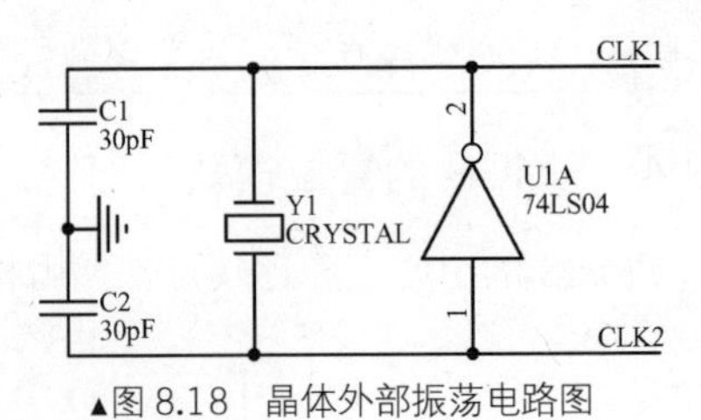

▲图 8.18 晶体外部振荡电路图

- CLK：脉冲信号输出。
- NC：空管脚，可以连接到地信号。
- GND：地信号。
- VCC：电源输入，连接到+5V。

8.4 一个最小的 PMGS 系统

一个最小的 PMGS 系统的电路图如 8.19 所示，由电源部分、复位和看门狗部分、MCS-51 单片机和振荡电路组成。

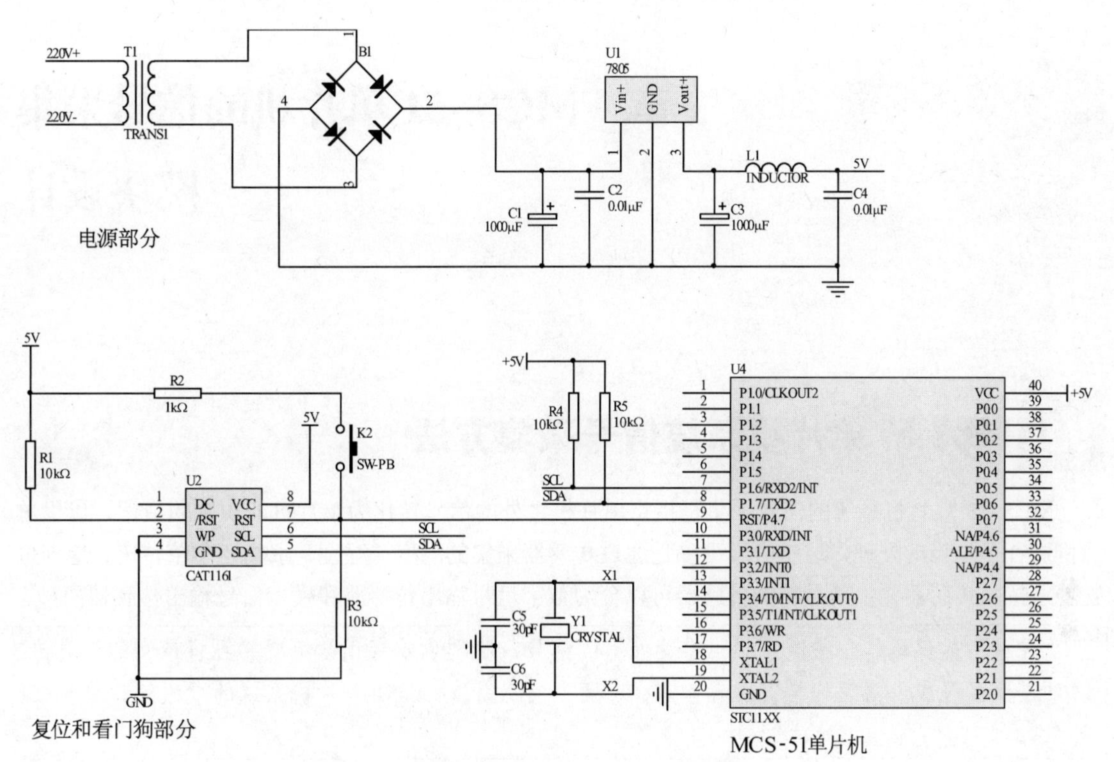

▲图 8.19　一个最小的 PMGS 电路图

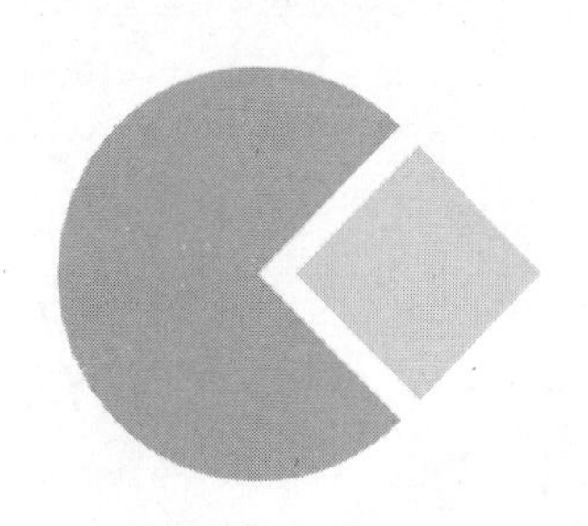

第9章 MCS-51单片机的信号采集模块设计

9.1 MCS-51单片机系统信号采集方法

MCS-51 单片机系统的信号采集是指将单片机之外的信号转化为单片机能识别的数据，以供单片机进行下一步的处理，这些信号可以是通过传感器采集的温度、湿度、水位、车轮转速、地理位置等，按照传感器输出信号种类传感器可以分为数字信号输出传感器和模拟信号输出传感器两种。

> **注意：** 传感器是一种能探测、感受外界的信号、物理量或者化学组成并且将探测的信息传送到其他装置或者器官的装置或者器官，它可以看做是 MCS-51 单片机系统的“眼镜、鼻子、耳朵”。

9.1.1 数字信号采集

数字信号输出传感器将外界的信号、物理量或者化学组成转化为数字量输出，MCS-51 只需要通过相应的接口协议去读取这些数字量即可。常用的接口协议有 I^2C、SPI、1-wire 等，还有最常用的串行口接口，图 9.1 所示为使用数字信号输出传感器的 MCS-51 单片机系统结构示意图。

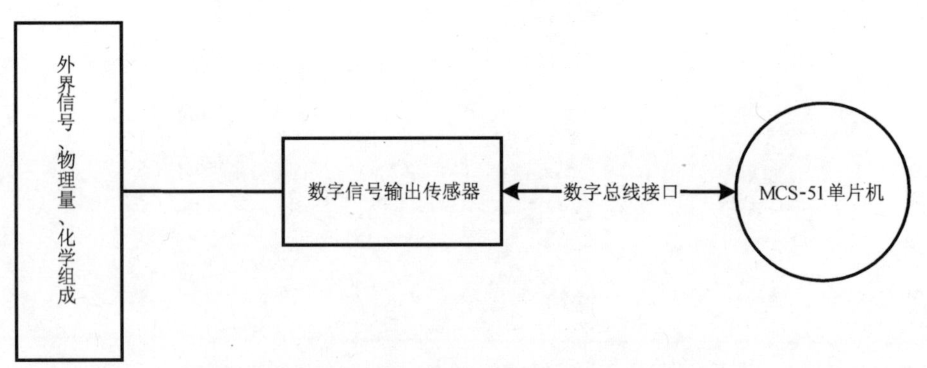

▲图 9.1 数字信号输出传感器在 MCS-51 单片机系统中的应用

> **注意：** 数字信号输出传感器的数据读取一般都需要遵循该传感器的特定协议，在使用时需要仔细阅读使用手册。

9.1.2 模拟信号采集

模拟信号输出传感器将外界的信号、物理量或者化学组成转化为模拟信号输出，一般为电压信号，MCS-51 单片机系统需要对这些电压信号进行处理，然后送入到模拟/数字信号转换器件转化为数字信号。由于常用的模拟/数字信号转换器件只能对一定范围内的电压信号进行转换，所以往往还需要先将传感器输出的电压信号进行调理，使之能满足模拟/数字信号转化器件所允许输入范围，这样才能送到模拟/数字信号转化器件进行转换，图 9.2 所示为使用模拟信号输出的传感器在 MCS-51 单片机系统中的应用示意图。

注意：如果模拟信号输出传感器输出的信号为电流信号，则需要使用电阻等电流-电压变换器件将电流信号转变为电压信号，之后才能送到模拟-数字信号转化器件进行处理。

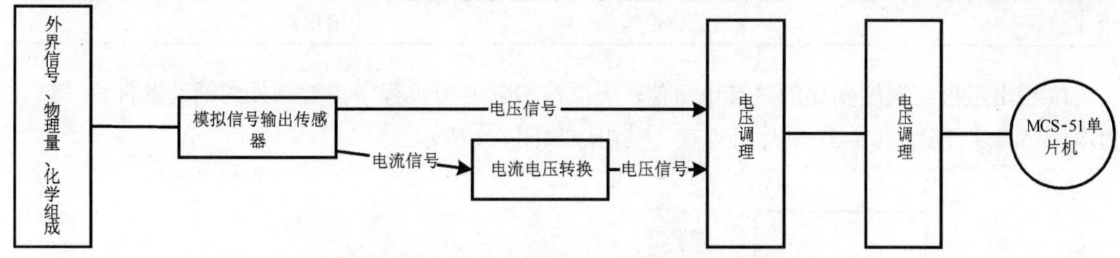

▲图 9.2　模拟信号输出传感器在 MCS-51 单片机系统中的应用

9.1.3　PGMS 中的信号采集

PGMS 中的信号采集分为采集点和中心点两个部分，如图 9-3 所示。中心点需要采集的为时钟信号，采集点需要采集的为温度信号和有害气体浓度信号。其中，时钟信号的输出是数字信号，温度信号的输出可以是数字信号也可以是模拟信号，综合考虑采用了数字信号输出，有害气体浓度信号的输出是模拟信号。

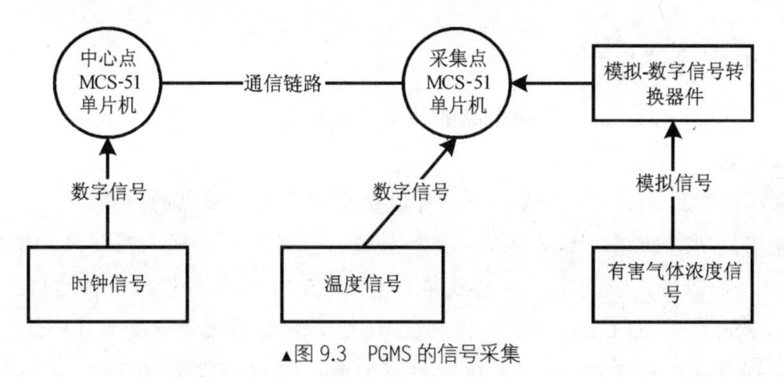

▲图 9.3　PGMS 的信号采集

9.2　温度信号采集

温度信号是将待检测地点的温度转换为 MCS-51 单片机能处理的数据的过程。

9.2.1　温度信号采集方法比较

温度信号采集有两种常见的方法：数字温度传感器和 Pt 铂电阻。前者一般利用两个不同温度系数的晶振控制两个计数器进行计数，利用温度对晶振精度影响的差异测量温度，后者则利用 Pt 金属在不同温度下的电阻值不同的原理来测量温度，两者的优缺点对比如表 9.1 所示。

表 9.1　　铂电阻和数字温度传感器比较

	铂　电　阻	数字温度传感器
温度精度	高，很容易达到 0.1 度	低，0.5 度左右
测量范围	几乎没有限制	有相当的限制
采样速度	快，受到模拟-数字转化器件的限制	慢，几十到几百毫秒
体积	小，但是需要额外的器件	较大
和单片机的接口	需要通过电压调理电路和模拟/数字转化器件	I^2C 等接口电路
安装位置	任意位置	有限制

Pt 铂电阻根据温度变化的是其电阻值，所以在实际使用过程中需要额外的辅助器件将其转化为电压信号才能让 MCS-51 单片机处理，其组成如图 9.4 所示。

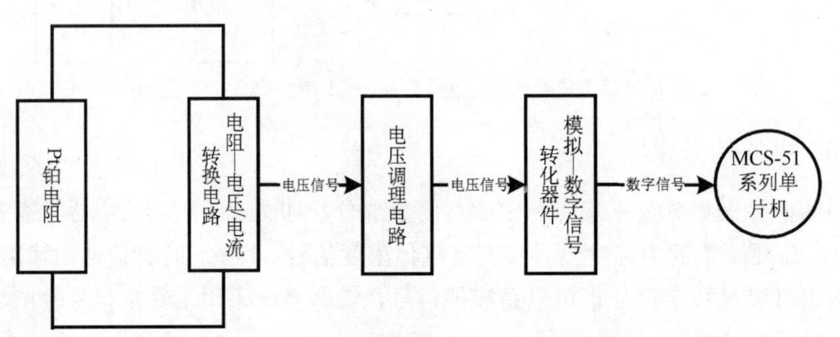

▲图 9.4　使用 Pt 铂电阻来测量温度系统结构

9.2.2　DS18B20 温度芯片介绍

DS18B20 是达拉斯（Dallas）公司出品的数字温度传感器，使用 1-wire 总线接口，该器件的主要技术特点如下。

- 工作电压范围广，为 3～5.5V，并且可以使用寄生电容供电的方式。
- 集成度高，所有的模块都集中在一个和普通三极管大小相同的芯片内，使用过程中不需要任何外围器件，使用 1-wire 总线接口和 MCS-51 单片机进行数据通信。
- 温度测量范围为−55℃～125℃，其中在−10℃～85℃的测量精度为 0.5℃。
- 测量分辨率可以设置为 9～12 位，对应的最小温度刻度为 0.5℃、0.25℃、0.125℃和 0.0625℃。
- 转换速度在 9 位精度时候最快，耗时 93.75ms，在 12 位精度时则需要 750ms。
- 支持在同一条 1-wire 总线上挂接多个 DS18B20 器件形成多点测试，在数据传输过程中可以跟随 CRC 校验。

图 9.5 所示为 DS18B20 的封装图，其功能引脚说明如下。

- VOD：电源输入引脚，如果使用寄生供电方式该引脚直接连接到 GND。
- GND：电源地引脚。
- DQ：数据输入/输出引脚。
- NC：未使用引脚。

1. DS18B20 的内部结构介绍

DS18B20 主要由内部 ROM、温度传感器、高速缓存以及其他接口 4 个部分组成，其详细的内部结构如图 9.6 所示。

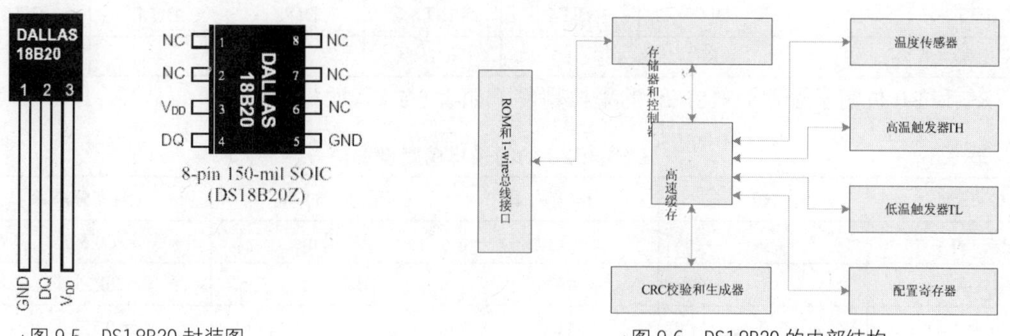

▲图 9.5　DS18B20 封装图　　　　▲图 9.6　DS18B20 的内部结构

ROM 是存放 DS18B20 序列号的位置，一共 64 位，包括 8 位产品种类编号，48 位产品序列号，8 位 CRC 校验位。产品种类编号用于辨别该芯片的种类，不同的 1-wire 总线接口芯片的该编号不同，DS18B20 的编号为 0x28。48 位序列号用于标志 DS18B20 在该芯片种类中的自身编号，这个编号是唯一的，也就是说所有的 DS18B20 一共只有 2^{48} 个。最后 8 位是前面 56 位数据的 CRC 校验和，CRC 计算公式为 X8+X5+X4+1。ROM 序号是在 DS18B20 出厂时候就已经确定好的，这样可以保证每一片 DS18B20 都有唯一身份标识，从而使得一条总线挂接多个该器件成为了可能。

温度传感器将温度物理量转化为两个字节的数据，存放在高速缓存中。该传感器可以通过用户的配置设定为 9～12 位精度，表 9.2 所示为 12 位精度的数据存储结构，其中 S 为符号位，当温度高于 0℃的时候 S 为 0，这个时候后 11 位数据直接乘以温度分辨率 0.0625 则为实际温度值；当温度低于 0℃的时候 S 为 1，此时后 11 位数据为温度数据的补码，需要取反加一之后再乘以温度分辨率才能得到实际的温度值。

> **注意：**温度分辨率只和选择的采样精度位数有关系，9 位采样精度时对应的分辨率为 0.5℃，10 位为 0.25℃，11 位为 0.125℃，12 位为 0.0625℃，用两个字节的转化结果乘以对应的分辨率就可以得到温度值（注意符号位），但是需要注意的是采样精度位数越高，则需要的采样时间就越长。

表 9.2　　温度数据存储结构

	BIT7	BIT6	BIT5	BIT4	BIT3	BIT2	BIT1	BIT0
低位	2^3	2^2	2^1	2^0	2^{-1}	2^{-2}	2^{-3}	2^{-4}
高位	S	S	S	S	S	2^6	2^5	2^4

DS18B20 的高速缓存一共有 9 个字节的空间，其内部分布如表 9.3 所示。

表 9.3　　DS18B20 的高速缓存内部结构

0	1	2	3	4	5	6	7	8
温度测量结果低位	温度测量结果高位	高温触发器 TH	低温触发器 TL	配置寄存器	保留	保留	保留	CRC 校验

高速缓存中的配置寄存器用于设置 DS18B20 的工作模式以及采样精度，其内部结构如表 9.4 所示。其中 TM 位用于切换 DS18B20 工作于测试模式还是正常工作模式，在芯片出厂的时候该位被置 0 即设置到了正常工作模式，用户一般不需要对该位进行操作。

表 9.4　　DS18B20 配置寄存器的内部结构

BIT7	BIT6	BIT5	BIT4	BIT3	BIT2	BIT1	BIT0
TM	R1	R0	1	1	1	1	1

R1 和 R0 位用于设置 DS18B20 的采样精度，如表 9.5 所示。

表 9.5　　DS18B20 的的采样精度设置

R1	R0	分　辨　率	采 样 时 间	温度分辨率
0	0	9 位	93.75ms	0.5℃
0	1	10 位	187.5ms	0.25℃
1	0	11 位	375ms	0.125℃
1	1	12 位	750ms	0.0625℃

2. DS18B20 的功能命令

第 7 章中介绍过，1-wire 总线的工作流程包括总线初始化、发送 ROM 命令+数据以及发送功能命令和数据这 3 个步骤，其中功能命令由具体的器件决定，用于对器件内部进行相应功能的操作，DS18B20 的功能命令如表 9.6 所示。

表 9.6　　DS18B20 的功能命令

功能命令对应代码	功能命令名称	功　　能
0x4E	写高速缓存	向内部高速缓存写入 TH 和 TL 数据，设置温度上限和下限，该功能命令后跟随两字节的 TH 和 TL 数据
0xBE	读高速缓存	将 9 字节的内部高速缓存中的数据按照地址从低到高的顺序读出
0x48	复制高速缓存到 EEPROM	将内部高速缓存内的 TH、TL 以及控制寄存器的数据写入 EEPROM 中
0xB8	恢复 EEPROM 到高速缓存	和 0x48 相反，将数据从 EEPROM 中复制到高速缓存中
0xB4	读取供电方式	当 DS18B20 使用外部电源供电时，读取数据为“1”，否则为“0”，此时使用寄生供电
0x44	启动温度采集	启动 DS18B20 进行温度采集

3. DS18B20 的供电方式以及应用电路

1-wire 总线接口的器件可以使用独立供电和寄生供电两种供电方式，两种供电方式的电路分别如图 9.7 和图 9.8 所示。

在独立供电的方式下，DS18B20 由单独电源进行供电，此时的 1-wire 总线上使用普通的电阻做上拉即可，需要注意的是此时 DS18B20 的 GND 引脚必须连接到电源地。

在寄生供电的方式下，当 1-wire 信号线上输出高电平的时候，DS18B20 从信号线上获取电能并且将电能存储在寄生电容中；当信号线上输出低电平的时候，DS18B20 消耗电能。寄生电源的好处是无需本地电源，使得电路更加简单。寄生供电方式又可以分为图 9.8 中左边所示的弱上拉方式和右边的强上拉方式。右边的强上拉方式使用一个 MOSFET 管将 1-wire 总线上拉到 VCC，用以在操作时候给 DS18B20 提供足够的电能，此方式特别适合在一条 1-wire 总线上挂接多个 DS18B20 的情况，图 9.9 所示为在一条 1-wire 总线上挂接多个 DS18B20 的电路图。

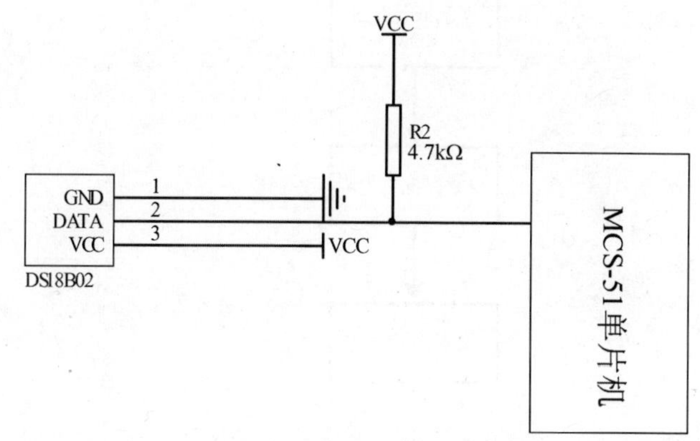

▲图 9.7　DS18B20 的独立供电电路

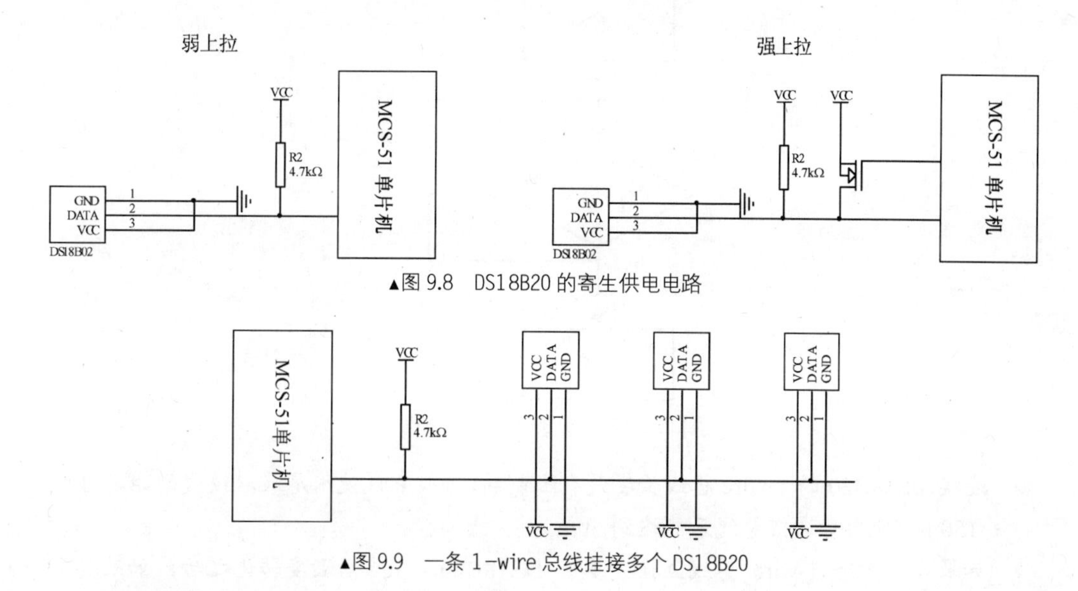

▲图 9.8　DS18B20 的寄生供电电路

▲图 9.9　一条 1-wire 总线挂接多个 DS18B20

4. DS18B20 的工作流程以及使用注意事项

DS18B20 的工作流程如图 9.10 所示，如果在一条总线上挂接多个 DS18B20 设备，则需要匹配 ROM，否则直接跳过 ROM。

DS18B20 具有集成度高、电路设计简单、占用 MCS-51 单片机 I/O 引脚少等优点，在实际使用过程中有如下细节需要注意。

- 软件模拟 1-wire 总线时序时候需要比较严格的保证读写时序，在移植过程中由于单片机的工作频率不同，常常由于时序发生变化导致读写失败。
- 在同一条 1-wire 总线上连接多个 DS18B20，需要注意 MCS-51 单片机的 I/O 引脚驱动能力，如果驱动能力不够，常常导致操作错误。

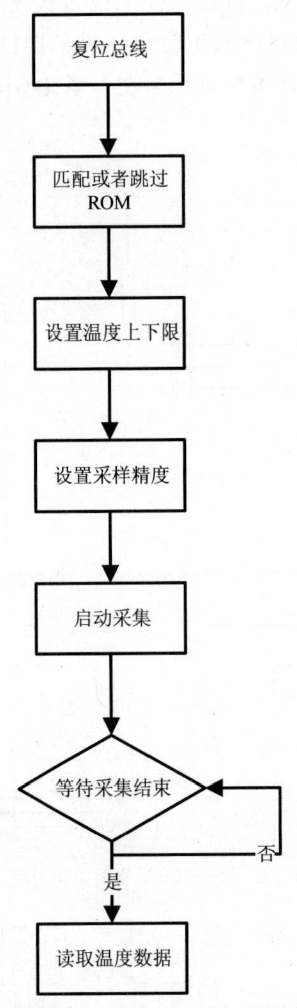

▲图 9.10　DS18B20 的工作流程

- 连接 DS18B20 的 1-wire 总线长度是有限制的，一般来说使用屏蔽双绞线的距离可以达到 150m，使用普通信号线只能达到 50m。
- 如果在同一条 1-wire 总线上挂接多个 DS18B20，在启动温度转化之后，如果其中一个 DS18B20 发生故障，则总线容易被钳位，导致软件进入死循环，在程序设计时候需要引入超时自动退出机制来避免这个问题。

9.2.3　DS18B20 温度芯片在 PGMS 中的应用

PGMS 的采集点 MCS-51 单片机系统需要获得采集点的温度数据，所以在每个采集点的 MCS-51 单片机系统上都连接一个 DS18B20 到引脚 P3.5，用以实现温度数据采集，例 9-1 是在 PGMS 中应用 DS18B20 的实例。

【例 9.1】本实例调用了第 7 章中对应库函数。

```
void DS18b20_int(void)                    //每次上电都给 18b20 初始化,设置 18b20 的参数
{
   DS18b20io=0;
```

```
    delay_5us(255);                     //要求 480～960μs
    DS18b20io=1;                        //释放总线
    delay_5us(30);                      //要求 60～120μs
    if(DS18b20io==0)
    {
        delay_5us(200);                 //要求释放总线后 480μs 内结束复位
        DS18b20io=1;                    //释放总线
        DS18b20_w_byte(0xcc);           //发送 Skip ROM 命令
        DS18b20_w_byte(0x4e);           //发送"写"暂存 RAM 命令
        DS18b20_w_byte(0x00);           //温度报警上限设为 0
        DS18b20_w_byte(0x00);           //温度报警下限设为 0
//          DS18b20_w_byte(0x3f);       //将 18b20 设为 10 位,精度就是 0.25°
        DS18b20_w_byte(0x7f);           //将 18b20 设为 12 位,精度就是 0.25°
        DS18b20io=0;
        delay_5us(255);                 //要求 480～960μs
        DS18b20io=1;                    //释放总线
        delay_5us(240);                 //要求释放总线后 480μs 内结束复位
        DS18b20io=1;                    //释放总线
    }
}

void DS18b20_readTemp(void)             //读 18b20 温度值
{
//      uchar i;
    DS18b20io=0;
    delay_5us(255);                     //要求 480～960μs
    DS18b20io=1;                        //释放总线
    delay_5us(30);                      //要求 60～120μs
    if(DS18b20io==0)
    {
        delay_5us(200);                 //要求释放总线后 480μs 内结束复位
        DS18b20io=1;                    //释放总线
        DS18b20_w_byte(0xcc);           //发送 Skip ROM 命令
        DS18b20_w_byte(0x44);           //发送温度转换命令
        DS18b20io=1;                    //释放总线
//      delay(190);                     //180ms
        delay(1000);                    //1000ms
//          for(i=0;i<50;i++)           //10 位方式需要 180ms，这里用显示子程序代替延时，可以避免
                                        //LED 闪烁，一举两得
//              display(display_point,dispaly_dot);
        DS18b20io=0;
        delay_5us(255);                 //要求 480～960μs
        DS18b20io=1;                    //释放总线
        delay_5us(30);                  //要求 60～120μs
        if(DS18b20io==0)
        {
            delay_5us(200);             //要求释放总线后 480μs 内结束复位
            DS18b20io=1;                //释放总线
            DS18b20_w_byte(0xcc);       //发送 Skip ROM 命令
            DS18b20_w_byte(0xbe);       //发送"读"暂存 RAM 命令
            DS18b20_temp[0]=DS18b20_r_byte();       //读温度低字节
            DS18b20_temp[1]=DS18b20_r_byte();       //读温度高字节
            DS18b20io=0;
            delay_5us(255);             //要求 480～960μs
            DS18b20io=1;                //释放总线
            delay_5us(240);             //要求释放总线后 480μs 内结束复位
            DS18b20io=1;                //释放总线
        }
    }
}
```

```
main()
{
    unsigned char j;
    SCON = 0x50;
    PCON = 0x80;
    RCLK = 1;
    TCLK = 1;
    RCAP2H = 0xff;
    RCAP2L = 0xfd;                         //115200
    TR2 = 1;
    DS18b20_int();
    ES = 1;
    EA = 1;
    while(1)
    {
      DS18b20_readTemp();
      Send(DS18b20_temp[0]);
      Send(DS18b20_temp[1]);
      for(j=0;j<150;j++);
      LED = ~LED;
    }
}
```

9.3 时钟信号采集

MCS-51 单片机系统常常需要获得当前的时间和日期信息，包括年、月、日、时、分、秒、星期，一般来说 MCS-51 单片机通过外扩时钟芯片来获得这些信息，常用的时钟芯片有 DS12887、DS1302 和 PCF8563 等。由于 I^2C 接口具有接口简单、占用硬件资源少的特点，所以具有 I^2C 接口的 PCF8563 是最常用时钟芯片之一，该芯片具有以下特点。

- 低工作电流，典型值为 0.25μA；
- 大工作电压范围，1.0～5.5V；
- 工作电压在 1.8～5.5V 时支持 400kHz I^2C 总线接口。
- 可编程时钟输出频率 32.768kHz、1024Hz、32Hz 和 1Hz。
- 有报警和定时器，有掉电检测器和内部集成的振荡器电容。
- 支持片内电源复位功能。

9.3.1 PCF8563 时钟芯片时钟信号采集方法介绍

1. PCF8563 的引脚和封装

PCF8563 的引脚分布如图 9.11 所示、有 DIP-8、TSSOP8 和 SO8 3 种封装形式。

PCF8563 的引脚功能如下。

- OSCI：晶体振荡器输入。
- OSCO：晶体振荡器输出。
- INT：中断输出引脚，开漏输出。
- VSS：地信号。
- SDA：I^2C 总线接口资料线。
- SCL：I^2C 总线接口时钟线。

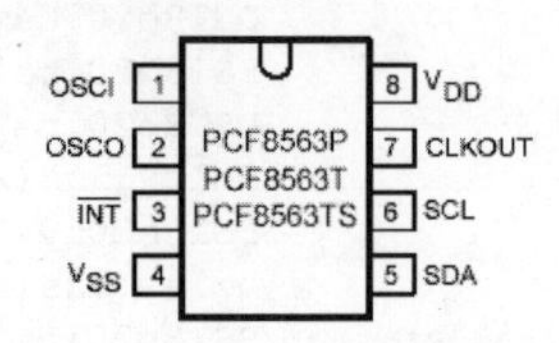

▲图 9.11 PCF8563 的引脚分布

- CLKOUT：时钟输出，开漏输出。
- V_{DD}：电源。

2. PCF8563 的功能和内部寄存器

PCF8563 共有 16 个 8 位的内部寄存器，其中包括 1 个可以自动增量的地址寄存器，1 个带内部集成电容的内置 32.768kHz 内部振荡器，1 个用于给实时时钟提供源时钟的分频器，1 个可编程时钟输出，1 个报警器，1 个定时器，1 个掉电检测器和 1 个支持 400kHz 的 I^2C 总线接口。所有的寄存器都是可以寻址的，寄存器的功能说明如表 9.7 所示。

表 9.7　　PCF8563 的内部寄存器

地址	寄存器名称	Bit7	Bit6	Bit5	Bit4	Bit3	Bit2	Bit1	Bit0
1	控制命令寄存器 1	TEST	0	STOP	0	TESTC	0	0	0
2	控制命令寄存器 2	0	0	0	TI/TP	AF	TF	AIE	TIE
3	秒	VL	0.59BCD 数						
4	分钟	—	0.59BCD 数						
5	小时	—	—	0.23BCD 数					
6	日	—	—	1.31BCD 数					
7	星期	—	—	—	—	—	0.6		
8	月/世纪	—	—	—	0.12BCD 数				
9	年	0.99BCD 数							
10	分钟报警	AE	0.59BCD 数						
11	小时报警	AE	—	0.23BCD 数					
12	日报警	AE	—	1.31BCD 数					
11	星期报警	AE	—	—	—	—	0.6		
14	CLKOUT 频率寄存器	FE	—	—	—	—	—	FD1	FD0
15	定时器控制寄存器	TE	—	—	—	—	—	TD1	TD0
16	定时器倒数数值寄存器	定时器倒计数值							

操作相应控制寄存器可以设置 PCF8563 的工作方式，并且可以通过读相关的寄存器获得 PCF8563 的定时参数。

PCF8563 的控制命令寄存器 1 用于设置 PCF8563 的工作模式并且控制寄存器的运行，其详细功能如表 9.8 所示。

表 9.8　　控制命令寄存器 1 的功能说明

Bit	符　号	描　述
7	TEST1	置位则进入测试模式，清除进入普通工作模式
5	STOP	置位则时钟芯片停止工作，仅有 CLKOUT 可以工作；清除芯片正常工作
3	TESTC	置位使能电源复位功能，清除则禁止
6、4、2、1、0	0	默认值

控制命令寄存器 2 主要用于设置 PCF8563 的中断方式，其详细功能如表 9.9 所示。

表 9.9　　　　　　　　　　　　　　控制命令寄存器 2 的功能

Bit	符　号	描　述
7、6、5	0	缺省状态
4	TI/TF	TI/TP=0:当 TF 有效时 INT 有效（取决于 TIE 的状态） TI/TP=1:INT 脉冲有效（取决于 TIE 的状态），其 INT 操作如下 源时钟(Hz)　INT 周期(n=1)　INT 周期(n>1) 4096　1/8192　1/4096 64　1/128　1/64 1　1/64　1/64 1/60　1/64　1/64 其中 n 为倒计时定数器的数值
3	AF	当报警发生时，AF 被置逻辑 1；在定时器倒计数结束时，TF 被置逻辑 1，它们在被软件重写前一直保持原有值，若定时器和报警中断都请求时，中断源由 AF 和 TF 决定，若要清除一个标志位而防止另一标志位被重写，应运用逻辑指令 AND，标志位元 AF 和 TF 数值如下 读　AF　TF 0　报警标志有效　定时器标志无效 1　报警标志无效　定时器标志有效 写 0　清除报警标志　清除定时器标志 1　保留报警标志　保留定时器标志
2	TF	
1	AIE	标志位 AIE 和 TIE 决定一个中断的请求有效或无效，当 AF 或 TF 中一个为“1”时中断是 AIE 和 TIE 都置“1”AE=0：报警中断无效；AIE=1：报警中断有效 TIE=0：定时器中断无效；TIE=1：定时器中断有效
0	TIE	

PCF8563 的秒、分钟、小时寄存器均用来存放时间的当前数值，该数值均用对应的 BCD 表示。秒寄存器中的 VL 位清除时候使 PCF8563 保证准确的时钟/日历资料，如置位则不保证。日、星期、月份、年寄存器用来存放当前的日历信息，除星期寄存器的资料用 0～6 表示之外，其余资料均用对应的 BCB 资料表示。月份寄存器的最高位 C 用于表示世纪，当该位被清除时代表 2xxx 年，否则为 19xx 年。当年寄存器从 99 向 00 进位时，该位改变。

PCF8563 的报警寄存器包括分钟、小时、日、月报警寄存器，这些寄存器被写入正确的 BCD 编码数值并且将对应的寄存器的 AE 位清除，当时钟、日历寄存器的数值和报警寄存器的数值相等时，AF 位被置位，AF 位需由软件清除。

PCF8563 的时钟输出频率寄存器用于控制 PCF8563 的 CLKOUT 引脚输出的方波频率，具体功能如表 9.10 所示。

表 9.10　　　　　　　　　　　　　　时钟输出频率寄存器的功能

Bit	符号	描述
7	FE	FE = 0；CLKOUT 输出被禁止并且设置为高阻态； FE = 1；CLKOUT 输入有效
6～2	-	无效值
1 0	FD1 FD0	FD1　FD0　输出频率 0　0　32.758kHz 0　1　1024Hz 1　0　32Hz 1　1　1Hz

定时器寄存器是一个 8 位字节的倒计数定时器。它由定时器控制器中位 TE 决定有效或无效，定时器的时钟也可以由定时器控制器选择，其功能如表 9.11 所示。其他定时器功能，如中断产生，由控制状态寄存器 2 控制。为了能精确读回倒计数的数值，I^2C 总线时钟 SCL 的频率应至少为所选定定时器时钟频率的两倍。

表 9.11　定时器寄存器说明

Bit	符　号	描　述
7	TE	清除禁止定时器，置位使能
6～2	-	无效
1	TD1	定时器时钟频率选择位，决定倒计数定时器的时钟频率，设置如下，不用时 TD1 和 TD0 应设为“11”（1/60Hz），以降低电源损耗。 TD1　TD0　输出频率 0　0　4096 0　1　64 1　0　1 1　1　1/64
0	TD0	

定时器倒计数数值寄存器中的数值决定倒计数周期，倒计数周期=倒计数数值/频率周期。PCF8563 片内有一个片内复位电路，当外部晶体停止工作时，复位电路开始工作。连复位状态下，I^2C 总线初始化，寄存器标志位 TF、VL、TD1、TD0、TESTC、AE 被置位，其他的位和地址指针被清除。

PCF8563 片内还有一个掉电检测器，用于监控供电电压变化，当 V_{DD} 引脚上电压低于最低工作电压 1V 时，寄存器标志位 VL 被置位，表明提供的时间信息不准确，VL 位必须用软件清除。

除了正常的工作模式外，PCF8563 还有 EXT_CLK 测试模式和 POR 电源复位替换模式两种工作方式，具体的工作情况可以参看 PCF8563 的相应资料。

3. PCF8563 的应用电路

PCF8563 使用电池和外接电源配合供电的方式，这两种电源通过二极管保证电流的流向。当外接电源停止工作时，可以使用电池工作，可以应用于便携式产品中。在 32.768kHz 的晶体旁使用一个匹配电容来可得振荡器频率达到精确值。需要注意的是由于 PCF8563 的 INT、CLKOUT 引脚均为开漏输出，因此和 SDA、SCL 引脚相同，都要使用上拉电阻。PCF8563 的典型应用电路如图 9.12 所示。

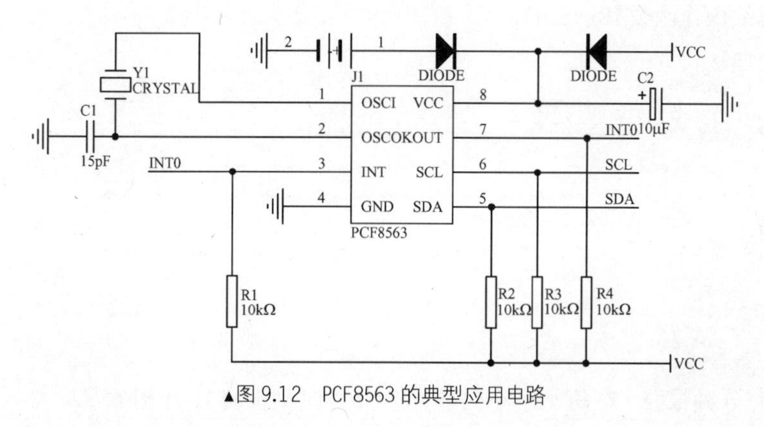

▲图 9.12　PCF8563 的典型应用电路

4. PCF8563 的程序设计

PCF8563 是 I^2C 总线口器件，从器件读地址为 0xA3，写地址为 0xA2。例 9.2～例 9.5 给出了对 PCF8563 的操作代码，其中 I^2C 总线操作相关函数参看第 7 章，PCF8563 的读写时序符合 I^2C 总线标准。

例 9.2 列出的是将时钟信息写入 PCF8563 的代码，在时钟芯片初始化时，或者是修改当前时钟信息时，需要调用该段代码。

【例 9.2】Write_PCF8563 函数将 2000 年 6 月 20 日星期三 15 点 59 分 30 秒的时间写入 PCF8563，调用 ISendStr()函数。

```
#include <AT89X52.h>
#include <IIC.h>
unsigned char Write_Data[9];                                //用于存放相关数据
bit Write_Flg;                                              //判断是否写入成功标志
void Write_PCF8563(void)
{
    Write_Data[0] = 0x00;                                   //控制命令寄存器 0
    Write_Data[1] = 0x1f;                                   //控制命令寄存器 1
    Write_Data[2] = 0x30;                                   //秒
    Write_Data[3] = 0x59;                                   //分钟
    Write_Data[4] = 0x15;                                   //小时
    Write_Data[5] = 0x20;                                   //日
    Write_Data[6] = 0x02;                                   //星期
    Write_Data[7] = 0x06;                                   //月
    Write_Data[8] = 0x00;                                   //年
    Write_Flg = ISendStr(0xa3,0x00,&Write_Data[0],9)        //写入
    if(Write_Flg == 1)
    {
       写入成功;
    }
}
```

> **注意：**PCF8563 中有自动地址增加计数器，在完成对一个内部地址的写入操作后，该计数器将自动加 1，指向下一个寄存器地址。

例 9.3 列出了读出 PCF8563 内部相关时间、日历数据的代码，需要注意的是读出的数据需要去掉那些在寄存器中的无关位才能够使用。

【例 9.3】时钟读出子程序。

调用 I^2C 总线操作函数 IRcvStr()：

```
#include <AT89X52.h>
#include <IIC.h>
unsigned char Read_Data[7];
bit Read_Flg;
void Read_PCF8563(void)
{
    Read_Flg =  IRcvStr(0xa2,0x00,Read_Data,7);
    if(Read_Flg == 1)
    {
       读取成功;
    }
}
```

PCF8563 有分钟报警（在每一个小时的同一分钟时刻报警）、小时报警（每天的同一个小时

时刻报警）、星期报警（每个星期的同一天报警）和日报警（每月的同一天时刻报警）4 种报警方式。开启报警功能需要将相应报警寄存器的 AE 位置位，如果同时将控制命令寄存器中的 AIE 置位，则在产生报警后置位 AF 标志位的同时在 INT 引脚上给出一个低电平的中断信号，在单片机处理该报警信号后需要软件将 AF 标志位清除，例 9.4 是设置 PCF8563 报警和中断服务的示例程序。

【例 9.4】让 PCF 在每个小时 30 分产生一个报警，并且通过 INT 引脚送出，调用 IIC 库函数。

```
#include <AT89X52.h>
#include <IIC.h>
#define    ADD_CONTROL_REG2  0x01                    //控制寄存器 2 地址
#define    ADD_ALARM_MIN     0x09                    //分钟报警器寄存器
#define    WRITE_PCF         0xa2
#define    READ_PCF          0x03                    //读写地址
#define    TRUE 1
#define    FALSE   0
unsigned char Reg2_Control;                          //存放控制寄存器 2 数据
unsigned char Reg_Alarm_Min;                         //存放分钟报警数据
bitRead_Flg;
bitWrite_Flg;
void Int0_Deal(void);
main()
{
   ......
Reg_Alarm_Min = 0x30;
   Read_Flg = FALSE;
   Read_Flg = IRcvStr(READ_PCF,ADD_CONTROL_REG2,&Reg2_Control,1);
//读出命令控制寄存器 2 数据
   if(Read_Flg == TRUE)
   {
     Reg2_Control |= 0x02;                           //设置相应位
   }
   Write_Flg = FALSE;
   Write_Flg = ISendStr(Write_PCF,ADD_CONTROL_REG2,&Reg_Control,1);
   //写入命令控制寄存器
if(Write_Flg == TRUE)
   {
     Reg_Alarm_Reg = 0x30;
     ISend_Str(Write_PCF,ADD_ALARM_REG,&Reg_Alarm_Reg,0x01);
     //写入分钟报警寄存器
}
......
}
void Int0_Deal(void) interrupt 0 using 1
//中断处理函数
{
   ReadFlg = FALSE;
   Read_Flg = IRcvStr(READ_PCF,ADD_CONTROL_REG2,&Reg2_Control,1);
   if(Read_Flg == TRUE)
   {
     Reg2_Control &= 0x17;                           //清除标志位
   }
   Write_Flg = FALSE;
   Write_Flg = ISendStr(Write_PCF,ADD_CONTROL_REG2,&Reg_Control,1);
}
```

注意：在设置 PCF8563 中的某一个寄存器位时，由于不可以按位寻址，所以需要使用位操作。

PCF8563 的定时器是倒数定时器。当倒计时控制寄存器中的 TE 位被置位时有效，其计数值为定时器倒计数数值寄存器中的数据，计数脉冲频率由 TD1、TD0 决定，每来一个计数脉冲则将倒计时计数器减 1，当计数器到 0 的时候，置位 TF 位。当命令控制寄存器 2 中的 TIE 位被置位之后，则将在 INT 引脚上给出一个中断信号。定时器中断信号有两种方式，当 TI/TP 位被置位时，中断信号为脉冲信号；反之则为低电平信号。需要注意的是 TF 也需要软件清除，例 9.5 给出了定时器的设置程序段。

【例 9.5】使用 PCF8563 每秒钟产生一次中断，单片机接收到该中断之后可以查询当前的时间信息。

```
#include <AT89X52.h>
#include <IIC.h>
#define   PCF_WRITE     0xa2
#define   PCF_READ 0xa3
#define   ADD_CONTORL_REG2          0x01                    //命令控制寄存器 2
#define   ADD_CONTROLCOUNTER_REG    x0e                     //倒计数控制寄存器
#define   ADD_COUNTER_REG           0x0f                    //倒计数寄存器
#define   TRUE 1
#define   FALSE    0
unsigned char Counter[2];                                   //倒计数寄存器相关数据
unsigned char Control_Reg2;                                 //命令控制寄存器 2 数据
bit   Read_Flg;
bitWrite_Flg;
void Int0_Deal(void);
main()
{
    Read_Flg = FALSE;
    Read_Flg = IRcvStr(PCF_READ,ADD_CONTROL_REG2,&Control_Reg2,1);
    //读命令控制寄存器 2
if(Read_Flg == FALSE)
    {
      Control_Reg2 |= 0x01;                                 //设置中断方式
      Write_Flg = FALSE;
      Write_Flg = ISendStr(PCF_WRITE,ADD_CONTROL_REG2,&Control_Reg2,1);
    }
    if(Write_Flg == TRUE)
    {
      Counter[0] = 0x81;
      Counter[1] = 0x40;
      Write_Flg = FALSE;
      Write_Flg = ISendStr(PCF_READ,ADD_CONTROLCOUNTER_REG,&Counter[0],2);
      //发送计数器相关数据
}
}
void Int0_Deal(void) interrupt 0 using 1
{
    //清除中断标志，读取相应的时间信息
}
```

注意：如果设置的是脉冲中断方式，则可以通过将 TIE、TE 或者是倒计数寄存器任一清零的方法来将其清除。

9.3.2 PCF8563 时钟芯片在 PGMS 中的应用

在 PGMS 中，中心点的 MCS-51 单片机每秒从 PCF8563 接收一个秒信号中断，以该信号作为控制现场点 MCS-51 单片机采样的同步时钟，同时采集当前的时钟信息，用于存储数据时使用，中心点 MCS-51 的工作流程如图 9.13 所示。

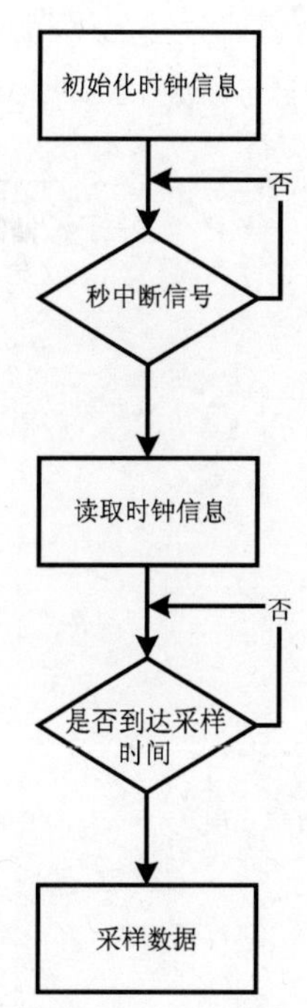

▲图 9.13　中心点 MCS-51 单片机关于 PCF8563 的操作

单片机的 P1.6 和 P1.7 分别被模拟为 SDA 和 SCL。

【例 9.6】是 PGMS 中的 PCF8653 应用实例。

```
#include <AT89X52.h>
#include <SDMCU.h>
#include "libIICBYTE.h"
#include "libPCF8563.h"
sbit LED = P1 ^ 0;                          //指示灯
sbit TIMEINT = P3 ^ 2;                      //int0
unsigned char NowTime[7];                   //存放当前时间
unsigned char RSec;
unsigned char RMin;
unsigned char RHou;
unsigned char RDay;
unsigned char RWeek;
unsigned char RMon;
unsigned char RYear;
bit flg = 0;
main()
{
   SCON = 0x50;
   PCON = 0x80;
   RCLK = 1;
   TCLK = 1;
   RCAP2H = 0xff;
   RCAP2L = 0xfd;
   TR2 = 1;
   IT0 = 1;                                 //中断 0 开启且下降沿有效
   EX0 = 1;
   ES = 1;
   EA = 1;

   InitCLK();                               //初始化秒中断输出信号
```

```
    while(1)
    {

        if(flg == 1)
        {
            flg = 0;                                //清除标志
            ClearPCFInt();                          //清除 8563 的中断
            SendTime();                             //发送当前时间
        }
    }
}
void Serial(void) interrupt 4 using 1               //串口中断处理函数
{
    unsigned char temp;
    if(RI == 1)
    {
        temp = SBUF;
        RI = 0;
        Send(temp);
    }
}
void Int0Deal(void) interrupt 0 using 2             //中断 0，即定时器中断处理函数
{
    flg = 1;
    LED = ~LED;
}
void Send(unsigned char S_Data)                     //发送数据 S_Data
{
    SBUF = S_Data;
    while(TI == 0);
    TI =0;
}

void InitCLK(void)                                  //初始化 PCF8563 秒信号
{
    unsigned char tim2;
    tim2 = ModifyPCF8563CLK(0xff,0x03);             //开启 CLK，秒信号
    tim2 = ModifyPCF8563STA(0x01);                  //TI/TP=1 TIM = 0
    tim2 = ModifyPCF8563TIMEREG(0x81);              //TE = 1 , 64Hz
    tim2 = ModifyPCF8563TIMEDATA(0x40);             //倒计数到 64，正好 1Hz
}

void SendTime(void)
{
    RSec = ReadPCF8563Sec();
    RMin = ReadPCF8563Min();
    RHou = ReadPCF8563Hou();
    RDay = ReadPCF8563Day();
    RMon = ReadPCF8563Mon();
    RYear = ReadPCF8563Year();

    Send(RSec);
    Send(RMin);
    Send(RHou);
    Send(RDay);
    Send(RMon);
    Send(RYear);
}

void ClearPCFInt(void)                              //清除 PCF 定时中断
{
```

```
    unsigned char tim1;
    tim1 = ModifyPCF8563STA(0x01);              //中断后清除 TP
}
```

9.4 模拟数据采集

模拟数据采集需要使用模拟-数字信号转化芯片，把模拟信号转化为对应的数字信号，这些数字信号才能让 MCS-51 单片机处理。

模拟/数字变换（A/D 转换）的原理实质上是将时间连续变化的模拟量转换为离散的量化数值。通常需要经历采样、量化和编码 3 个步骤，图 9.14 所示为这个连续的过程。

采样过程将时间连续的信号变成时间不连续的模拟信号，这个过程是通过模拟开关来实现的。模拟开关每隔一定的时间间隔打开一次，一个连续的模拟信号通过这个开关后，就形成一系列的脉冲信号，称为采样信号。在理想数据采集系统中，只要满足采样定理，即采样频率应只要不小于被采集信号最高频率的两倍（$f_s \geqslant 2f_{max}$），则采样输出信号就可以无失真的复现原输入信号。而在实际应用中通常取 $f_s=$（5～10）f_{max}。

量化过程其实就是进行 A/D 转换的过程，采样后的离散信号幅值在 0～7 之间。采用四舍五入的方法，进行量化处理，得到离散的量化值，幅度在 0，1，2…5 中取值。如图 9.14 横轴所示。这样输入信号的幅值变化与实实在在的数值对应起来了，即完成了模拟到数字的变换。同时也应该注意到，量化过程也会引入误差，增加采样频率和幅值的表示位数可以减少误差。

为了方便处理，通常将量化值进行二进制编码。对于相同范围的模拟量，编码位数越多，量化误差越小。对无正负区分的单极性信号，所有的二进制编码位均表示其数值大小。对有正负的双极性信号则必须有一位符号位表示其极性，通常有 3 种表示方法：符号数值法、补码和偏移二进制码。

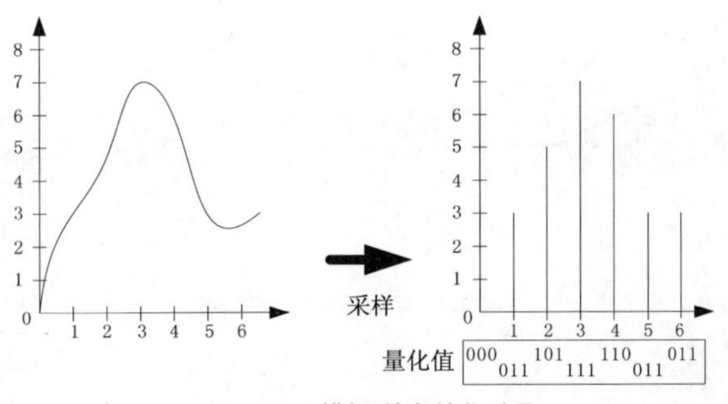

▲图 9.14　模拟/数字转化过程

经过这 3 个步骤，一个模拟量就转换成可以被单片机识别的数字量了。而这些转换工作都是通过 A/D 转换器来完成的。

A/D 转换器按转换输出数据的方式可分为串行和并行两种，其中并行 A/D 转换器又可根据数据宽度分为 8 位、10 位、12 位、24 位等；而按输出数据类型又可分为 BCD 码输出和二进制输出；按转换原理又可分为逐次逼近型（SAR）和双积分型。

并行 A/D 转换器占用较多的数据线，但是输出速度快，在转换位数不多时有较高的性价比；串行 A/D 转换器优势是占用的数据线少，与单片机的接口简单，但是由于转换后的数据要逐位输出，所以速度一般就不如并行的快。串行和并行 A/D 转换器各有优势，选型时主要看具体设计要求。

另外逐次逼近型 A/D 转换器具有很快的转换速度，一般是 ns 或 μs 级；双积分型 A/D 转换器的转换速度要慢一些，一般为 μs 或 ms 级，但是它具有转换精度高、廉价、抗干扰能力强等优点。

A/D 转换器有以下几个重要的指标。

- 分辨率：一般用转换后数据的位数来表示。如对于二进制输出型的 A/D 转换器来说，分辨率为 8 位是只能将模拟信号转换成 00H～FFH 数字量的芯片，也表明它可以对满量程的 1/28=1/256 的增量做出反应。
- 量化误差：是指将模拟量转换成数字量（即量化）过程中引起的误差。它理论上为单位数字量的一半，即 1/2LSB。分辨率和量化误差是统一的，提高分辨率可以减少量化误差。
- 转换时间：是指从启动转换到完成一次 A/D 转换所需要的时间。
- 转换量程：是指此芯片能够转换的电压范围，如 0～5V，−10～+10V 等。

A/D 转换器在进行模拟-数字转换期间，通常要求输入的模拟量应保持不变，以保证 A/D 转换的准确进行。当被转换模拟量变化非常缓慢时，如温度、液面等这些信号可以直接输入到 A/D 转换器中；但是也有一些变化非常迅速的信号，如声音信号等，这些信号由于变化非常快，远远大于 A/D 转换器的转换时间，如果不做任何处理而直接进行 A/D 转换则会对系统精度产生很大影响。此时就要将这些瞬变的信号送至采样保持电路（亦称采样保持器）进行保持，然后再输入到 A/D 转换器中。

采样保持器通常由保持电容、输入输出缓冲放大器、模拟开关等组成，如图 9.15 所示，在采样期间，模式控制开关闭合，接通输入信号，A1 是输出阻抗很低的高增益放大器，通过闭合的开关对电容快速充电，此电容器的电压跟踪输入信号的电平变化。在保持期间，开关断开，因为 A2 的输入阻抗很高，电容器上的电压可基本保持不变，即基本保持充电时的最终值。信号经过采样保持器的示意图如图 9.16 所示。

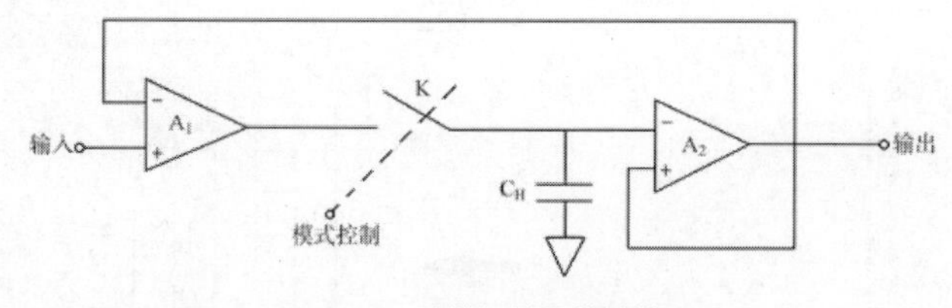

▲图 9.15　采样保持器的结构图

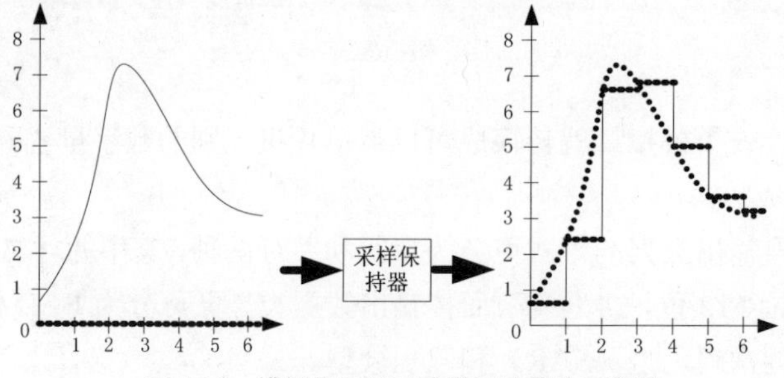

▲图 9.16　模拟信号经过采样保持器的示意图

目前，除电容根据用户需要外接以外，电路的其他部分大都集成在一块芯片上。常用的采样保持器集成芯片有 LF198、LF298、LF398 等。采样保持器中的有关参数如下。

- 孔径时间 tAP：保持命令发出后，模式控制开关由导通到完全断开所需的时间。由于有 tAP 的存在而使得实际的采样时间延迟，引起实际的电压保持值与希望的电压保持值间产生误差，从而影响 A/D 转换精度。
- 捕捉时间 tAC：采样命令发出后，采样保持电路由保持状态转到采样状态，保持电容上的电压由所保持的值到达输入信号当前值所需的时间。它与输入放大器的响应时间、模拟开关的延迟时间、电容器的充电时间常数、保持电容器上电压变化幅度等有关。tAC 会影响采样频率的提高，但不会影响精度。
- 保持电压的下降速度：在保持状态中，由于保持电容器上电荷的泄漏而使保持电压下降。这个下降速度就是保持电压的下降速度。

注意：显然，tAP、tAC、保持电压下降速度小的采样保持器性能更佳。

常见的 A/D 芯片如下。

- 普通型：AD570、AD7574、ADC0801～0809。
- 高速型：AD574、ADC1130、AD578。
- 高分辨率型：ADC1210（12 位）、ADC1140（16 位）。
- 低功耗型：AD7550、AD7574。

一般 A/D 芯片的引脚分为几类信号：模拟输入信号、数据输出信号、启动转换信号、转换结束信号和其他一些控制信号。这样在 A/D 芯片与 MCS-51 单片机接口时就需要考虑以下几个问题。

输入模拟电压的连接，当单端输入时，VIN(+)直接与信号连接，VIN(−)接地。当差分输入时，单端输入正信号时，VIN(+)与信号连接，VIN(−)接地；单端输入负信号时，VIN(−)与信号连接，VIN(+)接地。

- 数据输入线与系统总线的连接：当数据线具有可控三态输出门时，数据输入线直接与系统总线连接；当数据线没有三态输出门或具有内部三态门而不受外部控制时不能与系统总线直接连接，要通过 I/O 接口连接。当为 8 位以上芯片时需要考虑芯片数据输出线与系统总线位数的对应关系。如 12 位 A/D 与 51 单片机接口就要考虑加入锁存器来分时、分批读取转换数据。
- 启动信号连接，电平启动信号：如 AD570 在整个转换过程中必须保证启动信号有效。脉冲启动信号，如 ADC0804、ADC0809 只须脉冲启动即可。
- 转换结束信号以及转换数据的读取、中断方式：转换结束信号连至单片机的外部中断引脚，在中断程序中读取转换结果。转换结束信号连至单片机的某 I/O 引脚，在程序中轮询此引脚电平，当查询得知转换结束时读取转换结果。

9.4.1　串行 AD 芯片 ADS1100

1. ADS1100 的结构

ADS1100 是精密的连续自校准带差分输入的 16 位 AD 转换芯片，其使用电源为基准电压，使用 I^2C 接口和处理器进行数据通信，图 9.17 所示为 ADS1100 的封装图。

ADS1100 的引脚说明如下。

- Vin+：模拟信号正输入。
- Vin-：模拟信号负输入。
- GND：电源地。
- VCC：电源正信号，ADS1100可以使用2.7～5.5V电压，该电压也会作为ADS1100的基准电压。
- SCL：IIC时钟信号线。
- SDA：IIC数据信号线。

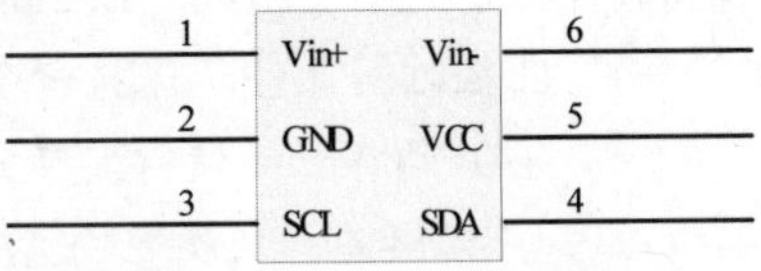

1 Vin+ Vin- 6
2 GND VCC 5
3 SCL SDA 4

▲图9.17　ADS1100的封装图

注意：基准电压：A/D芯片的参考电压，用来衡量输入待转换模拟信号。

ADS1100是一个全差分、16位、自校准、⊿-∑型A/D转换芯片，由一个增益可调的⊿-∑型A/D模块、一个时钟发生器和一个I^2C接口模块组成，如图9.18所示。

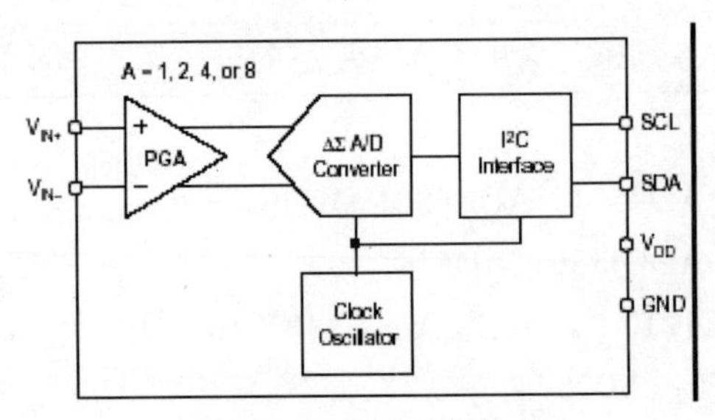

▲图9.18　ADS1100的组成

为了补偿增益和偏移误差，ADS1100集成了自校准电路，该自校准电路不需要用户调节，用户也没法调节，完全由ADS1100自行操作。和自校准电路类似，ADS1100内部还集成了一个时钟发生器，该发生器驱动其他模块工作。

2. ADS1100的输入阻抗

输入阻抗是指一个电路输入端的等效阻抗。在输入端上加上一个电压源*U*，测量输入端的电流*I*，则输入阻抗Rin就是*U*/*I*。可以把输入端想象成一个电阻的两端，这个电阻的阻值，就是输入阻抗。输入阻抗跟一个普通的电抗元件没什么两样，它反映了对电流阻碍作用的大小。对于电压驱动的电路，输入阻抗越大，则对电压源的负载就越轻，因而就越容易驱动；而对于电流驱动型的电路，输入阻抗越小，则对电流源的负载就越轻。由于A/D芯片一般来说是一个电压驱动型的电路，所以输入阻抗越大越好。

ADS1100采用开关电容器输入级，对于外部电路来说其可以看做一个电阻，电阻值的大小取决于这个电容的值和开关频率，开关频率和调节器的频率相同，ADS1100的频率通常为275kHz，而电容器的值取决于可编程增益放大器PGA的设置。

ADS1100的差分阻抗大小和PGA有关，ADS1100的差分阻抗典型值为2.4MΩ/PGA；ADS1100的共模阻抗是一个固定值，其典型值为8MΩ。

3. ADS1100的工作方式

ADS1100有两种工作方式：连续转换工作方式和单周期转换工作方式。

在连续转换工作方式中，ADS1100连续地采集模拟信号并且将其转换为对应的数字信号，转换结果值将立即被送入输出寄存器，然后开始新的一轮转换。当 ADS1100 处于连续转换方式工作时，配置寄存器的 ST/BSY 位总是被置“1”。

在单周期转换工作方式中，ADS1100 不断地检查配置寄存器中的 ST/BSY 位，只有当该位被置“1”时上电，然后开始采集模拟信号并且将其转化为对应的数字信号，转化结束之后 ADS1100 将结构送入输入寄存器，清除 ST/BSY 位，并且 ADS1100 掉电。

如果 ADS110 从连续转换工作方式切换到单周期转换工作方式，ADS1100 将完成当前的转换，然后掉电，从下一次开始进行单周期转换。

4. ADS1100 的 I²C 地址和 I²C 数据速率

所有 I²C 器件都有自己的器件地址，ADS1100 的器件地址为“1001aaaR/W”，其中“aaa”是出厂设置。ADS1100 共有 a0～a7 8 种不同的预置值，分别对应“000”到“111”8 个不同的地址，这 8 种 ADS1100 都以“ADx”为标识，其中 x 表示地址变量，完整的对应关系如表 9.12 所示。

表 9.12　ADS1100 标识和对应地址

标　识	地　址	标　识	地　址
AD0	1001 000R/W	AD1	1001 001R/W
AD2	1001 010R/W	AD3	1001 011R/W
AD4	1001 100R/W	AD5	1001 101R/W
AD6	1001 110R/W	AD7	1001 111R/W

ADS1100 会对 I²C 总线上的总呼叫复位命令做出响应，该命令由一个地址字节 0x00 和一个数据字节 0x06 组成，ADS1100 会对两个字节都进行应答。在收到这个命令之后，ADS1100 会进行一次完整的复位，相当于掉电再上电的过程。此过程中如果有采样转化正在进行，则中断此次采样转化并且清除输出寄存器，把配置寄存器复位为默认值。

I²C 总线有标准（100kHz）、快速（400kHz）、高速方式（3.4MHz），ADS1100 支持这 3 种方式，其中前两种方式可以直接使用，而高速方式需要对 ADS1100 进行配置，配置的具体步骤可以参考相关资料。

5. ADS1100 的寄存器

ADS1100 有配置寄存器和输出寄存器两个内部寄存器，配置寄存器用于控制 ADS1100 的状态和工作方式，输出寄存器用于存放 A/D 转换的结果，这两个寄存器都可以通过 I²C 接口总线访问。

配置寄存器的内部位如表 9.13 所示，该寄存器用于控制 ADS1100 的工作方式、数据速率和可编程增益放大器（PGA）的倍数，该寄存器的初始化值是 0x8C。

表 9.13　ADS1100 的配置寄存器

内部位	7	6	5	4	3	2	1	0
名称	ST/RSY	0	0	SC	DR1	DR0	PGA1	PGA0

- ST/RSY 位：在单周期转化工作方式中，向 ST/RSY 位写“1”将启动转化，写入“0”则无影响；读该位时候如果为“1”，则表明 A/D 转换正在进行，如果为“0”，则表明 A/D 转化已经完成，可以从输出寄存器中读出上一次转换的结果。在连续转化工作方式中，该位的写入被忽略，而该位的读出始终为“1”。

- 6、5 位：这两位为保留位，必须为“0”。
- SC 位：此位用于控制 ADS1100 的工作方式，当 SC 位被置“1”时 ADS1100 为单周期转化方式工作，当 SC 位被置“0”时 ADS1100 则以连续转化方式工作。
- DR1 和 DR0 位：此两位用于控制 ADS1100 的数据速率，如表 9.14 所示，其中 8SPS 为默认设置。

表 9.14　　DR1 和 DR0 位

DR1	DR0	速　率
0	0	128SPS
0	1	32SPS
1	0	16SPS
1	1	8SPS

- PGA1 和 PGA0 位：此两位控制 ADS1100 的增益设置，用于放大待采样的信号，具体设置如表 9.15 所示，其中 1 倍为默认值。

表 9.15　　PGA1 和 PGA0 位

PGA1	PGA0	增　益
0	0	1
0	1	2
1	0	4
1	1	8

用户可以从 ADS1100 中读出输出寄存器和配置寄存器的值，使用 ADS1100 的读地址对 ADS1100 寻址，然后读出 3 字节，其中前两字节为输出寄存器的值，第三个字节为配置寄存器的值。

用户也可以将数据写入 ADS1100，使用 ADS1100 的写地址对 ADS1100 寻址，然后写入一个字节的内容，这个字节的内容即为 ADS1100 的配置寄存器的内容。

说明： 读 4 个或者更多的字节是没有用的，所有的值都会为 0xFF；通常来说，读取前两个字节也就是输出寄存器的值足够了。写一个以上的字节也是没有用的，ADS1100 将忽略第一个字节之后的所有字节，并且不会对这些字节做出应答。

6. ADS1100 的输出

ADS1100 输出寄存器的输出是和模拟量的输入成比例的，该输出限制在一定的数据范围内，该范围取决于 ADS1100 的位数设置，ADS1100 的位数是由其数据速率设置所决定的，如表 9.16 所示。

表 9.16　　ADS1100 的速率与输出

数据速率	位　数	最小输出	最大输出
8SPS	16 位	-32768	32767
16SPS	15 位	-16384	16383
32SPS	14 位	-8192	8191
64SPS	12 位	-2048	2047

对于最小码的输入码，可编程增益放大器 PGA 的增益设置，*V*in+和 *V*in-的输入值以及参考电压 V_{DD}，有如下的计算公式。

$$输出码 = -1\bullet 最小码 \bullet PGA \bullet\frac{(Vin+)-(Vin-)}{V_{DD}}$$

必须使用负的最小输出码，ADS1100 的输出码格式为二进制的补码，所以最大值和最小值的绝对值不同，例如，如果数据速率为 16SPS 且 PGA 为 2 的时候，输出码的表达式为：

$$输出码 = 16384 \bullet 2\bullet\frac{(Vin+)-(Vin-)}{V_{DD}}$$

ADS1100 输出的所有代码右对齐且经过负号扩展，这使得数据速率码较高时候仅仅使用一个 16 位的累加器就能进行平均值的计算。

7. ADS1100 的电源

ADS1100 的电源即为其 A/D 转换的基准电源，这个电源必须相对来说比较精密且稳定，这样才能保证 A/D 转换的精度，所以 ADS1100 通常要搭配精密恒压源使用，其中使用得最多的是 AD586。

AD586 是采用离子注入埋藏齐纳二极管技术和激光调阻的高稳定度薄膜电阻的高精度 5V 基准源，其引脚图如图 9.19 所示。

AD586 的内部框图如图 9.20 所示，包括一个含有埋藏齐纳二极管电压基准源、一个输出缓冲放大器以及若干高稳定薄膜电阻，这样的设计使得 AD586 的输出电压值在 5.000V±2.0mV，具有在 0℃～70℃时最大 2ppm/C 的温度系数，并且可以提供最大 10mA 的输出或者吸收能力。

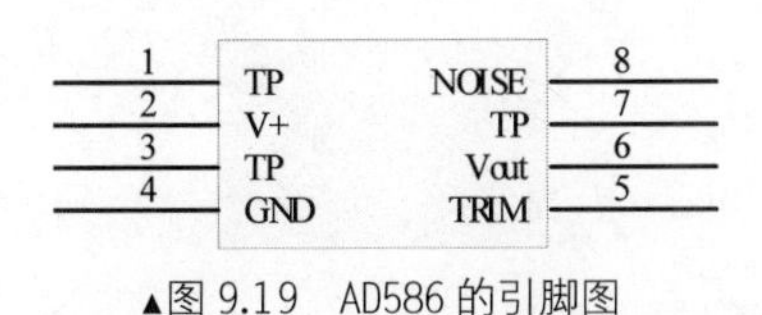

▲图 9.19　AD586 的引脚图

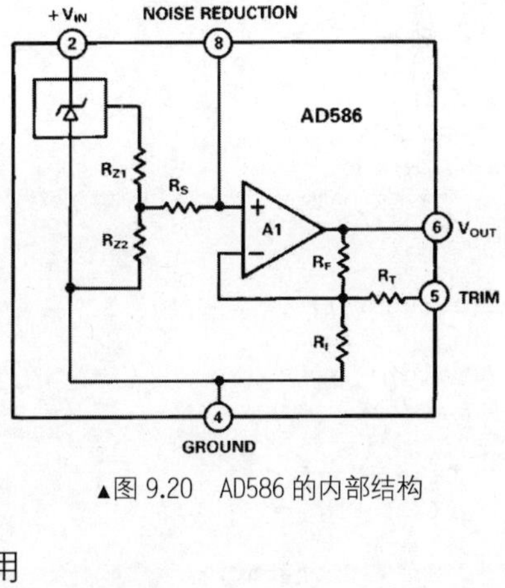

▲图 9.20　AD586 的内部结构

9.4.2　精密恒压源和 ADS1100 在 PGMS 中的应用

PGMS 中需要采集有害气体转换模块送出有害气体浓度的数据，该数据是一个 0～5V 电平，对应 0～100%的有害气体浓度，所以在现场点中使用了一片 ADS1100 对该电压信号进行采集。为了使得 ADS1100 的参考电压比较精确，使用 AD586 将现场点 MCS-51 单片机系统中的 12V 电压转化为 5V 电压对 ADS1100 供电，电路图如 9.21 所示。

AD586 将 12V 电源转化精密的 5V 电源，对 ADS1100 供电并且用作 AD1100 的参考电压，电路中的 R6 滑动变阻器用于 AD586 的输出电压精调，可以使得 AD586 的输出更加精密。

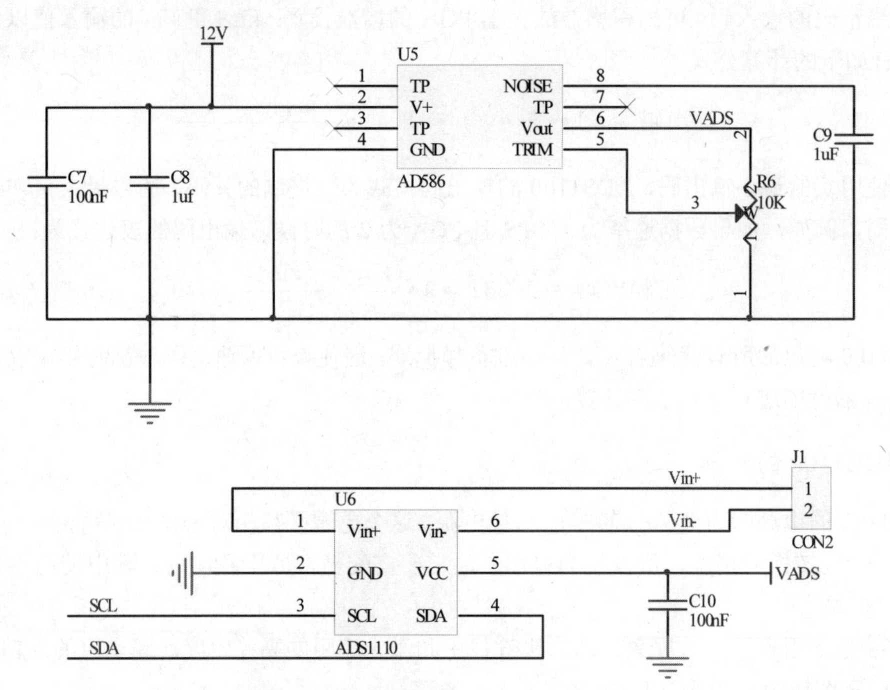

▲图 9.21　AD586 和 ADS1100 在 PMGS 中应用

例 9.7 是 PGMS 中的 ADS1100 使用代码，根据中心点 MCS-51 单片机系统的设置频率每隔一段时间采集一次电压值，这里使用了第 7 章中的 I²C 函数库。

```
#include <intrins.h>
#include <AT89X52.h>
sbit LED = P1 ^ 5;
sbit ADS1100_SDA = P2 ^ 7;                //SDA
sbit ADS1100_SCL = P2 ^ 6;                //SCL     小板 V4.1 和 4.0 是反着的
bit AD_Flg;
float ADData;
uchar ACK;
uchar COVER_DATA_H,COVER_DATA_L,COVER_DATA1_H,COVER_DATA1_L;
main()
{
    Init_UART();
    Init_ADS1100();
    AD_Flg = 0;
    while(1)
    {
      Clear_Dog();
      if(AD_Flg == 1)
      {
//          Send(0x99);
            ADData = adc();
            AD_Flg = 0;
            Send(COVER_DATA_H);
            Send(COVER_DATA_L);
            Send(COVER_DATA1_H);
            Send(COVER_DATA1_L);                  //填充位
      }
    }
}
```

```
void Init_UART(void)
{
   SCON = 0x50;
   PCON = 0x80;
   RCLK = 1;
   TCLK = 1;
   RCAP2H = 0xff;
   RCAP2L = 0xfd;
   TR2 = 1;
   ES = 1;
   EA = 1;
}

void Init_ADS1100(void)
{
   unsigned char i;
   write_iic(0x0c);                    //启动自动连续采集，0000 1100 = 0x0c
   write_iic2(0x0c);

//加入延时以确认初始化完成
   for (i=0;i<10;i++)
   {
     delay_1ms(130);
   }
}

void Send (unsigned char x)
{
   SBUF=x;
   while(TI==0);
   TI=0;
}
void Serial(void) interrupt 4 using 1
{
   unsigned char temp;
   if(RI == 1)
   {
     temp = SBUF;
     RI = 0;
     AD_Flg = 1;
//   Send(temp);
     LED = ~LED;
   }
}
```

第10章　MCS-51单片机的人机交互模块设计

MCS-51 单片机系统的人机交互模块是指用于用户和单片机系统进行信息交流的模块，包括输入通道和输出通道两个部分，前者将用户的需要提交给 MCS-51 单片机，后者将 MCS-51 需要反馈给用户的信息输出以供用户使用。常见的人机交互模块输入通道设备有按键、拨码开关、键盘等，常见的输出通道设备有 LED、数码管、液晶等。

10.1 人机交互输入通道

MCS-51 单片机系统的输入通道将用户的选择“告诉”MCS-51 单片机系统，一般都是电平信号，或者是经过编码的数字信号，也有少量的模拟信号，本小节将简要介绍按键、拨码开关以及行列扫描键盘。

10.1.1 按键

独立按键是最常见的人机交互输入设备，如图 10.1 所示。

独立按键的基本工作原理是被按下时候接通两个点，放开时则断开这两个点。按照结构原理可以把按键分为两类，触点式开关按键，如机械式开关、导电橡胶式开关等；无触点开关按键，如电气式按键、磁感应按键等。前者造价低、手感好，后者寿命长，目前在 MCS-51 单片机系统中最常用的是前者。独立按键在 MCS-51 单片机系统中将按键的一个点连接到高电平（逻辑“1”）上，另外一个点连接到低电平（逻辑“0”）上，然后把其中一个点连接到 MCS-51 单片机的 I/O 引脚上，此时当按键释放或被按下的时候 MCS-51 单片机引脚上的电平将发生变化，按键被按下的电平变化过程如图 10.2 所示。

▲图 10.1　独立按键

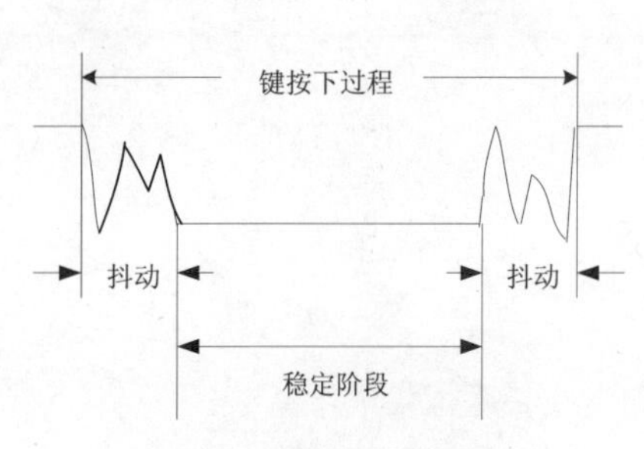

▲图 10.2　按键的电平变化过程

图 10.2 中的抖动是由按键的机械特性所决定的，抖动时间一般为 10ms 左右，可能有多次抖动，如果不对按键抖动做任何处理而直接读取，则由于 MCS-51 单片机在 10ms 中可能进行了多次读取，会把每一次抖动都看做一次按键，所以在对按键状态进行处理的时候必须在硬件上使用消抖电路或者在软件上使用消抖函数。前者一般使用一个电容或者低通滤波器依靠其积分原理来消除这个抖动信号，软件方法则一般采用读取后延时一定时间再次读取的方法，虽然浪费了一段时间，但是由于相对整体来说非常短，所以不会对整体系统造成大的影响。图 10.3 是 MCS-51 单片机外扩 8 个按键的电路图。

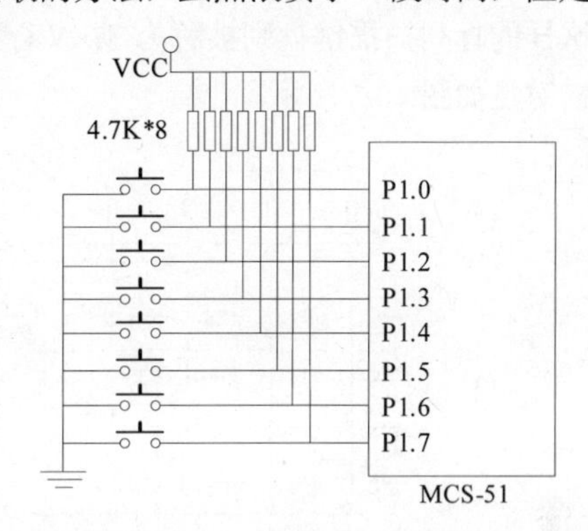

▲图 10.3　MCS-51 扩展 8 个独立按键的电路图

图 10.3 中的 8 个按键，其中一端连接到了地，另一端和 MCS-51 单片机的 P1 口连接并且通过电阻上拉到了 VCC，当按键不被按下的时候，P1 引脚上为高电平，当有按键被按下的时候该引脚被连接到地，可以使用查询端口的方式来获取按键信息，如例 10.1。

【例 10.1】P1 上读入的数据为对应的按键编码，如果对应位为“0”，则表明有键被按下，延时 10ms 后再次读取，以消除抖动，如果两次读取的状态相同，则证明不是抖动，输出对应编码，否则清除。也可以使用单独的对每个键的处理程序。

```
#include <AT89X52.h>
unsigned char KeyNum,temp;
unsigned char i;
main()
{
     KeyNum = P1;                       //读取 KeyNum 数值
     if(KeyNum != 0xFF)                 //如果有按键被按下
     {
             mDelayMs(10);              //延迟 10ms
             temp = P1;                 //再次读取 KeyNum
             if(KeyNum == temp)
             {
                    KeyNum = KeyNum;    //没有误动作
             }
             else
             {
             KeyNum = 0x00;             //有抖动延时，被清除
             }
     }
}
// 延时指定毫秒时间,根据单片机主频调整,不精确
voidmDelaymS( unsigned char ms )
{
   while ( ms -- )
     {
             mDelayuS(250);
             mDelayuS(250);
             mDelayuS(250);
             mDelayuS(250);
     }
}
// 延时指定微秒时间,根据单片机主频调整,不精确
voidmDelayuS( unsigned char us )
{
      while ( us -- );              // 24MHz MCS-51
}
```

10.1.2 行列扫描键盘

行列扫描键盘是将很多的独立按键按照行、列的结构组合起来构成一个整体键盘，从而减少对 IO 引脚的使用数目，其内部结构如图 10.4 所示。行列扫描键盘把独立的按键跨接在行扫描线和列扫描线之间，这样 $M \times N$ 个按键就只需要 M 根行线和 N 根列线，大大减少了 I/O 引脚的占用，这样的行列扫描键盘则被称为 $M \times N$ 行列键盘，如图 10.4 则为 4×4 行列扫描键盘，常见的行列扫描键盘如图 10.5 所示。

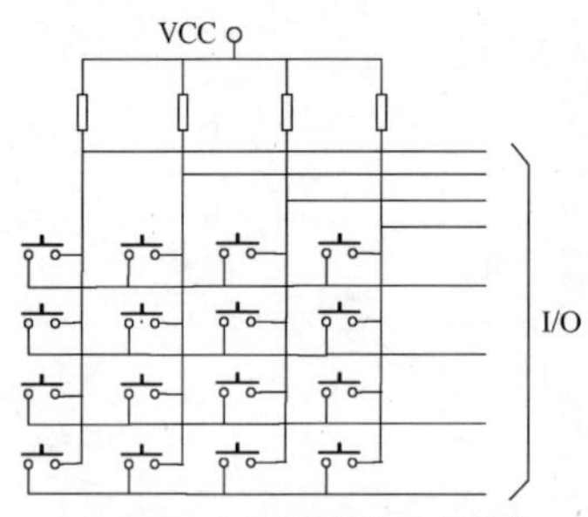

▲图 10.4 行列键盘的内部结构

▲图 10.5 常见的 MCS-51 单片机系统行列扫描键盘

在 MCS-51 单片机系统中，通常使用行列扫描法或者中断判断法来处理行列键盘的按键状态。行列扫描法将行列扫描键盘的行线和列线分别连接到单片机 IO 引脚，然后进行如下操作：

- 将所有的行线都置为高电平；
- 依次将所有的列线都置为低电平，然后读取行线状态；
- 如果对应的行列线上有按键被按下，则读入的行线为低电平。

例 10.2 是 MCS-51 单片机行列扫描算法的实例，图 10.6 是其电路图。

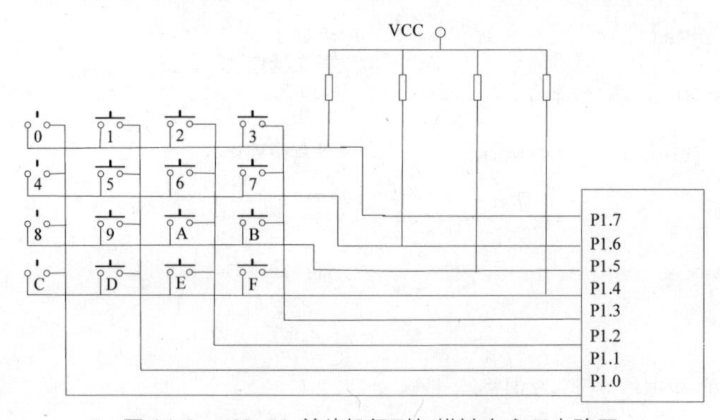

▲图 10.6 MCS-51 单片机行列扫描键盘应用电路图

【例 10.2】

```
unsigned char KeyBoardScan(void)
{
    unsigned char scancode,tempcode;
    P1 = 0x0f;                                  //output 0
    if((P1 & 0x0f) != 0x0f)                     //have key input
    {
            DelayMS(300);
            if((P1 & 0x0f) != 0x0f)             //confirm key input
            {
                    scancode = 0xef;            //R1 = 0
                    while((scancode & 0x01) != 0)  // for each R
```

```
                    {
                            P1 = scancode;
                            if((P1 & 0x0f) != 0x0f)        //have key input @ Row
                            {
                                    = (P1 & 0x0f) | 0xf0; //get key NO.
                                    return((~scancode) + (~tempcode));
                            }
                            else
                            {
                                  scancode = (scancode << 1 ) | 0x01; //move left 1 bit
                            }
                    }
            }
    }
    return(0);
}
```

行列扫描键盘也可以使用中断辅助判断是否有键被按下，如图 10.7 所示。此方法的好处是响应快，当有键被按下时候很快就能得到 MCS-51 单片机的响应，但是需要更多的硬件，并且占用一个中断。

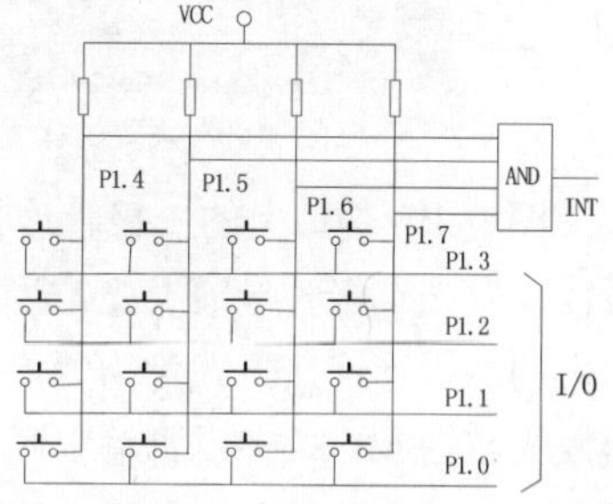

▲图 10.7　行列扫描键盘的终端应用实例

10.1.3　拨码开关

拨码开关是一种有通、断两种稳定状态的开关，使用方法和按键类似，一般用 2～8 个做成一组，如图 10.8 所示，一般用来设置地址码等。

▲图 10.8　拨码开关

10.2 人机交互输出模块

MCS-51 单片机系统的输出通道将 MCS-51 单片机系统的运行状态反馈给用户通道，常见的是各种显示模块，本小节将介绍发光数码管（LED）、数码管和液晶显示模块（LCD）。

10.2.1　发光二极管（LED）

发光二级管是半导体二极管的一种，可以把电能转化成光能，常简写为 LED。发光二极管与普通二极管一样是由一个 PN 结组成，也具有单向导电性，常常用于在 MCS-51 单片机中指示单片机的某个开关量的状态，如图 10.9 所示。

发光二极管同样具有普通二极管的单向导电性。只要加在发光二极管两端的电压超过了它的导通电压（一般为 1.7～1.9V）它就会导通，而当流过它的电流超过一定电流时（一般 2～3mA）

它就会发光，MCS-51 单片机系统中发光二极管的典型应用电路图如图 10.10 所示。

▲图 10.9　发光二极管

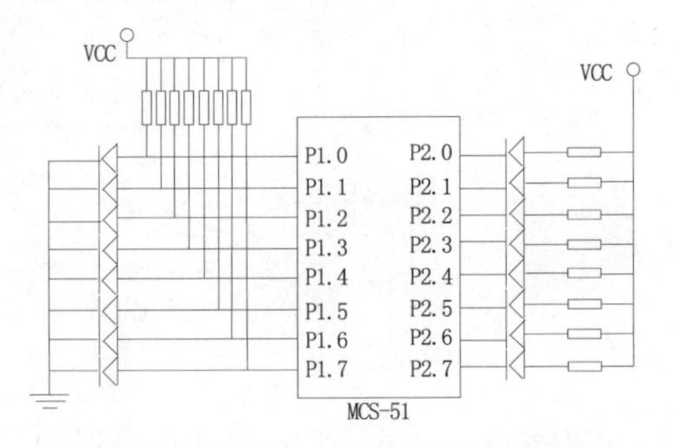

▲图 10.10　发光二极管的典型应用电路图

图中 P1 端口上的二极管连接方式称为“拉电流”连接方式，当 MCS-51 引脚输出高电平的时候，发光二极管导通发光，当 MCS-51 引脚输出低电平的时候，发光二极管截止。图中 P2 端口上的二极管连接方式称为“灌电流”连接方式，当 MCS-51 引脚输出低电平时，发光二极管导通发光，当 MCS-51 引脚输出高电平时，发光二极管截止。图中的电阻均为限流电阻，当电阻值较小时候，电流较大，发光二极管亮度较高，当该电阻值较大时，电流较小，发光二极管亮度较低，一般来说该电阻值选择 1～10kΩ。

注意：图中 P1 端口不直接用 IO 驱动 LED 的原因是 MCS-51 单片机 IO 口的驱动能力可能不够，所以外接了 VCC，同理 P2 中的电阻值不宜过小，因为 MCS-51 单片机 IO 口的吸收电流能力也有限，过大的电流容易导致单片机烧毁。

10.2.2　数码管

数码管是一种半导体发光器件，是 MCS-51 单片机系统中用得非常多一种输出通道设备，其基本单元是发光二极管。常见的数码管可以按照段数分为七段数码管、八段数码管和异型数码管，按能显示多少个“8”可以分为一位、两位等“X”位数码管，按照发光二极管的连接方式可以分为共阴极数码管和共阳极数码管，常见的数码管如图 10.11 所示。

MCS-51 单片机系统中最常使用的八段数码管的内部结构如图 10.12 所示，其是由 8 个发光二极管（字段）构成，通过不同的组合可用来显示数字 0～9、字符 A～F、H、L、P、R、U、Y、符号“–”及小数点“.”。

共阳极数码管的 8 个发光二极管的阳极（正极）连接在一起接高电平（一般接电源），其他管脚接各段驱动电路输出端。当某段的输出端为低电平时，则该段所连接的发光二极管导通并点亮，根据发光字段的不同组合可显示出各种数字或字符。共阴极数码管的 8 个发光二极管的阴极（负极）连接在一起接低电平（一般接地），其他管脚接各段驱动电路输出端。当某段的输出端为高电平时，则该端所连接的发光二极管导通并点亮，根据发光字段的不同组合可显示出各种数字或字符。和 LED 类似，当通过数码管的电流较大的时候 LED 的亮度较高，反之较低，通常使用限流电阻来决定数码管的亮度。

在 MCS-51 单片机系统中扩展数码管一般采用软件译码或者硬件译码两种方式。前者是指通过软件控制 IO 输出从而达到控制数码管显示的方式，硬件译码则是指使用专门的译码驱动硬件来控制数码管显示的方式，前者的硬件成本较低，但是占用单片机更多的 IO 引脚，软件较为复杂，后者硬件成本较高，但是程序设计简单，只占用较少的 IO 引脚。

▲图 10.11　常见的八位数码管

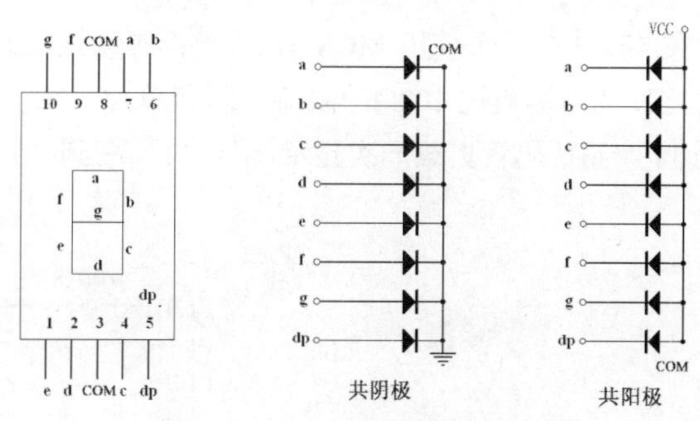

▲图 10.12　八段数码管的内部结构

1. MCS–51 单片机软件译码扩展数码管

根据共阳极数码管的显示原理，要使数码管显示出相应的字符必须使单片机 IO 口输出的数据，即输入到数码管每个字段发光二极管的电平符合想要显示的字符要求。这个从目标输出字符反推出数码管各段应该输入数据的过程称之为字形编码，八位数码管字形编码如表 10.1 所示。

表 10.1　　八段数码管的字形编码

显示字符	共阳极数码管									共阴极数码管								
	dp	g	f	e	d	c	b	a	代码	dp	g	f	e	d	c	b	a	代码
0	1	1	0	0	0	0	0	0	C0H	0	0	1	1	1	1	1	1	3FH
1	1	1	1	1	1	0	0	1	F9H	0	0	0	0	0	1	1	0	06H
2	1	0	1	0	0	1	0	0	A4H	0	1	0	1	1	0	1	1	5BH
3	1	0	1	1	0	0	0	0	B0H	0	1	0	0	1	1	1	1	4FH
4	1	0	0	1	1	0	0	1	99H	0	1	1	0	0	1	1	0	66H
5	1	0	0	1	0	0	1	0	92H	0	1	1	0	1	1	0	1	6DH
6	1	0	0	0	0	0	1	0	82H	0	1	1	1	1	1	0	1	7DH
7	1	1	1	1	1	0	0	0	F8H	0	0	0	0	0	1	1	1	07H
8	1	0	0	0	0	0	0	0	80H	0	1	1	1	1	1	1	1	7FH
9	1	0	0	1	0	0	0	0	90H	0	1	1	0	1	1	1	1	6FH
A	1	0	0	0	1	0	0	0	88H	0	1	1	1	0	1	1	1	77H
B	1	0	0	0	0	0	1	1	83H	0	1	1	1	1	1	0	0	7CH
C	1	1	0	0	0	1	1	0	C6H	0	0	1	1	1	0	0	1	39H
D	1	0	1	0	0	0	0	1	A1H	0	1	0	1	1	1	1	0	5EH
E	1	0	0	0	0	1	1	0	86H	0	1	1	1	1	0	0	1	79H
F	1	0	0	0	1	1	1	0	8EH	0	1	1	1	0	0	0	1	71H
H	1	0	0	0	1	0	0	1	89H	0	1	1	1	0	1	1	0	76H
L	1	1	0	0	0	1	1	1	C7H	0	0	1	1	1	0	0	0	38H
P	1	0	0	0	1	1	0	0	8CH	0	1	1	1	0	0	1	1	73H
R	1	1	0	0	1	1	1	0	CEH	0	0	1	1	0	0	0	1	31H
U	1	1	0	0	0	0	0	1	C1H	0	0	1	1	1	1	1	0	3EH
Y	1	0	0	1	0	0	0	1	91H	0	1	1	0	1	1	1	0	6EH
–	1	0	1	1	1	1	1	1	BFH	0	1	0	0	0	0	0	0	40H
.	0	1	1	1	1	1	1	1	7FH	1	0	0	0	0	0	0	0	80H
无	1	1	1	1	1	1	1	1	FFH	0	0	0	0	0	0	0	0	00H

图 10.13 是一个使用 MCS-51 单片机驱动八段共阳极数码管的电路图，数码管的阳极连接到 VCC，其他引脚通过 100Ω的限流电阻和单片机的 P1 口相连，MCS-51 单片机使用内部定时器，每隔 1s 控制数码管更改一次显示，从“1”变到“9”，例 10.3 为相应的代码实例。

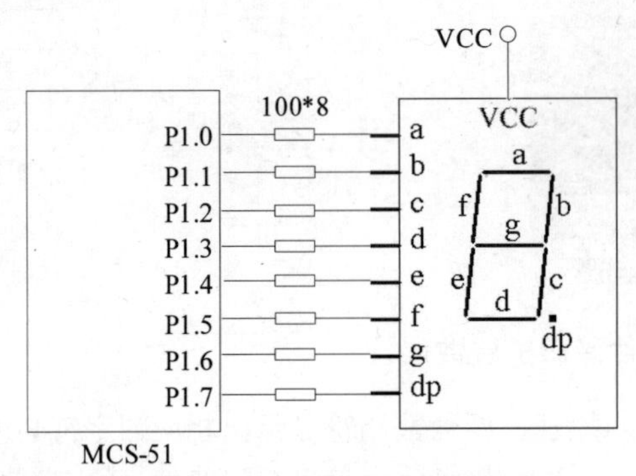

▲图 10.13 共阳极八段数码管应用实例

【例 10.3】MCS-51 单片机定时 50ms，产生一次中断，让一个计数器加 1，当加到 20 的时候则为 1s，查表获得对应的数字显示编码，通过 P1 口送出。

```
#include <AT89X52.h>
unsigned char code table[ ]={0xc0,0xf9,0xa4,0xb0,0x99,0x92,0x82,0xf8,0x80,0x90};  //字形 0～9 编码表
unsigned char counter;
void main(void)
{
     TCON=0x10;                                    //TIMER1 工作方式
     TH1 = 0xFF;
     TL1 = 0x4B;                                   //设定初始化值，50ms
     TR1=1;
     IT1 = 1;                                      //中断
     counter=0x00 ;                                //设定字形编码查表变量初值为 0
     while(1);
}
void timer1(void) interrupt 3 using 1
{
     static unsigned char s_Counter;
     TH1 = 0xFF;
     TL1 = 0x4B;                                   //重装初始化值，50ms
     if(++s_Counter>=20)                           //判断 1 秒到否
     {
          P1=table[counter];                       //将秒值的字形编码送到 P1 口
          if(++counter>=10)                        //如果 9 秒到了则重新计时
          {
               counter=0;
          }
          s_Counter=0;
     }
 }
```

2. MCS-51 单片机硬件译码扩展数码管

MCS-51 单片机的硬件译码扩展方式是指使用专门的译码驱动硬件电路或芯片来控制数码管显示所需的字符，最常见的扩展芯片是 74LS47，是一款常用的共阳极数码管专用译码芯片，能实现 BCD 码到七段数码管的译码和驱动，74LS47 的引脚图如图 10.14 所示。

把 74LS47 的“a”～“g”引脚连接到七段数码管对应引脚上，然后 RBI、BI/RBO 和 LT 引脚外加高电平，当“ABCD”引脚加上输入“0～15”对应的十六进制编码后，数码管的显示

如图 10.15 所示。

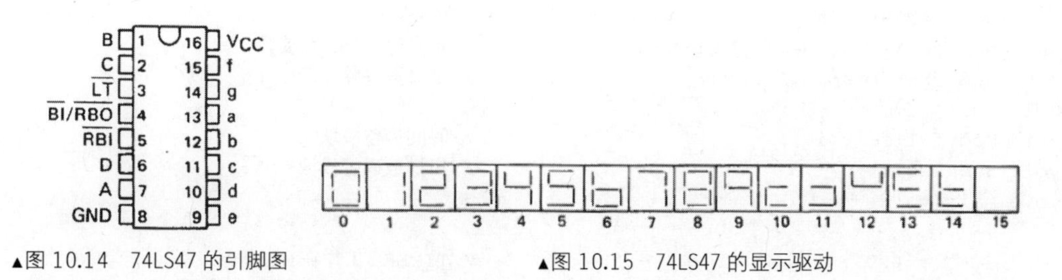

▲图 10.14　74LS47 的引脚图　　▲图 10.15　74LS47 的显示驱动

当需要使用多个七段数码管的时候，如果为每个数码管都添加一块 74LS74 就会显得硬件非常的臃肿，这个时候可以使用动态显示方式，动态显示方式是针对静态显示而言的。

所谓静态显示是指数码管显示某一字符时，相应的发光二极管恒定导通或恒定截止。这种显示方式的每个数码管相互独立，公共端恒定接地（共阴极）或接电源（共阳极）。每个数码管的每个字段分别与一个 I/O 口地址相连或与硬件译码电路相连，这时只要 I/O 口或硬件译码器有所需电平输出，相应字符即显示出来，并保持不变，直到需要更新所显示字符。采用静态显示方式占用 CPU 时间少，编程简单，但其占用的口线多，硬件电路复杂，成本高，只适合于显示位数较少的场合。动态显示则是一个一个地轮流点亮每个数码管。方法是每个数码管的公共端都由同一个 I/O 线来控制，动态方式显示时，先选中第一个数码管，把数据送给它显示，一定时间后再选中第二个数码管，把数据送给它显示，一直到最后一个。这样虽然在某一时刻只有一个数码管在显示字符，但是只要扫描的速度足够高（超过人眼的视觉暂留时间），动态显示的效果在人看来就是几个数码管同时显示。采用动态显示方式比较节省 I/O 口，硬件电路也较静态显示方式简单，但其亮度不如静态显示方式，而且在显示的数码管较多时，CPU 要依次扫描，占用 CPU 较多的时间。图 10.16 是使用一块 74LS47 来驱动 6 个数码管的电路图，使用单片机的 P0.4～P0.7 引脚来控制 74LS74 输出显示字符，而 P0.0～P0.2 控制 74LS138 三-八译码器来控制选中 6 个数码管中的一个，当选中时，三极管导通，数码管的电源引脚连接到 VCC 获得供电，从而有显示，否则无显示，例 10.4 是利用该电路模拟时钟显示的实例。

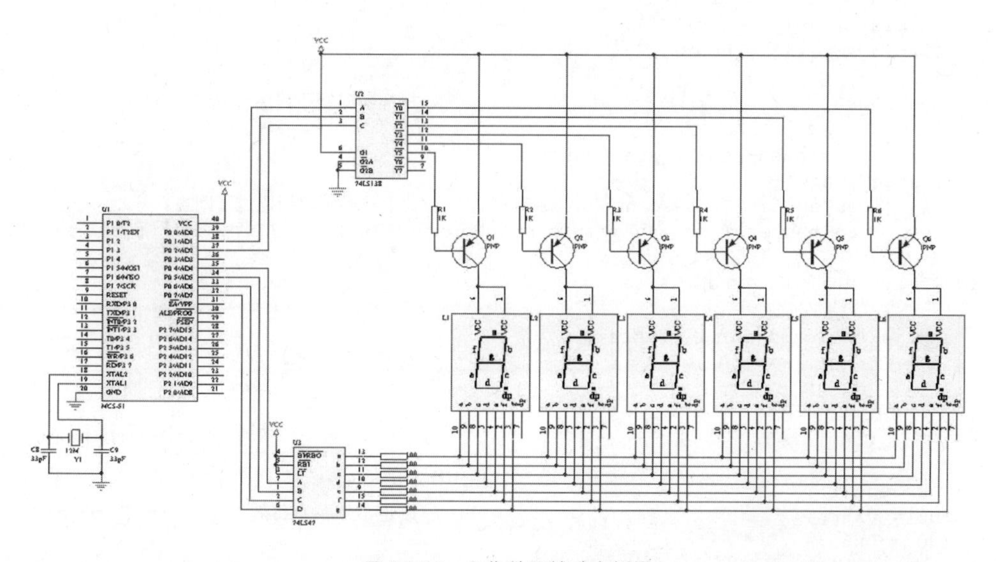

▲图 10.16　六位数码管动态扫描

【例 10.4】MCS-51 单片机以 1ms 的时间间隔扫描刷新一次数码管，保证显示的正常。

```
#include <AT89X52.h>
unsigned char hour=0;min=0;sec=0;               //定义时、分、秒变量
unsigned char DisplayArray[6];                  //定义数码管显示缓冲
bit flg;
void ModifyTime(void);                          //时间调整模块
void ScanSeg7();                                //扫描数码管模块
void main(void)
{
     TCON = 0x01;                               //TIMER0 工作在 MODE1
     TH0 = 0xFF;                                //设定 TIMER0 每隔 1ms 中断一次
     TL0 = 0x66;
     TR0 = 1;
     IT0 = 1;
     ModifyTime();
     while(1)
     {
          if(flg == 1)                          //等待一秒
          {
               flg = 0;
          sec++;                                //秒++
          ModifyTime();
          }
     }
}
void ModifyTime(void)                           //调整时间子程序*/
{
     unsigned char ucTemp;
     ucTemp=sec;
     sec%=60;
     min=ucTemp/60 + min;
     ucTemp=min;
     min=min%60;
     hour=(hour+ucTemp/60)%24;
     DisplayArray[0]=(sec%10);                  //调整过的时间送到显示缓冲中*/
     DisplayArray[1]=(sec/10);
     DisplayArray[2]=(min%10);
     DisplayArray[3]=(min/10);
     DisplayArray[4]=(hour%10);
     DisplayArray[5]=(hour/10);
}
void ScanSeg7()                                 //扫描数码管子程序*/
{
     static unsigned char s_scanCounter;
     s_scanCounter++;
     if(s_scanCounter>5) s_scanCounter=0;       //6 个数码管都扫描过了则重新开始
     P0=s_scanCounter|(DisplayArray[s_scanCounter]<<4);    //选中需要扫描的数码管并送数据
}
void Timer0Int() interrupt 1 using 2
{
     static unsigned int s_Counter;
     if(s_Counter++>=1000)                      //判断一秒到否
     {
          flg=1;
          s_Counter=0;
     }
     ScanSeg7();                                //扫描数码管
     TH0 = 0xFF;                                //设定 TIMER0 每隔 1ms 中断一次
     TL0 = 0x66;
}
```

10.2.3　数码管驱动及键盘控制芯片 CH452

在 MCS-51 单片机系统中常常需要同时外扩多位数码管和行列扫描键盘，为了节省单片机的内部资源并且减少软件负担，可以使用一些专用芯片，例如数码管驱动及键盘控制芯片 CH452。CH452 内置时钟振荡电路，可以动态驱动 8 位数码管或者 64 只 LED，具有 BCD 译码、闪烁、移位、段位寻址、光柱译码等功能，并且支持 64 个键的键盘扫描。CH453 可以使用级联的 4 线串行接口或者 I^2C 串行接口和 MCS-51 单片机连接，并且可以给单片机提供上电复位信号，其连接方式如图 10.17 所示。

1. CH452 的封装和引脚

CH452 有 4 线串行和 I^2C 两种接口，而这两种接口都有 SOP28 和 DIS24S 两种封装形式，本书仅介绍 I^2C 接口，CH452 的 I^2C 接口的封装形式如图 10.18 所示。

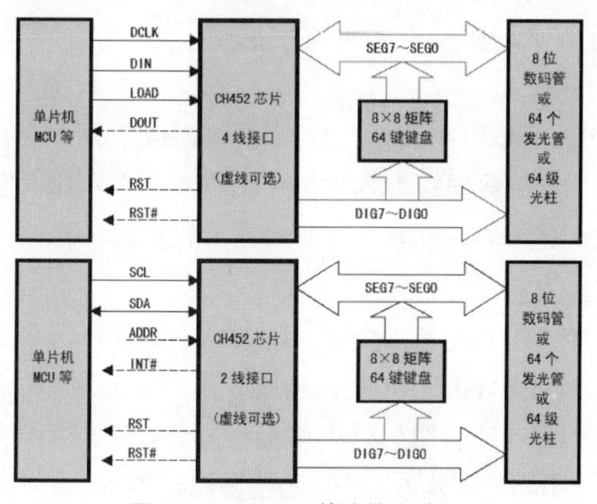

▲图 10.17　CH452 的连接方式

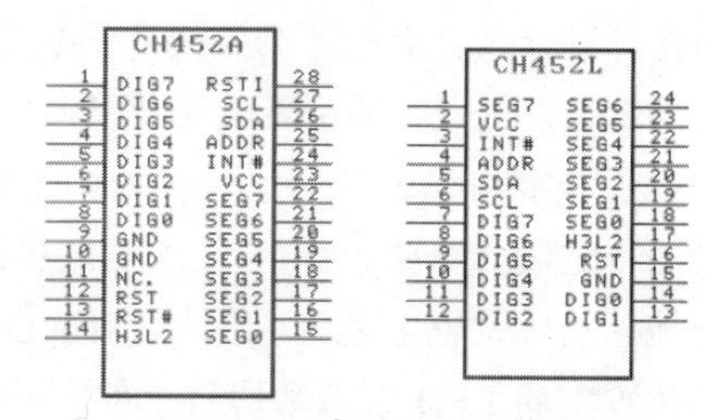

▲图 10.18　I^2C 接口的 CH452 封装

CH452 的 I^2C 接口的两种形式封装有一些公共的引脚，也有一些不同的引脚，如表 10.2 所示。

表 10.2　CH452 的 I^2C 接口封装引脚

SOP28	DIP24S	引 脚 名 称	类　型	说　明
23	2	V_{CC}	电源	电源输入，持续电流不小于 150mA
9、10	15	GND	电源	电源地，持续电流不小于 150mA
22～15	1、24～18	SEG7～SEG0	三态输出以及输入	数码管的段驱动，高电平有效；键盘扫描输入，高电平有效，内置下拉
1～8	7～14	DIG7～DIG0	输出	数码管的字驱动，低电平有效；键盘扫描输出，高电平有效
14	17	H3L2	输出	接口方式选择，内置上拉电阻，高电平选择 4 线接口，低电平选择两线接口
12	16	RST	输出	上电复位输出，高电平有效
13	不支持	RST#	输出	上电复位输出，低电平有效
28	不支持	RSTI	输出	手工复位输入，高电平有效，内置下拉
11	不支持	NC		不使用
25	4	ADDR	输入	2 线串行接口的地址选择，内置上拉电阻
26	5	SDA	I^2C 数据线	2 线串行接口的数据输入和输出
27	6	SCL	I^2C 时钟线	2 线串行接口的时钟线
24	3	INT	中断输出	2 线串行接口的中断输出，键盘中断输出，低电平有效

2. CH452 的显示驱动

CH452 对数码管（LED）采用了动态扫描驱动方式，顺序为 DIG0 到 DIG7，当其中一个引脚有效的时候其他引脚无效，选通对应的数码管。CH452 内部有电流驱动级，可以直接驱动 0.5 英寸到 1 英寸的共阴数码管，段驱动引脚 SEG6～SEG0 分别对应数码管的段 G～段 A，引脚 SEG7 对应数码管的小数点，字驱动引脚 DIG7～DIG0 分别连接 8 个数码管的阴极。CH452 也可以连接 8×8 矩阵的发光二极管 LED 阵列或者 64 个独立发光管或者 64 级光柱。CH452 可以改变字驱动输出极性以便于直接驱动共阳极的数码管（不译码方式），或者通过外接反相驱动器支持共阳极数码管，也可以外接大功率管支持大尺寸的数码管。

CH452 支持扫描的极限控制，并且只为有效数码管分配扫描时间。当扫描极限设定为 1 时，唯一的数码管 DIG0 将得到所有的动态驱动时间，从而相当于静态驱动；当扫描极限设定为 8 时，8 个数码管 DIG7～DIG0 将得到 1/8 动态驱动时间；当扫描极限设定为 4 时，4 个数码管 DIG3～DIG0 将得到 1/4 的动态驱动时间，此时各数码管的平均驱动电流将比扫描极限为 8 的时候增加一倍，所以降低扫描极限可以提高数码管的显示亮度。

CH452 内部有 8 个 8 位的数据寄存器，用于保存 8 个字数据，分别对于 CH452 所驱动的 8 个数码管或者 8 组每个 8 个的发光二极管。CH452 支持数据寄存器中的字数据左移、右移、左循环、右循环管，并且支持各个数码管的独立闪烁控制，在字数据左右移动或者左右循环移动的过程中，闪烁控制的属性不会随着数据移动。

CH452 支持任意段位寻址，可以用于独立控制 64 个发光二极管（LED）中的任意一个或者数码管的特定段（例如小数点），所有段位统一编制从 0x00 到 0x3F，当用“段位寻址置 1”命令将某个地址的段位置 1 之后，该地址对应的发光管 LED 或者数码管的段会被点亮，该操作不会影响其他位置上的 LED 或者数码管其他端的状态。CH452 支持 64 级的光柱译码，用 64 个发光管或者 64 级光柱表示 65 种状态，加载新的光柱值后，地址小于指定光柱值的发光管会点亮，而大于或者等于指定光柱的发光管会熄灭。表 10.3 所示为 CH452 的 DIG7～DIG0 与 SEG7～SEG0 之间的 8×8 矩阵编址，用于数码管段位寻址、发光管 LED 阵列以及光柱的编址。

表 10.3　　CH452 的数码管编址

	DIG7	DIG6	DIG5	DIG4	DIG3	DIG2	DIG1	DIG0
SEG0	0x38	0x30	0x28	0x20	0x18	0x10	0x08	0x00
SEG1	0x39	0x31	0x29	0x21	0x19	0x11	0x09	0x01
SEG2	0x3A	0x32	0x2A	0x22	0x1A	0x12	0x0A	0x02
SEG3	0x3B	0x33	0x2B	0x23	0x1B	0x13	0x0B	0x03
SEG4	0x3C	0x34	0x2C	0x24	0x1C	0x14	0x0C	0x04
SEG5	0x3D	0x35	0x2D	0x25	0x1D	0x15	0x0D	0x05
SEG6	0x3E	0x36	0x2E	0x26	0x1E	0x16	0x0E	0x06
SEG7	0x3F	0x37	0x2F	0x27	0x1F	0x17	0x0F	0x07

CH452 默认情况下工作于不译码方式，此时 8 个数据寄存器中字数据的位 7～位 0 分别对应 8 个数码管的小数点和段 G～段 A，对于发光二极管阵列，每个字数据的数据位唯一地对应一个发光二极管。当该数据为“1”时，对应的数码管的段或者发光管都会点亮；当数据位为“0”时，对应的数码管的段或者发光管会熄灭。CH452 还可以设定为 BCD 译码方式，该方式主要用于数

码管驱动，单片机只要给出二进制数码 BCD 码，CH452 将其译码后直接驱动数码管显示对应的字符。BCD 译码方式是指对数据寄存器中字数据的位 4～位 0 进行 BCD 译码，控制段驱动引脚 SEG6～SEG0 的输出，对应于数码管的段 G～端 A，同时用字数据的位 7 控制段驱动引脚 SEG7 的输出，对应于数码管的小数点，字数据的位 6 和位 5 不影响 BCD 译码。表 10.4 是数据寄存器中字数据的位 4～位 0 进行 BCD 译码后，所对应的段 G～A 以及数码管显示的字符，图 10.19 是数码管对应的段名称。

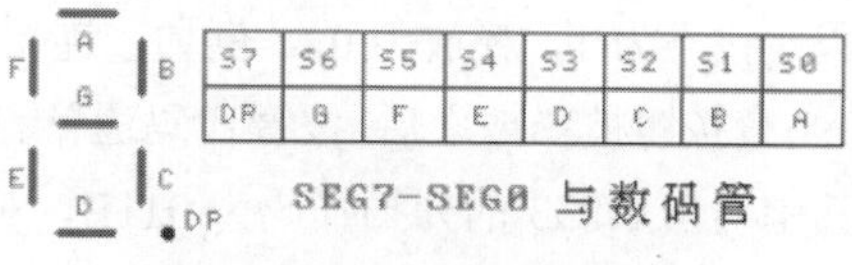

S7	S6	S5	S4	S3	S2	S1	S0
DP	G	F	E	D	C	B	A

SEG7-SEG0 与数码管

图 10.19　数码管对应的段名称

表 10.4　BCD 译码

位 4～位 0	段 G～段 A	显示字符	位 4～位 0	段 G～段 A	段 G～段 A	显示字符
00000	0111111	0	10000	0000000	空格	
00001	0000110	1	10001	1000110	–1 或者+	
00010	1011011	2	10010	1000000	–	
00011	1001111	3	10011	1000001	=	
00100	1100110	4	10100	0111001	[	
00101	1101101	5	10101	0001111	]	
00110	1111101	6	10110	0001000	_	
00111	0000111	7	10111	1110110	H	
01000	1111111	8	11000	0111000	L	
01001	1101111	9	11001	1110011	P	
01010	1110111	A	11010	0000000	.	
01011	1111100	b	11110	SELF_BCD	自定义	
01100	1011000	c	其余值	0000000	空格	
01101	1011110	d	SELF_BCD 是用户自己定义的 BCD 码，复位后默认为空格			
01110	1111001	E				
01111	1110001	F				

3. CH452 的键盘扫描

CH452 的键盘扫描支持 8 × 8 的 64 键矩阵键盘，在键盘扫描过程中，DIG7～DIG0 引脚用于列扫描输出，SEG7～SEG7 引脚均有内部下拉电阻，用于行扫描输入。

CH452 会定期在显示驱动扫描过程中插入键盘扫描，在键盘扫描期间，DIG7～DIG0 按照 DIG0～DIG7 顺序依次输出高电平，其余 7 个引脚输出低电平；SEG7～SEG0 的输入被禁止，当没有键被按下的时候，SEG7～SEG0 都被下拉为低电平，当有按键被按下的时候，例如连接 DIG3 和 SEG4 的按键被按下，则当 DIG3 输出高电平时候 SEG4 检测到高电平。为了避免因为按键抖动或者外界干扰产生误码，CH452 实行两次扫描，只有当两次键盘扫描的结果相同的时候，该按键值才为有效。如果 CH452 检测到有按键事件，则在 I²C 接口中的 INT 引脚上产生低电平有效的键盘中断事件，此时 MCS-51 单片机可以通过串行接口读取按键代码，在没有检测到新的有效按键之前，CH452 不会产生任何键盘中断。

说明： CH452 不支持组合键，也就是说，在同一个时刻，不能有两个或者更多的按键被按下，如果多个键同时被按下，则按键代码较小的按键优先。

CH452 提供 7 位的按键代码，位 2～位 0 是列扫描码，位 5～位 3 是行扫描码，位 6 是状态码（按下为 1，释放为 0）。例如，连接 DIG3 和 SEG4 的键被按下，则按键代码是 1100011B 或者 0x63，按键被释放之后，按键代码通常是 0111111B 或者 23（也可能是其他值，但是一定小于 0x40），其中对应 DIG3 的列扫描码为 011B，对应 SEG4 的行扫描码为 100B。MCS-51 单片机可以在任何时候读取按键代码，但是一般需要在 CH452 检测到有效按键而产生键盘中断的时候读取按键代码，此时按键代码的第 6 位总为“1”，如果需要关注按键的释放，则单片机可以通过查询方式定期读取按键代码，直到按键代码的第 6 位为“0”。

表 10.5 是 DIG7～DIG0 与 SEG7～SEG0 之间 8×8 矩阵的按键编码，由于按键代码是 7 位，键按下时第 6 位总是“1”，所以当键被按下的时候，CH452 所提供的实际按键代码是表中的按键代码加上 0x40，也就是说，实际的按键代码应该在 0x40～0x7F 之间。

表 10.5　　CH452 的按键编码

	DIG7	DIG6	DIG5	DIG4	DIG3	DIG2	DIG1	DIG0
SEG0	0x07	0x06	0x05	0x04	0x03	0x02	0x01	0x00
SEG1	0x0F	0x0E	0x0D	0x0C	0x0B	0x0A	0x09	0x08
SEG2	0x17	0x16	0x15	0x14	0x13	0x12	0x11	0x10
SEG3	0x1F	0x1E	0x1D	0x1C	0x1B	0x1A	0x19	0x18
SEG4	0x27	0x26	0x25	0x24	0x23	0x22	0x21	0x20
SEG5	0x2F	0x2E	0x2D	0x2C	0x2B	0x2A	0x29	0x28
SEG6	0x37	0x36	0x35	0x34	0x33	0x32	0x31	0x30
SEG7	0x3F	0x3E	0x3D	0x3C	0x3B	0x3A	0x39	0x38

4. CH452 的附加功能

CH452 可以向单片机提供上电复位信号，MCS-51 单片机的复位引脚可以直接连接到 CH452 的 RST 引脚，当 CH452 上电时 RST 引脚输出高电平有效的复位脉冲信号，可以使得 MCS-51 单片机复位。

CH452 的上电复位是指上电过程中产生的复位脉冲，为了减少 CH452 驱动大电流而产生的电源干扰，在设计电路 PCB 时应该紧靠 CH452 芯片，在正负电源之间并联一组电源退耦电容，至少包括一个容量不小于 0.1μF 的独石或者瓷片电容和一个容量不小于 100μF 的电解电容。

5. CH452 的操作命令

CH452 的操作命令均为 12 位，表 10.6 给出了 CH452 的各个操作命令对应的 12 位串行数据，其中标注为 X 的位表示该位可以为任意值，标有名称的位表示该位在 CH452 芯片内部具有对应的寄存器，其数据根据操作命令的不同而变化。

I^2C 接口支持表 10.6 中所有的命令，方向位 R/-W 用于支持读或者写操作，即数据传输方向。对于 I^2C 接口，单片机可以回读之前写入的数据用于校验，当为数据 R/-W 为“0”的时候执行写入操作，位 R/-W 为“1”的时候执行回读操作。

表 10.6　　　　　　　　　　　　CH452 的命令

操作命令	方向	位 11	位 10	位 9	位 8	位 7	位 6	位 5	位 4	位 3	位 2	位 1	位 0
空操作	写	0	0	0	0	X	X	X	X	X	X	X	X
加载光柱值	写	0	0	0	1	0	LEVEL						
段位寻址清 0	写	0	0	0	1	1	0	BIT_ADDR					
段位选址置 1	写	0	0	0	1	1	1	BIT_ADDR					
芯片内部复位	写	0	0	1	0	0	0	0	0	0	0	0	1
进入睡眠状态	写	0	0	1	0	0	0	0	0	0	0	1	0
字数据左移	写	0	0	1	1	0	0	0	0	0	0	0	0
字数据右移	写	0	0	1	1	0	0	0	0	0	0	1	0
字数据左循环	写	0	0	1	1	0	0	0	0	0	0	0	1
字数据右循环	写	0	0	1	1	0	0	0	0	0	0	1	1
自定义 BCB 码	写/读	0	0	1	1	1	SELF_BCD						
设定系统参数	写/读	0	1	0	0	0	GPOE	INTM	SSPD	DPLR	WDOG	KEYB	DISP
设定显示参数	写/读	0	1	0	1	MODE	LIMIT			INTENSITY			
设定闪烁参数	写/读	0	1	1	0	D7S	D6S	D5S	D4S	D3S	D2S	D1S	D0S
加载字数据 0	写/读	1	0	0	0	DIG_DATA，DIG0 对应的字数据							
加载字数据 1	写/读	1	0	0	1	DIG_DATA，DIG1 对应的字数据							
加载字数据 2	写/读	1	0	1	0	DIG_DATA，DIG2 对应的字数据							
加载字数据 3	写/读	1	0	1	1	DIG_DATA，DIG3 对应的字数据							
加载字数据 4	写/读	1	1	0	0	DIG_DATA，DIG1 对应的字数据							
加载字数据 5	写/读	1	1	0	1	DIG_DATA，DIG4 对应的字数据							
加载字数据 6	写/读	1	1	1	0	DIG_DATA，DIG5 对应的字数据							
加载字数据 7	写/读	1	1	1	1	DIG_DATA，DIG6 对应的字数据							
读取芯片版本	I^{2}C 读	0	0	0	0	0	1	0	0	0	0	0	0
读取 SEG 引脚	I^{2}C 读	0	0	0	1	SEG7	SEG6	SEG5	SEG4	SEG3	SEG2	SEG1	SEG0
读取按键代码	读	0	1	1	1	0	KEY6	KEY5	KEY4	KEY3	KEY2	KEY1	KEY0
I^{2}C 接口应答	I^{2}C 写	0	1	1	1	X	X	X	X	X	X	X	X

CH452 命令详细使用方式可以参考 CH452 的手册。

6. CH452 的硬件电路

CH452 有 4 线制和 I^{2}C 两种外部接口电路，本小节仅介绍 I^{2}C 接口，4 线制接口可以参考 CH452 的使用手册。

CH452 的 I^{2}C 接口包括时钟引脚（SCL）和数据引脚（SDA），另外还有一个地址选择引脚（ADDR）和键盘中断输出引脚（INT）。其中 SCL、ADDR 都是带上拉的输入信号线，SDA 是带上拉的双向信号线，默认是高电平，INT 是带上拉的开漏输出，在启用键盘扫描之后用作键盘的中断输出线，默认是高电平。在 MCS-51 单片机系统中可以同时使用两块 CH452 芯片，为了区分两个 CH452，可以将其中一块 CH452 的 ADDR 引脚接高电平，另外一块接低电平，从而使两块 CH452 有不同的 I²C 设备地址。

在 MCS-51 单片机系统中，单片机向 CH452 输出串行数据的过程如下。

- SDA 输出高电平，SCL 输出高电平，准备启动信号。
- SDA 输出低电平，产生启动信号。
- SCL 输出低电平，启动完成。
- 向 SDA 输出最高位数据 DA0（总是 0），并且向 SCL 输出高电平脉冲（从低电平变为高电平再恢复到低电平），其中包括一个上升沿及高电平是 CH452 输入位数据。
- 以同样的方式，输出位数据 DA（总是 1），ADDR（地址选择），B11～B8。
- 以同样的方式，输出位数据 R/-W，低电平代表写操作，也就是还要继续输出位数据。
- 以同样的方式，输出位数据 1，也就是不输出，以便 I²C 设备回送应答位，在默认状态下 CH452 并不回送应答位，但是执行有效的“I²C 接口 ACK”命令后将回送应答位。
- 以同样的方式输出位数据 B7～B0。
- 结束，建议将 SCL 恢复为高电平，建议将 SDA 恢复为高电平。

INT 引脚用于键盘中断输出，默认为高电平，当 CH452 检测到有效按键的时候，INT 输出低电平有效的键盘中断，MCS-51 单片机在中断处理中发送读按键代码命令，然后清除 INT 中断，从 I²C 接口中读出对应的按键代码，其操作步骤如下。

- SDA 输出高电平，SCL 输出高电平，准备启动信号。
- SDA 输出低电平，产生启动信号。
- SCL 输出低电平，启动完成。
- 输出一位数据，即向 SDA 输出最高位数据 DA0（总为 0），并且向 SCL 输出高电平脉冲（从低电平变为高电平再恢复为低电平），其中包括一个上升沿及高电平使 CH452 输入位数据。
- 以同样的方式，输出位数据 DA1（总为 1），ADDR（地址选择），B11～B8。
- 以同样的方式，输出位数据 R/-W，高电平 1 代表读操作，也就是要求 CH452 输出位数据。
- 以同样的方式，输出位数据“1”，也就是不输出，让 I²C 设备回送应答位，默认状态下 CH452 不会送应答位，但是执行有效的“I²C 接口 ACK 命令”后将回送应答位。
- 在 SCL 为低电平器件，CH452 向 SDA 输出位数据 K7（总为 0），单片机向 SCL 输出高电平脉冲，并且在 SCL 为高电平期间从 SDA 读取位数据。
- 以同样的方式，CH452 输出 K6～K0，单片机输入位数据作为按键代码。
- 结束操作，建议将 SCL 和 SDA 恢复为高电平。

如果在“系统参数”设置命令中设定 INTM 为“1”，选择按键中断输入方式为低电平脉冲（边沿中断），当 CH452 检测到有效按键时，将等待到 SCL 和 SDA 空闲（SCL 和 SDA 保持高电平 40μs 以上），然后从 SDA 输出几个微秒宽度的低电平脉冲作为键盘中断，之后依然从 INT 引脚输出低电平有效的键盘中断。这种中断方式可以节省 MCS-51 单片机的 IO 引脚，只需要连接 SCL 和 SDA 而不需要连接 INT 引脚，空闲的时候 MCS-51 单片机使 SCL 和 SDA 保持高电平，CH452 通过 SDA 的低电平脉冲向单片机通知键盘中断。

CH452 和 MCS-51 单片机使用 I²C 接口的电路图如图 10.20 所示。

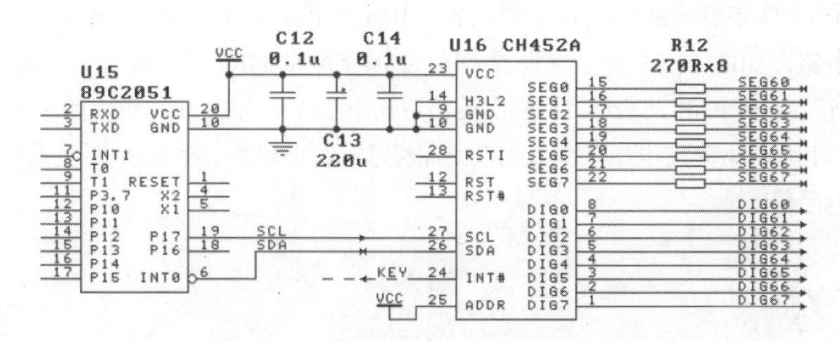

▲图 10.20　CH452 和 MCS-51 单片机的接口电路

CH452 驱动共阴极数码管的电路如图 10.21 所示。

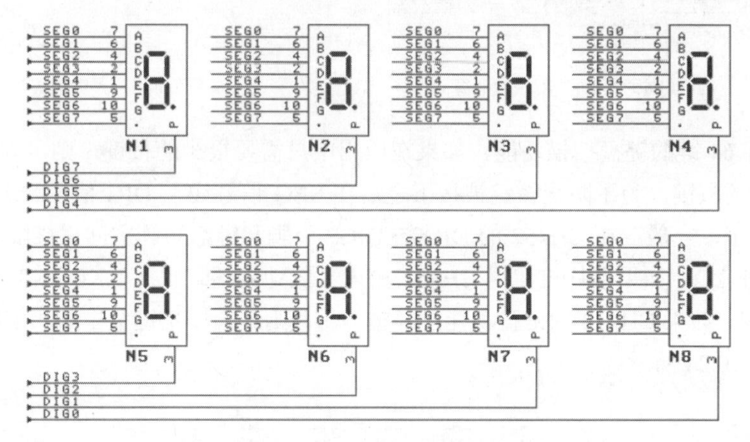

▲图 10.21　CH452 驱动共阴极数码管

CH452 可以动态驱动 8 个共阴数码管，所有数码管的相同段引脚（段 A～段 G 以及小数点）并联后通过串接的限流电阻 R12 连接到 CH452 的段驱动引脚 SEG0～SEG7 上，各个数码管的阴极分别由 CH452 的 DIG0～DIG7 引脚驱动。限流电阻的阻值越大则段驱动电流越小，数码管的显示亮度越低。R1（R12）的阻值一般在 100kΩ～1kΩ之间，在其他条件相同的前提下，应该优先选择较大的电阻值以减少 CH452 的功耗。在数码管的面板布局上，建议数码管从左到右的顺序是 N1 在最左边，N8 在最右边，以便匹配字左右移动和循环移动命令。如果数码管不足 8 个，可以优先去掉左边的数码管，并且设置相应的扫描极限以提高数码管的显示亮度，当数码管少于 7 个并且扫描极限小于 7 的时候，设置 GPOE 为 1 可以将多余的 DIG6 和 DIG7 引脚用于通用输出引脚。

图 10.22 是用 CH452 驱动共阳极数码管的电路图，将 CH452 的段驱动信号 SEG0～SEG7 和字驱动信号 DIG0～DIG7 分别反相之后即可以连接共阳极数码管。在图 10.22 中，段信号 SEG0～SEG7 由达林顿管阵列 ULN2803 反相驱动（也可以用 NPN 三极管代替），而字信号 DIG0～DIG7 则由 8 个 PNP 三极管反相驱动，该电路的驱动电流比 CH452 直接驱动要大很多，所以图中的电阻 R13 和 R14 应该根据实际应用情况选择合适电阻值。

注意：图中的 ULN2803 也可以去掉，使用 CH452 驱动段引脚，但是只能使用不译码的方式，并且加载的字数据必须按位取反（0 亮 1 灭）。

对于用多个 LED 串联构成的大尺寸数码管，由于其压降较大，5V 电源不能直接驱动，通常需要外接驱动电路，如图 10.23 所示。设置 CH452 的字驱动 DIG 输出极性为“高电平有效”，再经过 NPN 三极管 T2 和 PNP 三极管 T3 两次反相后输出 24V 驱动电压。该电路也可以配合图 10.22 中的 ULN2803 使用，驱动高电压的大尺寸共阳极数码管，需要注意 R16 要根据实际的驱动电流大小选择合适电阻值。

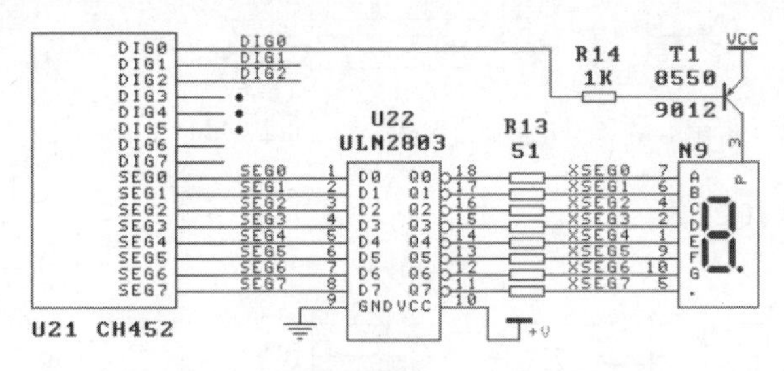

▲图 10.22　CH452 驱动共阳极数码管

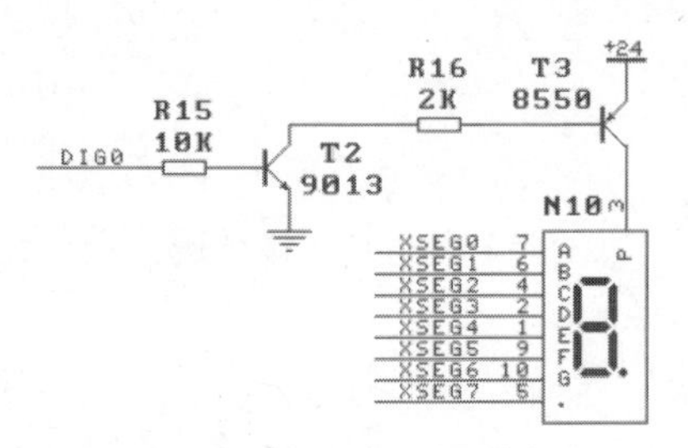

▲图 10.23　大电流数码管驱动电路

CH452 具有 64 键的键盘扫描功能，如果在应用中只需要很少的按键，则可以在 8×8 矩阵中任意去掉不需要的按键。为了防止按键被按下之后在 SEG 信号线和 DIG 信号线之间形成短路而影响数码管的显示，一般应在 CH452 的 DIG0～DIG7 引脚和键盘矩阵之间串接限流电阻 R2，其阻值可以从 1～10kΩ，如果单片机使得 CH452 进入了低功耗睡眠状态，K0～K31 可以将睡眠状态的 CH452 唤醒，如果 CH452 的键盘功能已经被启用，则还会输出键盘中断，使用 CH452 连接键盘的电路图如 10.24 所示。

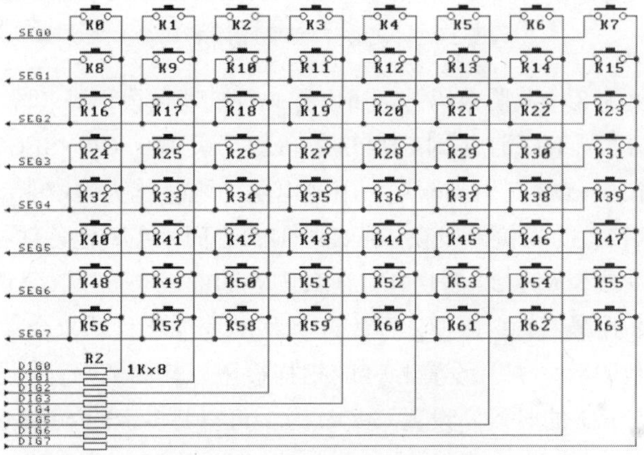

▲图 10.24　CH452 的键盘应用电路

图 10.25 是一个完整 MCS-51 单片机利用 CH452 扩展键盘和数码管的应用电路，在图中 MCS-51 单片机通过 CH452 驱动 8 个共阴极数码管显示，并且同时扫描 64 个按键。

说明： 由于某些数码管在实际使用中可能由于工作电压较高存在反相漏电现象，从而被 CH452 误认为是某个按键一直被按下，所以建议使用二极管 D1～D8 来防止二极管反相漏电，并且提高键盘扫描时 SEG0～SEG7 的输入信号的电平，确保键盘扫描更可靠，但是当电源电压低于 5V 时应该去掉这些二极管以防止影响显示亮度。

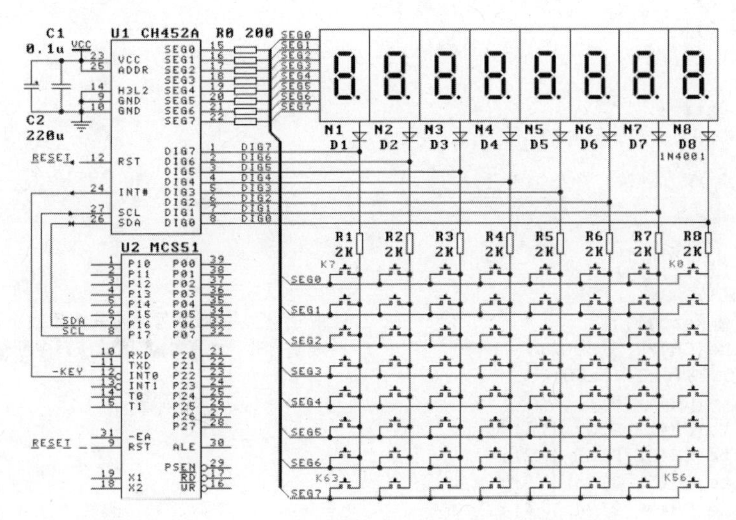

▲图 10.25　MCS-51 单片机系统中 CH452 完整应用电路

7. CH452 的应用代码

例 10.5 和例 10.6 是 CH452 的应用代码，其中 I²C 的库函数参考第 7 章。

【例 10.5】

```
// 硬件相关定义，请根据实际硬件修改本文件
#include <AT89X52.h>
#include <intrins.h>
#include <CH452.h>
#pragma NOAREGS                          // 如果MCS-51使用键盘中断功能，那么建议加入此编译选项
#define         DELAY_1US                {_nop_();_nop_();}// MCS-51<=30MHz
/* 2 线接口的位操作,与单片机有关 */
#define         CH452_SCL_SET            {CH452_SCL=1;}
#define         CH452_SCL_CLR            {CH452_SCL=0;}
#define         CH452_SDA_SET            {CH452_SDA=1;}
#define         CH452_SDA_CLR            {CH452_SDA=0;}
#define         CH452_SDA_IN             (CH452_SDA)
/* 与单片机有关,与中断连接方式有关 */
#define         USE_CH452_KEY       1    // 使用了 CH452 的按键中断
#ifdef          USE_CH452_KEY
#define         DISABLE_KEY_INTERRUPT {EX1=0;}
#define         ENABLE_KEY_INTERRUPT  {EX1=1;}
#define         CLEAR_KEY_INTER_FLAG  {IE1=0;}
#else
#define         DISABLE_KEY_INTERRUPT {}
#define         ENABLE_KEY_INTERRUPT  {}
#define         CLEAR_KEY_INTER_FLAG  {}
#endif
/* 2 线接口的连接,与实际电路有关 */
sbit  CH452_SCL=P1^0;
sbit  CH452_SDA=P1^1;                    // 如果使用真正的 2 线接口,那么 SDA 接中断引脚 P3^3/INT1,
                                         // 用 SDA 直接做中断输出
//sbit     CH452_ADDR=P1^5;              // 实际电路应该硬件接 GND 或者 VCC
sbit  CH452_INT=P3^3;                    // 标准的 2 线接口使用该引脚输出中断
sbit LED = P1 ^ 5;                       //指示灯
main()
{
// unsigned char cmd,dat;
// unsigned short  command;
```

```
    SCON = 0x50;
    PCON = 0x80;
    RCLK = 1;
    TCLK = 1;
    RCAP2H = 0xff;
    RCAP2L = 0xfd;
    TR2 = 1;
    IE1=0;
    EX1=1;
    ES = 1;
    EA = 1;
    delayms(50);
    Send(CH452_Read());                     //读取 CH452 的版本号，正式应用时不需要。
    CH452_Write(CH452_SYSON2);              //两线制方式，如果 SDA 用做按键中断输出，那么命令应该
为 CH452_ SYSON2W(0x04,0x23)
    CH452_Write(CH452_BCD);                 // BCD 译码，8 个数码管
    CH452_Write(CH452_DIG7 | 1);
    CH452_Write(CH452_DIG6 | 2);
    CH452_Write(CH452_DIG5 | 3);
    CH452_Write(CH452_DIG4 | 4);
    CH452_Write(CH452_DIG3 | 3);
    CH452_Write(CH452_DIG2 | 4);
    CH452_Write(CH452_DIG1 | 5);
    CH452_Write(CH452_DIG0 | 6);            // 显示字符 8
    while(1)
    {
    }
}
void Serial(void) interrupt 4 using 1
{
     unsigned char temp;
     if(RI == 1)
     {
          temp = SBUF;
          RI = 0;
          Send(temp);
          LED = ~LED;
     }
}
// INT1 中断服务程序
void int1(void) interrupt 2 using 2
{
      Send(CH452_Read());                   //将按键值通过串口发给 PC 检查
      LED=~LED;
}
void Send(unsigned char X)
{
      SBUF = X;
      while(TI == 0);
      TI = 0;
}
void delayms(unsigned char i)
{   unsigned int    j;
    do{for(j=0;j!=1000;j++)
       {;}
    }while(--i);
}
void CH452_Write(unsigned short cmd)        //写命令
{
      CH452_I2c_Start();                    /*启动总线*/
#ifdef    ENABLE_2_CH452                    // 若有两个 CH452 并连
```

```
    CH452_I2c_WrByte((unsigned char)(cmd>>7)&CH452_I2C_MASK|CH452_I2C_ADDR0); // CH452
的 ADDR=0 时
#else
    CH452_I2c_WrByte((unsigned char)(cmd>>7)&CH452_I2C_MASK|CH452_I2C_ADDR1); // CH452
的 ADDR=1 时(默认)
#endif
    CH452_I2c_WrByte((unsigned char)cmd);       /*发送数据*/
    CH452_I2c_Stop();                           /*结束总线*/
}
unsigned char CH452_Read(void)                  //读取按键
{
   unsigned char keycode;
   CH452_I2c_Start();                           /*启动总线*/
   CH452_I2c_WrByte((unsigned
char)(CH452_GET_KEY>>7)&CH452_I2C_MASK|0x01|CH452_I2C_ADDR1);    // 若有两个 CH452 并连,当
ADDR=0 时,需修改为 CH452_I2C_ADDR0
   keycode=CH452_I2c_RdByte();                  /*读取数据*/
   CH452_I2c_Stop();                            /*结束总线*/
   return(keycode);
 }
```

【例 10.6】

```
/* 常量定义 */
/* CH451 和 CH452 的常用命令码 */
#define CH452_NOP       0x0000                  // 空操作
#define CH452_RESET     0x0201                  // 复位
#define CH452_LEVEL     0x0100                  // 加载光柱值,需另加 7 位数据
#define CH452_CLR_BIT   0x0180                  // 段位清 0,需另加 6 位数据
#define CH452_SET_BIT   0x01C0                  // 段位置 1,需另加 6 位数据
#define CH452_SLEEP     0x0202                  // 进入睡眠状态
#define CH452_LEFTMOV   0x0300                  // 设置移动方式-左移
#define CH452_LEFTCYC   0x0301                  // 设置移动方式-左循环
#define CH452_RIGHTMOV  0x0302                  // 设置移动方式-右移
#define CH452_RIGHTCYC  0x0303                  // 设置移动方式-右循环
#define CH452_SELF_BCD  0x0380                  // 自定义 BCD 码,需另加 7 位数据
#define CH452_SYSOFF    0x0400                  // 关闭显示、关闭键盘
#define CH452_SYSON1    0x0401                  // 开启显示
#define CH452_SYSON2    0x0403                  // 开启显示、键盘
#define CH452_SYSON2W   0x0423                  // 开启显示、键盘, 真正 2 线接口
#define CH452_NO_BCD    0x0500                  // 设置默认显示方式,可另加 3 位扫描极限
#define CH452_BCD       0x0580                  // 设置 BCD 译码方式,可另加 3 位扫描极限
#define CH452_TWINKLE   0x0600                  // 设置闪烁控制,需另加 8 位数据
#define CH452_GET_KEY   0x0700                  // 获取按键,返回按键代码
#define CH452_DIG0      0x0800                  // 数码管位 0 显示,需另加 8 位数据
#define CH452_DIG1      0x0900                  // 数码管位 1 显示,需另加 8 位数据
#define CH452_DIG2      0x0a00                  // 数码管位 2 显示,需另加 8 位数据
#define CH452_DIG3      0x0b00                  // 数码管位 3 显示,需另加 8 位数据
#define CH452_DIG4      0x0c00                  // 数码管位 4 显示,需另加 8 位数据
#define CH452_DIG5      0x0d00                  // 数码管位 5 显示,需另加 8 位数据
#define CH452_DIG6      0x0e00                  // 数码管位 6 显示,需另加 8 位数据
#define CH452_DIG7      0x0f00                  // 数码管位 7 显示,需另加 8 位数据
// BCD 译码方式下的特殊字符
#define         CH452_BCD_SPACE         0x10
#define         CH452_BCD_PLUS          0x11
#define         CH452_BCD_MINUS         0x12
#define         CH452_BCD_EQU           0x13
#define         CH452_BCD_LEFT          0x14
#define         CH452_BCD_RIGHT         0x15
#define         CH452_BCD_UNDER         0x16
#define         CH452_BCD_CH_H          0x17
#define         CH452_BCD_CH_L          0x18
```

```
#define        CH452_BCD_CH_P        0x19
#define        CH452_BCD_DOT         0x1A
#define        CH452_BCD_SELF        0x1E
#define        CH452_BCD_TEST        0x88
#define        CH452_BCD_DOT_X       0x80
// 有效按键代码
#define        CH452_KEY_MIN         0x40
#define        CH452_KEY_MAX         0x7F
// 2 线接口的 CH452 定义
#define        CH452_I2C_ADDR0       0x40          // CH452 的 ADDR=0 时的地址
#define        CH452_I2C_ADDR1       0x60          // CH452 的 ADDR=1 时的地址,默认值
#define        CH452_I2C_MASK        0x3E          // CH452 的 2 线接口高字节命令掩码
// 对外子程序
unsigned char CH452_Read(void);                    // 从 CH452 读取按键代码
void CH452_Write(unsigned short cmd);              // 向 CH452 发出操作命令
void Serial(void);
void int1(void);
void Send(unsigned char X);
void delayms(unsigned char i);
unsigned char  CH452_I2c_RdByte(void);
void CH452_I2c_WrByte(unsigned char dat);
void CH452_I2c_Stop(void);
void CH452_I2c_Start(void);
```

10.2.4 液晶模块（LCM）

在 MCS-51 单片机应用系统中，有时候需要显示一些汉字或者图形信息，此时可以使用液晶显示模块。液晶显示模块（LCM）是一种低功耗的显示模块，而且能够显示诸如文字、曲线、图形、动画等信息。

1. 液晶显示模块简介

LCM（LCD Module）即 LCD 显示模块、液晶模块，是指将液晶显示器件、连接件、控制与驱动等外围电路，PCB 电路板、背光源、结构件等装配在一起的组件，其核心部分是液晶显示模块（LCD）和控制模块。

图 10.26 是 MCS-51 单片机常用的单色液晶显示模块 LCD 的结构示意图，其由两片刻有透明导电电极的基板中间夹一个液晶层，封接成一个偏平盒构成。有时在外表面还可能贴装上偏振片。

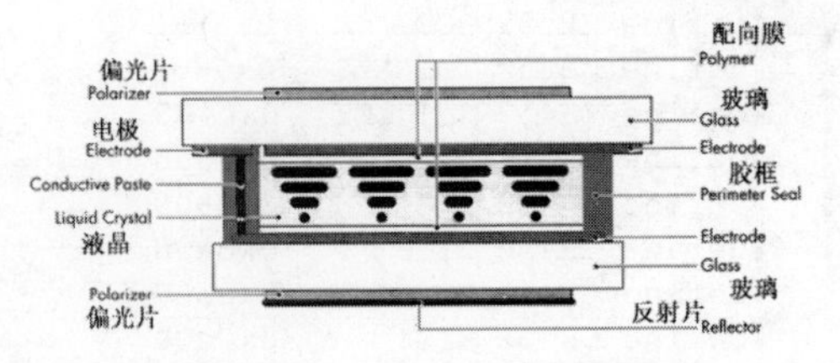

▲图 10.26　常见单色 LCD 结构图

液晶显示模块按其显示图案的不同通常可分为笔段型 LCD、字符型 LCD 和点阵图形型 LCD3 种。

- 笔段型 LCD 是以长条状作为基本显示单元显示。该类型主要用于数字显示，也可用于显示西文字符或某些字符。这种段型显示通常有六段、七段、八段、九段、十四段和十六段等，在形状上与数码管类似，总是围绕数字“8”的结构变化，其中以七段显示最常用，一般用于数字仪表、电子仪器中。
- 字符型 LCD 是专门用来显示英文和其他拉丁文字母、数字、符号等的点阵型液晶显示模块。它一般由若干个 5×8 或 5×11 点阵组成，每一个点阵显示一个字符。这类模块一般应用于数字寻呼机、数字仪表等电子设备中。

- 点阵图形型 LCD 是在一平板上排列多行多列的矩阵形式的晶格点，点的大小可根据显示的清晰度来设计。它根据要求基本可以显示所有能显示的数字、字母、符号、汉字、图形、甚至动画。这类液晶显示器的应用越来越广泛，目前广泛用于手机、PDA、笔记本电脑等一切需要根据具体需要显示大量信息的设备中。

LCM 的控制模块一般采用专用芯片（例如 ST7920）或者单片机来作为主控芯片，使用一些外部辅助器件来完成对 LCD 的控制，并且提供一个良好的扩展接口，常见的 LCM 扩展接口有 8 位并行接口和串行接口两种。

2. MzLH01-12864 液晶模块介绍

MZLH01-12864 液晶模块是一款支持 128×64 点阵显示的 LCD 模块，其内置带两种字号的二级汉字库，并且支持基本绘图 GUI 功能，包括画点、直线、矩形、圆形等；此外还自带两字号的 ASCII 码西文字库。模块采用 SPI 串行接口，包括从机引脚 SS，时钟引脚 SCK，数据引脚 SDA 和一根额外的 BUSY 引脚，和 MCS-51 单片机接口非常方便。其采用 ATmega 单片机作为控制芯片，提供了大量的控制命令，MCS-51 单片机只需要简单的操作即可实现对该液晶模块的控制。MzLH01-12864 的液晶模块特点如下：

- 128×64 点阵；
- SPI 串行接口方式；
- 自带 12 × 12 和 16 × 16 二级汉字库；
- 自带 6 × 10 和 8 × 16ASCII 西文字库；
- 自带基本绘图功能；
- 3.3V/5V 的工作电源，自带背光。

图 10.27 是 MzLH01-12864 模块的实物图。

▲图 10.27　MzLH01-12864 的实物图

表 10.7 是 MzLH01-12864 模块的引脚功能表，该模块提供了 SIP-12 的封装接口，可以很方便地外扩排线或者插针。

表 10.7　　MzLH01-12864 功能引脚表

引脚编号	名　称	说　明
1	电源	LCM 供电，3.3V/5V
2	SS	SPI 接口从机选择引脚
3	SDA	SPI 数据输入引脚
4	TS	测试用保留引脚
5	SCK	SPI 时钟引脚
6	RST	复位引脚
7	BS	LCM 忙信号引脚（BUSY）
8	NC	NC，保留引脚
9	NC	NC，保留引脚
10	GND	信号地
11	A	背光电源输入
12	K	背光电源地输入

3. MzLH01-12864 的时序

MzLH01-12864 模块自带 ATmega 单片机为主核心的控制模块，并且带有存放字库的存储器，用户在使用该模块的时候只需要按照 SPI 串行接口标准对模块使用控制命令进行操作即可。MzLH01-12864 模块有一个复位引脚，可以对该引脚输入一个低电平脉冲来让模块复位，复位需要保持低电平最少 1ms，在恢复高电平 2ms 后才能对模块进行操作，如果模块复位不正常，将无法正常工作，如图 10.28 所示。

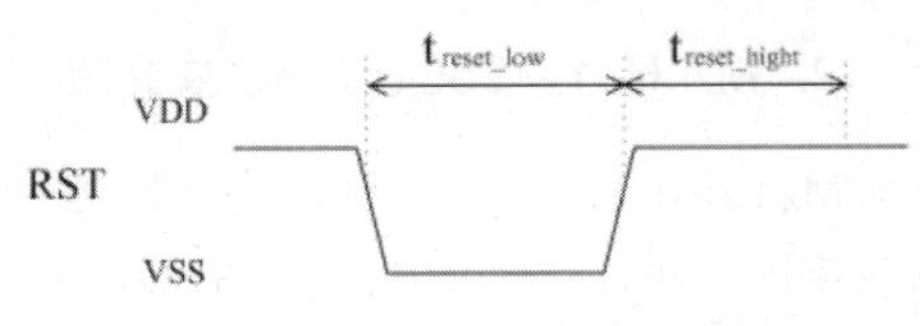

▲图 10.28　MzLH01-12864 的复位信号

MzLH01-12864 模块的串行 SPI 接口最高时钟频率为 2MHz，其时序如图 10.29 所示。在 SPI 接口中，SS 为从机选择线，当 SS 从高电平变为低电平之后，模块开始接收控制指令，模块对 SDA 数据线的采样在每个时钟 SCK 的上升沿，当完成 SS 变低电平后传输的控制指令接收之后，BUSY 引脚将被置高，此时 SCK 不应该再有跳变；当 BUSY 变为低电平之后可以进行下一个字节数据的传输；而在一次完整的控制指令以指令参数的数据传输过程中，SS 必须保持为低电平，如果 SS 变成高电平，则认为是本次操作的结束或者中断，所以用户在每个字节的传输之间，应该检测 BUSY 引脚的状态，只有在 BUSY 引脚为低电平时候传输数据才是有效且正确的。

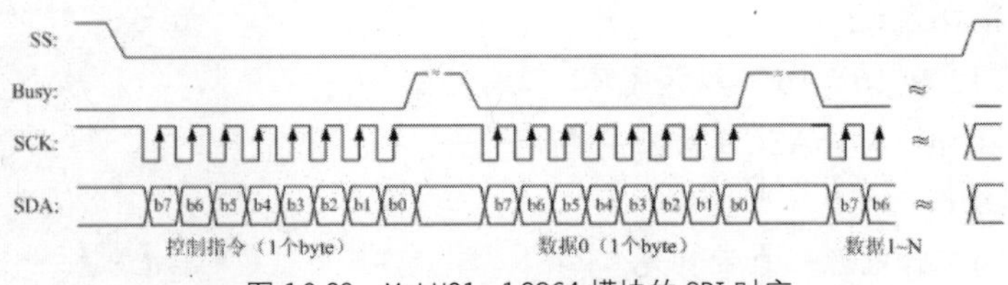

▲图 10.29　MzLH01-12864 模块的 SPI 时序

4. MzLH01-12864 模块的命令

MzLH01-12864 模块提供了 16 组控制命令以供用户操作，如表 10.8 所示。

表 10.8　MzLH01-12864 模块的控制命令

控制指令	功　能	数据长度（字节）	参　数	说　明
0x01	绘点	2	Data1：*x* 轴坐标 Data2：*y* 轴坐标	X=0-127 Y=0-63
0x02	画直线	4	Data1：直线起点 *x* 轴坐标 Data2：直线起点 *y* 轴坐标 Data3：直线终点 *x* 轴坐标 Data4：直线终点 *y* 轴坐标	
0x03	画矩形框	4	Data1：左上角 *x* 轴坐标 Data2：左上角 *y* 轴坐标 Data3：右下角 *x* 轴坐标 Data4：右下角 *y* 轴坐标	
0x04	画实心矩形	4	Data1：左上角 *x* 轴坐标 Data2：左上角 *y* 轴坐标 Data3：右下角 *x* 轴坐标 Data4：右下角 *y* 轴坐标	

续表

控制指令	功　能	数据长度（字节）	参　数	说　明
0x05	画圆框	3	Data1：圆心 x 轴坐标 Data2：圆心 y 轴坐标 Data3：圆半径	
0x06	画实心圆	3	Data1：圆心 x 轴坐标 Data2：圆心 y 轴坐标 Data3：圆半径	
0x07	显示 ASCII 字符	3	Data1：字符左上角 x 轴坐标 Data2：字符左上角 y 轴坐标 Data3：ASCII 编码	ACSII 编码中，0～31 无效
0x08	显示汉字	4	Data1：字符左上角 x 轴坐标 Data2：字符左上角 y 轴坐标 Data3：GB 码的高 8 位 Data4：GB 码的低 8 位	
0x09	填充数据	>2	Data1：要填充的起始位置的 x 轴坐标 Data2：要填充的起始位置的页数 Data3-DataN：要填充的数据	Page=0～7
0x80	清屏	1	Data1：可以为任意数据，但是必须有	
0x81	设置 ASCII 字符类型	1	Data1：分高低四位有不同含义 高四位 b7-b4 为字符大小选择 b7-b4 = 0000 选择 8×16 字体 b7-b4 = 0001 选择 6×10 字体 低四位 b3-b0 为字符颜色选择 B3-b0 = 0000 选择白色字体 B3-b0 = 0001 选择黑色字体	
0x83	设置绘图色	1	Data1：为 0 时表示使用白色进行绘制，非 0 则为黑色	仅作用于绘图操作
0x84	y 轴倒置	1	Data1：为 0 时表示 y 轴将倒置，非 0 则为正常使用	
0x85	x 轴倒置	1	Data1：为 0 时表示 x 轴将倒置，非 0 则为正常使用	下一次显示生效
0x88	LCM 开关	1	Data1：为 0 时表示关闭 LCM，非 0 则为正常使用	

在对 MzLH01-12864 模块进行字节写入操作时，应该先对 BUSY 信号进行检测，当该引脚为低电平时候才对该模块进行串行数据传输操作，该流程如图 10.30 所示。

在一次完整的控制操作过程当中，在控制指令以及指令要求的数据传输结束之前，必须保证 SS 引脚为低电平，否则将中断此次控制操作，完整的控制操作流程如图 10.31 所示。

注意： 如果用户调用的是填充数据指令（0x09），则无论用户在发送完指令以及指令所需要的两个字节数据之后往模块中填充多少个字节的数据，最终完成操作的是 SS 引脚的高电平信号，并且该操作完成之后用户需要延时 0.5ms 以上以待模组完全退出填充操作状态才可以继续对模块进行其他操作。

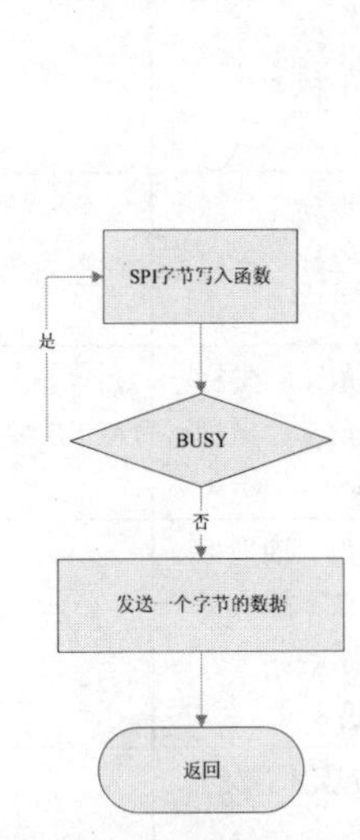

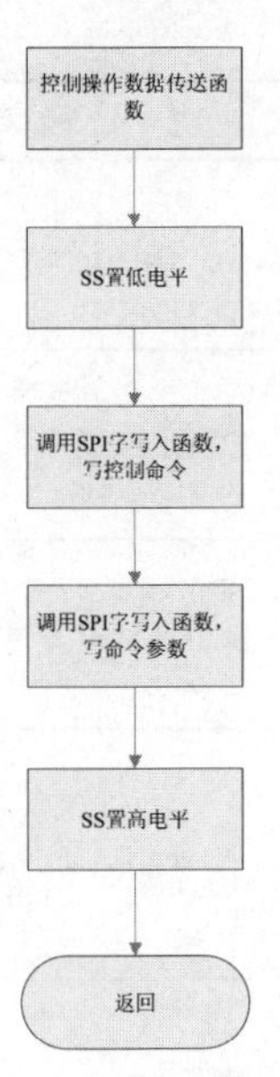

▲图 10.30　MzLH01-12864 模块字节写入操作流程

▲图 10.31　MzLH01-12864 模块的操作流程

5. MzLH01-12864 模块的应用代码

例 10.7～例 10.10 是 MzLH01-12864 模块的使用实例

【例 10.7】这是 MzLH01-12864 模块的引脚定义文件，根据 MCS-51 单片机的实际电路连接来修改。

```
#include "REG51.h"
#define Dis_X_MAX       128-1
#define Dis_Y_MAX       64-1
//Define the MCU Register
sbit SPI_SS=P0^7;
sbit SPI_SDA=P0^6;
sbit SPI_SCK=P0^4;
sbit SPI_RES=P0^3;
sbit SPI_BUSY=P0^2;
```

【例 10.8】这是 MzLH01-12864 模块的操作头文件定义，包括了 MzLH01-12864 模块的操作函数定义。

```
#ifndef    __LCD_DIS_h__
#define    __LCD_DIS_h__
extern void LCD_Init(void);
extern void SPI_SSSet(unsigned char Status);
extern void SPI_Send(unsigned char Data);
extern void FontSet(unsigned char Font_NUM,unsigned char Color);
extern void FontSet_cn(unsigned char Font_NUM,unsigned char Color);
extern void PutChar(unsigned char x,unsigned char y,unsigned char a);
extern void PutString(unsigned char x,unsigned char y,unsigned char *p);
extern void PutChar_cn(unsigned char x,unsigned char y,unsigned short * GB);
extern void PutString_cn(unsigned char x,unsigned char y,unsigned short *p);
extern void SetPaintMode(unsigned char Mode,unsigned char Color);
extern void PutPixel(unsigned char x,unsigned char y);
extern void Line(unsigned char s_x,unsigned char  s_y,unsigned char  e_x,unsigned char
e_y);
extern void Circle(unsigned char x,unsigned char y,unsigned char r,unsigned char mode);
```

```
extern void Rectangle(unsigned char left, unsigned char top, unsigned char right,
                    unsigned char bottom, unsigned char mode);
extern void ClrScreen(void);
extern void fill_s(unsigned char x,unsigned char y,unsigned char * String,unsigned char
Number);
#endif
```

【例 10.9】这是 MzLH01-12864 模块的操作函数实体。

```
#include "LCD_Config.h"
unsigned char X_Witch=6;
unsigned char Y_Witch=10;
unsigned char X_Witch_cn=16;
unsigned char Y_Witch_cn=16;
unsigned char Dis_Zero=0;
void TimeDelay(unsigned int Timers)
{
    unsigned int i;
    while(Timers)
    {
         Timers--;
         for(i=0;i<1000;i++) ;
    }
}
void LCD_Init(void)
{
     SPI_SS = 1;
     SPI_SDA = 1;
     SPI_SCK = 1;
     SPI_BUSY = 1;

     SPI_RES = 0;                          //复位
     TimeDelay(20);                        //保持低电平大概 2ms
     SPI_RES = 1;                          //恢复高电平
     TimeDelay(20);                        //延时大概 2ms
}
void SPI_SSSet(unsigned int Status)
{
     while(SPI_BUSY);                      //如 Busy 为高电平,则循环等待
//   TimeDelay(1);                         //稍稍延一点时间
     if(Status)                            //判断是要置 SS 为低还是高电平?
     {
            SPI_SS = 1;                    //SS 置高电平
     }
     else
            SPI_SS = 0;                    //SS 置低电平
}
void SPI_Send(unsigned int Data)
{
     unsigned int i=0;
     while(SPI_BUSY);                      //如 Busy 为高电平,则循环等待
     for(i=0;i<8;i++)
     {
         SPI_SCK = 0;                      //SCK 置低
         if(Data&0x0080)
                SPI_SDA = 1;
         else SPI_SDA = 0;
         SPI_SCK = 1;                      //SCK 上升沿触发串行数据采样
         Data = Data<<1;                   //数据左移一位
     }
}
void FontSet(unsigned char Font_NUM,unsigned char Color)
```

```
{
    unsigned char ucTemp=0;
    if(Font_NUM)
    {
          X_Witch = 6;
          Y_Witch = 10;
     }
     else
     {
          X_Witch = 8;
          Y_Witch = 16;
     }
     ucTemp = (Font_NUM<<4)|Color;
    //设置ASCII字符的字型
    SPI_SSSet(0);                    //SS置低电平
    SPI_Send(0x81);                  //传送指令0x81
    SPI_Send(ucTemp);                //选择8X16的ASCII字体,字符色为黑色
    SPI_SSSet(1);                    //完成操作置SS高电平
}
void FontSet_cn(unsigned char Font_NUM,unsigned char Color)
{
    unsigned char ucTemp=0;
    if(Font_NUM)
    {
         X_Witch_cn = 12;
         Y_Witch_cn = 12;
    }
    else
    {
         X_Witch_cn = 16;
         Y_Witch_cn = 16;
    }
    ucTemp = (Font_NUM<<4)|Color;
    //设置ASCII字符的字型
    SPI_SSSet(0);                    //SS置低电平
    SPI_Send(0x82);                  //传送指令0x81
    SPI_Send(ucTemp);                //选择8X16的ASCII字体,字符色为黑色
    SPI_SSSet(1);                    //完成操作置SS高电平
}
void PutChar(unsigned char x,unsigned char y,unsigned char a)
{
    //显示ASCII字符
    SPI_SSSet(0);                    //SS置低电平
    SPI_Send(7);                     //传送指令0x07
    SPI_Send(x);                     //要显示字符的左上角的x轴位置
    SPI_Send(y);                     //要显示字符的左上角的y轴位置
    SPI_Send(a);                     //要显示字符ASCII字符的ASCII码值
    SPI_SSSet(1);                    //完成操作置SS高电平
}
void PutString(unsigned char x,unsigned char y,unsigned char *p)
{
     while(*p!=0)
     {
            PutChar(x,y,*p);
            x += X_Witch;
            if((x + X_Witch) > Dis_X_MAX)
            {
                x = Dis_Zero;
                if((Dis_Y_MAX - y) < Y_Witch) break;
                else y += Y_Witch;
     }
```

```
        p++;
    }
}
void PutChar_cn(unsigned char x,unsigned char y,unsigned short * GB)
{
    //显示 ASCII 字符
    SPI_SSSet(0);                    //SS 置低电平
    SPI_Send(8);                     //传送指令 0x08
    SPI_Send(x);                     //要显示字符的左上角的 x 轴位置
    SPI_Send(y);                     //要显示字符的左上角的 y 轴位置

    SPI_Send((*GB>>8)&0x00ff);       //传送二级字库中汉字 GB 码的高八位值
    SPI_Send(*GB&0x00ff);            //传送二级字库中汉字 GB 码的低八位值
    SPI_SSSet(1);                    //完成操作置 SS 高电平
}
void PutString_cn(unsigned char x,unsigned char y,unsigned short *p)
{
    while((*p>>8)!=0)
    {
            PutChar_cn(x,y,p);
            x += X_Witch_cn;
            if((x + X_Witch_cn) > Dis_X_MAX)
            {
                x = Dis_Zero;
                if((Dis_Y_MAX - y) < Y_Witch_cn) break;
                else y += Y_Witch_cn;
            }
            p++;
    }
}
void SetPaintMode(unsigned char Mode,unsigned char Color)
{
    unsigned char ucTemp=0;
    ucTemp = (Mode<<4)|Color;
    //设置绘图模式
    SPI_SSSet(0);                    //SS 置低电平
    SPI_Send(0x83);                  //传送指令 0x83
    SPI_Send(ucTemp);                //选择 8X16 的 ASCII 字体,字符色为黑色
    SPI_SSSet(1);                    //完成操作置 SS 高电平
}
void PutPixel(unsigned char x,unsigned char y)
{
    //绘点操作
    SPI_SSSet(0);                    //SS 置低电平
    SPI_Send(1);                     //送指令 0x01
    SPI_Send(x);                     //送第一个数据,即设置点的 x 轴位置
    SPI_Send(y);                     //点的 y 轴位置
    SPI_SSSet(1);                    //完成操作置 SS 高电平
}
void Line(unsigned char s_x,unsigned char  s_y,unsigned char  e_x,unsigned char  e_y)
{
    //绘制直线
    SPI_SSSet(0);                    //SS 置低电平
    SPI_Send(2);                     //送指令 0x02
    SPI_Send(s_x);                   //起点 x 轴坐标
    SPI_Send(s_y);                   //起点 y 轴坐标
    SPI_Send(e_x);                   //终点 x 轴坐标
    SPI_Send(e_y);                   //终点 y 轴坐标
    SPI_SSSet(1);                    //完成操作置 SS 高电平
}
void Circle(unsigned char x,unsigned char y,unsigned char r,unsigned char mode)
```

```
{
     SPI_SSSet(0);
     if(mode)
          SPI_Send(6);
     else
          SPI_Send(5);
     SPI_Send(x);
     SPI_Send(y);
     SPI_Send(r);
     SPI_SSSet(1);
}
void Rectangle(unsigned char left, unsigned char top, unsigned char right,
                    unsigned char bottom, unsigned char mode)
{
     SPI_SSSet(0);
     if(mode)
          SPI_Send(4);
     else
          SPI_Send(3);
     SPI_Send(left);
     SPI_Send(top);
     SPI_Send(right);
     SPI_Send(bottom);
     SPI_SSSet(1);
}
void ClrScreen(void)
{
     //清屏操作
     SPI_SSSet(0);                          //SS 置低电平
     SPI_Send(0x80);                        //送指令 0x80
     SPI_Send(0);                           //指令数据
     SPI_SSSet(1);                          //完成操作置 SS 高电平
}
void fill_s(unsigned char x,unsigned char y,unsigned char * String,unsigned char Number)
{
     //清屏操作
     SPI_SSSet(0);                          //SS 置低电平
     SPI_Send(0x09);                        //送指令 0x09
     SPI_Send(x);                           //指令数据
     SPI_Send(y);                           //指令数据
     TimeDelay(1);                          //稍稍延一点时间
     while(Number!=0)
     {
          SPI_Send(*(String++));            //指令数据
          Number--;
     }
     SPI_SSSet(1);                          //完成操作置 SS 高电平
}
```

【例 10.10】

```
#include "LCD_Dis.h"
unsigned char Test_Buf[10] = {0xaa,0xaa,0x55,0x55,0x55,0x55,0xaa,0xaa,0xf0,0x0f};
void main(void)
{
     //add your code here
     LCD_Init();                            //初始化 LCD,主要完成 LCD 的复位和端口的初始化操作
     ClrScreen();                           /清屏操作
     PutPixel(0,0);                         /绘制点
     PutPixel(2,0);
     PutPixel(4,0);
     PutPixel(5,0);
```

```
    PutPixel(0,0);
    PutPixel(0,2);
    PutPixel(0,4);
    PutPixel(0,5);
    Line(10,10,10,50);                //绘制直线
    FontSet(0,1);                     //选择 8X16 的 ASCII 码字库,同时设置字符颜色为黑色
    PutChar(1,25,'A');                //显示 ASCII 码字符 "A"
    Rectangle(12,10,42,50,0);         //绘制矩形框
    Rectangle(14,12,40,48,1);         //绘制实心矩形
    FontSet(0,0);                     //选择 8X16 的 ASCII 码字库,同时设置字符颜色为白色
    PutChar(20,25,'A');               //显示 ASCII 码字符 "A"
    FontSet(1,1);                     //选择 6X10 的 ASCII 码字库,同时设置字符颜色为黑色
    PutString(10,52,"www.mzdesign.com.cn");         //显示字符串
    Line(10,63,123,63);               //绘制直线
    PutString_cn(55,20,(unsigned short *)"铭正同创");  //显示一串汉字(默认字库是 16X16 点)
    FontSet_cn(1,1);                  //选择 12X12 的二级汉字库,同时设置字符颜色为黑色
    PutChar_cn(90,38,(unsigned short *)"北");        //显示单个汉字
    PutChar_cn(102,38,(unsigned short *)"京");       //显示单个汉字
    fill_s(110,0,Test_Buf,10);        //连续填充 10 个数据至指定的起始位置
    while(1) ;
}
```

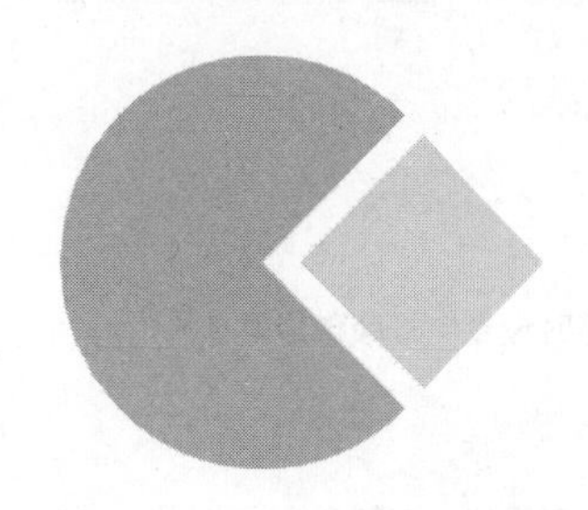

第11章 MCS-51单片机的信号输出模块

MCS-51单片机的信号输出模块用于将单片机的内部数据通过IO通道或者其他方式转化为外部信号，按照输出信号可分为数字信号（开关量）输出和模拟信号输出两大类。

11.1 数字信号（开关量）输出

数字信号（开关量）输出是指MCS-51单片机的输出是“1”、“0”两种状态电平的输出，常常用于开关或者其他执行机构的打开和关闭操作。在MCS-51单片机系统中常用的数字量执行机构有继电器、蜂鸣器等。由于这些执行机构的驱动电流要求比较大，所以MCS-51单片机通常不能直接驱动这些执行机构，需要加上三极管等驱动电路；又由于在控制过程中常常有外界干扰等存在，容易通过地信号线传输到单片机上对单片机造成干扰，所以一般需要使用光电隔离的方式将这些执行机构和MCS-51单片机隔离开来以防止外部干扰对单片机芯片造成影响导致单片机复位等。

11.1.1 光电隔离

1. 光电隔离原理

光电隔离是MCS-51单片机系统中最常用的避免外界干扰的设计方法，其原理是将电信号转变为光信号，把光信号传输到接收侧之后再转化为电信号。由于光信号的传送不需要共地，由此可以将两侧的地信号隔离从而杜绝干扰信号通过信号地的传输，光电隔离的器件被称为光耦器件。

光耦器件（Optical Coupler）一般被称为光电隔离器，其是一种以中间媒介来传输电信号的器件，通常将发光器件和光检测器封装在器件内部，当输入端被加上电信号之后发光器件发光信号，光检测器接收到光信号之后产生电信号从输出端输出，从而实现“电-光-电”的转化。图11.1是常见的光电隔离器的原理图，其由左边的发光二极管和右边的光敏三极管构成。当左端的输入为“0”时，发光二极管上没有电流通过，不发光，右方的三极管处于截止状态，输出高电平“1”；反之，当左端输入为“1”时，发光二极管发光，右方的三极管导通，输出低电平“0”。

发光二极管 光敏三极管

▲图11.1　常见的光电隔离器原理图

光电隔离器件可以在传输信号的同时有效地抑制尖峰脉冲和各种噪声干扰，大大提高开关通道上的信噪比，其工作原理如下。

- 光电隔离器件的输入阻抗只有几百欧，比较小，而相对来说干扰源的阻抗一般都在几兆欧，比较大，由分压原理可知，即使干扰电压的幅度很大，反馈到光电隔离器件的噪声电压也会比较小，不足以使发光二极管发光，从而被抑制。
- 光电隔离器件的输入回路和输出回路之间没有物理上的连接，分布电容极小，而绝缘电阻极大，所以各侧的干扰都很难传递到另外一侧，从而可以有效避免干扰信号的传递。

2. 光电隔离器件的选择和应用

光电隔离器件的选择需要考虑以下几个参数。

- 发光二极管的工作电流：决定 MCS-51 单片机用多大的输出电流能使得发光二极管发光，光电隔离器件的三极管导通。
- 电流输出比：常常用直流电流传输比来表示，是指发光二极管加上额定电流 I_F 时，激发三极管导通，此时三极管工作在线性区的集电极输出电流为 I_C，则电流传输比为 I_C/I_F，此参数决定了光电隔离器件的驱动能力。常用的光电隔离器件的电流传输比一般为 0.5～0.6，而某些复合的光电隔离器件的电流传输比可以达到 20～30。
- 传输速度：光电隔离器件在工作过程中要进行“电-光-电”的转化，这种转化的速度决定了数据的传输速度，常见的低速光耦的传输速度一般在几十到几百 kHz，而类似 6N137 之类的高速光电隔离器件的速度可以达到几 MHz。
- 耐压值：光电隔离器件的两侧属于两个不同的地信号，在某些工作场合下这两个地信号之间的电位差可以到几千伏，而这些电位差最终都加在光电隔离器件的两端，为了避免被击穿，一定要选择有足够耐压的光电隔离器件。

此外，在实际使用过程中还需要考虑光电隔离器件的其他诸如电压、功耗等电气指标。

11.1.2 三极管以及驱动器件

MCS-51 单片机的 IO 引脚输出/吸收电流大小有限制，所以当输出通道所需要的驱动电流比较大的时候，就需要外加驱动器件，否则即使单片机输出了正确的逻辑电平，也不能使得输出通道正常工作，最长的驱动器件有三极管、达林顿管、功率光耦、SSR 等。

1. 三极管

三级管是 MCS-51 单片机系统中最常用的功率驱动器件，全称应为半导体三极管，是一种电流控制的半导体器件，其作用是把微弱信号放大成辐值较大的电信号也常常用做无触点开关。三极管按材料分有两种：锗管和硅管，而每一种又有 NPN 和 PNP 两种结构形式，但使用最多的是硅 NPN 和锗 PNP 两种三极管，图 11.2 是常见的三极管实物图。

常见的三极管有多种型号，其中 MCS-51 系列单片机最常用的是 9013 和 8550，前者为 NPN 型三极管，后者为 PNP 型三极管，使用这两种三极管来驱动外围器件的电路图分别如图 11.3 所示。

2. 达林顿管

达林顿管又称复合管，其原理是将两只三极管适当地连接在一起，以组成一只等效的新的三极管，该等效三极管的放大倍数是前两只三极管之积，常常用于驱动需要较大驱动电流的器件。常见的达林顿集成器件有 ULN2003 和 ULN2803，图 11.4 是 ULN2803 的封装以及应用电路图。

▲图 11.2 常见的三极管实物图

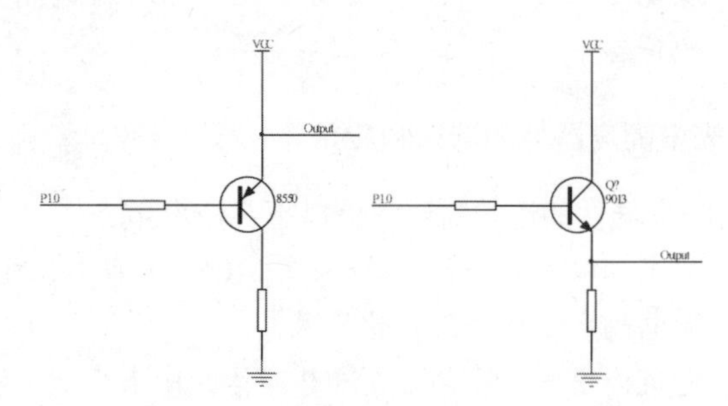

▲图 11.3 9013 和 8550 的驱动电路

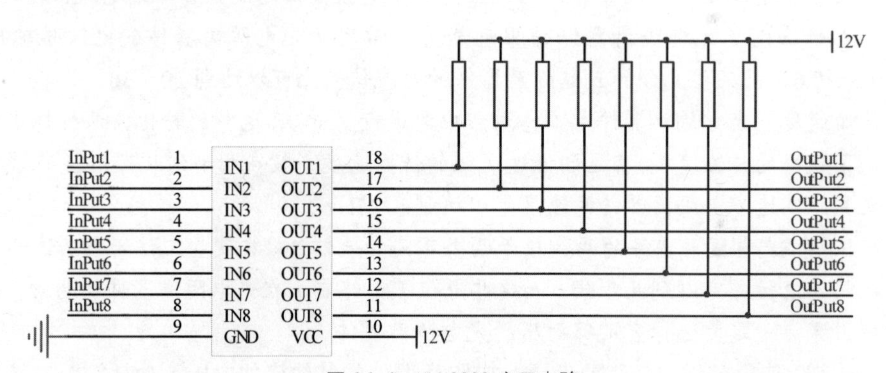

▲图 11.4 ULN2803 应用电路

ULN2803 是一个集成了 8 个达林顿管的器件，其引脚说明如下。

- IN1～IN8：输入引脚，可以直接连接到 MCS-51 单片机 IO 引脚。
- OUT1～OUT8：输出引脚，达林顿管的输出引脚，需要注意的是其逻辑和输入引脚相反，也就是说是反向输出，当输入为逻辑“1”时输出为逻辑“0”，需要加上拉电阻。
- GND：电源地。
- VCC：也称为 COMMON，电源正输入，电源电压可以为 0～50V，由被驱动的通道所决定。

ULN2803 一共有 8 个通道，可以任意使用其中多个通道，其输入引脚的电平和 MCS-51 单片机逻辑兼容，输出逻辑与输入逻辑相反，且需要上拉，上拉电源的电压和 VCC 端应该相同，由被驱动的通道决定，上拉电阻的大小由被驱动器件所需要的电流和上拉电源的电压决定。

11.1.3 蜂鸣器

蜂鸣器是一种一体化结构的电子讯响器，采用直流电压供电，广泛应用于计算机、打印机、复印机、报警器、电子玩具、汽车电子设备、电话机、定时器等电子产品中作发声器件。按照工作原理，蜂鸣器可以分为压电式蜂鸣器和电磁式蜂鸣器，前者又被称为有源蜂鸣器，后者被称为无源蜂鸣器。

注意：有源蜂鸣器和无源蜂鸣器中的“源”不是指的电源，而是振荡源。

压电式蜂鸣器（有源蜂鸣器）主要由多谐振荡器、压电蜂鸣片、阻抗匹配器及共鸣箱、外壳等组成。多谐振荡器由晶体管或集成电路构成，当接通电源后，多谐振荡器起振，输出1.5～2.5kHz 的音频信号，阻抗匹配器推动压电蜂鸣片发声。压电蜂鸣片由锆钛酸铅或铌镁酸铅压电陶瓷材料制成。在陶瓷片的两面镀上银电极，经极化和老化处理后，再与黄铜片或不锈钢片粘在一起。

电磁式蜂鸣器（无源蜂鸣器）由振荡器、电磁线圈、磁铁、振动膜片及外壳等组成。接通电源后，振荡器产生的音频信号电流通过电磁线圈，使电磁线圈产生磁场。振动膜片在电磁线圈和磁铁的相互作用下，周期性地振动发声。

常见的蜂鸣器实物如图 11.5 所示，蜂鸣器有两个引脚，一个为正信号输入，一个为负信号输入，当两个引脚之间加上工作电压（通常是 3V 或者 5V）后，蜂鸣器进入工作状态。

注意：有源蜂鸣器和无源蜂鸣器的最大区别是前者在蜂鸣器两端加上正向电压时即可发出声音，而后者需要在两端加上周期性的频率电压才能发出声音，前者操作简单，但是发声频率固定，后者操作复杂，但是可控性强，可以发出不同频率的声音。

图 11.6 是 MCS-51 单片机驱动蜂鸣器的电路图，由于蜂鸣器的驱动电流较大，所以使用了三极管 8550 驱动。

▲图 11.5　蜂鸣器

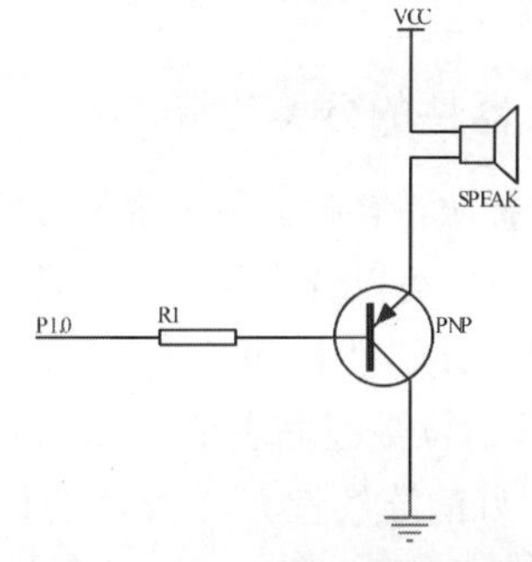

▲图 11.6　单片机驱动蜂鸣器电路

当 MCS-51 单片机的 P1.0 引脚输出高电平时，三极管截止，蜂鸣器两端没有电压差，不工作发声，否则发声，单片机需要根据蜂鸣器的不同设置不同的引脚工作电平。

11.1.4　继电器

继电器是一种电子控制器件，它具有控制系统（又称输入回路）和被控制系统（又称输出回路），通常应用于自动控制电路中。其实际上是用较小的电流去控制较大电流的一种“自动开关”。故在电路中起着自动调节、安全保护、转换电路等作用。在 MCS-51 单片机系统中常常用于通断控制，其使用方法和蜂鸣器类似，可以参考上一小节。

11.2 模拟信号输出

在 MCS-51 单片机系统中，单片机常常也需要将数字量转换为实际的模拟量，以便实现对被控对象的控制，这个过程称为“模拟-数字”变换。“数字-模拟”变换是将离散的数字量转换为连接变化的模拟量的操作，实现该功能的电路或器件称为数模转换电路，通常称为 D/A 转换器或 DAC（Digital Analog Converter），D/A 转换器的工作框图如图 11.7 所示。

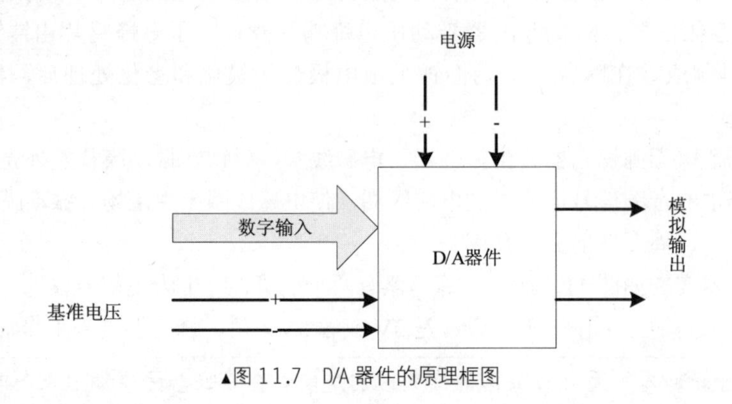

▲图 11.7　D/A 器件的原理框图

D/A 器件的输入包括数字信号和基准电压，输出为模拟电流信号或者电压信号。

D/A 器件的“数字-模拟”转换原理有“有权电阻 D/A 转换原理”和“T 型网络转换原理”两种。大多数 D/A 器件是由电阻阵列和多个电流、电压开关组成，根据输入的数字信号来切换开关，产生对应的输出电流和电压。为了保证 D/A 器件输入引脚上的数字信号的稳定，一般来说，D/A 器件内部常常带有数据锁存器和地址译码电路，以便于和 MCS-51 单片机的引脚连接。

11.2.1　D/A 器件的分类和特点

D/A 器件按照待转换的数字量位数可以分为 8 位、10 位、12 位、16 位等；按照与 MCS-51 单片机的接口方式可以分为并行 D/A 器件和串行 D/A 器件；按照转换后输出的模拟量类型可以分为电压输出型 D/A 器件和电流输出型 D/A 器件。

D/A 器件的位数越高表明它转换的精度越高，即可以得到更小的模拟量微分，转换后的模拟量具有更好的连续性。与 A/D 器件相似，并行 D/A 转换器的数据是并行传输，具有输出速度快的特点，但是占用 MCS-51 单片机的引脚较多，并行 D/A 转换器在转换位数不多时具有较高的性价比；串行 D/A 器件具有占用数据线少、与 MCS-51 单片机接口简单、便于信号隔离等优点，但它相对于并行 D/A 器件来说由于待转换的数据是串行逐位输入的，所以速度相对较慢。

D/A 器件的主要性能指标如下。

- 分辨率：输出模拟量的最小变化量。它与 D/A 器件的位数是直接相关的，D/A 器件的位数越高，其分辨率也越高。
- 转换时间：完成一次“数字-模拟”转换所需要的时间，转换时间越短则转换速度越快。
- 输出模拟量的类型与范围：D/A 器件输出的电流或是电压以及其相应的范围。
- 满刻度误差：数字量输入为全 1 时，实际的输出模拟量与理论值的偏差。
- 接口方式：即并行和串行方式。

在 MCS-51 单片机系统中，常用的 D/A 转换芯片有普通 8 位 D/A 芯片 DAC0800～DAC0808，8 位双缓冲 D/A 芯片 DAC0830～DAC0832，12 位双缓冲 D/A 转换器 DAC1208～DAC1210、

DAC1230～DAC32，12 位串行 D/A 转换器 MAX538、MAX517 等。

11.2.2　扩展串行 D/A 器件 MAX517

MAX517 是 Maxim 公司的 8 位电压输出型 D/A 芯片，其采用 I^2C 总线接口，内部有精密输出缓冲源，支持双极性工作方式，其主要特点如下：

- 单 5V 电源供电；
- 8 位电压输出型“数字-模拟”转换；
- I^2C 总线接口，通信速度高达 400kbit/s；
- 输出缓冲放大双极性工作；
- 基准输入可以为双极性；
- 上电复位清除所有的锁存器；
- DIP-8/SO-8 封装。

1. MAX517 的内部结构和封装

MAX517 的内部结构如图 11.8 所示，主要由译码电路、启动/停止检测电路、8 位移位寄存器、输入锁存器、输出锁存器和 DAC 模块组成。

MAX517 的封装引脚如图 11.9 所示，其引脚功能如下。

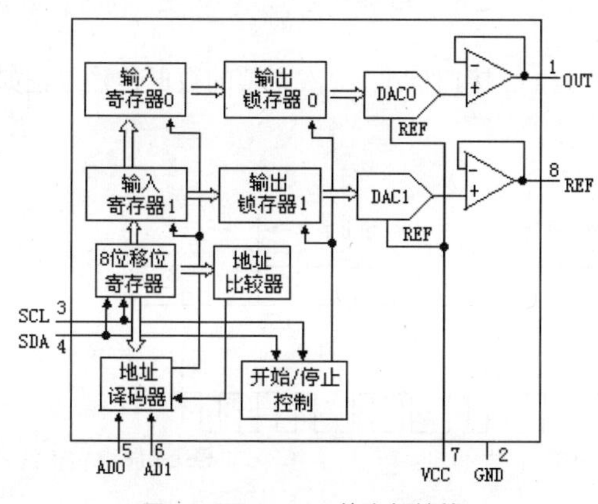

▲图 11.8　MAX517 的内部结构

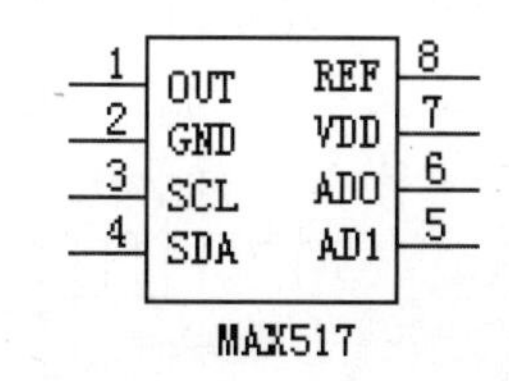

▲图 11.9　MAX517 的封装引脚

- OUT：D/A 转换输出引脚。
- GND：电源地信号引脚。
- SCL：I^2C 接口总线时钟信号引脚。
- SDA：I^2C 接口总线时钟数据引脚。
- AD1、AD0：I^2C 接口总线地址选择引脚，用于设定 I^2C 总线上的多个 MAX517 的 I^2C 地址。
- VDD：+5V 电源正信号输入引脚。
- REF：基准电压输入引脚。

2. MAX517 的 I^2C 地址和控制寄存器

MAX517 是一个 I^2C 总线接口器件，有其唯一的 I^2C 地址，其 AD1 和 AD0 引脚用于在一条

I^2C 总线上挂接多个 MAX517 时选择地址。MAX517 的 I^2C 地址结构如表 11.1 所示，从表中可以看到在同一条 I^2C 总线上最多可以挂接 4 个 MAX517。

表 11.1　　MAX517 的 I^2C 地址

BIT7	BIT6	BIT5	BIT4	BIT3	BIT2	BIT1	BIT0
0	1	0	1	1	AD1	AD0	0

MAX517 的内部控制寄存器格式如表 11.2 所示，在 I^2C 总线操作中，使用“地址”+“命令”字节的格式把 MAX517 的命令字写入内部控制寄存器，其中各个位的用法如下。

表 11.2　　MAX517 的内部控制寄存器

BIT7	BIT6	BIT5	BIT4	BIT3	BIT2	BIT1	BIT0
R2	R1	R0	RST	PD	保留	保留	A0

- R2～R0：保留位，永远为 0。
- RST：复位位，如果该位为“1”，复位 MAX517 的所有寄存器；
- PD：电源工作状态位，如果该位为“1”，MAX517 进入休眠状态，该位为“0”，进入正常工作状态。
- A0：用于判断将数据写入哪一个寄存器中，在 MAX517 中，此位永远为“0”。

3. MAX517 的软件操作

MAX517 和 MCS-51 单片机的数据接口完全兼 I^2C 接口标准，一次完整的数据传输过程如图 11.10 所示。

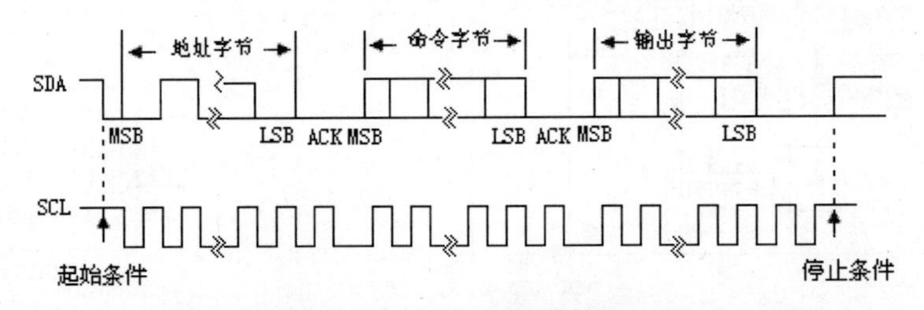

▲图 11.10　MAX517 的数据传输时序

MAX517 的操作步骤如下。

- MCS-51 单片机发送 MAX517 的 I^2C 地址，对应的 MAX517 回送应答信号 ACK。
- MCS-51 单片机发送给 MAX517 的命令字节，写入控制寄存器，对应的 MAX517 依然回送应答信号 ACK。
- MCS-51 单片机发送给 MAX517 的待转换数据，MAX517 收到后回送应答信号，一次数据传送操作结束。

4. MAX517 的应用实例

图 11.11 是 MCS-51 单片机外扩 MAX517 用于“数字-模拟”转换的电路图，例 11.1 是该应用对应的实例。

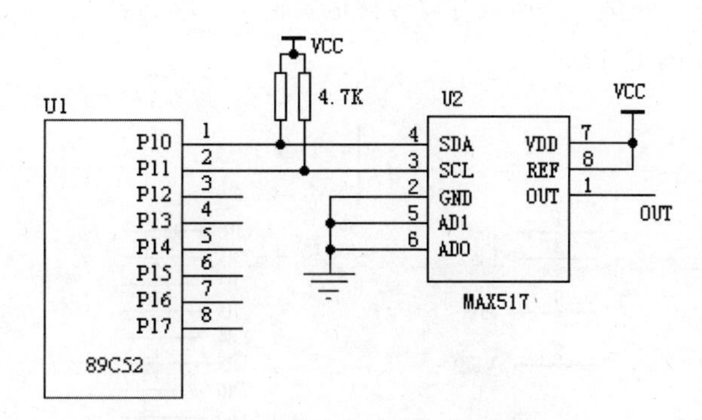

▲图 11.11　MCS-51 单片机外扩 MAX517

【例 11.1】使用 MCS-51 单片机的 P1.0 和 P1.1 为 I^2C 总线引脚。

```
#include <reg52.h>
#include <intrins.h>
#define uchar unsigned char
#define uint ubsigned int
sbit SDA = P1^0;                //MAX517 串行数据
sbit SCL = P1^1;                //MAX517 串行时钟
/* 串行 D/A 转换子函数 */
void DACout(uchar ch)
{
     start( );                  //发送启动信号
     send(0x58);                //发送地址字节
     ack( );
     send(0x00);                //发送命令字节
     ack( );
     send(ch);                  //发送数据字节
     ack( );
     stop( );                   //结束一次转换
}
/* 主函数 */
void main(void)
{
   while(1)
   {
     uchar i;                   //对数字 0～255 进行数模转换
     for(i=0;i<=255;i++)
     {
     //delay(1000);             //间隔 1s
     DACout(i);                 //调用串行 DA 转换子函数
     }
}
}
}
```

11.2.3　扩展并行 D/A 器件 DAC0832

1. DAC0832 简介

DAC0832 是 NS（美国国家半导体）公司生产的 DAC0830 系列产品中的一种。主要特点如下：

- 8 位并行 D/A 转换;
- 片内有两级数据锁存器，可以提供输入数据转换的直通、单缓冲和双缓冲 3 种方式;

- 电流输出，通过外接一个运放可以方便地实现电压输出。

DAC0832 的引脚如图 11.12 所示。

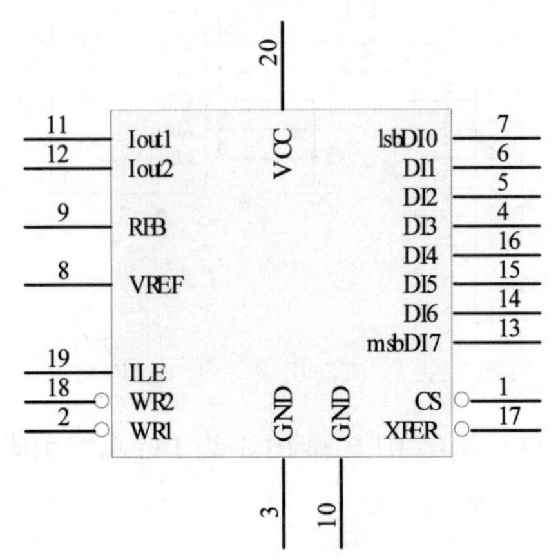

▲图 11.12　DAC0832 的引脚图

DAC0832 的引脚定义如下。

- DI0～DI7：数据输入线，TTL 电平。
- ILE：数据锁存允许控制信号输入线，高电平有效。
- $\overline{CS}$：片选信号输入线，低电平有效。
- $\overline{WR1}$：为输入寄存器（即第一级缓冲）的写选通信号。当 $\overline{WR1}$ 为低时，数据输入进入第一级缓冲并锁存。
- $\overline{XFER}$：数据传送控制信号输入线，低电平有效。
- $\overline{WR2}$：为 DAC 寄存器（即第二级缓冲）写选通输入线。当 $\overline{WR2}$ 为低且 $\overline{XREF}$ 也为低时，数据输入进 DAC 寄存器（即第二级缓存）并开始 D/A 转换。
- I_{out1}：电流输出线。当输入全为 1 时 I_{out1} 最大。
- I_{out2}：电流输出线。其值与 I_{out1} 之和为一常数。
- RFB：反馈信号输入线，芯片内部有反馈电阻。
- V_{CC}：电源输入线（+5V～+15V），典型值为+5V。
- V_{REF}：基准电压输入线（−10V～+10V），当 V_{CC} 为+5V 时的典型值为-5V。
- AGND：模拟地,摸拟信号和基准电源的参考地。
- DGND：数字地，两种地线在基准电源处共地比较好。

2. DAC0832 的扩展电路

DAC0832 与 MCS-51 单片机有两种连接方式：单缓冲工作方式和双缓冲工作方式。单缓冲工作方式一般是指 DAC0832 中的第一级缓冲（输入寄存器）处于受控状态，而第二级缓冲（DAC 寄存器）处于直通状态。它与 MCS-51 单片机的连接电路如图 11.13 所示。

通常在不需要多个 D/A 转换器进行同步输出时可以采用单缓冲方式，此时只需一次写操作，就开始转换，可以提高 D/A 的数据吞吐量和转换速度。

双缓冲工作方式是指 DAC0832 的两级缓冲皆处于受控状态。它与 MCS-51 单片机的连接电路如图 11.14 所示。

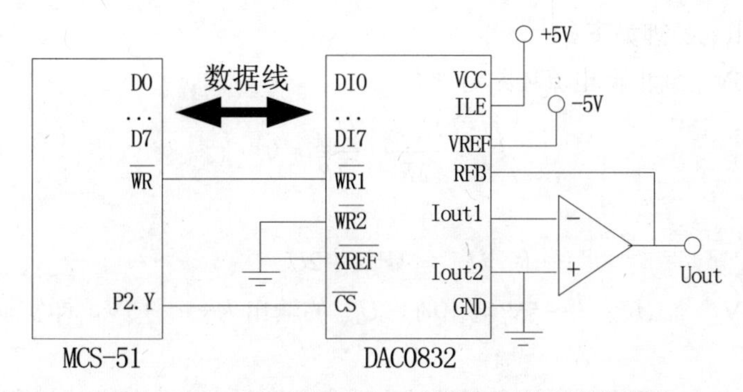

▲图 11.13　DAC0832 与 MCS-51 单片机的单缓冲连接方式

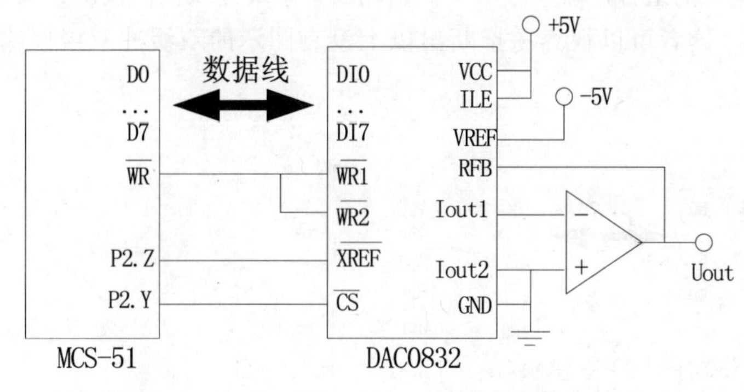

▲图 11.14　DAC0832 与 MCS-51 单片机的双缓冲连接方式

在需要多个 D/A 转换器进行同步输出时通常采用双缓冲方式，此时可以分别对几路 D/A 进行写操作并都锁存在第一级缓冲中，而需要同时输出时只需一起拉低几个 D/A 转换器的 $\overline{\text{XREF}}$ 和 $\overline{\text{WR2}}$ 信号，几路 D/A 就同时开始转换输出了。

从图 11.8 和图 11.9 可以知道，DAC0832 通过使用一个运算放大器将从单片机输入的数字量 D_{in} 转换为电压输出，其输出电压为：

$$U_{\text{out}} = \frac{D_{\text{in}}}{2^8} \times (-V_{\text{REF}})$$

当 V_{REF}=5V 时，Uout 的输出范围为 0～5V，所以此种电压的输出方式叫做单极性输出方式。还有一种电压的输出方式叫做双极性输出方式，它是通过两级运放实现的，其电路图如图 11.15 所示。

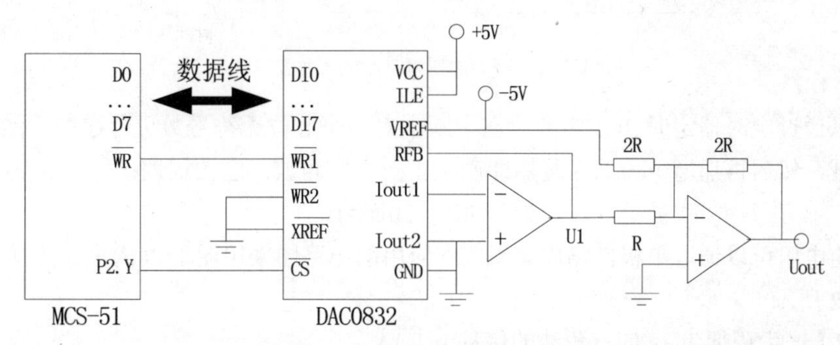

▲图 11.15　DAC0832 的单缓冲双极性输出

实现双极性输出的原理如下。

因为 U_1 为 0～5V，而根据电流环路定理有：

$$\frac{U_1}{R}+\frac{U_{REF}}{2R}+\frac{U_{out}}{2R}=0$$

即：

$$U_{out}=-V_{REF}-2U_1$$

所以当 V_{REF}=5V，而 U_1 为 0～5V 输出时，U_{out} 的输出为−5～+5V，即实现了双极性的电压输出。

综上所述，DAC0832 既有单缓冲和双缓冲方式之分，又有电压的单极性和双极性输出之分，所以它们就有 4 种基本的组合，即单缓冲单极性输出、单缓冲双极性输出、双缓冲单极性输出和双缓冲双极性输出。读者可以很容易推断出以上没有图示的双缓冲双极性输出的电路图，如图 11.16 所示。

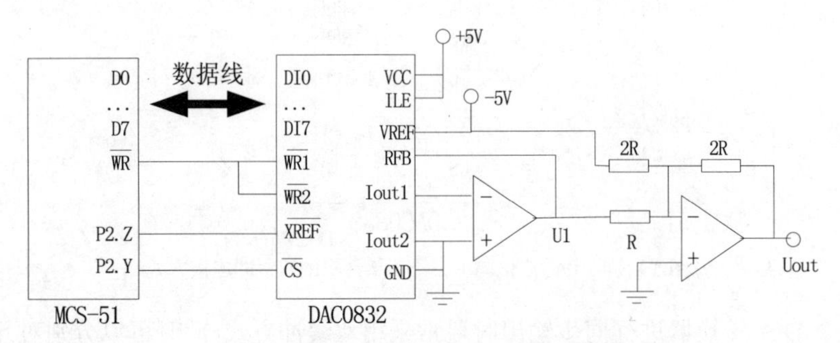

▲图 11.16 DAC0832 的双缓冲双极性输出

3. DAC0832 的应用

本小节介绍一个由 DAC0832 实现的波形发生器，它输出一个周期为 1s（即频率也为 1Hz）的三角波，波形如图 11.17 所示。

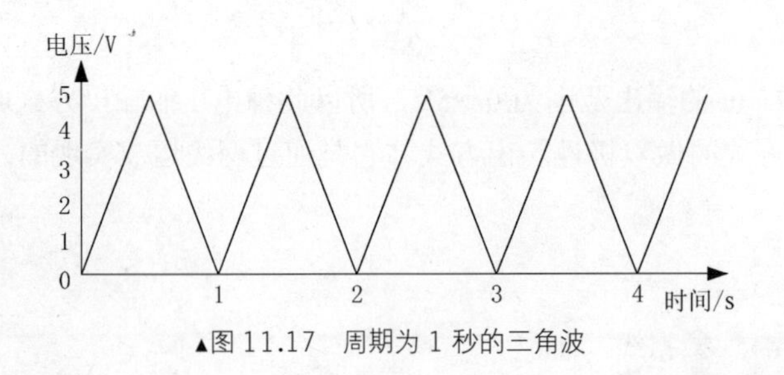

▲图 11.17 周期为 1 秒的三角波

本例可以通过定时器定时 2ms 中断，在中断中对一个 8 位无符号数进行递增，然后到达 250 后再依次递减，然后再递增……周而复始即产生了一个三角波。它的周期：

$$T=250*2*2ms=1s$$

0～5V 的电压可以通过单极性输出获得。本应用的电路图采用图 11.9 的电路连接。本应用的程序如例 11.2 所示。

【例 11.2】 产生周期为 1s 的三角波的例程。

```
    #include <reg51.h>
    #define uchar unsigned char
    #define CYCLE 2000
    uchar xdata DA_data;                         /*定义变量指向 DAC0832 的数据输出地址*/
    void main(void)
    {
       TCON=0x10;                                /*TIMER1 工作在 MODE1*/
TH1=(65536.CYCLE)/256;                           /*设定 TIMER1 每隔 CYCLEμs 中断一次*/
       TL1=(65536.CYCLE)%256;
       TR1=1;
IE=0x88;
while(1);
    }
    void timer1(void) interrupt 3 using 1
{
      static uchar s_Counter;
      static bit flag;                      /*定义增减标志位*/
if(flag==0)                                 /*当递增时*/
{
         if(s_Counter++>=199)               /*当增到 200 时就开始递减*/
         {
            flag=1;
         }
}
else                                        /*当递减时*/
{
         if(s_Counter..<=1)                 /*当减到 0 时就开始递增*/
         {
            flag=0;
         }
}
DA_data=s_Counter;                          /*输出需要转换的数据*/
TH1=(65536.CYCLE)/256;                      /*设定 TIMER1 每隔 CYCLEμs 中断一次*/
TL1=(65536.CYCLE)%256;
    }
```

如果在电压的输出端接上一个发光二极管就可以看到它忽明忽暗的闪烁。

说明：如果用示波器来捕捉实际输出的波形就可以发现其实输出的电压是不连续的，它不是直线的递增或递减，而是阶梯式的递增或递减，这就是由 D/A 芯片的分辨率决定的。如果采用一个更高位数的 D/A 芯片实现同样的功能就可以发现虽然波形也是阶梯式的递增或递减，但是这些阶梯更密集，更接近于直线。

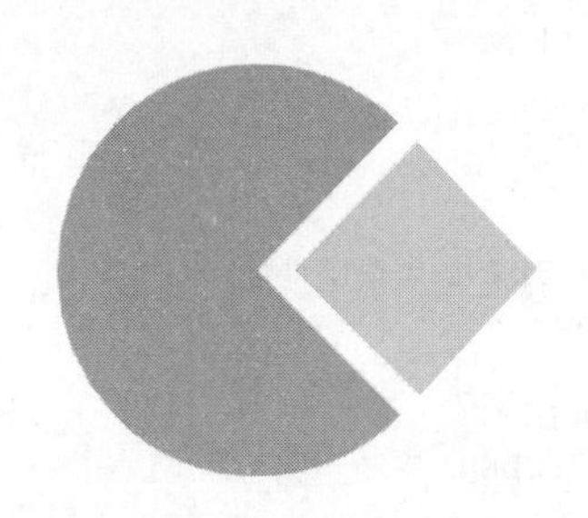

第12章　MCS-51单片机的数据存储模块

在 MCS-51 单片机系统中，常常需要将一些数据存放起来，这种情况下就需要使用数据存储模块，常见的数据存储模块包括 SDRAM、E^2PROM、FLASH 等。按照存储的数据在掉电之后是否丢失可以把这些存储模块分为易失型和非易失型，前者的特点是掉电之后数据丢失，但是数据读写速度快，常常用于暂时存放类似程序执行过程中的变量等数据；后者的特点是掉电之后数据不会丢失，但是数据读写数据比较慢，常常用于存放需要长时间保存的数据；前者类似 PC 的内存，而后者类似 PC 的硬盘。

12.1 外部 RAM

MCS-51 单片机的外部 RAM 属于易失型存储器，通常用于内部数据存储器不够的场合。在某些 MCS-51 单片机系统中，程序变量常常需要使用诸如 4KB、2KB 等大量的内部存储器空间，而 MCS-51 系列单片机的内部 RAM 通常只有 128 字节到 256 字节，此时就需要外扩 RAM 来弥补内部空间的不足，在前面的章节中介绍过，受到地址空间的限制，MCS-51 的外部 RAM 最多支持外扩 64KB 的数据存储器，而且这些地址单元中还需要包括使用外部地址空间扩展方式扩展的外部器件。

最常用的外部 RAM 芯片是 6216、6264、62256 等，分别对应 2KB、8KB 和 32KB 的 RAM 空间，HM62256 芯片的引脚封装如图 12.1 所示。

引脚	名称	名称	引脚
1	A14	VCC	28
2	A12	WE	27
3	A7	A13	26
4	A6	A8	25
5	A5	A9	24
6	A4	A11	23
7	A3	$\overline{OE}$	22
8	A2	A10	21
9	A1	CS	20
10	A0	IO7	19
11	IO0	IO6	18
12	IO1	IO5	17
13	IO2	IO4	16
14	GND	IO3	15

▲图 12.1　HM62256 的封装图

- A0～A14：11 位地址线。
- Q0～Q7：8 位资料线。
- $\overline{WE}$：写允许信号，当该信号引脚被置低时，允许写 HM62256 的操作。
- $\overline{OE}$：读允许信号，当该信号引脚被置低时，允许读 HM62256 的操作。
- $\overline{CE}$：使能控制信号，当该信号引脚被置低时，允许对 HM62256 的操作。
- V_{CC}：工作电压，5V。
- GND：工作地。

HM62256 的真值表如表 12.1 所示。

表 12.1　　　　　　　　　　　　　　HM62256 真值表

$\overline{\mathrm{WE}}$	/CS	$\overline{\mathrm{WE}}$	Mode	Output
X	H	X	未选中	高阻
H	L	H	禁止输出	高阻
H	L	L	读	输出
L	L	H	写	输入
L	L	L	写	输入

HM62256 的典型应用电路如图 12.2 所示，使用 74373 辅助扩展，P2.0～P2.6 作为高位地址线，使用 ALE 配合 74373 将 P0.0～P0.7 分离为数据和地址线，使用 RD 和 WR 控制读写，占用的 HM62256 地址空间为 0x0000-0x7FFF。

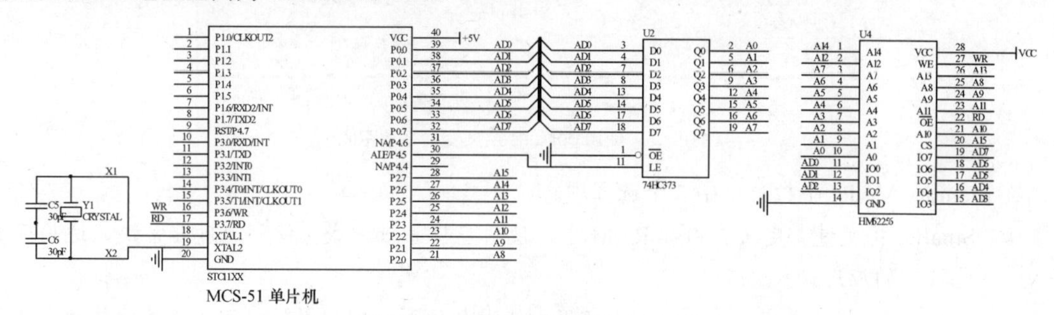

▲图 12.2　HM62256 外部 RAM 应用电路

在程序设计中，如果需要将一个变量存放在外部的 RAM 中，有 3 种方式。

- 使用_at_关键字，如例 12.1 所示，_at_关键字用于把一个变量定义到某个地址空间中，这个地址空间可以是外部地址。
- 使用 absacc.h 头文件中的宏定义，如例 12.2 所示，absacc.h 头文件中包含了大量的绝对地址宏定义，可以使用其来将一个变量定义到某个绝对地址空间，这个空间也可以是外部地址空间，如 XBYTE、XWORD 等。
- 使用 xdata 关键字定义变量，如例 12.3 所示，这是使用得最多一种变量定义方法。

【例 12.1】

```
unsigned char Rxbuf _at_ 0x1010;
//将一个 unsigned char 类型的变量 RxBuf 定义在外部 RAM 地址空间为 0x1010 的单元中
```

【例 12.2】

```
#define Rxbuf XBYTE [0x1010];
//将一个 unsigned char 类型的变量 RxBuf 定义在外部 RAM 地址空间为 0x1010 的单元中
```

【例 12.3】

```
xdata char buf[24];
//将一个 char 类型的 24 个字节数组定义在外部 RAM 中，地址空间由编译器分配
```

注意：由于 bit 变量只能存放在位寻址变量空间内，所以不能使用这些关键字来定义，另外在实际使用过程中要注意这些绝对地址空间不能和 SFR 冲突，也不能定义在不存在的地址空间内，否则就会出现错误。

在 Keil 的开发环境中，可以使用 Project/Option 选项来选择变量在编译时候的位置，如图 12.3 所示。

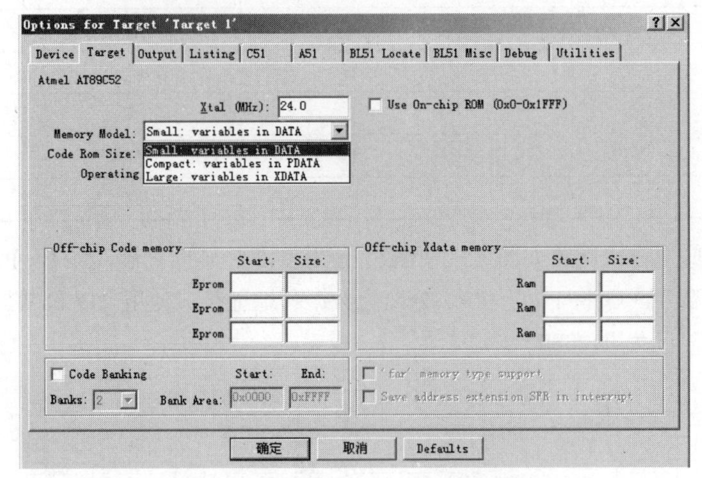

▲图 12.3　使用 Options 定义变量存放空间

在 Memory Model 下拉菜单中 3 个选择项。

- Small：将变量都定义在内部 RAM 中，使用直接寻址方式，访问速度非常快，适用于变量较少的应用。
- Compact：将变量定义在外部 RAM 里，使用 8 位页面间接寻址，访问速度比较快，适用于变量少的应用。
- Large：将变量定义在外部 RAM 里，使用 16 位间接寻址，访问速度比较慢，适用变量需要占用大量地址空间的应用。

需要注意的是，这个选项仅仅影响编译器的默认定义，如果在代码中加入关键字定义，编译器则会按照编译器的设置来定位变量。也就是说在 Samll 模式下，变量也可以定义在外部地址空间，只要使用如例 12.1～12.3 的关键字定义即可。

Option 菜单的右下方为外部 RAM 的地址空间定义，用于定义 RAM 的起始位置和容量大小，需要注意的是要是用十六进制编码，HM62256 的定义如图 12.4 所示。

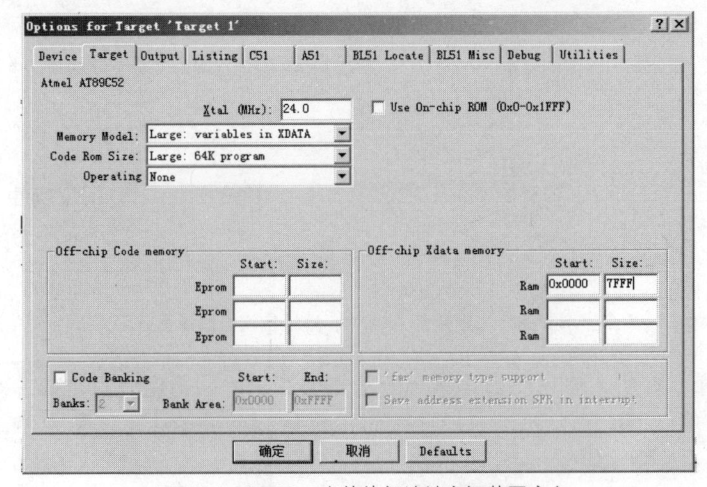

▲图 12.4　Options 中的外部地址空间范围定义

12.2 EEPROM

EEPROM（Electrically Erasable Programmable Read-Only Memory）是电可擦可编程只读存储器的简称，这是一种断电后数据不丢失的存储芯片，常常在 MCS-51 单片机系统中用于保存需要在掉电之后继续保存的数据，比如说用户设置、采样数据等，常用的 EEPROM 芯片有 ATMEL 公司的 AT24 系列，如 AT2401A、AT2402 等。

12.2.1　AT24 系列 EEPROM 简介

AT24 系列 EEPROM 是 Atmel 公司出品的 I^2C 总线 EEPROM，其特点如下。

- 工作电压范围比较广，5.0V、2.7V、2.5V 和 1.8V。
- 数据传输速度可变，当工作电压为 5V 时传输速度是 400kHz，工作电压为 2.7V、2.5V 以及 1.8V 的时候传输速度是 100kHz。
- 分页式存储方式，每页的大小为 8 字节，根据内存容量的不同，支持不同大小的页面写入方式。
- 自计时写周期小于 10ms。
- 高可靠性：可以进行一百万次读写操作，资料保存时间长于 100 年。

AT24 系列 EEPROM，有 DIP-8、SOIC-14 和 SOIC-8 3 种封装形式，如图 12.5 所示。

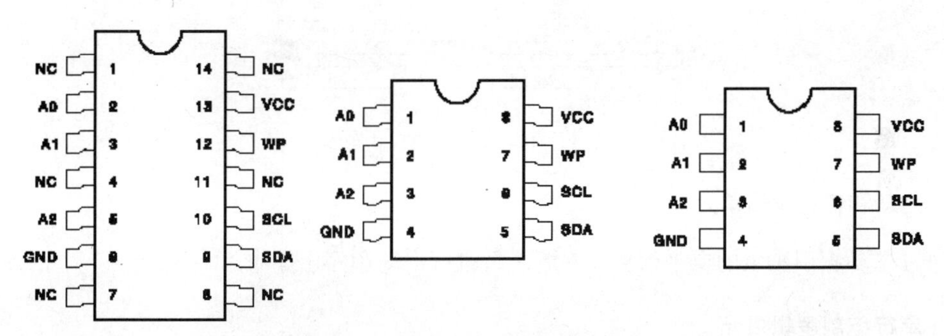

▲图 12.5　AT24 系列 EEPORM 的封装形式

AT24 系列芯片引脚功能定义如下。

- VCC：电源，一般为 5V。
- GND：地。
- SCL：I^2C 总线时钟引脚。
- SDA：I^2C 总线数据引脚，这是一个漏极开路的引脚，满足“线与”的条件，在使用过程中需要加上拉电阻。
- A0、A1、A2：地址引脚，和 AT2 系列具体芯片有关，参考表 12.2。
- WP：写保护引脚，当该引脚连接到 GND 的时候，芯片可以进行正常的读写操作；当连接到 VCC 的时候，根据系列的不同有不同的情况。

常见的 AT24 系列芯片规格和特征如表 12.2 所示。

表 12.2 AT24 系列芯片规格

型　号	容　量	页	页面写入字节
AT24C01A	1KB	8 字节/页，128 页	8 字节/页
AT24C02	2KB	8 字节/页，256 页	8 字节/页
AT24C04	4KB	8 字节/页，256 页，2 块	16 字节/页
AT24C08	8KB	8 字节/页，256 页，4 块	16 字节/页
AT24C16	16KB	8 字节/页，256 页，8 块	16 字节/页

AT24 系列内存内部结构如图 12.6 所示，由启动和控制逻辑、串行控制逻辑、地址/计数器、升压/定时、数据输入/输出应答逻辑 5 个功能单元组成。

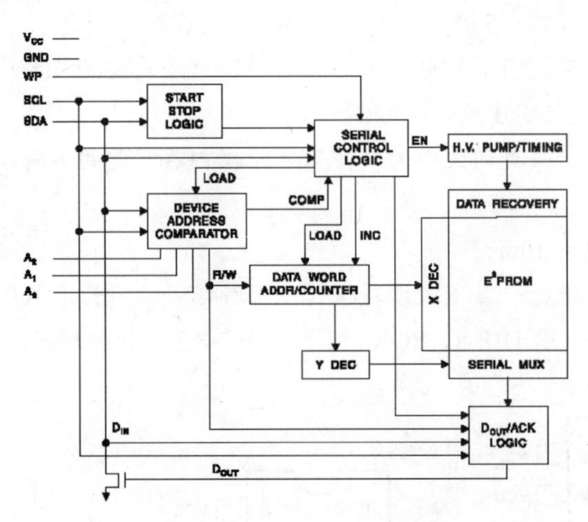

▲图 12.6　AT24 系列 EEPROM 内部结构

1. 启动和停止逻辑单元

根据 I^2C 数据引脚上的电平信号，判断是否进行启动和停止操作。

2. 串行控制逻辑单元

根据 SCL、SDA 引脚以及“启动”、“停止”逻辑单元发出的各种信号进行区分并排列出有关的“寻址”、“读数据”和“写数据”等逻辑，将它们传送到相应的操作单元。例如：当操作命令为“寻址”时候，它将通知地址计数器加 1 并启动器件地址比较器进行工作。在“读数据”时，它控制“数据输出确认逻辑单元”；在“写数据”时候，它控制升压/定时电路，以便向 EEPROM 电路提供编程所需要的高电压。

3. 地址/计数器单元

产生访问 EEPROM 所需要的存储单元的地址，并将其分别送到 X 译码器进行字选（字长 8 位），送到 Y 译码器进行位选。

4. 升压/定时单元

由于 EEPROM 资料写入时候需要向电路施加编程高电压，为了解决单一电源电压的供电问题，芯片生产厂家采用了电压的片内提升电路。电压的提升范围一般可以达到 12～21.5V。

5. 数据输入/输出应答逻辑单元

地址和数据均以 8 位码串行输入输出。数据传送时，每成功传送一个字节数据后，接收器都必须产生一个应答信号；在第 9 个时钟周期时候将 SDA 线置于低电压作为应答信号。

12.2.2　AT24 系列 EEPROM 的地址

在 I^2C 器件中，AT24C 系列器件是其中的从器件，拥有自己的 I^2C 从器件地址。I^2C 总线上的主器件（如控制器等）是通过从地址来选择挂在同一根 I^2C 总线上的不同从器件。每一种从器件都有属于自己的从地址，AT24 系列器件的从位址结构是 1010XXXX，具体见表 12.3 所示。其中 B7～B4 四位是 AT24 系列固定的，B3～B1 是根据器件系列中型号不同而定的。A2、A1、A0 为器件编号，位数决定了在同一根 I^2C 总线上能够挂接几个相同的器件。位数根据型号的不同而不同。P2、P1、P0 为器件内部块选择，根据型号不同能够选择的块数也不同，见表 12.3。最后一位元 B0 是读写控制位元，为高位时对应读操作，否则为写操作。

表 12.3　AT24 系列器件内部地址

器　件	B7	B6	B5	B4	B3	B2	B1	B0
AT24C01A/02	1	0	1	0	A2	A1	A0	R/W
AT24C04	1	0	1	0	A2	A1	P0	R/W
AT24C08	1	0	1	0	A2	P1	P0	R/W
AT24C16	1	0	1	0	P2	P1	P0	R/W

AT24 系列的 EEPROM 器件还有一个自己的 8 位内部地址码用来寻址内部存储单元的。根据器件系列的不同，内部地址码的实际位数也不一样。对于 AT24C01A 而言，只用了 8 位地址码的低 7 位来寻址 128 字节；对于 AT24C02 而言，使用 8 位地址码来寻址 256 字节；对于 AT24C04 而言，使用 8 位地址码并且结合前面的块地址一起来寻址 512 字节；对于 AT24C10 而言，使用 8 位地址码并且结合前面的块地址一起来寻址 512 字节，例 12.4 是 AT24 系列 EEPROM 的内部地址计算实例。

【例 12.4】

```
一块 AT24C01A，其引脚 A2、A1、A0 全部接到高电平，对其进行读操作，则对应的器件地址为 1010 1111；
一块 AT24C04，其从地址为 1010 10xx，则对其中第二块的读操作地址为 1010 1011，对其中第二块的 0x12H
进行读操作的内部地址为 0010 0010。
```

12.2.3　AT24 系列 EEPROM 的时序

AT24 系列 EEPROM 的操作分为写操作和读操作，写操作包括字节写和页面两种工作方式；而读操作则分为指定位置读、连续读和当前地址读 3 种工作方式。

1. 字节写

字节写是每次在指定位置写入一个字节数据，其流程如下。

- 主器件向 AT24 系列 EEPROM 发送启动信号和器件地址（最低位置 0）。
- 等待应答信号。

- 当应答信号来到之后发送一个器件内部地址，用以指定数据写入到器件内部的哪一个地址单元中。
- 再次等待应答信号。
- 发送待写入数据。
- 等待应答信号。
- 发送停止信号，AT24 系列 EEPROM 芯片进入写周期，在此期间内，该芯片不能够进行任何的输入操作。

图 12.7 是 AT24 系列 EEPROM 芯片的字节写时序。

▲图 12.7 AT24 系列的字节写

2. 页面写

AT24 系列的页面写和字节写操作很类似，只是主器件在进行完成第一轮资料传送之后不发送停止信号，而是继续发送待写入资料。在接收到每一个资料之后，AT24 系列芯片发送出一个应答信号，当控制器接收到这个应答信号之后即可以进行下一个资料的传送，当全部资料传送完成之后再次发送出停止信号，停止整个写操作过程。

- 器件向 AT24 系列 EEPROM 发送启动信号和器件地址（最低位置 0）。
- 等待应答信号。
- 当应答信号来到之后发送一个器件内部地址，用以指定数据写入到器件内部的哪一个地址单元中。
- 再次等待应答信号。
- 发送待写入数据。
- 等待应答信号。
- 发送待写入数据。
- 等待应答信号。

……

- 发送停止信号，AT24 系列 EEPROM 芯片进入写周期，在此期间内，该芯片不能够进行任何的输入操作。

图 12.8 是 AT24 系列芯片的页面写时序。

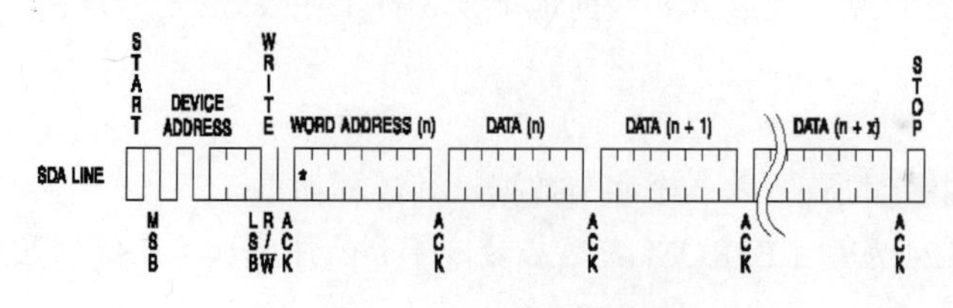

▲图 12.8 AT24 系列的页面写

注意： 在 AT24C04、AT24C08、AT24C16 等器件中，页面写入是 16 字节/页，而 AT24C01A 和 AT24C02 是 8 字节/页，也就是说，当发送的字节数达到了字节写入页的最高数的时候就会“溢出”，重新覆盖该页面从第一个字节起前面已经写入的字节。页面写入的起始地址一般定在每一个页面的第一个字节，例如 10H、30H 等；每次写入的字节数一般为页面内的最大字节数，如 8 字节或者 16 字节。

3. 指定位置读

指定位置读是指定一个需要读取的字节的单元地址，对其进行读取，其流程如下。

- 给出一个启动信号。
- 给出从器件地址。
- 等待应答信号。
- 发送一个指定的器件内部地址。
- 等待应答。
- 发送一个启动信号和一个对应读器件的器件地址。
- 等待应答。
- 接收数据。
- 发送一个停止信号。

注意： 通常可以把前面地址的写入过程称为“空写”（Dummy Write）操作。

图 12.9 是 AT24 系列芯片指定位置读的时序图。

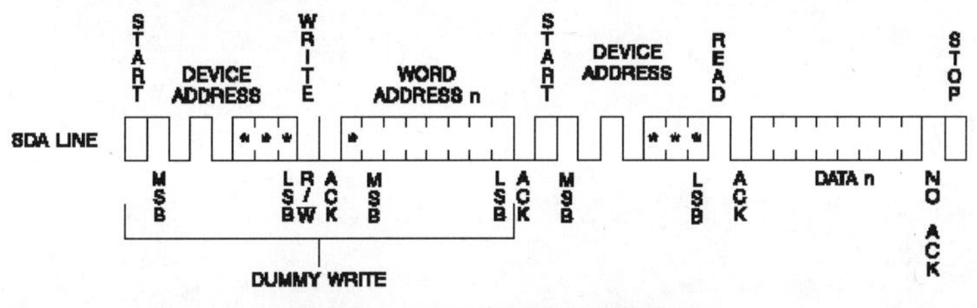

▲图 12.9　AT24 系列的指定位置读

4. 当前地址读

AT24 系列的当前地址读写一般和其他两种读操作配合使用。AT24 系列芯片内部有一个地址计数器，它会保留接收到的最后一个地址并且自动加 1。因此，当使用当前地址读的时候，芯片读出的是前一个写入地址的紧接着的地址。当前地址读的操作步骤如下。

- 发送启动信号。
- 发送对应的读操作器件地址。
- 等待应答信号。
- 接收资料，这个资料是前一个完成的读操作对应的地址的后一个地址单元中存放的数据。
- 发送停止信号

图 12.10 是 AT24 系列芯片当前地址读的时序。

5. 连续读

AT24 系列的连续读需要从一个指定位置读操作或者当前地址读操作开始，接收器件接收到数据之后不发送停止信号，而是发送一个应答信号；当 AT24 系列芯片接收到这个应答信号之后自动把地址加 1，然后继续发送该地址对应的数据，直到接收器件不发送应答信号而是一个停止信号，类似连续写，其流程如下。

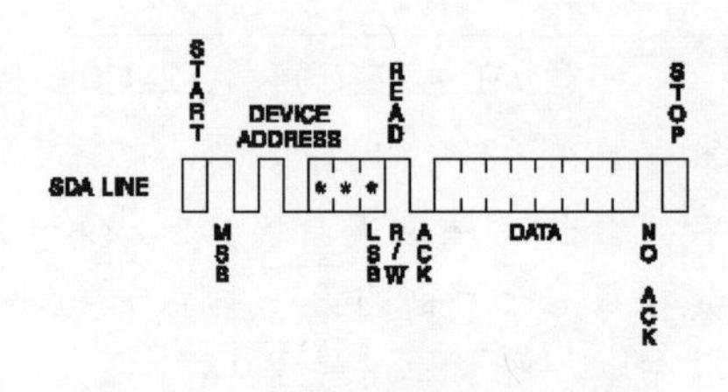

▲图 12.10　AT24 系列芯片当前地址读

- 指定位置读/当前位置读（不发送停止信号）。
- 发送应答信号。
- 接收数据。

……

- 发送停止信号。

需要注意的是，AT24 系列芯片在没有接收到应答信号而是接收到一个停止信号之后就立即停止向外部发送资料。连续读过程中，当地址计数器的值超过了器件的最大地址之后会自动溢出——从最低地址开始，这是和页面写不同的（页面写是在页面内部溢出翻转），图 12.11 是连续读的时序图。

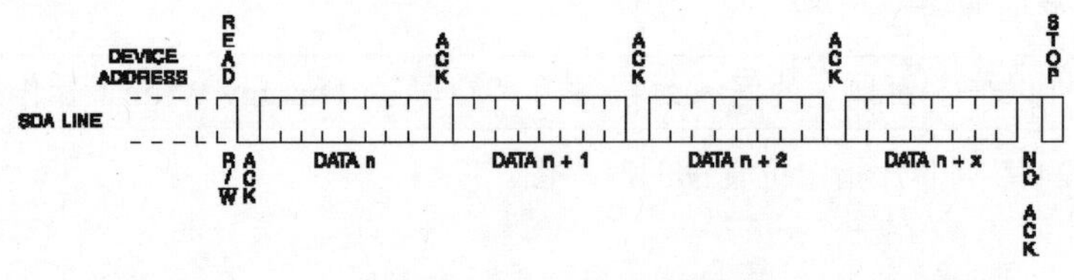

▲图 12.11　AT24 系列的连续读

12.2.4　AT24 系列的操作

例 12.5 是对 AT24C04 芯片中某个地址单元进行写操作的实例，其操作流程如图 12.12 所示。

【例 12.5】

向 AT24C04 的内部地址写入一个字节的资料，为指定位址写的方式，通过 IIC.h 头文件调用 I^2C 总线操作函数，代码中数据相关号数可以在实际使用中替换，IIC 相关函数操作参考第 7 章。

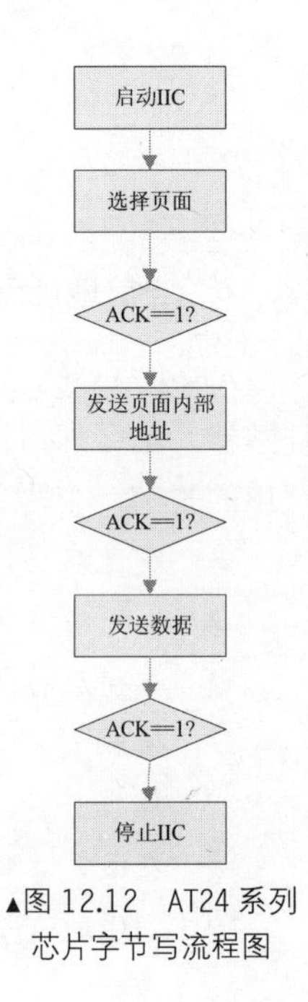

▲图 12.12　AT24 系列芯片字节写流程图

```
#include "reg51.h"
#include  "intrins.h"
#inlude "IIC.h"
#define Wat24c04_Page0 0xac              //写页面 0 器件地址
#define Wat24c04_Page1 0xae              //写页面 1 器件地址
#define add0 0x00
#define add1 0x01                        //两个内部地址
sbit SDA = P1 ^ 3;                       //资料引脚
sbit SCL = P1 ^ 2;                       //时钟引脚
bit ack;                                 //应答标志，ack=1 表示应答正确
void  Start_I2C();                       //启动函数
void  Stop_I2C();                        //结束函数
void  Ack_I2C();                         //应答函数
void  SendByte(unsigned char c);         //字节发送函数
```

```
main()
{
     Start_I2C();                        //启动
     SendByte(Wat24c04_Page0);           //发送写页面 0 器件地址
     if (ack==1)                         //收到应答
     {
           SendByte(add0);               //发送内部子地址
           if (ack ==1)
           {
                 SendByte(0x23);         //发送数据 0x23
                 if(ack == 1)
                 {
                       Stop_I2C();       //停止
                 }
      }
    }
}
```

例 12.6 是对 AT24C04 一个指定位置字节起连续 16 字节数据读的范例。

【例 12.6】对 AT24C04 内部指定地址开始的 16 字节进行连续读出，通过 IIC.h 头文件调用 I^2C 总线操作函数。

```
#include "AT89X52.h"
#include "intrins.h"
#include "IIC.h"
#define Wat24c04_Page0 0xac
#define Wat24c04_Page1 0xae
#define Rat24c04_Page0 0xad
#define Rat24c04_Page1 0xaf                 //地址
sbit SDA = P1 ^ 3;                          //资料位
sbit SCL = P1 ^ 2;                          //时钟
bit ack;                                    //应答标志
unsigned char n_recbyte;
unsigned char Rat24c04_Page;                //读 at24c04 页
unsigned char Rat24c04_add;                 //读 at24c04 内部地址
unsigned char Rat24c04_data;                //读出的资料
void Start_I2C();                           //启动函数
void Stop_I2C();                            //结束函数
void Ack_I2C();                             //应答函数
void SendByte(uchar c);                     //字节发送函数
unsigned char RevByte();                    //接受资料
void init();                                //初始化函数
main()
{
uchar i;                                    //读数计数器
init();
Start_I2C();
SendByte(Wat24c04_Page0);                   //发送页面 0 地址
if(ack == 1)                                //如果收到应答信号
     {
           SendByte(Wat24c04_add);          //发送内部地址
           if(ack == 1)
           {
                 Start_I2C();               //启动总线
                 SendByte(Rat24c04_Page); //发送读地址
                 if(ack == 1)
                 {
//以上为指定位置读
                 for(i = 0;i <= 15;i++)
//如果没有完成 16 字节读取则继续
```

```
                {
                        Rat24c04_data = RevByte();              //读出资料
                        Ack_I2C(0);                             //发送应答信号
                }
                Ack_I2C(1);                                     //发送非应答信号
                Stop_I2C();
            }
        }
    }
}
```

12.3 U 盘读写

12.3.1 CH376 简介

CH376 是一种文件管理控制芯片，常常用于 MCS-51 单片机系统中进行 U 盘、SD 卡的读写操作，其内置 USB 通信协议的基本固件，有 USB 设备和 USB 主机两种工作方式，并且内置了支持 FAT12、FAT16 和 FAT32 文件系统的管理固件，支持 U 盘和 SD 卡的接口标准操作的固件。其内部结构和应用模型如图 12.13 所示，CH376 可以采用 8 位并行接口、SPI 接口和串行口 3 种扩展方式和 MCS-51 单片机连接。

CH376 芯片的基本特点如下，图 12.14 是 CH376 的 SOP-28 和 SSOP20 两种不同封装的引脚图。

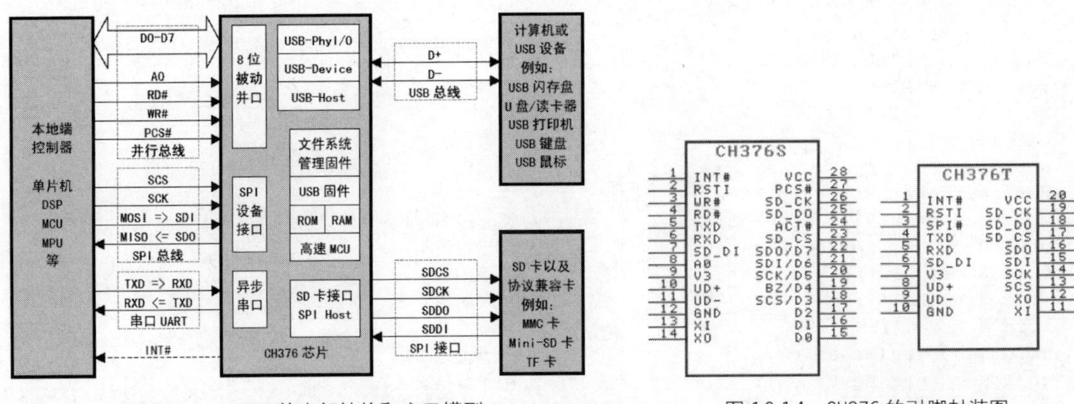

▲图 12.13　CH376 的内部结构和应用模型　　▲图 12.14　CH376 的引脚封装图

- 支持 1.5Mbit/s 低速和 12Mbit/s 全速的 USB 通信，支持 USB 2.0，仅仅需要晶体和电容作为外围元器件。
- 支持 USB 主机工作模式和 USB 设备工作模式，并且支持这两种工作模式的动态切换。
- 在 USB 设备工作模式下支持控制传输、批量传输、中断传输 3 种不同的传输方式。
- 可以自动检测 USB 设备的连接和断开，提供设备的连接和断开通知事件。
- 支持速度可以达到 6Mbit/s 的 SPI 主机接口，支持 SD 卡以及和 SD 协议兼容的 MMC、TF 卡等。
- 内置固件处理海量存储设备的专用通信协议，支持 Bulk-Only 传输协议和 SCSI、UFI、RBC 和等效命令集的 USB 的存储设备，包括 U 盘、USB 硬盘、USB 读卡器等。
- 内置 FAT12、FA16 和 FA32 文件系统的管理固件，最高支持 32GB 的 U 盘或者 SD 卡。
- 提供文件管理功能，包括打开、新建和删除文件、枚举和搜索文件，创建子目录，并且支持长文件名。

- 提供文件读写功能，可以以字节为最小单位或者以扇区为单位对多级子目录下的文件进行读写操作。
- 提供磁盘管理功能，支持初始化磁盘、查询物理容量、查询剩余空间、物理扇区读写等操作。
- 提供 2MB 速度的 8 位并行接口，2MB/24MHz 的 SPI 设备接口，最高 3Mbit/s 波特率可调的串行口数据连接。
- 支持 5V、3.3V 或者 3V 电源供电。
- CH376 的 USB 设备工作模式和芯片 CH372 完全兼容，而 USB 主机工作模式和芯片 CH375 完全兼容。

CH376 的引脚功能如表 12.4 所示。

表 12.4　CH376 的引脚功能列表

CH376S 引脚号	CH376T 引脚号	引脚名称	类型	说明
28	20	VCC	电源	供电电源输入引脚，需要外接 0.1μF 的退耦电容
12	10	GND	电源	供电电源地信号输入引脚，需要和 USB 总线的地信号连接到一起
9	7	V3	电源	在 3.3V 电源供电时外接供电电源，在 5V 电源供电时外接 0.01μF 的退耦电容
13	11	X1	输入	晶体振荡的输入端，外接 12MHz 晶体
14	12	X0	输出	晶体振荡的反向输出端，需要外接 12MHz 晶体
10	8	UD+	USB 信号	USB 总线的 D+数据线
11	9	UD-	USB 信号	USB 总线的 D-数据线
23	17	SD_CS	开漏输出	SD 卡 SPI 接口的片选输出，低电平有效，内置上拉电阻
26	19	SD_CK	输出	SD 卡 SPI 接口的串行时钟输出
7	6	SD_DI	输入	SD 卡 SPI 接口的串行输出输入，内置上拉电阻
25	18	SD_DO	输出	SD 卡 SPI 接口的串行数据输出
25	18	RST	输出	在进入 SD 卡模式之前是电源上电复位和外部复位输出，高电平有效
22～15	无	D7～D0	双向三态	并行接口的数据总线，内置上拉电阻
18	13	SCS	输入	SPI 接口的片选输入，低电平有效，内置上拉电阻
20	14	SCK	输入	SPI 接口的串行时钟输入，内置上拉电阻
21	15	SDI	输入	SPI 接口的串行数据输入，内置上拉电阻
22	16	SDO	三态输出	SPI 接口的串行数据输出
19	无	BZ	输出	SPI 接口的忙状态输出，高电平有效
8	无	A0	输入	并口的地址输入，用于区分命令地址和数据地址，内置上拉地租，当 A0=1 时候可以写入命令或者读取状态，当 A0=0 时可以读取数据
27	无	PCS#	输入	并行接口的片选控制输入，低电平有效，内置上拉电阻
4	无	RD#	输入	并行接口的读选通输入，低电平有效，内置上拉电阻
3	无	WR#	输入	并行接口的写选通输入，低电平有效，内置上拉电阻
无	3	SPI#	输入	在芯片内部复位器件艾诺为接口配置输入，内置上拉电阻

续表

CH376S 引脚号	CH376T 引脚号	引脚名称	类型	说明
5	4	TXD	输入/输出	在芯片内部复位器件为接口配置输入，内置上拉电阻在芯片复位完成之后为串口的输出引脚
6	5	RXD	输出	串口的输入引脚，内置上拉电阻
1	1	INT#	输出	终端请求输出，低电平有效，内置上拉电阻
24	无	ACT#	开漏输出	状态输出，低电平有效，内置上拉电阻。在 USB 主机工作方式下是 USB 设备正在连接状态输出；在 SD 卡主机方式下是 SD 卡 SPI 通信状态输出；在内置固件的 USB 设备方式下是 USB 设备配置完成状态输出
2	2	RSTI	输入	外部复位输入，高电平有效，内置下拉电阻

12.3.2 CH376 的命令

本小节介绍 CH376 的所有关于 U 盘操作的功能命令，关于 USB 设备的相关操作命令可以参考 CH376 手册，CH376 的 U 盘操作相关命令如表 12.5 所示。

表 12.5 CH376 的 U 盘操作相关命令

操作代码	命令名称	输入命令参数	输出命令参数	说明
0x01	GET_IC_VER		版本号	获取芯片的固件版本
0x02	SET_BAUDRATE	分频系数和分频常数	操作状态（需要等 1ms）	设置串口的波特率
0x03	ENTER_SLEEP			进入低功耗挂起状态
0x04	SET_USB_SPEED	总线速度		设置 USB 总线速度
0x05	RESET_ALL			硬件复位
0x06	CHECK_EXIST	任意数据	输入数据的按位取反	测试通讯接口和工作状态
0x0B	SET_SDO_INT	数据 0x16 和中断方式		设置 SPI 的 SDO 引脚中断方式
0x0C	GET_FILE_SIZE	数据 0x68	文件长度	获取当前文件长度
0x15	SET_USB_MODE	模式对应代码	操作状态（需要等 10μs）	设置 USB 工作状态
0x22	GET_STATUS		中断状态	获取中断状态并且清除
0x27	RD_USB_DATA0		数据长度和数据	中当前 USB 中断的中断缓冲区或者主机端点的接收缓冲区读取数据
0x2C	WR_HOST_DATA	数据长度和数据		向 USB 主机端点的发送缓冲区写入数据
0x2D	WR_REQ_DATA	数据	数据长度	向内部指定缓冲区写入请求的数据块
0x2E	WR_OFS_DATA	偏移位置、数据长度和数据		向内部缓冲区指定偏移地址写入数据块
0x2F	SET_FILE_NAME	文件名		设置操作文件的文件名
0x30	DISK_CONNECT		返回中断信号	检查磁盘是否连接
0x31	DISK_MOUNT		返回中断信号	初始化磁盘并且检查磁盘是否准备就绪
0x32	FILE_OPEN		返回中断信号	打开文件或者目录，枚举文件或者目录
0x33	FILE_ENUM_GO		返回中断信号	继续枚举文件和目录

续表

操作代码	命令名称	输入命令参数	输出命令参数	说明
0x34	FILE_CREATE		返回中断信号	新建文件
0x35	FILE_ERASE		返回中断信号	删除文件
0x36	FILE_CLOSE	是否允许更新	返回中断信号	关闭已经打开的文件或者目录
0x37	DIR_INF0_READ	目录索引号	返回中断信号	读文件的目录信息
0x38	IDR_INF0_SAVE		返回中断信号	保存文件的目录信息
0x39	BYTE_LOCATE	偏移字节数	返回中断信号	以字节为单位移动当前文件或者目录
0x3A	BYTE_READ	请求字节数	返回中断信号	以字节为单位从当前位置读取数据块
0x3B	BYTE_RD_GO		返回中断信号	继续以字节为单位读取数据
0x3C	BYTE_WRITE	请求字节数	返回中断信号	以字节为单位从当前位置写入数据
0x3D	BYTE_WR_GO		返回中断信号	继续以字节为单位写入数据
0x3E	DISK_CAPACITY		返回中断信号	查询磁盘物理容量
0x3F	DISK_QUERY		返回中断信号	查询磁盘空间信息
0x40	DIR_CREATE		返回中断信号	信件目录并且打开或者打开已经存在的目录
0x4A	SEC_LOCATE	偏移扇区数	返回中断信号	以扇区为单位移动当前文件指针
0x4B	SEC_READ	请求扇区数	返回中断信号	以扇区为单位移动当前文件指针
0x4C	SEC_WRITE	请求扇区数	返回中断信号	以扇区为单位在当前位置写入数据块
0x50	DISK_B0C_CMD		返回中断信号	对 USB 存储器执行 B0 传输协议
0x54	DISK_READ	LBA 扇区地址和扇区数	返回中断信号	从 USB 存储器读物理扇区
0x55	DISK_RD_GO		返回中断信号	继续 USB 存储器的物理扇区读操作
0x56	DISK_WRITE	LBA 扇区地址和扇区数	返回中断信号	向 USB 存储器写物理扇区
0x57	DISK_WR_GO		返回中断信号	继续 USB 存储器的物理扇区写操作

对 CH376 的中断信号返回之前一般需要较长的时间执行操作，在操作完成之后向控制器返回一个中断信号。控制器可以从 CH376 中读出该中断的操作状态，如果中断信号的操作状态是 USB_RET_SUCCESS（0x51）则说明操作成功，如果为 USB_RET_ABORT（0x5F）则说明操作失败，对于那些具有返回值的的操作则可以通过 CMD_RD_USB_DATA0 命令读取返回数据。

1. GET_IC_VER（0x01）

该命令用于获取芯片的固件版本号，返回字节数据为固件版本号，该字节第七位为固定 0，第六位为固定 1，位 5～0 为版本号。

【例 12.7】

GET_IC_VER 的返回值为 0x41，去掉第 6、7 两位，版本号为 0x01。

2. SET_DAUDRATE（0x02）

该命令用于设置 CH376 的串行接口的通信波特率。CH376 的串口接口默认波特率由 BZ/D4、

SCK/D5、SDI/D6 3 个引脚的电平组合决定，如表 12.6 所示。

表 12.6 CH376 的默认串行接口波特率

SDI/D6 引脚	SCK/D5 引脚	BZ/D4 引脚	上电复位后默认的波特率
1	1	1	9600bit/s
1	1	0	57600bit/s
1	0	1	115200bit/s
1	0	0	460800bit/s
0	1	1	250000bit/s
0	1	0	1000000bit/s
0	0	1	2000000bit/s
0	0	0	921600bit/s

在上电复位之后，控制器可以使用 SET_BAUDRATE 来设置串行口波特率，该命令需要跟随分频常数和分频系数两个参数，如表 12.7 所示。

表 12.7 使用 SET_BAYDRATE 设置 CH376 串口通信波特率参数

分频系数	分频常数	串行接口波特率	误差
0x02	0xB2	9600	0.16%
0x02	0xD9	19200	0.16%
0x03	0x98	57600	0.16%
0x03	0xCC	115200	0.16%
0x03	0xF3	460800	0.16%
0x07	0xF3	921600	0.16%
0x03	0xC4	100000	0%
0x03	0xFA	1000000	0%
0x03	0xFE	3000000	0%
0x02	常数	计算公式：750000/（256 –常数）	
0x03	常数	计算公式：6000000/（256 –常数）	

说明： CH376 的波特率设置一般在 1ms 内完成，某些波特率下会有一定的误差，但是由于异步通信的字节都有起始位和停止位，不会累积，所以一般来说只要这个误差率小于 2% 即可成功地完成通信。

3. RESET_ALL（0x05）

复位 CH376，在并口通信方式下复位时间在 1ms 内完成，在 SPI 和串行口通信方式下复位时间则需要 35ms。

4. CHECK_EXIST（0x06）

此命令用于测试 CH376 的通信接口和工作状态，以检查 CH376 是否能正常工作，CH376 在接收到该命令后将命令参数按位取反，然后输出。

说明： 在并行口通信方式下，复位后可以从并行口输出数据 0x00。

5. SET_SDO_INT（0x0B）

此命令用于设置 CH376 在 SPI 接口工作方式下的 SDO 中断方式，该命令参数首先是 0x16，然后是新的中断方式参数，中断方式参数包括 0x10 和 0x90 两种。前者禁止 SDO 引脚用于中断输出，在 SCS 片选无效的时候三态输出禁止，以便 CH376 和其他设备共享单片机的 SPI 总线；后者使得 SDO 引脚一直处于输出状态，在 SCS 片选无效时兼做中断请求输出，等效于 INT#引脚，可以供控制器查询中断请求。

6. GET_FILE_SIZE（0x0C）

获取当前文件的字节数，即文件长度，该命令参数为 0x68，CH376 返回当前正在打开的文件长度，该长度是以低字节在前的 4 个字节表示的 32 位双字数据。

7. SET_USB_MODE（0x15）

设置 CH376 的 USB 工作模式，其命令参数是 USB 工作模式对应代码。

- 代码模式 0x00：未启用的 USB 设备工作模式（上电或者复位后默认方式）。
- 代码模式 0x01：已启用的 USB 设备方式，外部固件（不支持串行接口）。
- 代码模式 0x02：已启用的 USB 设备方式，内部固件。
- 代码模式 0x03：SD 主机方式，用于管理和存取 SD 卡中的文件。
- 代码模式 0x04：未启用的 USB 主机方式。
- 代码模式 0x05：已启用的 USB 主机方式，不产生 SOF 包。
- 代码模式 0x06：已启用的 USB 主机方式，自动产生 SOF 包。
- 代码模式 0x07：已启用的 USB 主机方式，复位 USB 总线。

在 USB 主机方式下，未启用的工作方式是指 CH376 不会自动检测 USB 设备是否连接，需要外部控制器主动去检测，启用的工作方式下 CH376 则会主动检测 USB 设备是否连接，当 USB 设备连接或者断开时候都会产生中断信号。在代码模式 0x06 下，CH376 会自动定时产生 USB 帧周期开始包 SOF 发送给连接的 USB 设备。代码模式 0x07 则通常用于向已经连接的 USB 设备提供 USB 总线复位状态，当切换到其他工作模式下之后，USB 总线复位才会结束，所以通常推荐在没有 USB 设备连接的情况下使用代码模式 0x05 下的工作方式，当有 USB 设备连接上之后先进入代码模式 0x07 的工作方式，然后再切换到代码 0x06 的工作方式。通常情况下，设置 CH376 的工作模式会在 10μs 内完成，完成之后返回操作状态。

8. GET_STATUS（0x22）

此命令用于获取 CH376 的中断状态并且清除 CH376 的中断，控制器可以读取 CH376 的中断状态返回值，该返回值可以分为 USB 设备的中断状态、SD 卡或者 USB 主机方式的操作中断状态、USB 主机方式的通信失败状态、SD 或者 USB 主机文件模式下文件系统警告或者错误代码 4 个大类，后 3 种状态可参考表 12.8～表 12.10。

表 12.8　　SD 或者 USB 主机工作方式的操作中断状态返回值

中断状态字节	状 态 命 令	说　明
0x14	USB_INT_SUCCESS	SD 或者 USB 事务、传输操作、文件操作成功
0x15	USB_INT_CONNECT	检测到 USB 设备连接事件
0x16	USB_INT_DISCONNECT	检测到 USB 设备断开事件
0x17	USB_INT_BUF_OVER	传输的数据有错误或者数据太多导致缓冲区溢出
0x18	USB_INT_USB_READY	USB 设备已经被初始化
0x1D	USB_INT_DISK_READ	存储设备读操作，请求数据读出
0x1E	USB_INT_DISK_WRITE	存储设备写操作，请求数据写入
0x1F	USB_INT_DISK_ERR	存储设备操作失败

表 12.9　　USB 主机方式通信失败的中断状态返回值

中断状态字节	状 态 命 令	说　明
位 7-位 6	保留	总为 0
位 5	标志位	总为 1，表明该返回值为操作失败之后的返回值
位 4	IN 实物的同步标志	对于 IN 事务，如果该位为 0 则当前接收的数据包不同步，数据可能无效
位 3～位 0	导致操作失败时候的 USB 设备返回值	1010，设备返回 NAK
		1100，设备返回 STALL
		XX00，设备返回超时，无返回
		其他组合则为设备返回的 PID

表 12.10　　SD 卡或者 USB 主机工作方式下文件系统警告和错误代码

中断状态字节	状 态 名 称	说　明
0x41	ERR_OPEN_DIR	指定路径的目录被打开
0x42	ERR_MISS_FILE	指定路径的文件没有找到，可能是文件名错误
0x43	ERR_FOUND_NAME	搜索相匹配的文件名或者是要求打开目录却打开了文件
0x82	ERR_DISK_DISCON	磁盘未连接，有可能已经断开
0x84	ERR_LARGE_SECTOR	磁盘扇区太大，只能支持每个扇区 512 字节
0x92	ERR_TYPE_ERROR	不支持该磁盘分区类型
0xA1	ERR_BPB_ERROR	磁盘尚未格式化或者格式化参数错误
0xB1	ERR_DISK_FULL	磁盘空间不足
0xB2	ERR_FDT_OVER	磁盘目录内文件太多，没有空余目录项，FAT12 或者 FAT16 文件系统下根目录下的文件数应该少于 512 个
0xB4	ERR_FILE_CLOSE	文件已经关闭

9. RD_USB_DATA0（0x27）

此命令用于从当前 USB 中断的断电缓冲区或者主机端点的接收缓冲区读取数据块，首先读取的输入数据是数据块长度，也就是后续数据流的字节数，数据块长度的有效值对于文件读写是 0～255，对于 USB 底层传输是 0～64，如果长度不为 0 则需要控制器将后续数据从 CH376 逐个读完。

10. WR_HOST_DATA（0x2C）

该命令用于向 USB 主机端点的发送缓冲区写入数据块，首先写入的输入数据是数据块长度，也就是后续数据的字节数，数据块的有效值为 0～64，如果长度不为 0，则控制器必须将后续数据逐个写入 CH376。

11. WR_REQ_DATA

该命令用于向内部指定缓冲区写入 CH376 请求的数据块，首先读出的输出数据是数据块的长度，然后是 CH376 请求写入的后续数据流的字节数，数据块的长度有效值对于文件读写是 0～255，对于 SD 卡操作是 0～64，如果长度不为 0，则控制器必须将后续数据逐个写入 CH376。

12. WR_OFS_DATA

该命令用于向内部缓冲区指定偏移地址写入数据块，首先写入的输入数据是偏移地址（内部缓冲区起始地址加上该片地址得到该命令数据块的写入起始地址），然后写入的输入数据是数据块长度，也就是后续的数据流的字节数，数据块的有效长度是 0～32，并且偏移地址加上数据块的长度综合不能大于 32，如果数据块不为 0，则控制器必须将后续数据逐个写入 CH376。

13. SET_FILE_NAME

该命令用于设置将要操作的文件、目录（文件夹）的文件名或者目录名（路径）。命令参数是以“0”结束的字符串，并且含结束符“0”在内的长度不能超过 14 个字符。对于多级子目录下的文件，可以将整个路径分解为多个子目录名称和一个文件名称，分多次设置名称并且从根目录开始逐级打开，当文件操作出错之后则必须返回到根目录下重新操作。

- 文件名的格式和 DOS 系统下的短文件名格式相同，但是不需要盘符和冒号。
- 文件名的字符必须是大写字母、数字、中文汉字或者某些符合文件命名规范的特殊字符。
- 文件名的长度不能超过 11 个字符，其中主文件名不能超过 8 个字符，扩展名不能超过 3 个字符，用小数点将主文件名和扩展名隔开。
- 文件名字符串如果没有字符但是有结束符“0”，则说明是初始化文件系统，不操作任何文件。
- 文件名字符串中只有一个“/”或者“\”和结束符“0”时，说明是打开根目录。
- 文件名字符串首字符为“/”或者“\”且后续字符时文件名时，说明是操作根目录下的文件。
- 文件名字符处直接是文件名时，说明是操作当前目录下的文件。

例 12.8 和例 12.9 是 CH376 的 SET_FILE_NAME 操作命令的使用实例。

【例 12.8】

根目录下的 FILENAME.EXT 文件，可以用字符串“/FILENAME.EXT\0”设置，整个字符串一共有 14 个字符，其中“\0”为字符串结束符，“/”表示根目录。

【例 12.9】

对于三级子目录下路径较长的文件\YEAR2004\MONTH05.NEW\DATE18\ADC.TXT，可以按照如下步骤操作：

（1）用字符串“/YEAR2004\0”设置目录，用 CMD_FILE_OPEN 打开第一级子目录；

（2）用字符串“MONTH05\0”设置目录，然后继续用 CMD_FILE_OPEN 打开第二级子目录；

（3）用字符串“DATE18\0”设置目录，然后继续用 CMD_FILE_OPEN 打开第三级子目录；

（4）用字符串“ADC.TXT\0”设置文件名，容纳后用 CMD_FILE_OPEN 打开文件

14. DISK_CONNECT

该命令用于检查磁盘是否连接，不支持 SD 卡，在 USB 主机工作方式下，该命令可以随时查询磁盘是否连接，CH376 完成检查之后返回一个中断，如果中断状态为 USB_INT_SUCCESS（0x51），说明有磁盘或者 USB 设备连接。

15. DISK_MOUNT

该命令用于初始化磁盘并且测试磁盘是否准备就绪，新连接的 USB 存储设备或者 SD 卡必须通过该命令进行初始化后，然后才能进行文件操作，有些 USB 设备可能需要多次初始化才能返回操作成功状态 USB_INT_SUCCESS。在文件操作的过程中控制器随时可以调用此命令来测试磁盘是否准备就绪。

当第一次执行该命令的时候，如果 CH376 的返回值中断状态是 USB_INT_SUCCESS，则可以使用 RD_USB_DATA0 命令来获取返回数据，该数据共有 36 个字节，包括 USB 存储设备的厂商等相关信息。

16. FILE_OPEN

该命令用于打开文件或者目录（文件夹），枚举文件或者目录（文件夹）。

打开文件或者目录是读写文件或者目录之前的必要操作，在打开文件之前，首先必须使用 SET_FILE_NAME 命令设置要打开或者枚举的文件或者目录名。如果文件或者目录名比较长，可以参考例 12.8 一级级打开，但是如果一旦在此过程中出错，就必须返回到根目录下从头开始，FILE_OPEN 命令的返回状态如下。

- 如果打开目录成功，则中断返回值为 ERR_OPEN_DIR（0x41），此时文件长度无效，为固定值 0xFFFFFFFF。
- 如果打开文件成功，则中断返回值为 USB_INT_SUCCESS（0x51），此时文件长度有效。
- 如果没有找到指定的文件或者目录，则中断返回值为 ERR_MISS_FILE（0x42）。

例 12.10～例 12.13 是 FILE_OPEN 命令的使用实例。

【例 12.10】

要打开根目录下的文件\TODAY1.TXT，步骤如下：

（1）使用 SET_FLIE_NAME 命令设置文件名，命令参数为字符串“/TODAY.TXT\0”；

（2）使用 FILE_OPEN 命令打开文件。

【例 12.11】

要打开 3 级子目录下的文件“\YEAR2004\MONTH05.NEW\DATE18\ADC.TXT”，步骤如下：

（1）使用 SET_FILE_NAME 命令设置子目录名，命令参数为字符串“/YEAR2004\0”；

（2）使用 FILE_OPEN 命令打开第一级子目录；

（3）使用 SET_FILE_NAME 命令设置子目录名，命令参数为字符串“MONTH05.NEW\0”；

（4）使用 FILE_OPEN 命令打开第二级子目录；

（5）使用 SET_FILE_NAME 命令设置子目录名，命令参数为字符串“DATE18\0”；

（6）使用 FILE_OPEN 命令打开第三级子目录；

（7）使用 SET_FLIE_NAME 命令设置文件名，命令参数为字符串“/ADC TXT\0”；

（8）使用 FILE_OPEN 命令打开文件，然后可以使用 GET_FILE_SIZE 命令获得文件的实际长度。

【例 12.12】

如果要初始化磁盘的文件系统，而不用打开任何文件，则步骤如下：

（1）使用 SET_FILE_NAME 命令设置文件名，命令参数为字符串“\0”；

（2）执行 FILE_OPEN 命令，此时 CH376 将初始化磁盘的文件系统，如果该磁盘已经初始化完成则会直接返回。

【例 12.13】

如果要打开磁盘的根目录，则步骤如下：

（1）使用 SET_FILE_NAME 命令设置文件名，命令参数为字符串“/\0”；

（2）执行 FILE_OPEN 命令即可打开根目录，需要注意的是在使用完毕之后必须使用 FILE_CLOSE 命令关闭根目录。

17. FILE_CREATE

该命令用于新建一个文件，如果该文件已经存在，则先删除这个文件，然后重新建立该文件。

在使用 FILE_CREATE 命令之前，应该先使用 SET_FILE_NAME 命令设置好要新建的文件的文件名称，SET_FILE_NAME 命令的使用方法和 FILE_OPEN 命令相同，但是不支持通配符“*”。在新建文件过程中，如果存在一个同名的文件，那么这个文件将被删除，然后重新建立，为了避免原来存在的文件被删除，在创建一个文件之前，应该使用 FILE_OPEN 命令来确认该文件不存在。

新建文件的文件日期被默认为 2004 年 1 月 1 日 0 时 0 分 0 秒，文件长度默认为 1，可以通过 DIR_INF0_READ 和 DIR_INF0_SAVE 命令来修改日期和长度信息。

18. FILE_ERASE

该命令用于删除一个文件，如果这个文件已经被打开则将被直接删除，否则文件会自行打开然后再被删除，如果要删除的是一个子目录，则必须被先打开。

对于普通文件，删除操作步骤如下。

（1）确认之前的文件或者目录已经被关闭，否则将被直接删除。

（2）使用 SET_FILE_NAME 设置要删除的文件名称，不支持通配符“*”。

（3）使用 FILE_ERASE 命令打开文件并且删除。

对于子目录，删除操作步骤如下。

（1）对于子目录，必须先删除干净该子目录中的所有文件以及下级所有子目录。

（2）使用 SET_FILE_NAME 设置要删除的目录名称，不支持通配符“*”。

（3）使用 FLIE_OPEN 命令打开子目录。

（4）使用 FILE_ERASE 命令打开目录并且删除。

19. FILE_CLOSE

该命令用于关闭当前已经打开的文件或者目录，该命令需要一个命令参数来表明是否允许在关闭时候自动更新文件长度，当该参数为 0 时禁止更新文件长度，为 1 时则允许自动更新文件长度。

在打开文件或者目录操作之后应该关闭文件，尤其是对于根目录的操作，关闭是必须的，对于普通文件的读操作，关闭文件是可选操作，而对普通文件的写操作，关闭文件的时候可以使用命令参数来控制 CH376 是否自动更新文件长度。

20. DIR_INF0_READ

该命令用于读取文件的目录信息，需要一个命令参数，该参数用于指定需要读取目录信息结构在扇区中的索引号，索引号的范围为 0x00～0x0F，如果索引号为 0xFF 则对应已经打开的文件。这个命令只是将目录信息数据读取到 CH376 的缓冲区，需要控制器使用 RD_USB_DATA0 命令来将这些数据读走。

每次打开一个文件之后，CH376 从 USB 存储设备或者 SD 卡中取出相邻的 16 个文件目录信息存放在内存中，控制器可以用指定索引号来对应于各个文件，也可以使用 0xFF 来直接获取当前正在打开的文件目录信息数据。

21. DIR_INF0_SAVE

该命令用于保存文件的目录信息，将内存中的 16 个文件目录信息更新之后保存到 USB 存储设备或者 SD 卡中，修改文件目录信息的步骤如下。

（1）使用 SET_FILE_NAME 和 FILE_OPEN 命令打开文件，如果文件已经打开此步骤可以省略。

（2）使用 DIR_INF0_READ 命令读取当前文件或者相邻文件的文件目录信息数据到内存缓冲区中。

（3）控制器使用 RD_USB_DATA0 命令从内存缓冲区中读出相关数据。

（4）再次使用 DIR_INF0_READ 命令读取文件目录信息数据到数据缓冲区。

（5）使用 WR_OFS_DATA 命令向内部缓冲区指定偏移地址写入修改之后的数据。

（6）使用 DIR_INF0_SAVE 命令向 USB 存储设备或者 SD 卡中保存修改后的文件目录信息。

22. BYTE_LOCATE

该命令用于以字节为单位移动当前文件指针，该命令的参数为 4 字节的 32 位偏移字节数，如果执行成功，则中断返回值为 USB_INT_SUCCESS，此时可以使用 RD_USB_DATA0 命令获取当前文件指针对应的绝对扇区号 LBA。这是一个 32 位的数据，如果文件指针已经被移动到了文件末尾，则该绝对扇区号的值应该是 0xFFFFFFFF。

在文件新建或者被重新打开的时候，当前文件指针都为 0，移动当前文件指针，通常用于从指定位置开始读写数据。例如，MCS-51 单片机希望直接从文件的 158 字节开始读数据，则可以使用 BYTE_LOCATE 命令加上参数 158 作为参数，命令执行成功之后紧接其后的读操作将从 158 字节开始。对于写操作，如果单片机准备在原文件尾部继续添加数据，而不希望影响前面已有的数据，则可以指定一个类似 0xFFFFFFFF 的很大的字节偏移量，此时文件指针将被移动到原文件的末尾，继续添加数据。

23. BYTE_READ 和 BYTE_RD_GO

BYTE_READ 命令用于以字节为单位从当前位置读取数据块，BYTE_RD_GO 命令则用于继续以字节为单位的读操作，在读数据操作完成之后 CH376 将自动移动文件指针，以便下次的读操作可以接着本次读取数据的结束位置开始，该命令的命令参数为需要读取的字节总数。一次完整的以字节为单位的数据读取过程通常由一个 BYTE_READ 读操作启动，并且由多个中断事件以及若干个数据块读取以及相应数目的 BYTE_RD_GO 命令组成，完整的以字节为单位的读步骤如下。

（1）打开文件，定位文件指针。

（2）设置需要读取的数据长度，执行 BYTE_READ 命令，开始读操作。

（3）CH376 计算从当前文件指针开始到文件结束位置之间的文件剩余长度，如果当前文件指针已经处于文件结束位置，则剩余的请求字节数为 0，结束读操作并且反馈一个中断信号，中断返回值为 USB_INT_SUCCESS；否则根据请求的字节数、文件剩余长度、内部缓冲区状态计算出本次允许读取的字节数，并且从请求的字节数减去本次允许字节数得到剩余的请求字节数，同时移动文件指针，反馈一个中断信号，此时的中断返回值为 USB_INT_DISK_READ。

（4）如果中断返回值为 USB_INT_SUCCESS 则表明数据已经读完，否则执行 RD_USB_DATA0 命令读出数据。

（5）执行 BYTE_RD_GO 命令继续读取数据直到数据读完成。

24. BYTE_WRITE 和 BYTE_WR_GO

这是两个和以字节为单位读类似的命令，以字节为单位向当前位置写入数据块和继续以字节进行写操作，CH376 同样会在写数据成功之后自动移动文件指针，命令参数为待写入的数据长度。一次完整的数据写操作同样通常由一个 BYTE_WRITE 命令启动，并且由若干个中断事件和若干次数据块写入以及对应数量的 BYTE_WR_GO 命令组成，其完整的操作步骤如下。

（1）打开文件，定位文件指针。

（2）设置需要写入取的数据长度，执行 BYTE_WRITE 命令，开始写操作。

（3）CH376 检查请求的字节数，如果为 0 则刷新文件长度，将内存中文件长度变量保存到 USB 存储设备或者 SD 中，反馈一个中断信号，中断返回值为 USB_INT_SUCCESS。

（4）CH376 检查剩余的请求字节数，如果为 0，结束写操作并且反馈一个中断信号，中断返回值为 USB_INT_SUCCESS；否则根据请求写入的数据长度，内部缓冲区状态计算出本次允许写入的字节数并且从请求写入的数据长度中减去本次允许写入字节数得到的剩余字节数，同时移动文件指针，如果是追加数据则还需要更新内存中的文件长度变量，然后反馈一个中断信号，中断返回值为 USB_INT_DISK_WRITE。

（5）如果中断返回值为 USB_INT_DISK_WRITE，则使用 WR_REQ_DATA 命令得到本次允许的字节数并且写入数据块后继续，如果是 USB_INT_SUCCESS，则结束写入操作。

（6）使用 BYTE_WR_GO 命令继续写入操作直到写操作完成。

说明：如果写入的字节数目为 0，则表明该命令仅仅用于刷新文件长度。

25. DISK_CAPACITY

该命令用于查询磁盘物理容量，支持 USB 存储设备或者 SD 卡，如果命令执行完成后中断返回值为 USB_INT_SUCCESS，则可以使用 RD_USB_DATA0 命令获取磁盘的物理容量（总扇区数），该容量是一个 32 位的 4 字节数据，乘以扇区的固定大小 512 字节则可以获得该磁盘的总物理字节数。

26. DISK_QUERY

该命令用于查询磁盘空间信息，包括剩余空间大小和文件系统类型，如果命令执行完成后中断的返回值为 USB_INT_SUCCESS，则可以使用 RD_USB_DATA0 命令依次获取逻辑盘总扇区数、当前逻辑盘的剩余扇区数、逻辑盘的 FAT 文件类型。

27. DIR_CREATE

该命令用于新建子目录（文件夹）并且打开，如果子目录已经存在则直接打开。在使用 DIR_CREATE 命令之前，应该先使用 SET_FILE_NAME 命令来设置好新建的子目录的目录名，其格式和 FILE_CREATE 完全相同，如果存在一个和该文件夹同名的普通文件，则会反馈一个中断且中断返回值为 ERR_FOUND_NAME（0x43）。如果子目录新建成功或者打开了已经存在的子目录，则也会返回一个中断且中断返回值为 USB_INT_SUCCESS。新建子目录的文件日期默认值等参数和 FILE_CREATE 命令相同。

以上是 CH376 常用的文件操作，CH376 对应以字节为单位的读写操作还支持以扇区为单位的读写操作，可以参考其用户手册。

12.3.3 CH376 的硬件和接口

CH376 和 MCS-51 单片机之间支持 8 位并行地址数据扩展、SPI 同步串行总线扩展、异步串口扩展 3 种扩展方式。CH376 上电复位时将根据 WR、RD、PCS、A0、RXD 和 TXD 引脚的电平状态来决定使用何种通信接口，如表 12.11 所示。

表 12.11　　CH376 的通信接口选择

WR	RD	PCS	A0	RXD	TXD	通信接口选择
1	1	1	1	1	1	串口
1	1/X	1/X	X	1	0	并行接口
0	0	1	1	1	1	SPI 接口
其他状态						CH376 不工作，RST 引脚保持高电平

CH376 芯片的中断引脚 INT 的输出是低电平有效，可以连接到 MCS-51 单片机的中断引脚或者普通引脚，MCS-51 单片机可以使用中断或者查询方式来获取并且处理中断，如果单片机的引脚非常紧张，也可以使用查询对应寄存器的方式来获取中断而不使用 CH376 的中断引脚。

1. CH376 的并行口扩展

CH376 的并行口引脚包括 8 位双向数据总线 D0～D7、RD、WR、PCS 和地址输入引脚 A0。CH376 可以使用 PCS 和 A0 方便地进行外部存储器编址的扩展，同时把 WR 和 RD 引脚连接到 MCS-51 单片机的对应引脚，表 12.12 是 CH376 并行口扩展的真值表。

表 12.12　　CH376 并行口真值表

PCS	WR	RD	A0	D7～D0	实 际 操 作
1	X	X	X	X/Z	未选中 CH376，所有操作无效
0	1	1	X	X/Z	选中 CH376，无操作
0	0	1/X	1	输入	写命令
0	0	1/X	0	输入	写数据
0	1	0	0	输出	读数据
0	1	0	1	输出	从 CH376 读接口状态

CH376 占用两个地址位，当 A0 = 1 时选择的是命令端口，可以写入新的命令或者读取接口状态，当 A0 = 0 时选择数据端口，可以读写数据。MCS-51 单片机通过 8 位并口扩展 CH376 时的操作均由一个命令码、若干个输入数据和若干个输出数据组成，有部分命令不需要操作数据，有部分命令没有输出数据，可以参考上一小节，其具体的步骤如下。

（1）MCS-51 单片机向命令端口写入命令。

（2）如果该命令有输入数据，则向数据端口写入数据。

（3）如果该命令有输出数据，则从数据端口读出数据。

（4）命令操作完成之后等待 CH376 返回中断。

2. CH376 的 SPI 接口扩展

CH376 的 SPI 接口包括 SCS、SCK、SPI、SDO 和 BZ 引脚，可以使用 MCS-51 单片机的普通 IO 引脚来模拟 SPI 操作。如果使用内部带 SPI 硬件接口的 MCS-51 单片机，建议 SPI 设置为 CP0L = CPHA = 0，或者 CP0L = CPHA = 1，并且数据位为高位在前，低位在后。

如果不连接 CH376 的 INT 引脚，则可以通过查询 SDO 的引脚状态来获取中断，方法是让 SDO 独占 MCS-51 单片机的某个引脚，并且通过 SET_SDO_INT 命令（参考 CH376 的搜狐侧）设置 SDO 引脚在 SCS 片选无效时候兼做中断引脚输出。

CH376 的 SPI 接口支持 SPI 模式 0 和 SPI 模式 3，CH376 总是在 SCK 的上升沿输入数据并且在 SCS 有效时的 SCK 的下降沿输出，数据均为高位在前，其具体操作步骤如下。

（1）MCS-51 单片机产生 CH376 的 SPI 片选信号，低电平有效。

（2）CS-51 单片机按 SPI 输出方式发出一个字节的数据，CH376 总是将 SPI 片选 SCS 有效后收到的首字节当作命令码，后续字节当作数据。

（3）MCS-51 单片机查询 BZ 引脚，等待 CH376 的 SPI 接口操作完成，或者直接延时 1.5μs。

（4）如果是写操作，MCS-51 单片机发送一个字节的待写入数据，等待 SPI 接口空闲之后，单片机继续发出待写入数据，直到操作完成。

（5）如果是读操作，MCS-51 单片机从 CH376 接收一个字节的数据，等待 SPI 接口空闲之后，单片机继续接收数据，直到操作完成。

（6）MCS-51 单片机禁止 SPI 片选。

3. CH376 的串行接口

CH376 的串行接口引脚包括 RXD、TXD，支持和 MCS-51 单片机的异步串口的 TXD 和 RXD

对应连接，其数据传输格式 1 位起始位、1 位停止位、8 位数据位，其通信波特率支持在上电时默认设置或者在系统复位之后使用 SET_BAUDRATE 命令设置波特率。

CH376 使用串口通信的时候必须参考参考通信协议：两个包头字节（0x57 和 0xAB），命令字节，数据字节（包括发送或者接收）。CH376 设置了超时机制，如果两个包头字节之间或者两个包头直接和命令字节之间的时间间隔超过 32ms，CH376 会丢弃该同步码和命令字节，串口操作的具体步骤如下。

（1）MCS-51 单片机根据 CH376 的上电默认设置设置好自己串口。

（2）MCS-51 单片机通过串口发送包头字节 0x57 和 0xAB。

（3）MCS-51 单片机通过串口发送命令字节。

（4）如果该命令有命令参数，则通过串口发送命令参数。

（5）如果该命令有返回数据，则通过串口接收返回数据。

（6）CH376 根据命令的具体情况向 MCS-51 单片机返回一个中断信号并且通过串口返回中断状态。

4. CH376 的其他硬件说明

CH376 芯片的 ACT 引脚用于状态指示输出，在内置固件的 USB 设备工作方式下，当 USB 设备还未配置完成或者取消配置时，该引脚输出高电平；当 USB 配置完成之后，该引脚输出低电平。在 USB 主机工作方式下，当 USB 设备断开之后该引脚输出高电平，当 USB 设备连接时该引脚输出低电平。在 SD 卡主机工作方式下，当 SD 卡的 SPI 通信成功之后该引脚输出低电平，该引脚可以外接一个串接限流电阻的 LED 用于指示 CH376 的工作状态。

CH376 芯片的 UD+和 UD-引脚是 USB 信号线，当芯片工作在 USB 设备方式时，应该直接连接到 USB 总线上；当芯片工作于 USB 主机方式时候，可以直接连接到 USB 设备上或者串接等效电阻小于 5Ω的保险电阻、电感或者 ESD 保护器件。

CH376 芯片内置了电源上电复位电路，在通常情况下不需要提供外部复位信号。RSTI 引脚用于从外部输入异步复位信号，当 RSTI 引脚为高电平时，CH376 被复位，当 RSTI 引脚恢复为低电平后，CH376 会继续延时复位 35ms 左右，然后进入正常工作状态。为了在电源上电期间可靠复位并且减少外部干扰，可以在 RSTI 引脚和 VCC 之间跨接一个容量为 0.1μF 左右的电容。CH376 芯片的 RST 引脚（SD_DO 引脚）是高电平有效的复位状态输出引脚，可以用于向外部单片机提供上电复位信号，当 CH376 电源上点复位或者被外部强制复位以及复位延时期间，RST 引脚输出高电平，CH376 复位完成并且通信接口初始化完成之后，RST 引脚恢复到低电平。

CH376 芯片正常工作时候需要外部提供 12MHz 的时钟信号，其芯片内置晶体振荡器和电容，通常情况下，时钟信号由 CH376 内置的振荡器通过晶体稳频率产生，外围电路只需要在 XI 和 XO 之间连接一个 12MHz 的晶体即可，如果使用晶振，则将振荡信号从 XI 引脚输入，XO 引脚悬空。

CH376 芯片支持 3.3V 或者 5V 电源供电，当供电电压为 5V（或者高于 4V）时，CH376 芯片的 VCC 引脚输入外部供电电源，并且 V3 引脚应该连接 4700pF～0.02μF 的退耦电容。当工作电压为 3.3V（或者低于 4V）时，CH376 的 V3 引脚应该和 VCC 引脚相连并且同时连接到外部供电电源上，需要注意的是此时和 CH376 芯片相连接的其他电路的工作电压都不能超过 3.3V。

12.3.4　CH376 的应用电路

1. 5V 电源的 U 盘应用

图 12.15 是 5V 电源电压下 CH376 操作 U 盘的应用电路。

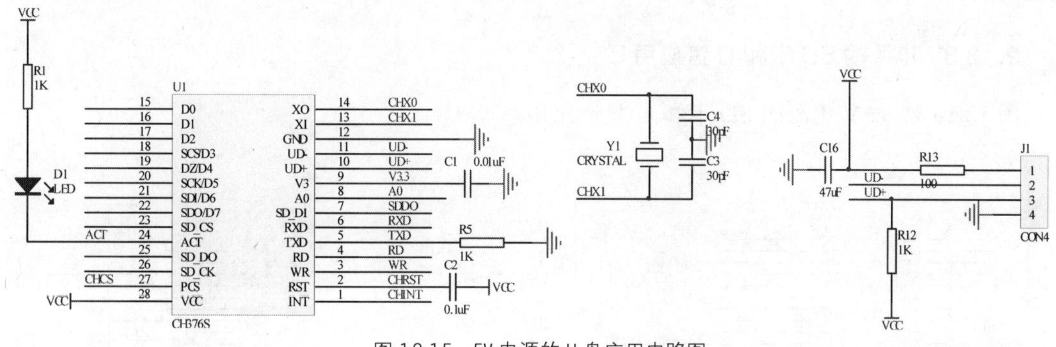

▲图 12.15　5V 电源的 U 盘应用电路图

- 如果将 CH376 配置为 8 位并行端口扩展方式，则 TXD 应该连接到 GND，其余相关引脚悬空。
- 如果将 CH376 配置为 SPI 总线扩展方式，则 RD 和 WR 应该连接到 GND，其余相关引脚悬空。
- 如果将 CH376 配置为串口扩展方式，则所有相关引脚应该悬空，默认的串口波特率由 SDI/D6、SCK/D5、BZ/D4 3 个引脚设定，参考表 12.6。如果需要修改 CH376 的通信波特率，建议用 MCS-51 单片机的 IO 引脚来控制 CH376 的 RSTI 引脚，便于在需要的时候能复位 CH376 恢复到默认的波特率。由于 RSTI 引脚内置下拉电阻，所以由 MCS-51 等单片机的准双向 IO 引脚驱动时需要加一个阻值为几千欧姆的上拉电阻。

由于 INT 引脚和 TXD 引脚在 CH376 复位器件只能提供微弱的高电平输出电流，如果该引脚上的连接线比较长，为了避免 INT 或者 TXD 在复位器件受到干扰从而导致单片机误操作，则可以在 INT 引脚和 TXD 引脚上接 2kΩ～5kΩ的上拉电阻以维持高电平。

如果 MCS-51 单片机的 IO 引脚或者中断引脚不够，CH376 的 INT 引脚可以不使用，此时获取中断以及中断返回值的方法如下。

- 并行接口扩展方式下查询 CH376 的命令端口或者接口状态，第 7 位是中断标志位，当该位为 0 时表明有中断请求。
- SPI 接口扩展方式下，如果使用 SET_SDO_INT 命令设置 SDO，在 SCS 片选无效时候兼做中断请求输出引脚，可以通过查询 SDO 引脚来获取中断，当 SDO 为低电平时则表明有中断请求。
- 在串口接口扩展方式下 CH376 会在通过 INT 引脚返回中断脉冲的同时通过串口直接发出中断返回值，如果 MCS-51 单片机进入了串口接收中断则说明有中断请求。

图 12.14 的 R13 用于 USB 主机给外部 USB 设备供电时候限流，必要的时候可以把这个电阻更换为具有限流作用的快速电子开关，需要注意的是 USB 电源的电压必须是 5V。电容 C1 用于 CH376 的内部电源节点的退耦，一般采用 4700pF 到 0.02μF 的独石或者高频瓷片电容，C2 和 C16 用于外部电源的退耦，一般采用 0.1μF 的独石或者高频瓷片电容。外部晶体 Y1 用于时钟振荡电

路，CH376 对于时钟频率要求比较准确，Y1 的频率应该控制在 12MHz±0.4‰。

在设计 PCB 电路板时，需要注意退耦电容应该尽量靠近对应的 CH376 引脚，并且使得 D+和 D-信号线贴近平行布线，尽量在两侧提供地线或者敷铜减少来自外界的信号干扰；尽量缩短 XI 和 XO 引脚信号连线的长度，为了减少高频时钟对其他电路的干扰，可以在相关元器件周边环绕地线或者敷铜。

2. 3.3V 电源的 SD 卡和 U 盘应用

图 12.16 是 3.3V 电源的 SD 卡和 U 盘应用电路。

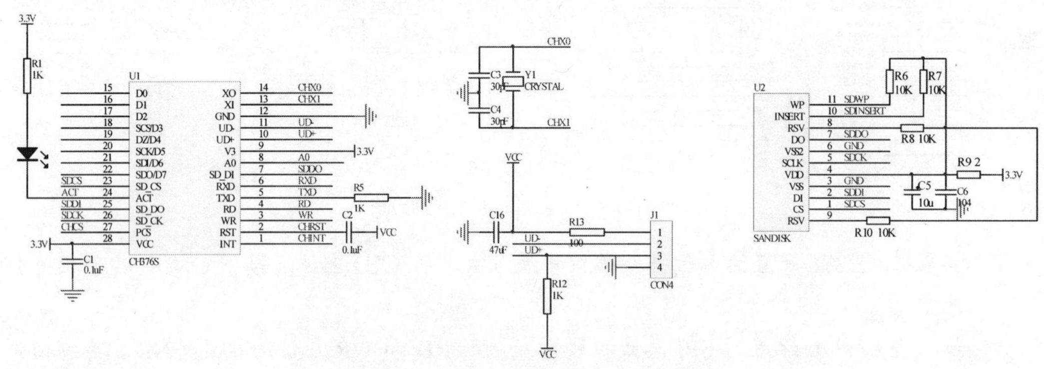

▲图 12.16　3.3V 电源的 SD 卡和 U 盘应用

U2 是简化的 SD 卡卡座，SD 卡写保护 WP 引脚和插拔状态 INSERT 引脚可以连接到 MCS-51 单片机的 IO 端口以供检查相应的状态。该应用电路的扩展接口配置和使用 5V 电源时相同，可以参考上一小节。CH376 的电源电压为 3.3V，在实际使用中将 V3 引脚和 VCC 引脚连接到一起，都连接到 3.3V 上。需要注意的是虽然 CH376 的供电电源是 3.3V，但是 USB 设备的供电电源依然是 5V，并且需要加上限流电阻。

12.3.5　CH376 的应用基础

U 盘或者 SD 卡都是基于 FLASH 存储芯片的物理存储设备，其提供了若干个物理扇区用于数据存储，每个扇区的大小通常是 512 个字节，由于 PC 通常将 U 盘中的物理扇区组织为 FAT 文件系统，为了方便 MCS-51 单片机通过 U 盘或者 SD 卡和 PC 进行数据交换，MCS-51 单片机对 U 盘或者 SD 卡的数据操作也应该遵循 FAT 文件系统格式规范。

一个 U 盘中可以有若干个文件，每个文件都是一组数据的结合，以文件名区分和识别，实际文件数据的存放可能不是连续的，而是通过一组“指针”链接的多个块（可能是分配单元或者簇），从而能够根据需要随时增大文件长度以容纳更多的数据。目录（文件夹）是为了方便分类管理，管理者可以人为地将多个文件归档在一起。

在 FAT 文件系统中，磁盘容量是以簇为基本单位进行分配的，而簇的大小总是扇区的倍数，所以文件的占用空间总是簇的倍数，也就是扇区的倍数，虽然文件占用的空间是簇或者扇区的倍数，但是在实际应用中，保存在文件中的有效数据长度却不一定是扇区的倍数，所以 FAT 文件系统在文件目录信息 FAT_DIR_INF0 中专门记录了当前文件有效数据的长度，及有效数据的字节数，也就是通常所谓的文件长度，文件长度总小于或者等于文件占用的空间。

在对文件写入数据后，如果是覆盖了原数据，那么文件长度可能不会发生变化，当超过原文件长度后，变成了追加数据，则文件长度增大。如果向文件追加数据之后，没有修改文件目录信息中的文件长度，那么 FAT 文件系统会认为超过文件长度的数据是无效的，在这种情况下，PC 无法读出超过文件长度的数据，虽然数据是实际存在的。

如果数据量很小或者数据不连续，则可以在每次追加数据之后立即更新文件目录信息中的文件长度；如果数据量很大并且需要连续写入数据，从效率的角度出发，可以在连续写入多组数据之后再一次性更新文件目录信息中的文件长度，或者在文件关闭时再更新文件长度，FILE_CLOSE 命令可以将内存中的文件长度刷新到 U 盘文件的文件目录信息中。

虽然 CH376 最大能支持对 1GB 的单个文件操作，但是为了提高效率，建议单个文件的大小不要超过 100MB，通常在几 KB 到几 MB 比较合适，如果数据较多，则最好分多个目录，分多个文件存储。

通常来说，MCS-51 单片机系统处理 U 盘的文件系统需要实现如图 12.17 左边的 4 个层次，该图的右边是 U 盘的内部结构层次。由于 CH376 芯片内置了通用的 USB-HOST 硬件接口规范、USB 底层传输固件、BULK-Only 协议传输固件、FAT 文件系统管理固件，即图左边的 4 个层次，所以 MCS-51 单片机只需要进行文件管理和操作即可。

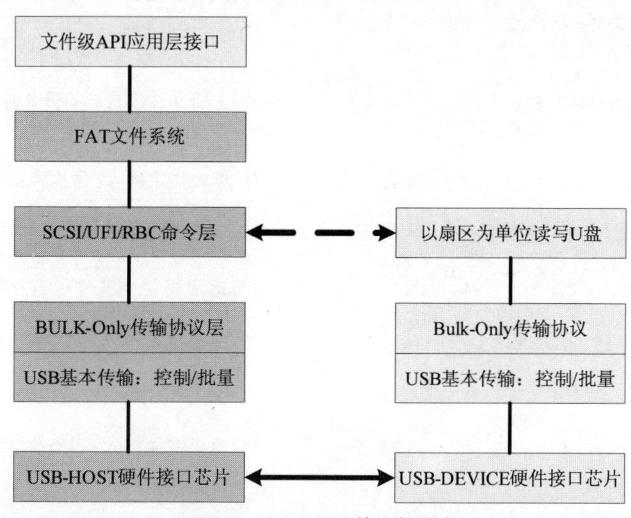

▲图 12.17　CH376 的内部层次

12.3.6　CH376 的实例代码

例 12.14 是一个 MCS-51 单片机使用并行扩展 CH376 控制 U 盘连续写入的实例的头文件，例 12.15 为源文件。

【例 12.14】

```
#define    CMD01_GET_STATUS  0x22                    // 获取中断状态并取消中断请求
#define    CMD11_CHECK_EXIST 0x06                    // 测试通讯接口和工作状态
#define    CMD0H_DISK_CONNECT     0x30               /* 主机文件模式/不支持 SD 卡：检查磁盘是否连接 */
/* 输出中断 */
#define    CMD0H_DISK_MOUNT  0x31                    /* 主机文件模式：初始化磁盘并测试磁盘是否就绪 */
/* 输出中断 */

#define    CMD10_SET_FILE_NAME    0x2F               /* 主机文件模式：设置将要操作的文件的文件名 */
/* 输入：以 0 结束的字符串(含结束符 0 在内长度不超过 14 个字符) */
#define    CMD11_SET_USB_MODE     0x15               // 设置 USB 工作模式
```

```
/* 输入：模式代码 */
/*        00H=未启用的设备方式, 01H=已启用的设备方式并且使用外部固件模式(串口不支持), 02H=已启用的设备方式并且使用内置固件模式 */
/*        03H=SD 卡主机模式/未启用的主机模式,用于管理和存取 SD 卡中的文件 */
/*        04H=未启用的主机方式, 05H=已启用的主机方式, 06H=已启用的主机方式并且自动产生 SOF 包, 07H=已启用的主机方式并且复位 USB 总线 */
/* 输出：操作状态( CMD_RET_SUCCESS 或 CMD_RET_ABORT, 其他值说明操作未完成 ) */
#define    ERR_USB_UNKNOWN        0xFA              // 未知错误,不应该发生的情况,需检查硬件或者程序错误
#define    CMD_RET_SUCCESS        0x51              // 命令操作成功
#define    CMD_RET_ABORT          0x5F              // 命令操作失败
#define    USB_INT_SUCCESS        0x14              // USB 事务或者传输操作成功
#define    USB_INT_CONNECT        0x15              // 检测到 USB 设备连接事件, 可能是新连接或者断开后重新连接
#define    USB_INT_DISCONNECT     0x16              // 检测到 USB 设备断开事件
#define    USB_INT_BUF_OVER       0x17              // USB 传输的数据有误或者数据太多缓冲区溢出
#define    USB_INT_USB_READY      0x18              // USB 设备已经被初始化(已经分配 USB 地址)
#define    USB_INT_DISK_READ      0x1D              // USB 存储器请求数据读出
#define    USB_INT_DISK_WRITE     0x1E              // USB 存储器请求数据写入
#define    USB_INT_DISK_ERR       0x1F              // USB 存储器操作失败
#define    DEF_SEPAR_CHAR1        0x5C              // 路径名的分隔符 '\'
#define    DEF_SEPAR_CHAR2        0x2F              // 路径名的分隔符 '/'
#define    CMD50_WRITE_VAR32      0x0D              //设置指定的 32 位文件系统变量
/* 输入：变量地址, 数据(总长度 32 位,低字节在前) */
#define    VAR_CURRENT_CLUST      0x64              //当前文件的当前簇号(总长度 32 位,低字节在前)
#define    CMD_FILE_OPEN          CMD0H_FILE_OPEN
#define    CMD0H_FILE_OPEN        0x32              /* 主机文件模式：打开文件或者目录(文件夹),或者枚举文件和目录(文件夹) */
/* 输出中断 */
#define    CMD14_READ_VAR32       0x0C              /* 读取指定的 32 位文件系统变量 */
/* 输入：变量地址 */
/* 输出：数据(总长度 32 位,低字节在前) */
#define    VAR_FILE_SIZE          0x68              /* 当前文件的长度(总长度 32 位,低字节在前) */
#define    ERR_MISS_FILE          0x42              /* 指定路径的文件没有找到,可能是文件名称错误 */
#define    CMD4H_BYTE_LOCATE      0x39              /* 主机文件模式：以字节为单位移动当前文件指针 */
/* 输入：偏移字节数(总长度 32 位,低字节在前) */
/* 输出中断 */
#define    CMD0H_FILE_CREATE      0x34              /* 主机文件模式：新建文件,如果文件已经存在那么先删除 */
/* 输出中断 */
#define    CMD2H_BYTE_WRITE       0x3C              /* 主机文件模式：以字节为单位向当前位置写入数据块 */
/* 输入：请求写入的字节数(总长度 16 位,低字节在前) */
/* 输出中断 */
#define    USB_INT_DISK_WRITE     0x1E              /* USB 存储器请求数据写入 */
#define    CMD0H_BYTE_WR_GO       0x3D              /* 主机文件模式：继续字节写 */
/* 输出中断 */
#define    CMD01_WR_REQ_DATA      0x2D              /* 向内部指定缓冲区写入请求的数据块 */
/* 输出：长度 */
/* 输入：数据流 */
#define    VAR_CURRENT_OFFSET     0x6C              /* 当前文件指针,当前读写位置的字节偏移(总长度 32 位,低字节在前) */
#define    CMD1H_FILE_CLOSE       0x36              /* 主机文件模式：关闭当前已经打开的文件或者目录(文件夹) */
/* 输入：是否允许更新文件长度 */
/*         00H=禁止更新长度, 01H=允许更新长度 */
/* 输出中断 */
void  mDelaymS( unsigned char ms );
void  mDelayuS( unsigned char us );
```

```
void  mInitSTDIO(void);
void  xWriteCH376Cmd(unsigned int mCmd );
void  xWriteCH376Data(unsigned char mData );
void  mStopIfError( unsigned char iError );
unsigned char xReadCH376Data( void );
unsigned char mInitCH376Host( void );
unsigned char Query376Interrupt(void);
unsigned char CH376ByteLocate( unsigned long offset );
void CH376SetFileName(unsigned char *name );
void CH376WriteVar32(unsigned char var, unsigned long dat );
unsigned char CH376DiskConnect( void );          // 检查U盘是否连接,不支持SD卡
unsigned char CH376GetIntStatus( void );         //获取中断状态并取消中断请求
unsigned char CH376SendCmdWaitInt(unsigned char mCmd );  //发出命令码后,等待中断
unsigned char CH376DiskMount( void );
unsigned char CH376FileOpen( unsigned char *name );
unsigned char CH376FileCreate(unsigned char *name );
unsigned char CH376ByteWrite(unsigned char *buf, unsigned short ReqCount, unsigned short
*RealCount );
unsigned char CH376WriteReqBlock(unsigned char *buf );
unsigned char CH376FileClose(unsigned char UpdateSz );
unsigned char CH376SendCmdDatWaitInt(unsigned char mCmd, unsigned char mDat );
unsigned long CH376GetFileSize( void );
unsigned long CH376ReadVar32(unsigned char var );
unsigned long CH376Read32bitDat( void );
void Send(unsigned char X);
void Serial(void);
void T0_Timer(void);
void Init_T0(void);
#ifndef   NO_DEFAULT_CH376_INT
unsigned char Wait376Interrupt( void );  // 等待 CH376 中断(INT#低电平), 返回中断状态码, 超
时则返回 ERR_USB_UNKNOWN
#endif
```

【例 12.15】

```
#include <SDMCU.h>
#include <AT89X52.h>
#include <stdio.h>
#include <absacc.h>
#include <string.h>
#define CH376_CMD_PORT  XBYTE[0x7FFF]
#define CH376_DAT_PORT  XBYTE[0x7FFE]
#define CH376_INT_WIRE            INT1      // 假定CH376的INT#引脚,如果未连接那么也可以通过查
询状态端口实现
#define       TRUE     1
#define       FALSE    0
#ifndef       NULL
#define       NULL 0
#endif
sbit LED =  P1 ^ 0;
bit flg = 0;
bit timeflg = 0;
unsigned int timer;
unsigned char idata    buf[64];
xdata char buf1[24];
xdata char buf2[16];
xdata char buf3[42];
#define Rxbuf XBYTE[0x1010];
main()
{
    unsigned char  s,temp,i;
    xdata float X,Y,Z,voice;
```

```
    unsigned char s1,s2;
    unsigned char s3;
    char cbuf[] = "12:23:23";
    X= 1.23;
    Y = -0.23;
    Z = -1.12;
    voice = 431.23;
    mDelaymS(1);                                    //延时 1 毫秒
    Init_T0();
    timer = 0;
    mInitSTDIO( );                                  //串口初始化，为了让计算机通过串口监控演示过程
    TI = 1;
    printf( "Start\n" );
    s = mInitCH376Host( );                          // 初始化 CH376
    mStopIfError(s);
    while(1)
    {
        if(flg == 1)
        {
                TR0 = 1;                            //开定时器
                while(timeflg == 0);
                timeflg = 0;                        //等待延时结束
                while (temp!= USB_INT_SUCCESS)
                {
                        temp = CH376DiskConnect();
// 检查 U 盘是否连接,等待 U 盘插入,对于 SD 卡,可以由单片机直接查询 SD 卡座的插拔状态引脚
                        mDelaymS(1);
                }
                mDelaymS(2);                  //延时,可选操作,有的 USB 存储器需要几十毫秒的延时
                // 对于检测到 USB 设备的,最多等待 10*50ms */
                for ( i = 0; i < 5; i++ )
                {
                        // 最长等待时间,10*50ms
                        mDelaymS(1);
                        temp = 0x00;
                        temp = CH376DiskMount( );
                        if (temp == USB_INT_SUCCESS )
                        {
                                break;      // 初始化磁盘并测试磁盘是否就绪，如果准备就绪就退出
                        }
            }
            s = 0;
            s = CH376FileOpen( "/2010.TXT" );                    // 打开文件,该文件在根目录下
            if ( s == USB_INT_SUCCESS )
            {
                    // 文件存在并且已经被打开,移动文件指针到尾部以便添加数据
                    TI = 1;
                    printf( "File size = %ld\n", CH376GetFileSize( ) );          //
读取当前文件长度
                    s = 0;
                    s = CH376ByteLocate( 0xFFFFFFFF );    // 移到文件的尾部 */
                    mStopIfError( s );
            }
            else if ( s == ERR_MISS_FILE )
            {
                    s = CH376FileCreate(NULL);
// 新建文件并打开,如果文件已经存在则先删除后再新建,不必再提供文件名,刚才已经提供给 CH376FileOpen
                    mStopIfError( s );
            }
            else mStopIfError( s );                   //打开文件时出错
            s = 0;
```

```
            TI = 1;
            s = sprintf( buf, "此前文件长度= %ld 字节\xd\xa", CH376GetFileSize( ) );
// 注意字符串长度不能溢出 buf,否则加大缓冲区或者分多次写入
            s = 0;
            s = CH376ByteWrite( buf, s, NULL );  /* 以字节为单位向文件写入数据 */
            mStopIfError( s );
            s1 = sprintf(buf1,"%.8s %5.2f %5.2f",cbuf,X,Y);
            s2 = sprintf(buf2,"%5.2f %5.2f",Z,voice);
            3 = sprintf(buf3,"%.20s %.12s \n",buf1,buf2);
            TI = 1;
            printf("%s",buf3);
            s = CH376ByteWrite( buf3, s3, NULL );      // 以字节为单位向文件写入数据
            mStopIfError( s );
            TI = 1;
            printf( "Current offset ( file point ) is %ld\n", CH376ReadVar32( VAR_CURRENT
_OFFSET ) );  // 读取当前文件指针
            s = 0;
            s = CH376FileClose(TRUE);  /* 关闭文件,自动计算文件长度,以字节为单位写文件,建议让程
序库关闭文件以便自动更新文件长度 */
            mStopIfError( s );
            mDelaymS(1);
        }
        else
        {
            TR0 = 0;                    //关
        }
    }
}
// 为 printf 和 getkey 输入输出初始化串口
voidmInitSTDIO( void )
{
    SCON = 0x50;
    PCON = 0x80;
    RCLK = 1;
    TCLK = 1;
    RCAP2H = 0xff;
    RCAP2L = 0xfd;                      //T2,115200
    TR2 = 1;
    ES = 1;
    EA = 1;
}
void Serial(void) interrupt 4 using 1
{
    unsigned char temp;
    if(RI == 1)
    {
        temp = SBUF;
        RI = 0;
        Send(temp);
        flg = ~flg;
    }
}

void Send(unsigned char X)
{
    SBUF = X;
    while(TI == 0);
    TI = 0;
}
void T0_Timer(void) interrupt 1 using 3
{
```

```
        ET0 = 0;
        TH0 = 0xff;
        TL0 = 0xba;                                 //计算溢出率 100us
        timer++;
        if(timer == 200)                            //20ms
        {
               timer = 0;
               LED = ~LED;
               timeflg = 1;                         //延时标志
        }
        ET0 = 1;
}

void Init_T0(void)
{
        TMOD = 0x21;                                //定时器 0 初始化
        TH0 = 0xff;
        TL0 = 0xa3;
        ET0 = 1;
}
// 延时指定毫秒时间,根据单片机主频调整,不精确
voidmDelaymS( unsigned char ms )
{
     while( ms -- )
     {
          mDelayuS(250);
          mDelayuS(250);
          mDelayuS(250);
          mDelayuS(250);
     }
}

// 延时指定微秒时间,根据单片机主频调整,不精确
voidmDelayuS( unsigned char us )
{
      while ( us -- );                         // 24MHz MCS-51
}

unsigned char mInitCH376Host( void )           //初始化 CH376
{
      unsigned char res;
      xWriteCH376Cmd(CMD11_CHECK_EXIST);       // 测试单片机与 CH376 之间的通讯接口
      xWriteCH376Data(0x65);                   //写一个测试数据
      res = xReadCH376Data( );
      if ( res != 0x9A )                       //如果不是测试数据取反
      {
             return(ERR_USB_UNKNOWN);
// 通讯接口不正常,可能原因有:接口连接异常,其他设备影响(片选不唯一),串口波特率,一直在复位,
//晶振不工作
      }
     xWriteCH376Cmd(CMD11_SET_USB_MODE);       // 设备 USB 工作模式
     xWriteCH376Data( 0x06 );                  //启用主机方式产生 SOF 包
     mDelayuS( 20 );
     res = xReadCH376Data( );                  //读设置返回数据
     if ( res == CMD_RET_SUCCESS )             //如果设置成功
     {
            return(USB_INT_SUCCESS);
     }
     else
     {
            return(ERR_USB_UNKNOWN);           // 设置模式错误
```

```
    }
}
void xWriteCH376Cmd(unsigned int mCmd )        //向 CH376 写命令
{

     CH376_CMD_PORT = mCmd;
     mDelayuS(2);                              // 延时 2μs 确保读写周期大于 1.5μs
}


voidxWriteCH376Data(unsigned char mData )      //向 CH376 写数据
{
    CH376_DAT_PORT = mData;
    mDelayuS(2);                               // 确保读写周期大于 0.6μs
}

unsigned char xReadCH376Data( void )           // 从 CH376 读数据
{
      mDelayuS(2);                             // 确保读写周期大于 0.6μs
      return( CH376_DAT_PORT );
}
// 检查操作状态,如果错误则显示错误代码并停机,应该替换为实际的处理措施,例如显示错误信息
//,等待用户确认后重试等

voidmStopIfError( unsigned char iError )
{
     if (iError == USB_INT_SUCCESS )
     {
           return;                             //操作成功
     }
     TI = 1;
     printf( "Error: %02X\n", (unsigned int)iError );  // 显示错误
     while (1)
     {
             mDelaymS( 200 );
             mDelaymS( 200 );
     }
}
unsigned char  CH376DiskConnect( void )        // 检查 U 盘是否连接,不支持 SD 卡
{
     unsigned char s;
     if (Query376Interrupt( ) == TRUE)
     {
           CH376GetIntStatus( );               // 检测到中断
     }
     s = CH376SendCmdWaitInt(CMD0H_DISK_CONNECT);
     return(s);
}
// 查询 CH376 中断(INT#低电平)
unsigned char  Query376Interrupt( void )
{
     #ifdef    CH376_INT_WIRE                  //如果连接了这个
     return( CH376_INT_WIRE ? FALSE : TRUE );// 如果连接了 CH376 的中断引脚则直接查询中断引脚
//如果 INT1 为 1, 则返回 FALSE, 否则返回 TRUE, INT1 为中断引脚, 低电平有效
     #else
           return( xReadCH376Status( ) & PARA_STATE_INTB ? FALSE : TRUE );  // 如果未连
接 CH376 的中断引脚则查询状态端口
     #endif
}
unsigned char CH376GetIntStatus( void )        //获取中断状态并取消中断请求
{
```

```
    unsigned char s;
    xWriteCH376Cmd(CMD01_GET_STATUS);           //读中断状态命令
    s = xReadCH376Data( );
    return( s );
}
unsigned char CH376SendCmdWaitInt(unsigned char mCmd )  //发出命令码后,等待中断
{
    unsigned char s;
    xWriteCH376Cmd(mCmd);
    s = Wait376Interrupt( );
    return(s);
}
#ifndef   NO_DEFAULT_CH376_INT           //如果没有定义这个就执行这个函数，否则这个函数被屏蔽
掉了
unsigned char Wait376Interrupt( void )   // 等待 CH376 中断(INT#低电平)，返回中断状态码，超
时则返回 ERR_USB_UNKNOWN
{
#ifdef    DEF_INT_TIMEOUT
#if   DEF_INT_TIMEOUT < 1
    while ( Query376Interrupt( ) == FALSE );      // 一直等中断
    return( CH376GetIntStatus( ) );      // 检测到中断
#else
    unsigned long i;
    for (i = 0; i < DEF_INT_TIMEOUT; i ++ ) {      // 计数防止超时
          if ( Query376Interrupt( ) ) return( CH376GetIntStatus( ) ); // 检测到中断
// 在等待 CH376 中断的过程中,可以做些需要及时处理的其他事情
    }
   return( ERR_USB_UNKNOWN );              // 不应该发生的情况
#endif
#else                                      //实际上是执行的这段代码
   unsigned long  i;
   unsigned char  s;
   for ( i = 0; i < 5000000; i ++ )
   {  // 计数防止超时,默认的超时时间,与单片机主频有关
        if ( Query376Interrupt( ) == TRUE )
        {
             s = CH376GetIntStatus( ); //取中断值
             return(s);                // 检测到中断
        }
        // 在等待 CH376 中断的过程中,可以做些需要及时处理的其他事情
   }
   return( ERR_USB_UNKNOWN );              // 不应该发生的情况
#endif
}
#endif
unsigned char CH376DiskMount( void )       //初始化磁盘并测试磁盘是否就绪
{
    unsigned char s;
    s = CH376SendCmdWaitInt( CMD0H_DISK_MOUNT );
    return(s);
}
unsigned char CH376FileOpen( unsigned char *name )          // 在根目录或者当前目录下打开
文件或者目录(文件夹)
{
    unsigned char s;
    CH376SetFileName(name);                           // 设置将要操作的文件的文件名
    if (name[0] == DEF_SEPAR_CHAR1 || name[0] == DEF_SEPAR_CHAR2 )
    {
         CH376WriteVar32(VAR_CURRENT_CLUST, 0);
    }
    s = CH376SendCmdWaitInt( CMD0H_FILE_OPEN );
```

```
    return(s);
}
void CH376SetFileName(unsigned char *name )          //设置将要操作的文件的文件名
{
     unsigned char c;
     xWriteCH376Cmd(CMD10_SET_FILE_NAME);
     c = *name;
     xWriteCH376Data(c);
     while (c)
     {
          name ++;
          c = *name;
          if (c == DEF_SEPAR_CHAR1 || c == DEF_SEPAR_CHAR2 )
          {
               c = 0;                                // 强行将文件名截止
          }
          xWriteCH376Data(c);
     }
}
void CH376WriteVar32(unsigned char var, unsigned long dat )
//写 CH376 芯片内部的 32 位变量
{
    xWriteCH376Cmd(CMD50_WRITE_VAR32);
    xWriteCH376Data( var );
    xWriteCH376Data( (unsigned char)dat );
    xWriteCH376Data( (unsigned char)( (unsigned short)dat >> 8 ) );
    xWriteCH376Data( (unsigned char)( dat >> 16 ) );
    xWriteCH376Data( (unsigned char)( dat >> 24 ) );
// xEndCH376Cmd( );
}
unsigned long CH376GetFileSize( void )         // 读取当前文件长度
{
   return( CH376ReadVar32( VAR_FILE_SIZE ) );
}
unsigned long CH376ReadVar32(unsigned char var )       //读 CH376 芯片内部的 32 位变量
{
    unsigned long temp;
    xWriteCH376Cmd( CMD14_READ_VAR32 );
    xWriteCH376Data( var );
    temp = CH376Read32bitDat( );
    return(temp);                            // 从 CH376 芯片读取 32 位的数据并结束命令
}
unsigned long CH376Read32bitDat( void )  // 从 CH376 芯片读取 32 位的数据并结束命令
{
    unsigned char c0, c1, c2, c3;
    c0 = xReadCH376Data( );
    c1 = xReadCH376Data( );
    c2 = xReadCH376Data( );
    c3 = xReadCH376Data( );
    return( c0 | (unsigned short)c1 << 8 | (unsigned long)c2 << 16 | (unsigned long)c3
<< 24 );
}
unsigned char CH376ByteLocate( unsigned long offset )      //以字节为单位移动当前文件指针
{
    unsigned char temp;
    xWriteCH376Cmd( CMD4H_BYTE_LOCATE );
    xWriteCH376Data( (unsigned char)offset );
    xWriteCH376Data( (unsigned char)((unsigned short)offset>>8) );
    xWriteCH376Data( (unsigned char)(offset>>16) );
    xWriteCH376Data( (unsigned char)(offset>>24) );
    temp = Wait376Interrupt( );
```

```
        return(temp);
}
unsigned char CH376FileCreate(unsigned char *name )
//在根目录或者当前目录下新建文件,如果文件已经存在那么先删除
{
        unsigned char temp;
        if (name)
        {
            CH376SetFileName( name );                    // 设置将要操作的文件的文件名
        }
        temp = CH376SendCmdWaitInt( CMD0H_FILE_CREATE );
        return(temp);
}
unsigned char CH376ByteWrite(unsigned char *buf, unsigned short ReqCount, unsigned short
*RealCount )  // 以字节为单位向当前位置写入数据块
{
        unsigned char s;
        xWriteCH376Cmd( CMD2H_BYTE_WRITE );
        xWriteCH376Data( (unsigned char)ReqCount );
        xWriteCH376Data( (unsigned char)(ReqCount>>8) );
        if ( RealCount ) *RealCount = 0;
        while (1)
        {
                s = Wait376Interrupt( );
                if ( s == USB_INT_DISK_WRITE )
                {
                        s = CH376WriteReqBlock(buf);
                // 向内部指定缓冲区写入请求的数据块,返回长度
                        xWriteCH376Cmd( CMD0H_BYTE_WR_GO );
                        buf += s;
                        if ( RealCount )
                        {
                                *RealCount += s;
                        }
          }
          else
          {
                return( s );                             // 错误
          }
        }
}

unsigned char CH376WriteReqBlock(unsigned char *buf )        //向内部指定缓冲区写入请求的数
据块,返回长度
{
        unsigned char  s, l;
        xWriteCH376Cmd( CMD01_WR_REQ_DATA );
        s = l = xReadCH376Data( );  /* 长度 */
        if ( l )
        {
            do
            {
                    xWriteCH376Data( *buf );
                    buf ++;
            } while ( -- l );
        }
        return( s );
}
```

```
unsigned char CH376FileClose(unsigned char UpdateSz )              // 关闭当前已经打开
的文件或者目录(文件夹)
{
     return( CH376SendCmdDatWaitInt( CMD1H_FILE_CLOSE, UpdateSz ) );
}
unsigned char CH376SendCmdDatWaitInt(unsigned char mCmd, unsigned char mDat )
// 发出命令码和一字节数据后,等待中断
{
     unsigned char temp;
     xWriteCH376Cmd( mCmd );
     xWriteCH376Data( mDat );
//   xEndCH376Cmd( );
     temp = Wait376Interrupt();
     return(temp);
}
```

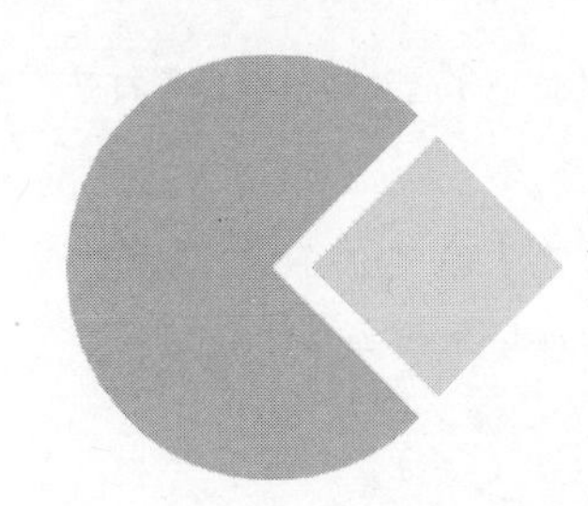

第 13 章　MCS-51 单片机中的通信模块

在 MCS-51 单片机的应用系统中，常常需要在单片机和单片机之间、单片机和 PC 之间以及单片机和其他处理器之间进行数据交换，这就是 MCS-51 单片机的通信，本章将介绍常见的 MCS-51 单片机的通信模块设计。

13.1 MCS-51 单片机数据通信基础

MCS-51 单片机的数据通信方式按照数据格式可以分为串行通信和并行通信，按照信号媒介可以分为有线通信和无线通信，按照硬件通信协议可以分为 RS-232、RS-485、CAN、I^2C 等。

13.1.1 串行通信和并行通信

串行通信是指 MCS-51 单片机将数据以 bit 为单位进行传输，MCS-51 常用的串行通信一般使用 UART 串行口，常见的通信协议有 RS-232、RS-485 等。

并行通信是指 MCS-51 单片机将数据以 byte 为单位进行传输，MCS-51 常用并行通信一般外扩一个或者多个数据单元来进行数据交换，例如双口 RAM、CPLD 等。

串行通信和并行通信的比较如表 13.1 所示。

表 13.1　　MCS-51 单片机系统的串信和并行通信比较

	串 行 通 信	并 行 通 信
通信速率	低	高
电路设计	较简单	较复杂
外扩硬件	绝大部分需要	绝大部分需要
软件设计	相对简单	较复杂
成本	较低	较高
通信媒介	布线简单，成本低	布线复杂，成本高

在 MCS-51 单片机系统的实际数据通信中，常常采用并-串行的方式，MCS-51 单片机和通信模块之间的数据交换是并行的，而通信模块和通信模块之间的数据交换是串行的，例如 CAN、以太网络接口等，如图 13.1 所示，这种方式的好处是既有并行的数据交换简单的优点，又有串行通信的通信媒介设计简单的优点。

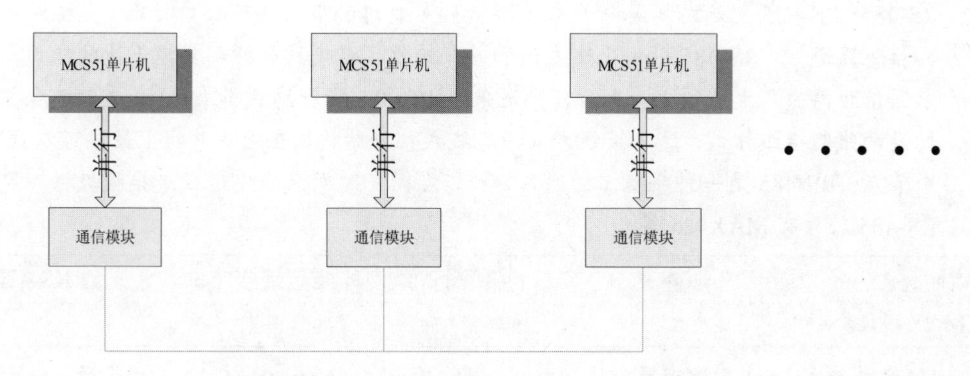

▲图 13.1　并-串行方式的 MCS-51 单片机通信

13.1.2　有线通信和无线通信

MCS-51 单片机系统的有线通信是利用金属导线、光纤等有形媒质来传输数据的方式，常用的媒介是各种屏蔽双绞线。

MCS-51 单片机系统的无线通信是和有线通信相对的，使用电磁波信号可以在自由空间中传播的特性进行数据传输的，有线通信和无线通信的特点如表 13.2 所示。

表 13.2　　MCS-51 单片机系统的通信和无线通信比较

	有 线 通 信	无 线 通 信
通信速率	高	较低
电路设计	由通信模块决定	由通信模块决定
外扩硬件	绝大部分需要	绝大部分需要
软件设计	由通信模块决定	由通信模块决定
传输距离	较长，由硬件决定，不受墙壁等障碍物限制，通信距离长度稳定	较短，由硬件功率决定，受到地形和障碍物限制，通信距离长度不稳定
通信媒介	布线麻烦，成本高	不需要布线，成本低

13.1.3　MCS–51 单片机系统常用的硬件通信协议

MCS-51 单片机系统常用的硬件通信协议有 RS-232、RS-485、CAN 等，分别有对应的硬件芯片能完成对应的协议转换工作。

- RS-232：EIA RS-232C 是由美国电子工业协会 EIA（Electronic Industry Association）在 1969 年颁布的一种串行物理接口标准。RS（Recommended Standard）是英文“推荐标准”的缩写，RS-232C 总线标准设有 25 条信号线，精简版的有 9 条信号线，包括一个主通道和一个辅助通道，这是一种全双工的通信协议，支持同时发送和接收数据。在 MCS-51 单片机系统中 RS-232 常常用于和 PC 以及短距离的单片机和单片机/其他处理器之间的数据传输，常见的 RS-232 接口芯片有 MAX232、MAX3232 等。

- RS-485：RS-485 也是由美国电子工业协会 EIA 制订的串行物理接口标准，主要用于多机和长距离通信。RS-485 采用平衡发送和差分接收，因此具有抑制共模干扰的能力，在要求通信距离为几十米到上千米时，广泛采用 RS-485 串行总线标准。RS-485 标准多采用的是两线制接线方式，这种接线方式为总线式拓扑结构，在同一总线上最多可以挂接 32 个节点。RS-485 是一种半双工的通信协议，在同一时间只能发送或者接收数据，常见的 RS-485 芯片有 MAX485 等。

> **说明：** RS-485 的全双工版本是 RS-422，其使用四线制的物理连接方式，常见的 RS-422 芯片有 MAX491 等。

- CAN 总线：CAN 是控制器局域网络（Controller Area Network, CAN）的简称，是由研发和生产汽车电子产品著称的德国 BOSCH 公司研制的，是国际上应用最广泛的现场总线之一。其所具有的高可靠性和良好的错误检测能力受到重视，被广泛应用于汽车计算机控制系统和环境温度恶劣、电磁辐射强和振动大的工业环境。CAN 总线是一种多主总线，通信介质可以是双绞线、同轴电缆或光导纤维。通信速率可达 1Mbit/s，常见的 CAN 芯片有 SAJ1000 等。

13.1.4 MCS–51 单片机系统的通信模型

传统的 OSI 网络通信模型由物理层、数据链路层、网络层、传输层、会话层、表示层、应用层组成，MCS-51 单片机系统的通信模型可以参考 OSI 模型，精简为物理层、数据链路层、应用层，如图 13.2 所示。

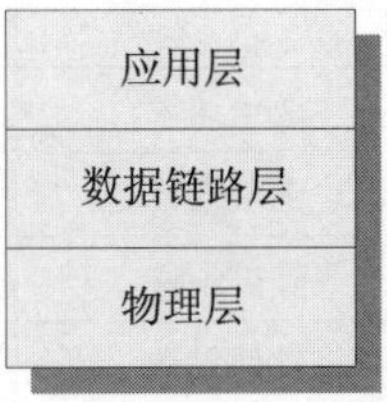

应用层
数据链路层
物理层

图 13.2 MCS–51 单片机的通信模型

- 物理层：决定 MCS-51 单片机系统采用的信号传输媒介，常用的有双绞线、双绞线*2、无线等。
- 数据链路层：决定 MCS-51 单片机系统的硬件接口标准，常用的有 RS-232、RS-485、CAN 等。
- 应用层：决定 MCS-51 单片机系统的数据交换过程以及应用，其中必须包含一个通信协议。通信协议是指通信各方事前约定的必须共同遵循的规则，可以简单地理解为各计算机之间进行相互会话所使用的共同语言。两个系统在进行数据通信时必须使用通信协议，其的特点是具有层次性、可靠性和有效性。

> **注意：** 通信协议其实就是一组约定，说明数据的组成内容以及规则。如果把 MCS-51 单片机的数据通信过程看作信件的交流，那么需要传输的内容则为信件的内容，通信协议则是信封上的地址、邮编以及信件的投递规则。

13.2 MCS-51 单片机系统无线数据通信

在某些特殊的应用场合下，MCS-51 单片机系统和其他单片机系统或者其他的终端之间不方便以有物理导线的方式进行数据通信，在这种情况下需要采用无线链路的方式进行数据通信。无线数据通信有很多方式，包括 GPRS、WIFI、红外、蓝牙等，但是由于相关技术的不统一，使用成本差异较大，开发难度也不同，无线通信在工业上应用得最多的还是 433/915MHz 频段的无线数据模块的通信。

作为无线通信系统的核心部件，无疑首先要选择合适的无线模块，而无线模块的选择主要从以下几个方面来考虑。

- 距离：决定了远端模块和中心端模块的通信距离，一般有几十米、一百多米，一千米等多种选择，如果距离不够可以考虑加外接天线。
- 数据传输速度：决定每秒钟能进行多少数据量的传输。
- 接口方式：决定数据通信模块和单片机通信方式，一般是 I^2C、串口、SPI 等方式，需要考虑单片机的相关资源是否已经被占用。
- 功耗：影响远端模块的总体功耗，如果远端模块需要采用电池供电，那么这个指标将更加需要关注。
- 通信通道：决定在一个频段内有多少设备能同时通信。
- 体积和价格：体积影响远端模块设备整体大小和整体生产价格。
- 开发资料：决定了开发的速度，如果开发资料很齐全，那么开发速度将会比较快，尤其某些比较成熟的产品，可能拿过来移植部分代码就能使用。

本小节将详细讲述基于 nRF905 芯片的无线模块 PTR8000 的无线通信系统的设计，该模块具有和 MCS-51 系列单片机接口简单、开发成本低等优点。该芯片工作电压为 1.9～3.6V，32 引脚 QFN 封装（5 × 5mm），工作于 433/868/915MHz 三个 ISM（工业、科学和医学）频道，频道之间的转换时间小于 650μs。nRF905 由频率合成器、接收解调器、功率放大器、晶体振荡器和调制器组成，不需外加声表滤波器，ShockBurstTM 工作模式，自动处理字头和 CRC（循环冗余码校验），使用 SPI 接口与微控制器通信，配置非常方便。此外，其功耗非常低，以 - 10dBm 的输出功率发射时电流只有 11mA，工作于接收模式时的电流为 12.5mA，内建空闲模式与关机模式，易于实现节能。nRF905 适用于无线数据通信、无线报警及安全系统、无线开锁、无线监测、家庭自动化和玩具等诸多领域。

13.2.1　无线数据通信模块 PTR8000

PTR8000 是基于 nRF905 芯片的无线模块，和单片机直接通过 SPI 连接，该模块特性如下。

- 模块可以工作在 433/868/915MHz 频段，多频道多频段，1.9～3.6V 低电压工作，待机功耗低到 2μA。
- 模块最大发射功率+10dBm，采用高抗干扰性的 GFSK 调制，可以跳频，速度可以达到 50kbit/s。
- 模块有独特的载波检测输出，有地址匹配输出，有数据就绪输出。
- 模块内置完整的通信协议和 CRC 校验，和单片机接口只需要通过 SPI 进行。
- 模块内置环形天线，也可以外接有线天线。

表 13.3 是 PTR8000 模块的基本电气特性，其实物如图 13.3 所示，其接口是 IDC-14 封装的双排插针，引脚分布如图 13.4 所示，和 MCS-51 单片机的连接非常方便。

表 13.3　　PTR8000 模块基本电气特性

参　数	数　值	单　位
工作电压	1.9～3.6	V
最大发射功率	10	dBm

续表

参　数	数　值	单　位
最大数据传输率	100	kbit/s
输出模式工作电流	11	mA
接收模式工作电流	12.5	mA
掉电模式工作电流	2.5	μA
工作温度范围	-40 到 85	℃
灵敏度	-100	dBm

▲图 13.3　PTR8000 无线模块

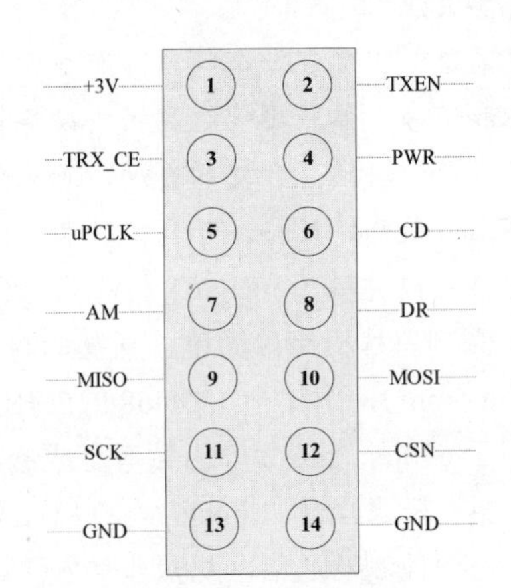

▲图 13.4　PTR8000 的引脚分布

从图 13.4 可以看到 PTR8000 的接口由 11 条数字输入/输出引脚和 3 条电源引脚组成，其中输出引脚按照工作可以分为模式控制、SPI 接口和状态输出接口三组，如表 13.4 所示。

表 13.4　　PTR8000 接口功能定义

管 脚 标 号	管 脚 称 号	管 脚 功 能	管 脚 方 向
1	VCC	正电源 1.9~3.6V 输入	
2	TXEN	TX_EN = “1” 发射模式，TX_EN = “0” 接收模式	输入
3	TRX_CE	使能发射/接受模式	输入
4	PWR	Power down 模式	输入
5	uCLK	时钟分频输出	输出
6	CD	载波检测输出	输出
7	AM	地址匹配输出	输出
8	DR	数据就绪输入	输出
9	MISO	SPI 输出	输出
10	MOSI	SPI 输入	输入
11	SCK	SPI 时钟	输入
12	CSN	SPI 使能，低有效	输入
13	GND	电源地	
14	GND	电源地	

PTR8000 的模式控制组引脚包括 TRX_CE 引脚、TX_EN 引脚和 PWR 引脚组成，用于控制 PTR8000 的 4 种工作模式：掉电和 SPI 编程模式，待机和 SPI 编程模式，发射模式，接受模式。各种控制模式的工作方式如表 13.5 所示。

表 13.5　　控制组引脚工作方式

PWR	TRX_CE	TX_EN	工 作 模 式
0	X	X	掉电和 SPI 编程模式
1	0	X	待机和 SPI 编程模式
1	1	0	接收
1	1	1	发送

说明：（1）待机模式下模块功耗大概在 40μA，此时发射/接收电路均关闭，只有 SPI 接口工作。

（2）掉电模式下模块功耗大概在 2.5μA，此时所有的电路都关闭，SPI 也不工作，此时模块最省电。

（3）在待机和掉电模式下 PTR8000 模块均不能进行发射和接收，但是可以进行配置。

PTR8000 的 SPI 数据接口组引脚主要用于单片机对模块的工作方式进行配置和进行数据通信，由 SCK 引脚、MISO 引脚、MOSI 引脚以及 CSN 引脚组成。在配置模式下，单片机通过 SPI 接口配置 PTR8000 的工作参数，在发射/接收模式下，单片机通过 SPI 接口和模块进行数据通信。

PTR8000 的状态输出接口组引脚包括提供载波检测输出的 CD 引脚，地址匹配输出的 AM 引脚和数据就绪输出的 DR 引脚，主要用于外部处理器对模块状态的检测。

表 13.6 列举出了 PTR8000 用于 SPI 接口的指令，当 CSN 引脚为低时，SPI 接口则开始等待第一条指令，任何一条新指令均由 CSN 引脚的下降沿开始。

表 13.6　　PTR8000 的 SPI 接口指令表

指 令 名 称	指 令 格 式	操　作
W_CONFIG（WC）	0000AAAA	写配置寄存器，AAAA 指出写操作的开始字节，字节数量取决于 AAAA 指出的开始字节
R_CONFIG（RC）	0001AAAA	读配置寄存器，AAAA 指出读操作开始字节，字节数量取决于 AAAA 指出的开始字节
W_TX_PAYLOAD（WTP）	00100000	写 TX 有效数据，1～32 字节，写操作全部从字节 0 开始
R_TX_PAYLOAD（RTP）	00100001	读 TX 有效数据，1～32 字节，读操作全部从字节 0 开始
W_TX_ADDRESS（WTA）	001000010	写 TX 地址，1～4 字节，写操作全部从字节 0 开始
R_TX_ADDRESS（RTA）	00100011	读 TX 地址，1～4 字节，读操作全部从字节 0 开始
R_RX_PAYLOAD（RRP）	00100100	读 RX 有效数据，1～32 字节，读操作全部从字节 0 开始
CHANNEL_CONFIG（CC）	1000pphc cccccccc	快速设置配置寄存器 CH_NO，HFREQ_PLL 和 PA_PWR 的专用命令，CH_NO = cccccccc，HFREQ_PLL=h；PA_PWR=pp

表 13.7 给出了 PTR8000 的 RF 配置寄存器（RF-Configuration-Register）的相关内容。

表 13.7　　　　PTR8000 的 RF 配置寄存器

参　数	位　宽	说　明
CH_NO	9	同 HFREQ_PLL 一起设置中心频率，默认值为 001101100B = 180d，Frf = (422.4 + CH_NOd/10) * (1 + HFREQ_PLLd)MHz
HFREQ_PLL	1	设置 PLL 在 433 或者 868/915MHZ（默认值 =0） “0”- 期间工作在 433MHz 频段 “1”- 期间工作在 868/915MHz
PA_PWR	2	输出功率，默认值为 00 “00”−10dBm “01”−2dBm “10”+ 6dBm “11”+ 10dBm
RX_RED_PWR	1	用于降低接收模式电流消耗到 1.6mA，清 0 时为正常模式，置 1 则为低功耗模式，默认值为 0
AUTO_RETRAN	1	重发数据，如果 TX 寄存器的 TRX_CE 和 TX_EN 设置为高，默认值为 0，清 0 时不重发数据，置 1 时重发数据
RX_AWF	3	RX 地址宽度，默认值为 100，当设置为“001”时候为 1 字节 RX 地址宽度，当设置为“100”时为 4 字节 RX 地址宽度
TX_AWF	3	TX 地址宽度，默认值为 100，当设置为“001”时候为 1 字节 TX 地址宽度，当设置为“100”时为 4 字节 TX 地址宽度
RX_PW	6	RX 接收有效数据宽度，默认值为 100000，其他数值列表如下 “000001”- 1 字节 RX 有效数据宽度 “000010”- 2 字节 RX 有效数据宽度 …… “100000”- 32 字节 RX 有效数据宽度
TX_PW	6	TX 发送有效数据宽度，默认值为 100000，其他数值列表如下 “000001”- 1 字节 TX 有效数据宽度 “000010”- 2 字节 TX 有效数据宽度 …… “100000”- 32 字节 TX 有效数据宽度
RX_ADDRESS	32	RX 地址，使用字节依赖于 RX_AFW，默认值为 E7E7E7E7H
UP_CLK_FREQ	2	输出时钟频率，默认值为 11 “00”- 4MHz “01”- 2MHz “10”- 1MHz “11”- 500kHz
UP_CLK_EN	1	输出时钟使能，当清零时没有外部时钟输出，置位时打开外部时钟输出，默认值为 1
XOF	3	晶体震荡器频率，默认值为 100，如果是 011 则为 16MHz
CRC_EN	1	CRC 校验允许，默认值为 1，清零则不允许 CRC，置位则为允许 CRC 校验
CRC_MODE	1	CRC 模式，清零为 8 位 CRC 校验位，置位则为 16 位 CRC 校验位，默认为 16 位校验位

PTR8000 所有的寄存器的长度都是固定的，用在 RX/TX 模式 TX_PAYLOAD、RX_PAYLOAD、TX_ADDRESS、RX_ADDRESS 中的字节数在配置寄存器中设置，寄存器中的内容进入节电模式后数据不丢失，表 13.8～表 13.12 是 RF 寄存器的具体内容。

表 13.8　　RF 寄存器综合说明

字　节	内容位[7..0]，MSB = BIT[7]	初始化值
0	Bit[7..0]	0110 1100
1	Bit[7..6]未使用，AUTO_RETRAN，RX_RED_PWR，PA_PWER[1..0] HFREQ_PLL，CH_NO[8]	0000 0000
2	Bit[7]未使用，TX_AFW[2..0]，Bit[3]未使用，RX_AFW[2..0]	0100 0100
3	Bit[7..6]未使用，RX_PWR[5..0]	0010 0000
4	Bit[7..6]未使用，TX_PWR[5..0]	0010 0000
5	RX 地址 0 字节	E7
6	RX 地址 1 字节	E7
7	RX 地址 2 字节	E7
8	RX 地址 3 字节	E7
9	CRC 模式，CRC 校验允许，XOF[2..0]，UP_CLK_EN，UP_CLK_FREQ[1..0]	1110 0111

表 13.9　　TX_PAYLOAD（R/W）寄存器

字　节	内容位[7..0]，MSB = BIT[7]	初始化值
0	TX_PAYLOAD[7..0]	X
1	TX_PAYLOAD[15..8]	X
……	……	……
30	TX_PAYLOAD[247..240]	X
31	TX_PAYLOAD[255..248]	X

表 13.10　　TX_ADDRESS（R/W）寄存器

0	TX_ADDRESS[7..0]	E7
1	TX_ADDRESS[15..8]	E7
2	TX_ADDRESS[23..16]	E7
3	TX_ADDRESS[31..24]	E7

表 13.11　　RX_PAYLOAD（R）寄存器

字　节	内容位[7..0]，MSB = BIT[7]	初始化值
0	RX_PAYLOAD[7..0]	X
1	RX_PAYLOAD[15..8]	X
……	……	……
30	RX_PAYLOAD[247..240]	X
31	RX_PAYLOAD[255..248]	X

表 13.12　　PTR8000 的状态寄存器

字　节	内容位[7..0]，MSB = BIT[7]	初始化值
0	AM，Bit[6]未使用，DR，Bit[4..0]未使用	E7

在 PTR8000 工作时，其状态切换所需要的时间如表 13.13 所示。

表 13.13　　　　PTR8000 工作时序切换列表

PTR8000 时序切换	最　大　值
省点模式到待机模式	3ms
待机模式到发送模式	650μs
待机模式到接受模式	650μs
接收模式到发射模式	550μs
发射模式到接收模式	550μs

13.2.2　PTR8000 的 MCS-51 单片机接口电路

PTR8000 在模块内部嵌入了和 RF 协议相关的高速信号处理部分，所以 PTR8000 可以很方便的和各种单片机配合使用，其需要一个 SPI 接口，这个接口的速率可以由单片机决定。在接收模式中，地址匹配引脚 AM 和数据准备就绪引脚 DR 输出一个信号给单片机通知数据已经接收完成，则单片机可以通过 SPI 把数据读出。在发送模式中，PTR8000 自动产生相关的地址和 CRC 校验，当数据发送完成之后数据准备就绪，引脚 DR 也会输出一个信号，单片机可以进行下一步操作。

本小节重点介绍 MCS-51 系列单片机和无线模块的接口连接电路，由于 PTR8000 使用 3.3V 的电压供电，为了避免逻辑电平转换，本实例采用 STC89LE51RC 这块 3.3V 供电的单片机。其和 5V 的 51 系列单片机使用方法完全相同，使用单片机的普通引脚来模拟 SPI 引脚逻辑，将 PTR8000 的状态输出引脚连接到单片机的相关中断引脚上以供单片机查询或者使用中断服务程序进行判断。为了给单片机和 PTR8000 提供 3.3V 电压，使用一块 3.3V 输出的 AS1117 DC-DC 芯片将 5V 的输入电压转化为系统所需的电压。系统的核心部分电路如图 13.5 所示。

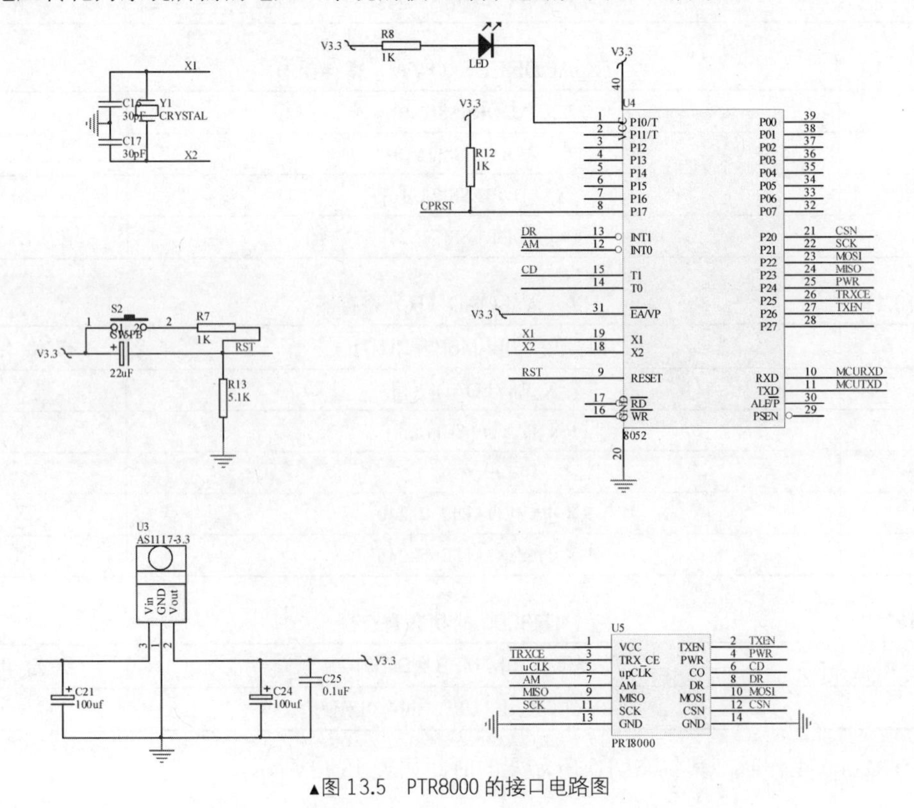

▲图 13.5　PTR8000 的接口电路图

13.2.3　PTR8000 的 MCS−51 单片机软件接口

MCS-51 单片机和 PTR8000 的数据交互可以分为 3 个部分，分别是编程配置、发射数据和接收数据。

1. 编程配置

MCS-51 单片机系统上电之后单片机首先需要对 PTR8000 进行配置，单片机首先将 PWR、TXEN、TRX_CE 设置为配置模式，然后通过 SPI 将配置数据写入 PTR8000，如图 13.6 所示。需要注意的是配置数据只有在断电之后才会丢失，在掉电和待机模式下数据并不丢失。

2. 发射数据

在配置完成之后单片机就可以对 PTR8000 可以进行数据发射操作，其操作步骤如图 13.7 所示。

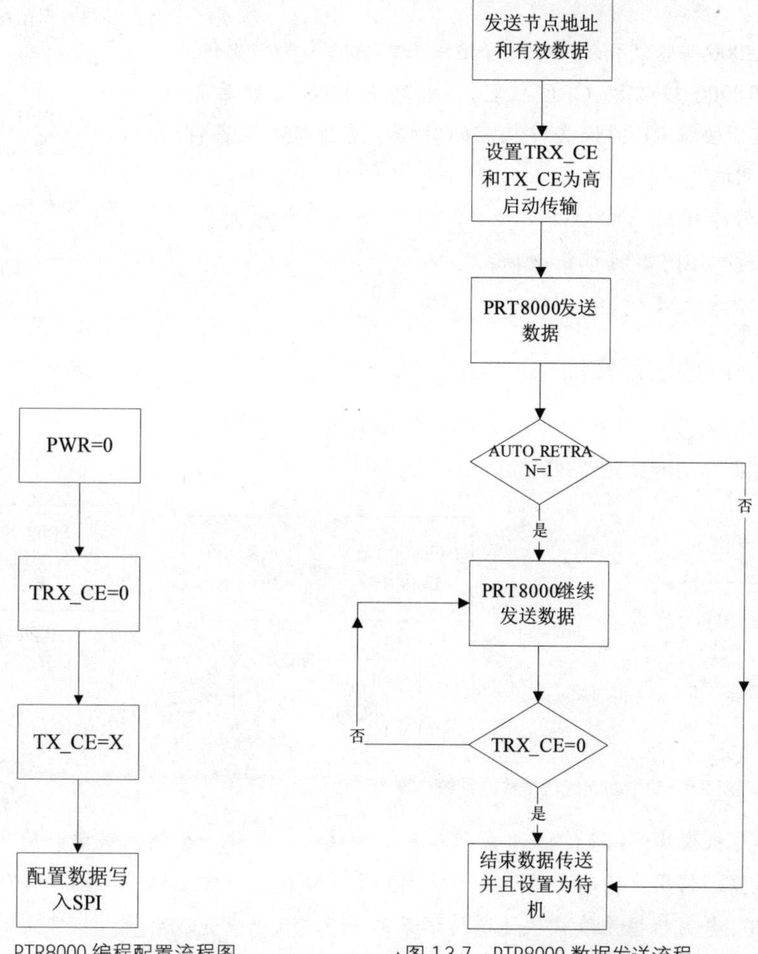

▲图 13.6　PTR8000 编程配置流程图　　▲图 13.7　PTR8000 数据发送流程

- 单片机将接收节点的地址（TX_address）和有效数据（TX_payload）通过 SPI 接口发送到 PTR8000。

- 单片机设置 TRX_CE 和 TX_CE 为高，启动数据传输。
- PTR8000 模块自动上电加上相应的 RF 协议包发送数据。
- 如 AUTO_RETRAN 被置位，PTR8000 将连续发送数据，直到 TRX_CE 被清除。
- 如果 TRX_CE 被清除，则 PTR8000 结束数据传输并且进入待机模式。

3. 接收数据

在单片机对 PTR8000 进行配置之后经过很短的时间，PTR8000 就可以进行数据接收，其操作步骤如图 13.8 所示。

- 置位 TRX_CE 和清除 TX_EN 选择 RX 模式，650μs 之后 PTR8000 即可开始接收数据。
- 当 PTR8000 检测到频率相同的载波时，载波检测 CD 引脚被置位。
- 当 PTR8000 接收到有效地址时，地址匹配 AM 引脚被置位。
- 当 PTR8000 接收到 CRC 校验正确的有效数据包后，PTR8000 按照 RF 协议去掉相应的数据，置位数据准备就绪 DR 引脚。
- 单片机清除 TRX_CE 引脚，使 PTR8000 进入待机模式。
- 单片机通过 SPI 数据读出数据。
- 单片机清除 AM 和 DR 引脚。

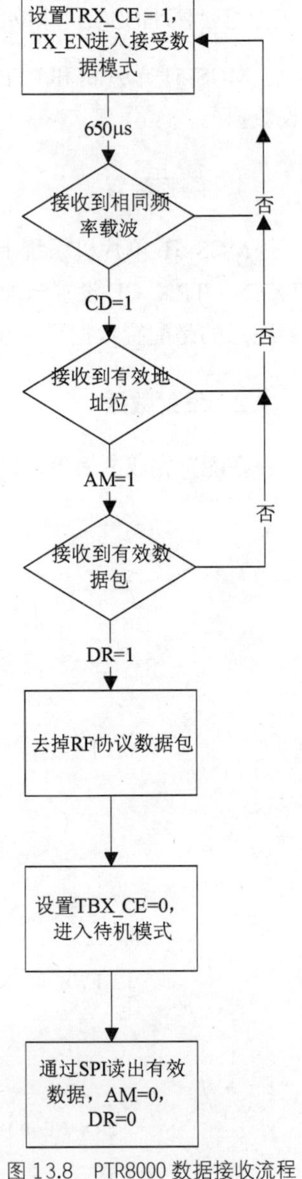

图 13.8 PTR8000 数据接收流程

13.2.4 PTR8000 的应用实例

本小节的实例实现一个基于专用无线模块的短距离无线数据传输系统，主要实现功能如图 13.9 所示。

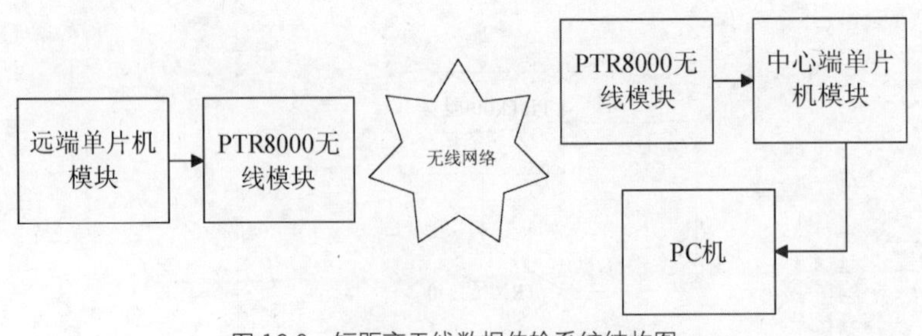

▲图 13.9 短距离无线数据传输系统结构图

- 远端单片机模块：以 MCS-51 系列单片机为核心，提供一个输入键盘，单片机采集远端的键盘数据，将用户的输入通过 PTR8000 无线模块通道发送到中心端单片机模块，然后传送给 PC；并且根据无线模块通道传送来的 PC 端数据点亮或者熄灭模块上的 LED 指示灯。
- 中心端单片机模块：以 MCS-51 系列单片机为核心，将远端单片机模块的数据通过无线网络取得传送到 PC 机并且将 PC 机数据返回到远端单片机模块。
- PC 机：提供一个简要的用户界面。

系统的程序流程如图 13.10 所示，单片机首先初始化 IO 和串口，然后对 PTR8000 进行配置，切换到发射数据模式，发送一段测试数据，然后进入一个循环查询，检测是否有按键被按下。如果有，则将被按下键的对应的代码通过 PTR8000 发送出去，并且检测 PTR8000 是否接收到数据，如有，则读出数据，整个代码如例 13.1 所示。

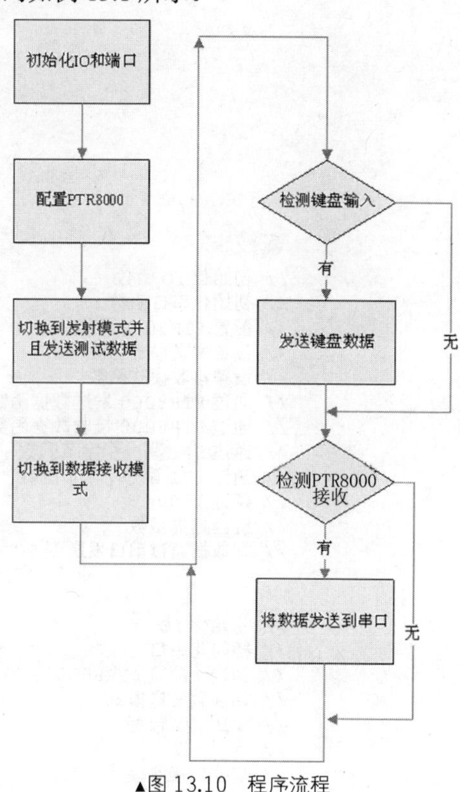

▲图 13.10　程序流程

【例 13.1】无线模块数据通信

```
#include <reg51.h>
#include <intrins.h>
#define uchar unsigned char
#define uint  unsigned int
#define WC         0x00                // 写配置寄存器命令
#define RC         0x10                // 读配置寄存器命令
#define WTP        0x20                // 写发送数据命令
#define RTP        0x21                // 读发送数据命令
#define WTA        0x22                // 写发送地址命令
#define RTA        0x23                // 读发送地址命令
#define RRP        0x24                // 读接收数据命令
typedef struct RFConfig
{
   uchar n;
   uchar buf[10];
}RFConfig;                             //定义一个 PTR8000 配置结构体

code RFConfig RxTxConf =
{
   10,
   0x01, 0x0c, 0x44, 0x20, 0x20, 0xcc, 0xcc, 0xcc,0xcc, 0x58
};                                     //PTR8000 配置内容
// CH_NO=1;433MHZ;Normal Opration,No Retrans;RX,TX Address is 4 Bytes
// RX TX Payload Width is 32 Bytes;Disable Extern Clock;Fosc=16MHZ
// 8 Bits CRC And enable
```

```
uchar data TxBuf[32];
uchar data RxBuf[32];                    //发送接收缓冲区字节
uchar bdata DATA_BUF;                    //用于存放 SPI 的操作字节
sbit  flag=DATA_BUF^7;
sbit  flag1=DATA_BUF^0;
//以下是单片机和 PTR8000 的连接引脚定义
sbit  TX_EN     =P2^6;
sbit  TRX_CE    =P2^5;
sbit  PWR_UP    =P2^4;
sbit  MISO      =P2^3;
sbit  MOSI      =P2^2;
sbit  SCK       =P2^1;
sbit  CSN       =P2^0;
sbit  AM        =P3^2;
sbit  DR        =P3^3;
sbit  CD        =P3^5;
//以下为各个操作函数
void InitIO(void);                       // 初始化 IO 函数
void Inituart(void);                     // 初始化串口函数
void Config905(void);                    // 配置 PTR8000 函数
void SetTxMode(void);                    // 设置发送模式函数
void SetRxMode(void);                    // 设置接收模式函数
void TxPacket(void);                     // 通过 PTR8000 发送数据函数
void RxPacket(void);                     // 通过 PTR8000 接收数据函数
void SpiWrite(uchar);                    // 通过 SPI 写一个字节函数
uchar SpiRead(void);                     // 通过 SPI 读一个字节函数
void Delay(uchar n);                     // 延迟 100μs
void Scankey(void);                      // 键盘扫描函数
void TxData (uchar x);                   // 把数据通过串口发送到 PC
void main(void)
{
    InitIO();                            // 初始化 IO
    Inituart();                          // 初始化串口
    Config905();                         // 初始化配置 PTR8000
    SetTxMode();                         // 切换到发送模式
    TxPacket();                          // 发送测试数据
    Delay(500);                          // 延迟
    SetRxMode();                         // 切换到接收模式
    while(1)                             // 循环
    {
         Scankey();                      // 键盘扫描
        if (DR)                          // 如果接收到数据
             RxPacket();                 // 接收数据
    }
}
void InitIO(void)
{
    CSN=1;                               // 禁止 SPI
    SCK=0;                               // SCK 引脚清除
    DR=1;                                // 设置 DR 引脚为输入
    AM=1;                                // 设置 AM 引脚为输入
    PWR_UP=1;                            // 打开 PTR8000 电源
    TRX_CE=0;                            // 设置 PTR8000 为待机模式
    TX_EN=0;                             // 设置 PTR8000 为接收模式
}
void Inituart(void)
{
     TMOD = 0x20;                        //timer 工作于模式 1
     TL1 = 0xfd;
     TH1 = 0xfd;                         //设置波特率
     SCON = 0xd8;
     PCON = 0x80;
     TR1 = 1;                            //启动定时器
}
void Config905(void)
{
```

```
    uchar i;
    CSN=0;                              // 使能 SPI
    SpiWrite(WC);                       // 写配置命令
    for (i=0;i<RxTxConf.n;i++)          // 写 PTR8000 配置字
    {
          SpiWrite(RxTxConf.buf[i]);
    }
    CSN=1;                              // 关闭 SPI
}
void Delay(uchar n)
{
    uint i;
    while(n--)
    for(i=0;i<80;i++);
}
void SpiWrite(uchar  byte)
{
     uchar i;
     DATA_BUF=byte;                     // 将数据放到位寻址空间变量中
     for (i=0;i<8;i++)                  // 将字节数据依次移位送出
     {
          if (flag)                     // 送数据
                 MOSI=1;
          else
                 MOSI=0;
          SCK=1;                        // 时钟置高
          DATA_BUF=DATA_BUF<<1;         // 移位
          SCK=0;                        // 时钟置低
    }
}
uchar SpiRead(void)
{
    uchar i;
    for (i=0;i<8;i++)                   // 将读入的引脚 bit 数据放入字节
    {
          DATA_BUF=DATA_BUF<<1;         //移位
          SCK=1;
          if (MISO)
                flag1=1;
          else
                flag1=0;
          SCK=0;
    }
    return DATA_BUF;                    // 返回获得的数据
}
void TxPacket(void)
{
    uchar i;
    CSN=0;
    SpiWrite(WTP);                      // 写发送数据命令
    for (i=0;i<32;i++)
    {
         SpiWrite(TxBuf[i]);            // 发送数据
    }
    CSN=1;
    Delay(1);
    CSN=0;
    SpiWrite(WTA);                      // 写地址命令
    for (i=0;i<4;i++)                   // 写地址
    {
          SpiWrite(RxTxConf.buf[i+5]);
```

```
    }
    CSN=1;
    TRX_CE=1;                          // 开始发送数据
    Delay(1);
    TRX_CE=0;                          // 发送完成
}
void RxPacket(void)
{
    uchar i,xx;
    TRX_CE=0;                          // 设置 PTR8000 到待机模式
    CSN=0;
    SpiWrite(RRP);                     // 发送读数据命令
    for (i=0;i<32;i++)
    {
         RxBuf[i]=SpiRead();           // 获得数据并且存放到 buff 中
    }
    CSN=1;
    while(DR||AM);
    TRX_CE=1;
    xx=(RxBuf[0]>>4)&0x0f;
    TxData(xx);
    Delay(500);
    P0=0xff;
}
void SetTxMode(void)
{
    TX_EN=1;
    TRX_CE=0;
    Delay(1);
}
void SetRxMode(void)
{
    TX_EN=0;
    TRX_CE=1;
    Delay(1);
}
void Scankey()                         // 键盘扫描函数
{
    uchar Temp,xx;
    P0=0xff;
    Temp=P0&0x0f;
    if (Temp!=0x0f)
    {    Delay(10);
         Temp=P0&0x0f;
         if (Temp!=0x0f)
         {
              xx=Temp;
              Temp=Temp<<4;
              TxBuf[0]=Temp;
              P0=Temp;
              SetTxMode();             // 切换到发送模式
              TxPacket();              // 发送键盘数据
              TxData (xx);
              Delay(500);
              P0=0xff;
              SetRxMode();             // 切换到接收模式
              while((P0&0x0f)!=0x0f);
         }
     }
}
void TxData (uchar x)
```

```
{
    SBUF=x;
    while(TI==0);
          TI=0;
}
```

本例给出了一个基于 PTR8000 无线通信模块的无线数据传输解决方案，这个方案可以很方便的移植到任何需要数据传输的场合。在设计和调试过程中需要注意以下 3 点。

- PTR8000 模块的电源和电路板上其他模块的电源需要分开，并且在电源输入端最好加入去耦电容。
- PTR8000 模块的电路板正反两面均应该大面积铺铜，并且两面的铺铜应该使用多个过孔连接。
- 在调试过程中，应该逐步加大两个通信模块之间的距离以便于测试出其最大通信距离。

13.3 MCS-51 单片机系统有线数据通信

由于传输比较稳定，不受外部环境的干扰，硬件成本低廉，传输速度比较高等优点，有线数据通信在 MCS-51 单片机系统中的应用大大多于无线数据通信，本小节将介绍最常见的两种有线数据通信标准：RS-232 和 RS422/RS-485。

13.3.1　RS−232 接口标准

RS-232 接口标准是目前应用最为广泛的标准串行总线接口标准之一，其有多个版本，应用最为广泛的是 RS-232-C，其中的 C 代表修订版本号，目前该版本号已经到了 F，这些修订版本都包括了 RS-232 接口的电气和机械等几个方面的定义。

一个标准的 RS-232 接口包括一个 25 针的 D 型插座，分为公头和母头两种，包括主信道和辅助信道两个通信信道，且主信道的通信速率高于辅助信道。在实际使用中，常常只使用一个主信道，此时 RS-232 接口只需要 9 根连接线，使用一个简化为 9 针的 D 型插座，同样也分为公头和母头，表 13.14 给出了 RS-232 接口的引脚定义。

注意：公头是指连接线为插针的 D 型插座，而母头则是指带孔的 D 型插座。

表 13.14　　　　RS-232 的接口引脚定义

25 针接口	9 针接口	名　称	方　向	功 能 说 明
2	3	TXD	输出	数据发送引脚
3	2	RXD	输入	数据接收引脚
4	7	RTS	输出	请求数据传送引脚
5	8	CTS	输入	清除数据传送引脚
6	6	DSR	输出	数据通信装置 DCE 准备就绪引脚
7	5	GND		信号地
8	1	DCD	输入	数据载波检测引脚
20	4	DTR	输出	数据终端设备 DTE 准备就绪引脚
22	9	RI	输入	振铃信号引脚

RS-232 标准推荐的最大传输距离为 15m，其逻辑电平“0”为+3V～+25V，而逻辑电平“1”为-25V～-3V，较高的电平保证了信号传输不会因为衰减导致信号的丢失。常见的 RS-232 通信接口芯片是美信公司（MAXIM）的 MAX232，其引脚分布如图 13.11 所示。

- C1+：电荷泵 1 正信号引脚，连接到极性电容正向引脚。
- C1-：电荷泵 1 负信号引脚，连接到极性电容负向引脚。
- C2+：电荷泵 1 正信号引脚，连接到极性电容正向引脚。
- C2-：电荷泵 1 负信号引脚，连接到极性电容负向引脚。
- V+：电压正信号，连接到极性电容正向引脚，同一个电容的负向引脚连接到+5V。
- V-：电压负信号，连接到极性电容负向引脚，同一个电容的正向引脚连接到地。
- T1IN：TTL 电平信号 1 输入。
- T2IN：TTL 电平信号 2 输入。
- T1OUT：RS-232 电平信号 1 输出。
- T2OUT：RS-232 电平信号 2 输出。
- R1IN：RS-232 电平信号 1 输入。
- R2IN：RS-232 电平信号 2 输入。
- R1OUT：TTL 电平信号 1 输出。
- R2OUT：TTL 电平信号 2 输出。
- VCC：+5V 供电输入。
- GND：+5V 供电电源地信号输入。

MAX232 使用 5V 供电，其内部有两套发送接收驱动器，可以同时进行两路 TTL 到 RS-232 接口电平的转化，还有两套电源变换电路，其中一个升压泵将 5V 电源提升到 10V，而另外一个反相器则提供-10V 的相关信号。MAX232 的逻辑信号、内部组成以及简单外围电路如图 13.12 所示。

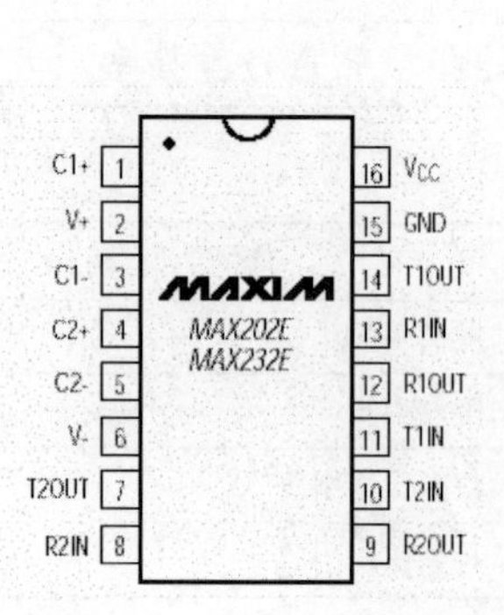

▲图 13.11　MAX232 的引脚分布

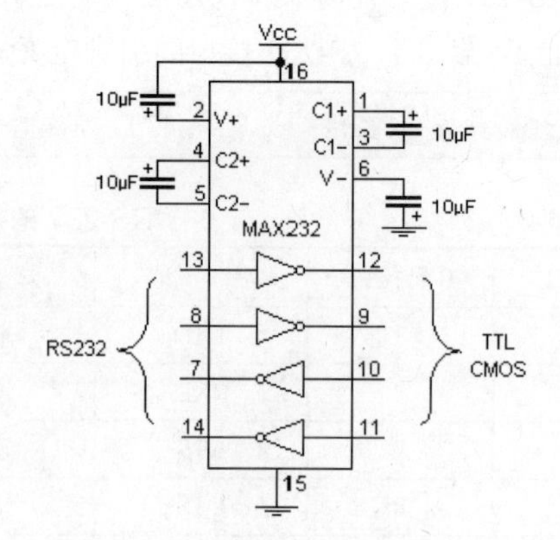

▲图 13.12　MAX232 的逻辑信号、内部组成和简单外围电路

MCS-51 单片机系统中最常使用 MAX232 构成的和 PC 机通信的 RS-232 通信电路如图 13.13 所示。MCS-51 单片机串行口数据发送引脚 TXD 连接到 MAX232 的 1 号 TTL 电平输入引脚 T1IN 上，而数据接收引脚 RXD 则连接到 MAX232 的 1 号 TTL 电平输出引脚 R1OUT 上；MAX232 的

1 号 RS-232 信号输出引脚连接到 DB9 座的 3 号插针，MAX232 的 1 号 RS-232 信号输入引脚连接到 DB9 座的 2 号插针；使用 4 个 1.0μF 的极性电解电容作为电压泵的储能源元器件，使用 1 个 1.0μF 的极性电解电容来滤波。

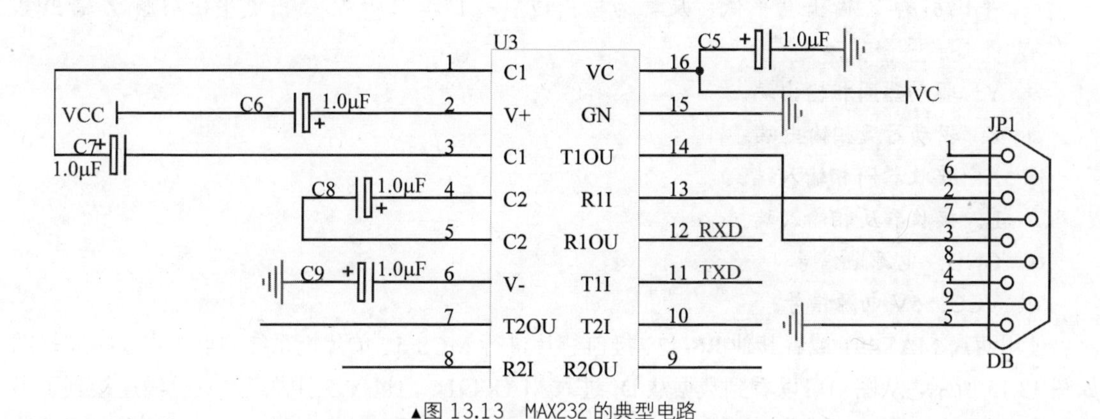

▲图 13.13　MAX232 的典型电路

> **说明**：这是最常用的 PC 机串口 MCS-51 单片机串口的连接电路图，可以简单的把 MCS-51 单片机系统的 DB9 引脚信号记忆为“2、3、5，收、发、地”，而在和 PC 机串口连接时候使用的串口线必须是“交叉线”，也就是说 MCS-51 单片机 DB9 座的 2 号插针需要连接到 PC 机串口的 3 号插针，在市场上购买串口线的时候可以告诉商家需要的是“交叉线”还是“直连线”。

随着 3V 电压的 MCS-51 单片机的出现，MAX232 也出现了对应的 3V 版本，即 MAX3232，其使用方法和 MAX232 完全相同。

13.3.2　RS-422/RS-485 接口标准

RS-232 接口标准是一种基于单端非对称电路的接口标准，这种结构对共模信号的抑制能力很差，在传输线上会有非常大的压降损耗，所以不适合应用于长距离信号传输，为了弥补这种缺陷，RS-422 和 RS-485 接口标准出现了。

1．RS-422 接口标准

RS-422 有 A、B 等修改版本，其核心思想是使用平衡差分电平来传输信号，即每一路信号都是用一对以地为参考的对称正负信号，在实际的使用过程中不需要使用地信号线。RS-422 是一种全双工的的接口标准，可以同时进行数据的收、发，其有点对点和广播两种通信方式，在广播模式下只允许在总线上挂接一个发送设备，而接收设备可以最多为 10 个，最高速率为 10Mbit/s，最远传输距离为 1219m，最常见的 RS-422 通信芯片是美信公司的 MAX491，其引脚如图 13.14 所示。

- RO：数据接收输出引脚，当引脚 A 比引脚 B 的电压高 200mV 以上，被认为是逻辑“1”信号，RO 输出高电平，反之则为逻辑“0”，输出低电平。
- $\overline{RE}$：接收器输出使能引脚，当该引脚为低电平时，允许 RO 引脚输出，否则 RO 引脚为高阻态。

- DE：驱动器输出使能端，当该引脚为高电平时，允许Y、Z引脚输出差分电平信号，否则这两个引脚为高阻态。
- DI：驱动器输入引脚，当DI引脚加上低电平时，为输出逻辑“0”，引脚Y输出电平比引脚Z输出电平低，反之为输出逻辑“1”，引脚Y输出电平比引脚Z输出电平高。
- Y：驱动器同相输出端。
- Z：驱动器反相输出端。
- A：接收器同相输入端。
- B：接收器反相输入端。
- GND：电源地信号。
- VCC：5V电源信号。

使用两片MAX491或者其他RS-422接口芯片进行MCS-51单片机系统的点对点连接逻辑图如图13.15所示，从图中可以看到数据从DI进入MAX491，通过YZ引脚经过双绞线连接到了另外一块MAX491的AB引脚，然后从RO输出。在点对点的系统中，由于RS-422是全双工的接口标准，支持同时发送和接收，所以DE可以一直置位为高电平，而/RE可以一直清除为低电平。另外为了匹配阻抗，在YZ和AB引线上分别加上一个电阻Rt，这个电阻的典型值一般为120Ω左右。

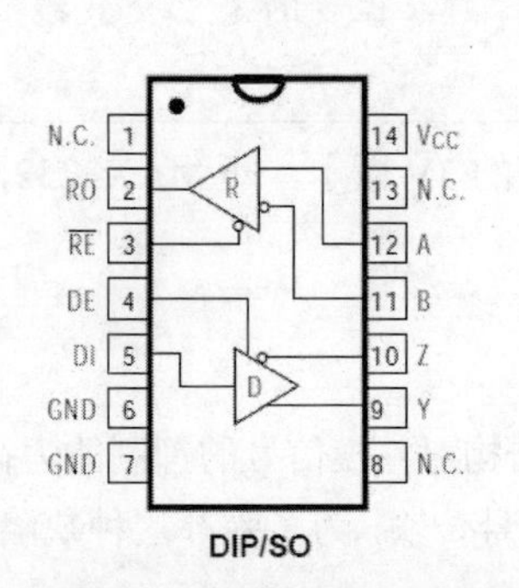

▲图13.14　MAX491的引脚图

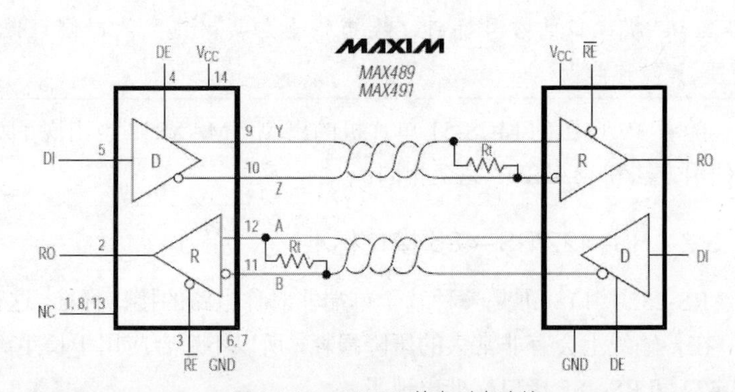

▲图13.15　MAX491的点对点连接

> **注意**：MAX491的驱动器的输出同相端也连接到接收器的同相端，同理反相端，也就是说两块MAX491的引脚对应关系为Y-A、Z-B。

使用多片MAX491或者其他RS-422接口芯片构成的一点对多点通信的逻辑模型如图13.16所示。中心点MAX491的驱动器输出引脚YZ和总线所有非中心点的MAX491的接收器输入引脚AB连接到一起，所有非中心点MAX491的驱动器输出引脚YZ连接到一起接在接收器输入引脚AB上。需要注意的是由于同一时间内只能有一个非中心点MAX491和中心点MAX491进行数据通信，所以此外的MAX491的发送控制端DE必须被清除以便于把这些MAX491的输出引脚置为高阻态从而使得它们从总线上“断开”以防止干扰正在进行的数据传送，也就是说只有当选中和中心点通信的时候该MAX491的DE端才能被置位，而接收过程则没有这个问题。从图中可以看到一点对多点的通信同样需要匹配电阻，但是只需要在总线的“两头”加上即可，典型值依然是 120Ω。

MCS-51 单片机系统的典型 RS-422 接口电路如图 13.17 所示，MCS-51 单片机的串行口数据接收引脚 RXD 连接到 MAX491 的 RO 引脚，数据发送引脚连接到 MAX491 的 DI 引脚，而 MAX491 的发送和接收控制引脚则使用 MCS-51 单片机的两条普通 IO 引脚来控制，而信号则通过两根双绞线连接的 ABYZ 引脚来流入或者输出，同样在总线上可能需要加上电阻值为 120Ω 的匹配电阻。

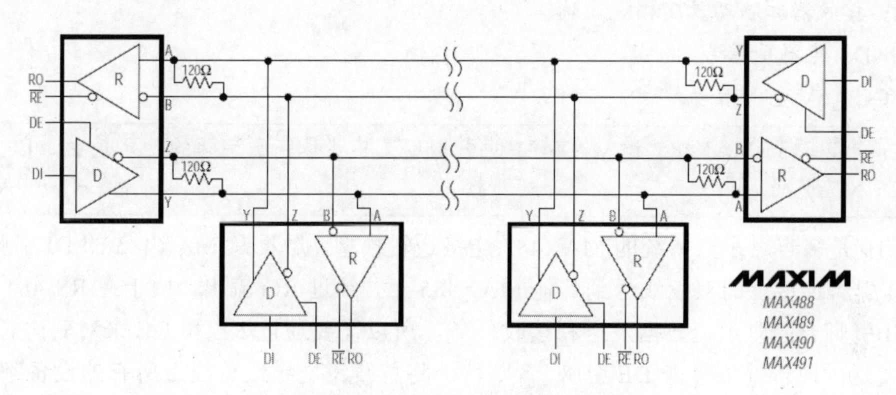

▲图 13.16　MAX491 的一点对多点连接

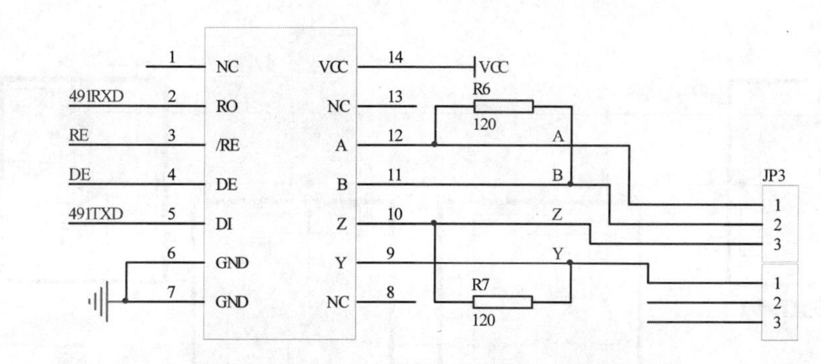

▲图 13.17　MCS-51 单片机的典型 RS-422 接口电路

2. RS-485 接口标准

RS-485 接口标准是 RS-422 接口标准的半双工版本，在 RS-485 接口标准中只需要使用 A、B 两根输出引脚即可完成点对点以及多点对多点的数据交换，目前的 RS-485 接口标准版本允许在一条总线上挂接多达 256 个节点，并且通信速度最高可以达到 32Mbit/s，距离可以到几公里，最常见的 RS-485 接口标准器件是美信的 MAX485，其封装如图 13.18 所示。

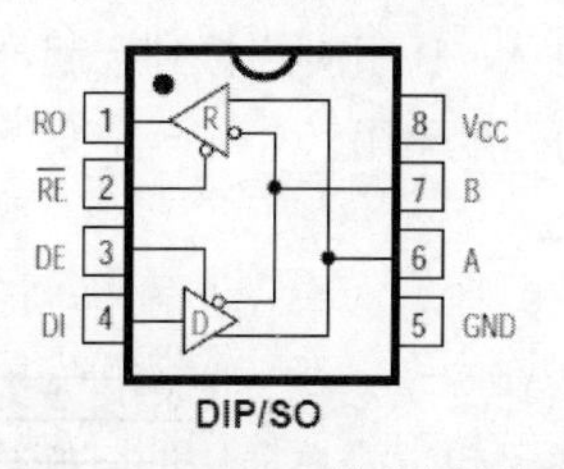

图 13.18　MAX485 的引脚封装图

- RO：数据接收输出引脚，当引脚 A 比引脚 B 的电压高 200mV 以上，被认为是逻辑“1”信号，RO 输出高电平，反之则为逻辑“0”，输出低电平。
- $\overline{RE}$：接收器输出使能引脚，当该引脚为低电平时，允许 RO 引脚输出，否则 RO 引脚为高阻态。

- DE：驱动器输出使能端，当该引脚为高电平时，允许 Y、Z 引脚输出差分电平信号，否则这两个引脚为高阻态。
- DI：驱动器输入引脚，当 DI 引脚加上低电平时，为输出逻辑“0”，引脚 Y 输出电平比引脚 Z 输出电平低，反之为输出逻辑“1”，引脚 Y 输出电平比引脚 Z 输出电平高。
- A：接收器和驱动器同相输入端。
- B：接收器和驱动器反相输入端。
- GND：电源地信号。
- VCC：5V 电源信号。

> **注意：**可以看到 MAX485 和 MAX491 的引脚定义其实是完全相同的，只是 A、B 引脚同时也具备了 Y、Z 的功能。

图 13.19 是多点对多点系统的 MAX485 连接逻辑模型，数据从 MAX485 的 DI 引脚流入，通过 A、B 引脚连接上的双绞线送到其他 MAX485 上，经过 RO 流出。由于在 RS-485 接口标准中 A、B 引脚要同时承担数据发送和接收任务，所以需要通过/RE 和 DE 来对其进行控制，只有允许发送的时候才能使能 DE 引脚，否则就会将总线钳位导致总线上所有的设备都不能正常通信。和 RS-422 总线类似，RS-485 总线的两端也需要加上 120Ω左右的匹配电阻以消除长线效应。

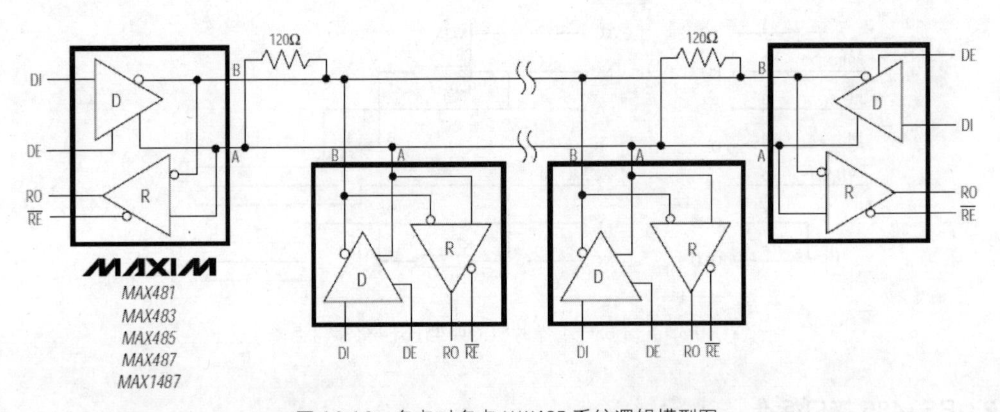

▲图 13.19　多点对多点 MAX485 系统逻辑模型图

图 13.20 是 MCS-51 单片机系统中的 MAX485 典型应用电路图，和 MAX491 类似，MAX485 的/RE 和 DE 端受到 MCS-51 单片机普通 IO 引脚的控制，数据输出引脚 DI 连接到单片机串行口输出 TXD 上，数据输入引脚 RO 则连接到单片机串行口的 RXD 上，A、B 引脚和其他 MAX485 的 A、B 引脚连接到一起，并且在总线两端的 MAX485 的 A、B 引脚上需要跨接典型值为 120Ω 的匹配电阻。

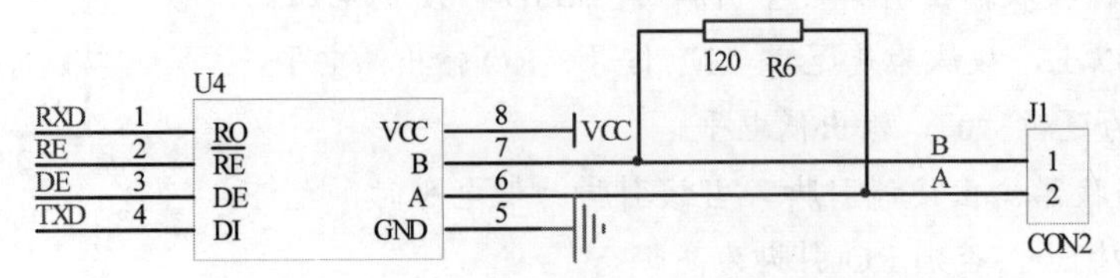

▲图 13.20　MCS-51 单片机系统中的 MAX485 典型电路

13.3.3　有线通信中的光电隔离

和单片机 IO 口驱动外围器件的光电隔离类似，在通信环境比较恶劣的时候，有线数据通信也需要进行光电隔离，由于通信速率一般都比较高，所以必须使用高速光电隔离芯片，最常用的光电隔离芯片是 6N137，其最高通信速率为 10Mbit/s，封装如图 13.21 所示。

- 引脚 1：空引脚。
- 引脚 2：输入信号正极。
- 引脚 3：输入信号负极。
- 引脚 4：空引脚。
- 引脚 5：信号地。
- 引脚 6：输出信号。
- 引脚 7：输出控制信号，使用与非门的另一个输入端和感光端共同组成与非门的两个输入段，由此来控制输出。
- 引脚 8：电源。

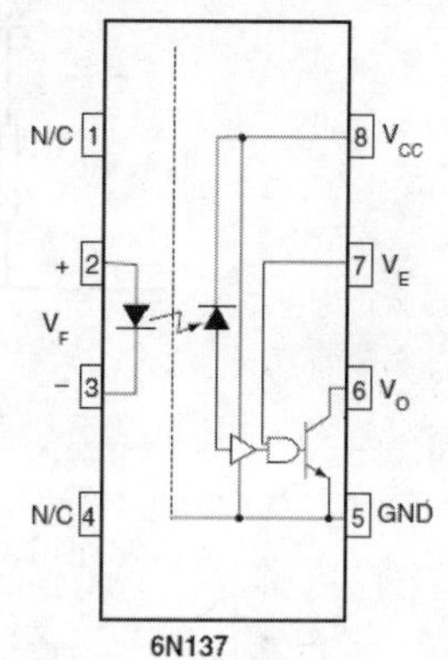

▲图 13.21　6N137 的封装引脚

6N137 的信号从脚 2 和脚 3 输入，当逻辑电平为“1”时，发光二极管发光，经片内光通道传到光敏二极管。反向偏置的光敏管光照后导通，经电流-电压转换后送到与门的一个输入端，与门的另一个输入为使能端，当使能端为高时与门输出高电平，经输出三极管反向后光电隔离器输出低电平。当输入信号电流小于触发阈值或使能端为低时，输出高电平，但这个逻辑高是集电极开路的，需要针对接收电路加上拉电阻或电压调整电路，6N137 的真值表如表 13.15 所示。

表 13.15　　6N137 的真值表

输　入	使 能 端	输　出
高	高	低
低	高	高
高	低	高
低	低	高
高	无关	低
低	无关	高

说明：若以脚 2 为输入，脚 3 接地，则真值表如表 13.15 所示，为反相输出的传输，若希望在传输过程中不改变逻辑状态，则从脚 3 输入，脚 2 接高电平。

6N137 在 MCS-51 单片机系统中的典型应用电路图如图 13.22 所示，上方的 6N137 为发送通道，引脚 3 通过一个 390Ω的限流电阻连接到单片机的串行口发送引脚 TXD。当 TXD 为逻辑“1”时，发光二极管不发光，输出三极管截止，TXDout 输出高电平；反之发光二极管发光，输出三极管导通，引脚 6 被拉到地，TXDout 输出低电平，同理可得下方作为接收通道的 6N137 逻辑。

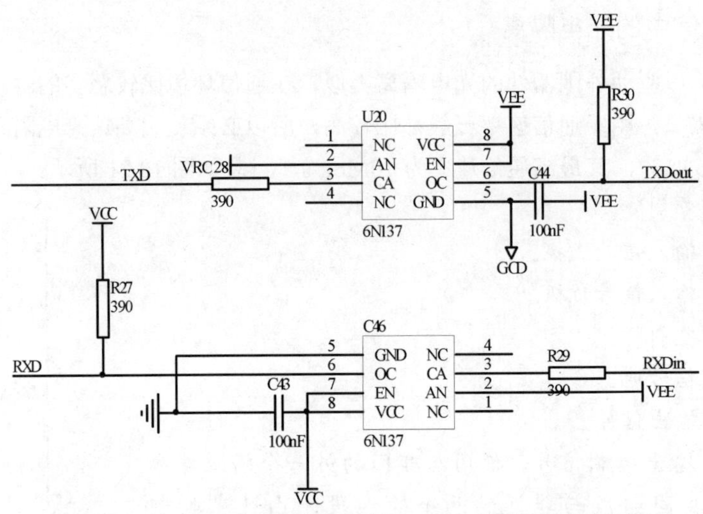

▲图 13.22 6N137 高速光电隔离芯片在 MCS-51 单片机系统中的应用

13.4 MCS-51 单片机的通信协议

MCS-51 单片机的通信协议是独立于硬件通信接口之外的，在需要进行数据通信的设备（包括 MCS-51 单片机、PC 机以及其他嵌入式处理器等）之间约定好的需要彼此完全遵循的一组规则。MCS-51 单片机的通信协议通常是由用户或者开发者根据系统的具体情况自行设计的，但是一般需要包括如下内容：数据的发送格式，如何判断数据的发送目的地和来源，如何从接收到的数据中得到需要的信息，如何保证数据的正确性。

在设计通信协议的时候，需要注意以下的几个方面。

- 有效数据必须加上其他数据封装，以数据包的形式传送，如同信件都需要存放在信封里。
- 数据包必须有目标地址和来源地址，如同信封上都要写明收件人地址和寄件人地址。
- 在非独占的通信系统中，数据包应该有一定的存活生命周期，如果超时没有被接收则应该被丢弃或者做其他处理，如同信件如果超时没有投寄成功将会退回。
- 数据包必须有一个起始标志以供接收方判断是否一个新的数据包的起始，如果数据包不定长，则需要在数据包中给出结束标志或者在起始标志之后给出该数据包的长度。
- 数据包内应该有一些检验机制以避免数据在传送过程中出现错误。
- 如果数据更新比较快，那么数据包应该尽可能的短。

最普通的数据包通常由包头、数据包长度、地址信息、数据内容、校验信息、包尾组成，表 13.16 是一个常见 MCS-51 单片机串行数据通信包结构示例。

表 13.16 数据包结构

第 0-2 字节	第 3 字节	第 4 字节	第 5～10 字节	第 11 字节	第 12～13 字节
包头	目的地址	源地址	有效数据	校验和	包尾

13.5 PGMS 的通信模块

13.5.1　PGMS 通信模块的硬件组成

PGMS 由 1 个中心点和 7 个现场点组成，其网络模型如图 13.23 所示。为了保证数据的传输速度，PGMS 采用的全双工的 RS-422 硬件接口，使用 MAX491 接口芯片。由于传输环境比较良好，所以不需要使用光电隔离以减少电源模块的复杂度，MAX491 的四根输出引脚通过接线端子连接到两套双绞线上，如图 13.24 所示。

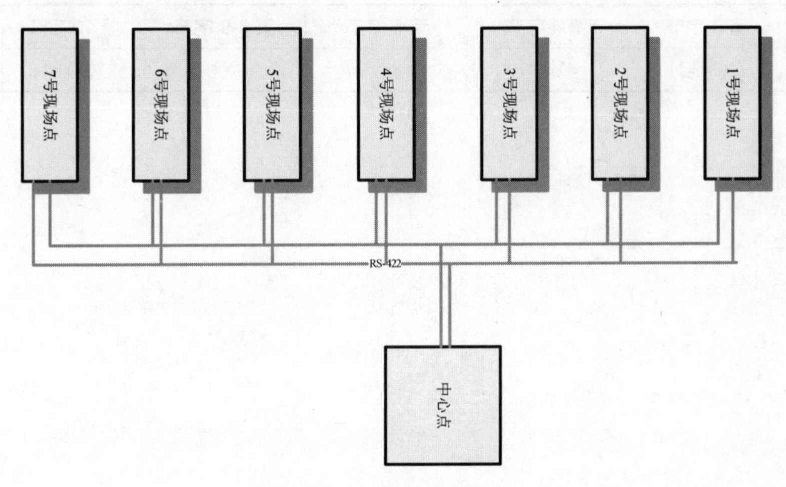

▲图 13.23　PGMS 的通信模型

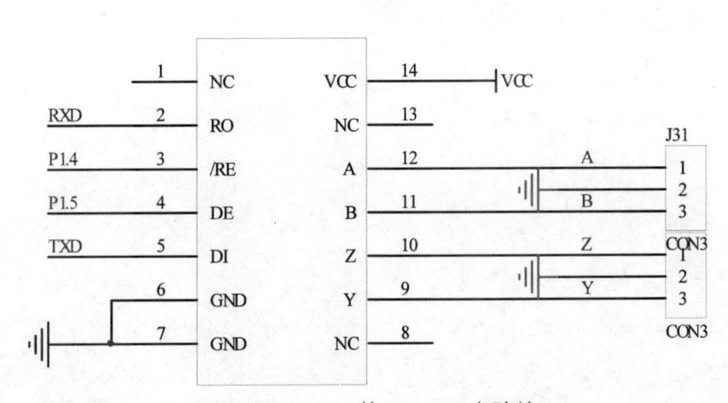

▲图 13.24　PGMS 的 RS-422 电路接口

13.5.2　PGMS 的通信协议

参考令牌网，PGMS 的通信协议设计如下。

- PGMS 中的数据通信必须由中心点 MCS-51 单片机发起，只允许中心点和现场点单片机进行通信，不允许现场点单片机之间进行通信。
- PGMS 的中心点单片机和现场点单片机均有自己的地址，中心点单片机地址为 0x00，现场点单片机地址为 0x71-0x77。
- PGMS 的数据包分为中心点-现场点和现场点-中心点两种，均为固定长度。

- PGMS 的中心点-现场点的数据包组成包括包头、目的地址、命令字节、命令参数、校验字节、包尾，共 9 个字节，如表 13.17 所示。

表 13.17　　PGMS 的中心点-现场点数据包

第 0～2 字节	第 3 字节	第 4 字节	第 5 字节	第 6 字节	第 7、8 字节
包头	目的地址	命令字节	命令参考字节	校验和	包尾

- PGMS 的现场点-中心点数据包组成包括包头、目的地址、源地址、命令字节、命令参考字节、校验和、包尾，如表 13.18 所示。

表 13.18　　PGMS 的现场点-中心点数据包

第 0～2 字节	第 3 字节	第 4 字节	第 5 字节	第 6-9 字节	第 10 字节	第 11、12 字节
包头	目的地址	源地址	命令字节	命令参考字节	校验和	包尾

第14章　PGMS软硬件综合

本章以PGMS为例，讲述如何进行一个较大规模的MCS-51单片机系统的综合设计。

14.1 PGMS的软硬件划分和模块设计

PGMS最高的采样次数为每秒10次，即10Hz，对整体运行速度要求比较高，而且这不是一个大批量生产的系统，对硬件成本不是太过于敏感，所以在整个系统的设计中采用了能使用硬件就使用硬件的设计思路。

在确定了软硬件功能划分之后接下来的工作是根据需求来进行模块分析设计，具体的分析如下。

- 由于需要将转换模块输出的0～5V直流电压信号采集并且存储下来，所以PGMS需要一个能将对应有害气体浓度的电压信号转为MCS51单片机能识别并且处理的数据的模块，即图14.1中的电压信号-单片机数据模块1。
- 由于需要对转换模块输出0～5V直流电压以调节排气扇，所以PGMS需要一个能将MCS-51单片机的数据转化为电压信号的模块，即图14.1中的单片机数据-电压信号模块2。
- 由于需要采集温度数据，所以需要有一个将采集点温度数据转为MCS-51单片机数据的模块，即图14.1中的温度-单片机数据模块3。
- 由于采集点和中心点不在一个地方且为两块不同的MCS-51单片机控制，所以需要一个在采集点和中心点之间进行数据传递模块，即图14.1中的单片机-单片机数据交换模块4和图14.2中的单片机-单片机数据交换模块1。
- 由于采集点和中心点都需要显示相关数据，所以都需要一个将MCS-51单片机数据显示出来的模块，即图14.1中的显示模块5和图14.2中的显示模块2。
- 由于采集点和中心点都需要在有害气体浓度超过35%的时候提供声音报警，所以都需要一个能发出声音的模块，而且中心点的模块还要能告诉监控者是哪一个或者哪几个采集点浓度超标了，即图14.1中的声音报警模块6和图14.2中的声音报警模块3。
- 由于中心点需要能记录下相关数据并且提供给PC机查看，所以需要一个将数据保存下来且很容易被PC机读取的模块，即图14.2中的记录模块4。
- 由于需要支持用户对采集点以及采集参数的设置以及控制，所以中心点需要提供一个给用户输入的模块，即图14.2中的输入模块5。
- 由于采集点和中心点都需要供电，所以需要一个将220V交流电转化MCS-51单片机系统供电的模块，即图14.1中电源模块7和图14.2中电源模块6。
- 由于在数据记录中需要提供时间信息，并且需要保证采样频率，所以中心点需要一个提供时间参数的模块，即图14.2中的时钟模块7。

至此，PGMS的前三步设计已经完成，后续步骤将在后面的章节中详细介绍。

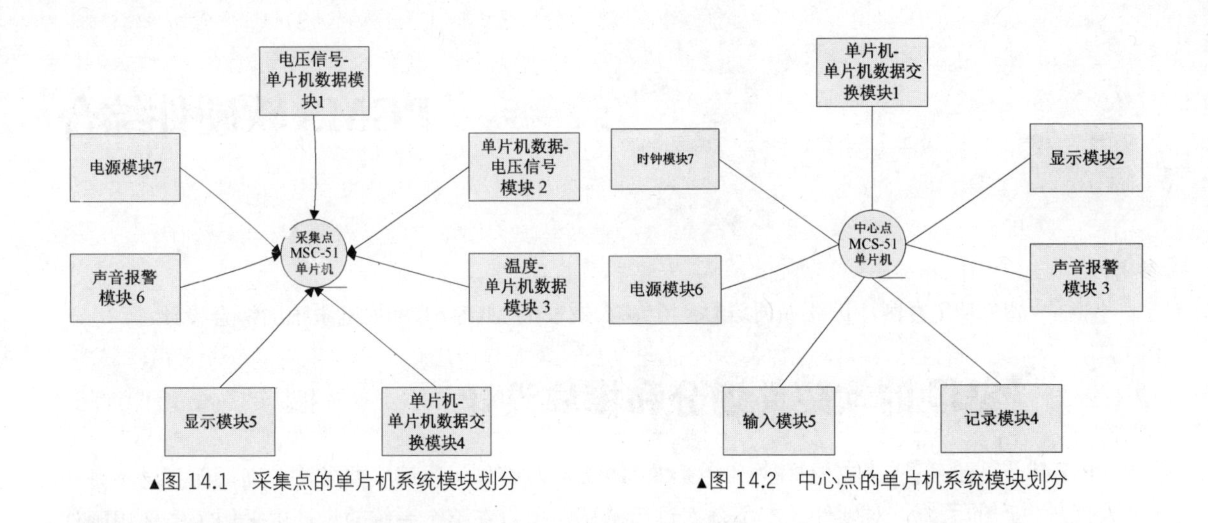

▲图 14.1　采集点的单片机系统模块划分　　▲图 14.2　中心点的单片机系统模块划分

14.2 PGMS 的硬件组成

PGMS 的系统需求和模块划分如 14.1 小节所述，PGMS 由 1 个中心点和 7 个采集点组成，其中 7 个采集点的 MCS-51 单片机系统完全相同。

14.2.1 PGMS 的中心点 MCS-51 单片机系统

图 14.3 是 PGMS 中心点 MCS-51 单片机系统的内部结构。

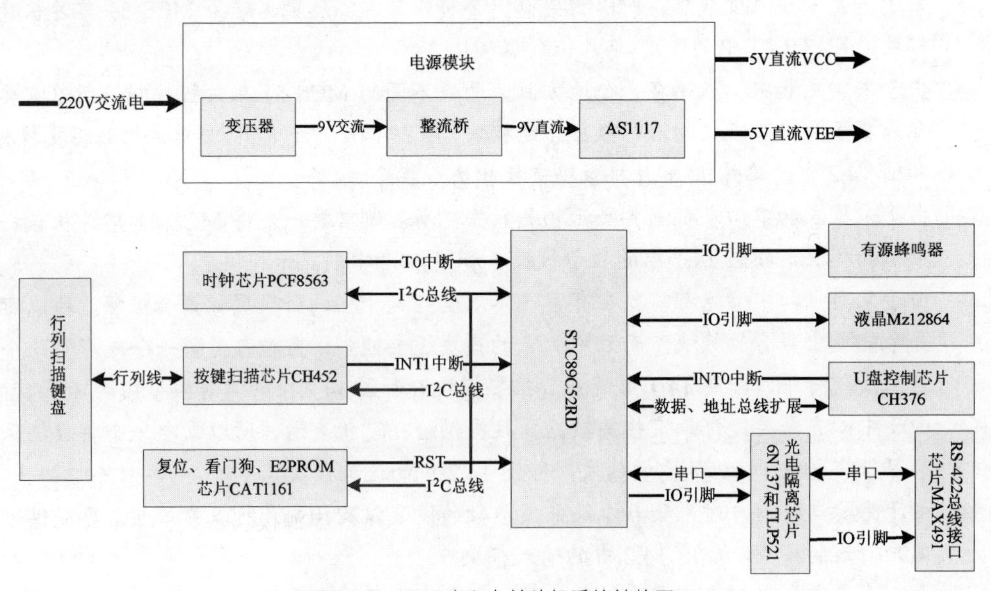

▲图 14.3　PGMS 中心点单片机系统结构图

中央点 MCS-51 单片机的核心是一块 STC89C52RD 单片机，这是 STC 公司出品的基于 MCS-51 内核增强型单片机，完全兼容 MCS-51 单片机的内部资源，并且支持串口的 ISP 下载等增强型资源。

中央点 MCS-51 单片机系统的电源模块包括变压器、整流桥和电源管理芯片 AS1117，将 220V

的普通交流电通过变压器变成两组 9V 的交流，然后分别整理，通过两块 AS1117 变换为 VCC 和 VEE。前者给光电隔离之前的各个器件和单片机供电，后者给光电隔离之后的通信芯片供电，其具体设计参考 8.1 节。

时钟芯片 PCF8563 通过 I^2C 总线接口和 STC89C52RD 进行数据交换，并且占用一个 T0 中断引脚。由于 STC89C52RD 只有两个外部中断引脚，所以使用一个 T0 中断来替代外部中断。PCF8563 给中心点的 MCS51 单片机系统提供时钟信息，并且产生秒信号中断，PCF8563 的详细使用方法参考 9.3 节，使用 T0 中断替代外部中断的方法参考 6.4.2 节。

按键扫描芯片 CH452 也通过 I^2C 总线接口和 STC89C52RD 单片机连接，并且占用外部中断 INT1 作为按键中断信号。CH452 带有一个 4 键的行列扫描键盘以供用户对系统进行输入操作，当有按键被按下时，CH452 产生一个中断并且将对应按键编码提供给单片机。CH452 的详细使用方法参考 10.3.2 节。

复位、看门狗、EEPROM 芯片 CAT1161 同样通过 I^2C 总线接口和 STC89C52RD 单片机连接，并且给单片机提供 RST 复位信号。当系统上电之后，CAT1161 给单片机提供一个复位信号，在复位完成之后等待 I^2C 总线上清除看门狗信号，如果在预定的时间内没有接到清除信号，则将单片机再次复位。CAT1161 还在内部集成了 2KB 的 EEPROM，可以用于保存少量需要掉电后保存的信息，比如说当前用户的设置值等。CAT1161 的详细使用方法参考 8.2.3 节。

中心点的 STC89C52RD 单片机需要和 7 个采集点的单片机进行数据交换，使用符合 RS-422 总线标准的 MAX491 芯片连接，考虑到现场的实际情况，使用高速光耦 6N137 作为通信数据光电隔离，使用低速光耦 TLP521 作为控制端的光电隔离，相关使用方法可以参考 13.3 节。

CH376 是 U 盘/SD 卡控制芯片，用于在 STC89C52RD 单片机控制下将采集到气体浓度数据和温度数据保存到 U 盘中，使用“地址-数据”总线的扩展方法，其详细使用方法参考 12.3 节。

液晶 12864 提供中心点单片机系统和用户的显示交互，其和 STC89C52RD 单片机使用单片机普通 IO 口模拟 SPI 的方式进行通信，其内带汉字字库，和键盘配合起来提供供用户操作的菜单界面，包括采样点的设置、采样频率的设置等，该液晶的详细使用方法参考 10.3.3 节。

有源蜂鸣器用于在气体浓度超标的时候提供声音报警，由 STC89C52RD 单片机的一个 IO 引脚通过三级管直接驱动，详细使用方法参考 11.1.4 节。

14.2.2 PGMS 的采样点 MCS-51 单片机系统

图 14.4 是 PGMS 的采样点 MCS51 单片机系统结构图，在 PGMS 系统中一共有 7 个相同的采样点系统，它们通过拨码开关来设置采样点地址以互相区别。

采样点 MCS51 单片机系统依然使用 STC89C52RD 单片机作为核心单片机，其电源模块、复位、看门狗模块以及通信模块的设计和中心点完全相同，只不过电源模块多提供了一个可用的 9V 直流电压，可以参考上一小节。

AD 芯片 ADS1100 使用 I^2C 总线接口和 STC89C52RD 单片机连接，其将气体浓度传感器输出的模拟数据转换为数字信号，传送到单片机。ADS1100 使用基准电源芯片 AD586 供电，这是一个精密电压源，使用电源模块提供的 12V 直流电压信号作为输入电源，输出一个标注的 5V 电压信号，即作为 ADS1100 的工作电源，也作为 ADS1100 的 AD 转换基准电源，可以参考 9.4 节。

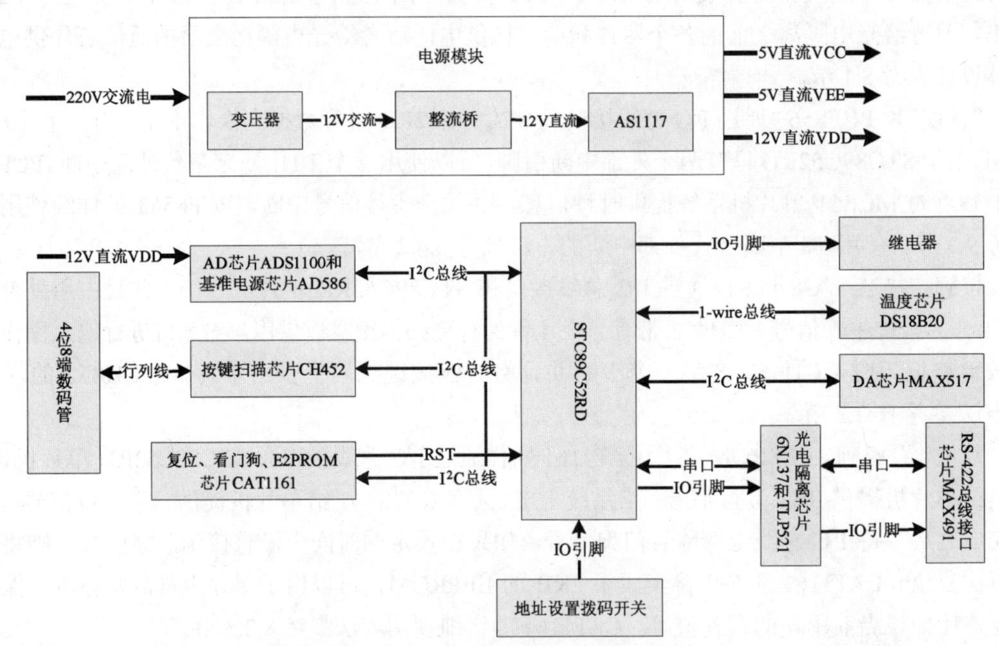

▲图 14.4 PGMS 的采样点 MCS51 单片机系统结构

按键扫描芯片 CH452 在采集点中作为数码管驱动芯片使用，使用 I^2C 总线接口和 STC89C52RD 单片机连接，并且外接 4 位 8 段数码管，由于不需要使用外接键盘，所以可以省略 CH452 的键盘中断信号。

地址设置拨码开关是一个 3 位的拨码开关，用于设置采样点的 MCS51 单片机系统地址，用于在数据通信中识别采样点，在整个 PGMS 中，每个采样点的地址设置拨码开关设置格式必须唯一，为“001”～“111”共 7 种设置。

D/A 芯片 MAX517 将 STC89C52RD 单片机的输出数字信号转换为模拟信号，以供驱动排风扇工作，其使用 I^2C 总线接口和单片机连接，详细使用方法可以参考 11.2.2 节。

温度采集芯片 DS18B20 使用 1-Wire 总线接口和 STC89C52RD 单片机连接，采集采样点的温度数据并且回送到单片机中，DS18B20 的使用方法可以参考 9.2.1 节。

和中心点单片机系统的蜂鸣器一样，采样点单片机系统中的继电器也使用 STC89C52RD 单片机的普通 IO 引脚通过三极管驱动，控制一个阀门开闭。

14.3 PGMS 的软件结构

14.3.1 PGMS 的中心点 MCS-51 单片机系统软件

PGMS 的中心点 MCS-51 单片机系统软件工作流程如图 14.5 所示。

- 系统初始化：单片机系统中的各个器件以及 STC89C52RD 单片机的自身初始化，包括中断设置、串口初始化、变量初始化、液晶显示初始化等。
- 采样点选择、采样频率设置，启动采集：中央点单片机系统通过液晶屏提供一个操作界面，以供用户选择采样点，设置采样频率，并且启动采集，进入正常运行状态。

- 等待秒信号：在正常运行状态中，外部时钟芯片 PCF8563 每隔 1s 通过 T0 引脚提供一个秒中断信号输入。
- 读当前时钟，启动内部定的时器，清除看门狗：在接收到外部时钟的秒信号之后，中心点单片机根据预先设置好的采样频率将这个秒信号进行分频，设置内部定时器的预置值，并且启动内部定时器开始定时。同时，在接收到秒信号之后，中心点单片机将当前的时钟数据读出，以供写入数据时使用。同时，发送清理看门狗的数据信号，以免看门狗将单片机复位。
- 将上一秒的数据写入 U 盘：将上一秒的数据格式化后写入 U 盘中。
- 刷新液晶屏显示：将上一秒的数据显示在液晶屏上，由于液晶屏不足以一次完全显示所有的采样点，所以需要有自动刷新的机制，滚动显示。
- 秒分频定时：在启动采集之后，当内部定时器根据采样频率到达定时长度之后，产生定时器中断。
- 发送通信命令：中央点向采集点根据通信协议发送相关通信命令，采集点接收到这些命令之后根据命令进行相应的动作，例如采样、发送数据等。
- 串口接收中断：当串口接收到采集点送上来的数据之后产生串口接收中断。
- 保存数据：将串口接收到的数据保存到内存中等待写入 U 盘。
- 键盘中断：当有按键动作发出时，CH452 向中心点的单片机发送一个键盘中断。

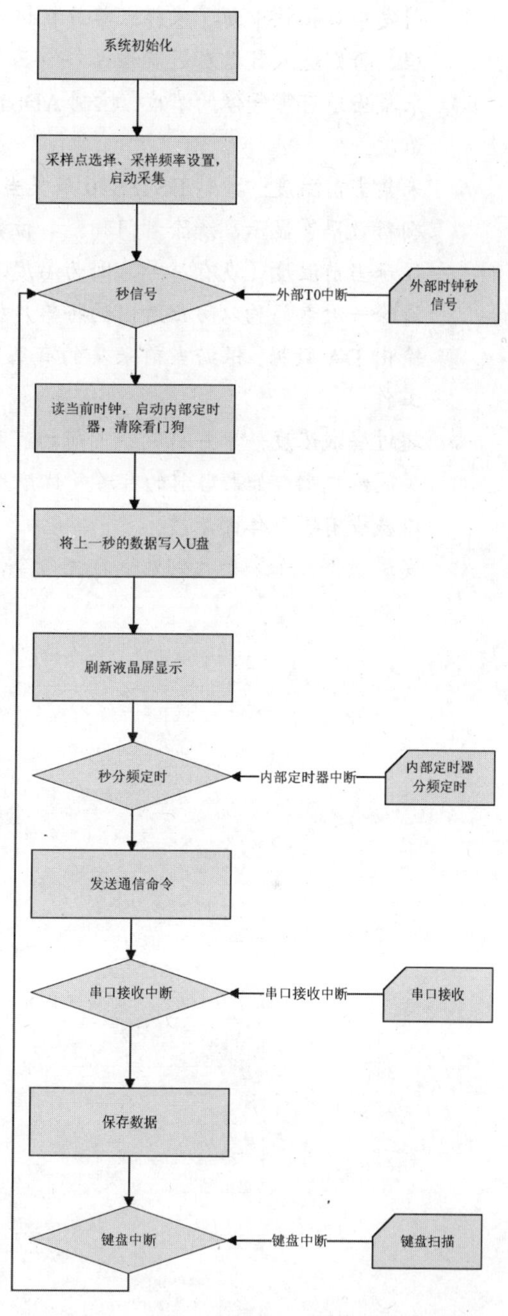

▲图 14.5　中心点 MCS-51 单片机工作流程

14.3.2　PGMS 采集点 MCS-51 单片机系统软件

图 14.6 是 PGMS 采集点 MCS-51 单片机系统软件工作流程。

- 系统初始化：和中心点一样，单片机系统中的各个器件以及 STC89C52RD 单片机的自身初始化，包括中断设置、串口初始化、变量初始化、液晶显示初始化等。
- 串口接收中断：采样点单片机等待中心点单片机发送的通信数据，当接收到数据之后，引发串口接收中断，采样点单片机进入下一步工作，如果是采样命令则进入采样工作流程，否则进入数据发送流程。

- 采集当前有害气体的浓度：控制 ADS1100 采集传感器的输出电压，得到当前有害气体的浓度。
- 采集当前温度：控制 DS18B20 采集当前的温度数据。
- 刷新数码管显示，清除看门狗：4 位数码管前两位显示有害气体浓度的百分比，后两位显示当前温度（没有符号，因为温度不可能低于 0℃），使用 CH452 驱动，并且在此时清除一次看门狗以防止看门狗将单片机复位。
- 输出 DA 数据：根据当前采集的有害气体浓度数据输出一个模拟电压值以驱动鼓风机工作。
- 超过警戒浓度：单片机判断当前的有害气体浓度是否超过警戒浓度。
- 关闭继电器：如果当前的有害气体浓度超过警戒浓度，则关闭继电器，打开截止阀通风，以减少有害气体的浓度。
- 发送数据：如果接收到发送数据命令，采集点单片机进入发送数据流程。

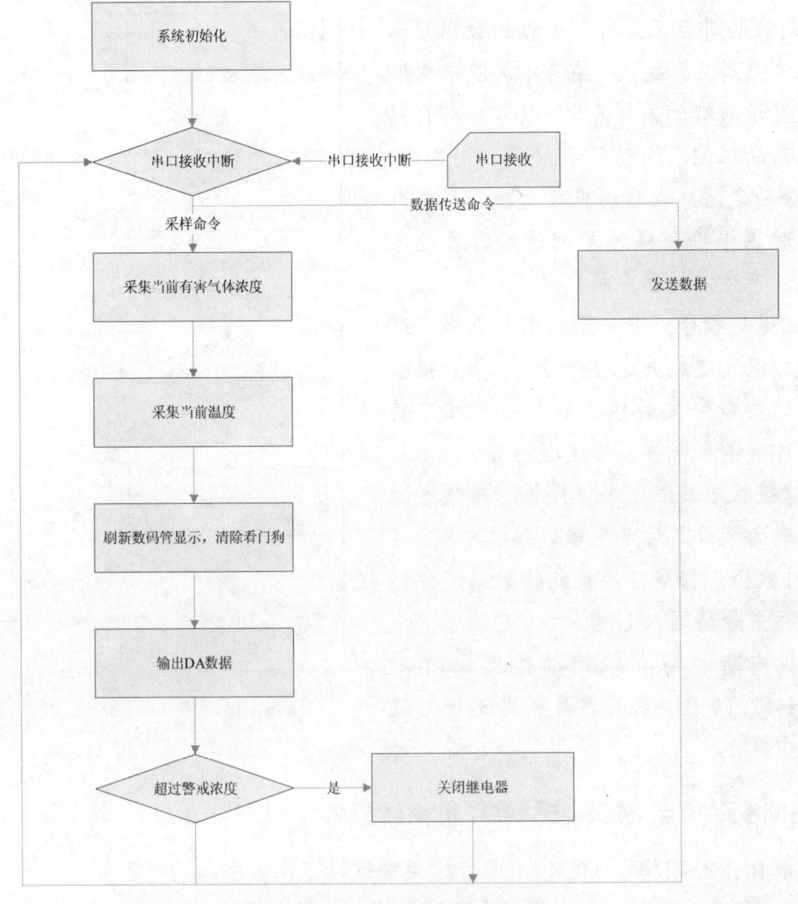

▲图 14.6　PGMS 采集点软件工作流程